Hola a tod@s!!

Esta edición impresa del material pretende ser una ayuda más para todos aquellos que no siempre tenéis disponible internet para consultar #BertoBlog o que simplemente (y al igual que me pasa a mí) preferís tener las cosas en papel a la hora de estudiar. Espero que resulte útil a todo el mundo y que con todo vuestro esfuerzo, y este pequeño granito de arena que os aporto yo, alcancéis todos vuestros objetivos. Es un año importante y las pruebas de acceso a la universidad siempre asustan. Pero no puedes dejar que ese miedo te paralice, si no usarlo de motivación para salir a por todas!

Encontraréis en este libro las pruebas de acceso a la universidad de la Comunidad Valenciana de los últimos años con sus soluciones.

Tenéis mucho más contenido en #BertoBlog, y lo mejor es que un pequeño gesto como el que has tenido tú al adquirir el libro, ayudará a que cada día haya más y más contenido disponible.

Un saludo y muchas gracias por adquirir y recomendar el libro.

Espero que te sea de mucha ayuda. Para cualquier cosa nos vemos en #BertoBlog!!

# PRUEBAS DE ACCESO A LA UNIVERSIDAD COMUNIDAD VALENCIANA

## MATEMÁTICAS II
## 2010-2024

# INDICE

## OPCIÓN A      JUNIO 2010

**Problema A.1.** Dadas las matrices cuadradas

$$I = \begin{pmatrix} 1 & 0 & 0 \\ 0 & 1 & 0 \\ 0 & 0 & 1 \end{pmatrix} \qquad y \qquad A = \begin{pmatrix} 2 & 1 & 1 \\ 2 & 3 & 2 \\ -3 & -3 & -2 \end{pmatrix},$$

se pide:

a) Calcular las matrices $(A - I)^2$ y $A(A - 2I)$. (*4 puntos*).

b) Justificar razonadamente que

     b.1) Existen las matrices inversas de las matrices $A$ y $A - 2I$. (*2 puntos*).

     b.2) No existe matriz inversa de la matriz $A - I$. (*2 puntos*).

c) Determinar el valor del parámetro real $\lambda$ para el que se verifica $A^{-1} = \lambda(A - 2I)$. (*2 puntos*).

**Problema A.2.** Dadas las rectas de ecuaciones

$$r = \begin{cases} 5x + y - z = 4 \\ 2x - 2y - z = -5 \end{cases} \qquad y \qquad s = \begin{cases} x - y = -5 \\ z = 4 \end{cases},$$

se pide:

a) Justificar que las rectas $r$ y $s$ se cruzan. (*4 puntos*).

b) Calcular razonadamente la distancia entre las rectas $r$ y $s$. (*3 puntos*).

c) Determinar la ecuación del plano $\pi$ que es paralelo y equidistante a las rectas $r$ y $s$. (*3 puntos*).

**Problema A.3.** Se quiere construir un estadio vallado de 10000 metros cuadrados de superficie. El estadio está formado por un rectángulo de base $x$ y dos semicírculos exteriores de diámetro $x$, de manera que cada lado horizontal del rectángulo es diámetro de uno de los semicírculos. El precio de un metro de valla para los lados verticales del rectángulo es de 1 euro y el precio de un metro de valla para las semicircunferencias es de 2 euros. Se pide obtener razonadamente:

a) La longitud del perímetro del campo en función de $x$. (*3 puntos*).

b) El coste $f(x)$ de la valla en función de $x$. (*3 puntos*).

c) El valor de $x$ para el que el coste de la valla es mínimo. (*4 puntos*).

# OPCIÓN B

**Problema B.1.** Dado el sistema de ecuaciones lineales que depende de los parámetros $a$, $b$ y $c$

$$\begin{cases} 2ax+by+z &=& 3c \\ 3x-2by-2cz &=& a \\ 5ax-2y+cz &=& -4b \end{cases},$$

se pide:

a) Justificar razonadamente que para los valores de los parámetros $a=0$, $b=-1$ y $c=2$ el sistema es incompatible. (*3 puntos*).

b) Determinar razonadamente los valores de los parámetros $a$, $b$ y $c$, para los que se verifica que $(x,y,z)=(1,2,3)$ es solución del sistema. (*4 puntos*).

c) Justificar si la solución $(x,y,z)=(1,2,3)$ del sistema del apartado b) es, o no, única. (*3 puntos*).


**Problema B.2.** Sea $r$ la recta de vector director $(2,-1,1)$ que pasa por el punto $P=(0,3,-1)$. Se pide:

a) Hallar razonadamente la distancia del punto $A=(0,1,0)$ a la recta $r$. (*4 puntos*).

b) Calcular razonadamente el ángulo que forma la recta que pasa por los puntos $P$ y $A$ con la recta $r$ en el punto $P$. (*4 puntos*).

c) Si $Q$ es el punto donde la recta $r$ corta al plano de ecuación $z=0$, comprobar que el triángulo de vértices $APQ$ tiene ángulos iguales en los vértices $P$ y $Q$. (*2 puntos*).


**Problema B.3.** Dada la función polinómica $f(x)=4-x^2$, se pide obtener razonadamente:

a) La gráfica de la curva $y=4-x^2$. (*2 puntos*).

b) El punto $P$ de esa curva cuya tangente es perpendicular a la recta de ecuación $x+y=0$. (*3 puntos*).

c) Las rectas que pasan por el punto $(-2,1)$ y son tangentes a la curva $y=4-x^2$, obteniendo los puntos de tangencia. (*5 puntos*).

PROBLEMA A1

a) $A - I = \begin{pmatrix} 2 & 1 & 1 \\ 2 & 3 & 2 \\ -3 & -3 & -2 \end{pmatrix} - \begin{pmatrix} 1 & 0 & 0 \\ 0 & 1 & 0 \\ 0 & 0 & 1 \end{pmatrix} = \begin{pmatrix} 1 & 1 & 1 \\ 2 & 2 & 2 \\ -3 & -3 & -3 \end{pmatrix}$

$(A-I)^2 = (A-I)(A-I) = \begin{pmatrix} 1 & 1 & 1 \\ 2 & 2 & 2 \\ -3 & -3 & -3 \end{pmatrix} \cdot \begin{pmatrix} 1 & 1 & 1 \\ 2 & 2 & 2 \\ -3 & -3 & -3 \end{pmatrix} = \begin{pmatrix} 0 & 0 & 0 \\ 0 & 0 & 0 \\ 0 & 0 & 0 \end{pmatrix}$

$A - 2I = \begin{pmatrix} 2 & 1 & 1 \\ 2 & 3 & 2 \\ -3 & -3 & -2 \end{pmatrix} - \begin{pmatrix} 2 & 0 & 0 \\ 0 & 2 & 0 \\ 0 & 0 & 2 \end{pmatrix} = \begin{pmatrix} 0 & 1 & 1 \\ 2 & 1 & 2 \\ -3 & -3 & -4 \end{pmatrix}$

$A(A-2I) = \begin{pmatrix} 2 & 1 & 1 \\ 2 & 3 & 2 \\ -3 & -3 & -2 \end{pmatrix} \cdot \begin{pmatrix} 0 & 1 & 1 \\ 2 & 1 & 2 \\ -3 & -3 & -4 \end{pmatrix} = \begin{pmatrix} -1 & 0 & 0 \\ 0 & -1 & 0 \\ 0 & 0 & -1 \end{pmatrix} = -I$

b) $\det(A) = \begin{vmatrix} 2 & 1 & 1 \\ 2 & 3 & 2 \\ -3 & -3 & -2 \end{vmatrix} = 1$ ; Como $\det(A) \neq 0 \Rightarrow \exists\, A^{-1}$

$\det(A-2I) = \begin{vmatrix} 0 & 1 & 1 \\ 2 & 1 & 2 \\ -3 & -3 & -4 \end{vmatrix} = -1$ ; Como $\det(A-2I) \neq 0 \Rightarrow \exists\, (A-2I)^{-1}$

$\det(A-I) = \begin{vmatrix} 1 & 1 & 1 \\ 2 & 2 & 2 \\ -3 & -3 & -3 \end{vmatrix} = 0$ ; Como $\det(A-I) = 0 \Rightarrow \nexists\, (A-I)^{-1}$

PÁGINA 1

c) Hemos visto en el apartado a) que:

$$A(A-2I) = -I$$

También hemos visto que $\exists A^{-1}$:

$$\underbrace{A^{-1} \cdot A}_{I} (A-2I) = A^{-1} \cdot (-I)$$

$$A-2I = -A^{-1}$$

$$-(A-2I) = A^{-1}$$

Y por tanto:

$$\left.\begin{array}{l} A^{-1} = \lambda(A-2I) \\ A^{-1} = -(A-2I) \end{array}\right\} \Rightarrow \lambda = -1$$

{PROBLEMA A2}

a) Pasamos las rectas a paramétricas:

$$r: \begin{cases} 5x+y-z=4 \\ 2x-2y-z=-5 \quad \times(-1) \end{cases} \left.\begin{array}{l} 5x+y-z=4 \\ -2x+2y+z=5 \end{array}\right\} E_1 + E_2 \quad 3x+3y=9 \Rightarrow$$

$$\Rightarrow x+y=3 \begin{array}{l} \nearrow \; y = \lambda \\ \searrow \; x = 3-\lambda \end{array} \rightarrow z = 5x+y-4 = 15-5\lambda+\lambda-4 = $$
$$= 11-4\lambda$$

$$\Rightarrow r: \begin{cases} x = 3-\lambda \\ y = \lambda \\ z = 11-4\lambda \end{cases} \begin{array}{l} \nearrow \; A(3,0,11) \\ \searrow \; \vec{V_r} = (-1,1,-4) \end{array}$$

PÁGINA 2

$$S: \begin{cases} x-y = -5 \\ z = 4 \end{cases} \Rightarrow y = \alpha \Rightarrow S: \begin{cases} x = -5+\alpha \\ y = \alpha \\ z = 4 \end{cases}$$

$\nearrow B(-5,0,4)$

$\searrow \vec{V_s} = (1,1,0)$

Para estudiar la posición relativa de r y s, construimos las matrices M y M* según:

$$\vec{AB} = (-5,0,4)-(3,0,11) = (-8,0,-7)$$

$$M^* = \begin{pmatrix} -1 & 1 & \vdots & -8 \\ 1 & 1 & \vdots & 0 \\ -4 & 0 & \vdots & -7 \end{pmatrix}$$

$\underbrace{\phantom{xxxxxx}}_{M}$

$\underline{Rango\ (M):}$

$\begin{vmatrix} -1 & 1 \\ 1 & 1 \end{vmatrix} = -2 \neq 0 \Rightarrow rg(M) = 2$

$\underline{Rango\ (M^*):}$

$\begin{vmatrix} -1 & 1 & -8 \\ 1 & 1 & 0 \\ -4 & 0 & -7 \end{vmatrix} = -18 \neq 0 \Rightarrow rg(M^*) = 3$

Como $rg(M) = 2$ y $rg(M^*) = 3 \Rightarrow$ las rectas se cruzan.

b) La distancia entre las rectas viene dada por:

$$d(r,s) = \frac{|[\vec{AB}, \vec{V_r}, \vec{V_s}]|}{|\vec{V_r} \times \vec{V_s}|} = \frac{|det\ (M^*)|}{|\vec{V_r} \times \vec{V_s}|}$$

$$\vec{V_r} \times \vec{V_s} = \begin{vmatrix} \vec{i} & \vec{j} & \vec{k} \\ -1 & 1 & -4 \\ 1 & 1 & 0 \end{vmatrix} = (4,-4,-2) ; \ |\vec{V_r} \times \vec{V_s}| = \sqrt{36} = 6$$

$$\Rightarrow d(r,s) = \frac{|-18|}{6} = \frac{18}{6} = 3\mu.$$

PÁGINA 3

c) Hagamos un pequeño esquema:

Determinamos el punto medio

del segmento $\overline{AB}$

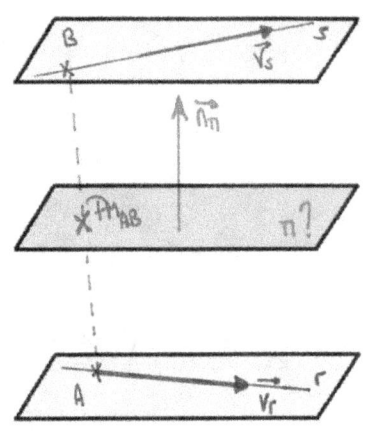

$$P_{M_{AB}} = \left( \frac{a_x + b_x}{2}, \frac{a_y + b_y}{2}, \frac{a_z + b_z}{2} \right)$$

$$P_{M_{AB}} = \left( \frac{3-5}{2}, \frac{0+0}{2}, \frac{11+4}{2} \right) = \left( -1, 0, \frac{15}{2} \right)$$

El vector normal del plano π que

buscamos es perpendicular tanto

a $\vec{V_r}$ como a $\vec{V_s}$. Así:

$$\vec{V_r} \times \vec{V_s} = \begin{vmatrix} \vec{\imath} & \vec{\jmath} & \vec{k} \\ -1 & 1 & -4 \\ 1 & 1 & 0 \end{vmatrix} = (4, -4, -2) = \vec{n_\pi}$$

$\pi: Ax + By + Cz + D = 0 \implies 4x - 4y - 2z + D = 0$

Como $P_{M_{AB}} \left( -1, 0, \frac{15}{2} \right) \in \pi \implies -4 - 2 \cdot \frac{15}{2} + D = 0$

$$D = 19$$

$$\implies \pi: 4x - 4y - 2z + 19 = 0$$

PROBLEMA A.3

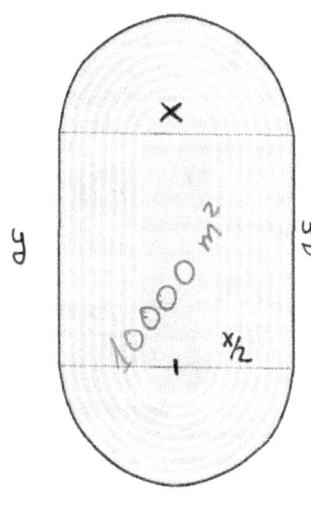

a) El perímetro vendrá dado por:

$$P(x,y) = 2y + \pi x$$

$\quad\quad\quad\quad\quad$ Perímetro de una
$\quad\quad\quad\quad\quad$ circunferencia de radio $\frac{x}{2}$

La relación entre las variables $x$ e $y$ la obtendremos del área:

$$A_{TOTAL} = A_{\square} + A_{O} = x \cdot y + \pi\left(\frac{x}{2}\right)^2$$

$$A_{TOTAL} = 10\,000$$

$$\Rightarrow x \cdot y + \frac{\pi \cdot x^2}{4} = 10000 \Rightarrow xy = 10000 - \frac{\pi x^2}{4} \Rightarrow$$

$$\Rightarrow x \cdot y = \frac{40000 - \pi x^2}{4} \Rightarrow y = \frac{40000 - \pi x^2}{4x}$$

Y por tanto:

$$P(x) = 2 \cdot \left(\frac{40000 - \pi x^2}{4x}\right) + \pi x = \frac{40000 - \pi x^2}{2x} + \pi x =$$

$$= \frac{40000 - \pi x^2 + 2\pi x^2}{2x} = \frac{40000 + \pi x^2}{2x} \quad con \quad x > 0$$

b) El coste vendrá dado por:

$$f(x,y) = 1 \cdot (2y) + 2 \cdot (\pi x) \implies$$

$$\implies f(x) = 2 \cdot \frac{40000 - \pi x^2}{4x} + 2\pi x = \frac{40000 - \pi x^2}{2x} + 2\pi x =$$

$$= \frac{40000 - \pi x^2 + 4\pi x^2}{2x} = \frac{40000 + 3\pi x^2}{2x} \quad \text{con } x > 0$$

c) $f'(x) = \dfrac{6\pi x \cdot 2x - (40000 + 3\pi x^2) \cdot 2}{(2x)^2} = \dfrac{12\pi x^2 - 80000 - 6\pi x^2}{4x^2} =$

$$= \frac{6\pi x^2 - 80000}{4x^2} = \frac{3\pi x^2 - 40000}{2x^2} \quad \text{con } x > 0$$

$$f'(x) = 0 \implies 3\pi x^2 - 40000 = 0 \implies x^2 = \frac{40000}{3\pi}$$

$x = -\sqrt{\dfrac{40000}{3\pi}}$ No sirve

$x = \sqrt{\dfrac{40000}{3\pi}} \approx 65'15$

Como vemos, el coste de la valla será mínimo cuando el diámetro de los círculos exteriores sea $x = \sqrt{\dfrac{40000}{3\pi}} \approx 65'15\,m$

PÁGINA 6

OPCIÓN B

PROBLEMA B.1     a) Si $a=0$; $b=-1$; $c=2$:

$$\left.\begin{array}{l} 2ax + by + z = 3c \\ 3x - 2by - 2cz = a \\ 5ax - 2y + cz = -4b \end{array}\right\} \qquad A^* = \begin{pmatrix} 0 & -1 & 1 & \vdots & 6 \\ 3 & 2 & -4 & \vdots & 0 \\ 0 & -2 & 2 & \vdots & 4 \end{pmatrix}$$

Rango (A):

$$|3| = 3 \neq 0 \; ; \; \begin{vmatrix} 0 & -1 \\ 3 & 2 \end{vmatrix} = 3 \neq 0 \; ; \; \begin{vmatrix} 0 & -1 & 1 \\ 3 & 2 & -4 \\ 0 & -2 & 2 \end{vmatrix} = 0 \Rightarrow rg(A) = 2$$

Rango (A*):

$$\begin{vmatrix} 0 & -1 & 6 \\ 3 & 2 & 0 \\ 0 & -2 & 4 \end{vmatrix} = -24 \neq 0 \Rightarrow rg(A^*) = 3$$

$$\left.\begin{array}{l} rg(A) = 2 \\ rg(A^*) = 3 \end{array}\right\} \begin{array}{c} T^{ma} \text{ ROUCHÉ} \\ \downarrow \\ \text{Sistema} \\ \text{Incompatible} \end{array}$$

b) Si $(x, y, z) = (1, 2, 3)$ es solución, tendremos:

$$\left.\begin{array}{l} 2a + 2b + 3 = 3c \\ 3 - 4b - 6c = a \\ 5a - 4 + 3c = -4b \end{array}\right\} \quad \left.\begin{array}{l} 2a + 2b - 3c = -3 \\ a + 4b + 6c = 3 \\ 5a + 4b + 3c = 4 \end{array}\right\} \quad A^* = \begin{pmatrix} 2 & 2 & -3 & \vdots & -3 \\ 1 & 4 & 6 & \vdots & 3 \\ \underline{5} & 4 & 3 & \vdots & 4 \end{pmatrix}$$
$$\qquad\qquad\qquad\qquad\qquad\qquad\qquad\qquad\qquad A$$

$$\det(A) = \begin{vmatrix} 2 & 2 & -3 \\ 1 & 4 & 6 \\ 5 & 4 & 3 \end{vmatrix} = 78 \neq 0 \Rightarrow \left.\begin{array}{l} rg(A) = 3 \\ rg(A^*) = 3 \\ n^o \text{ incóg} = 3 \end{array}\right\} \begin{array}{c} T^{ma} \text{ ROUCHÉ} \Rightarrow \\ \rightarrow \text{ Sistema Compatible} \\ \text{Determinado} \end{array}$$

Por Cramer:

$$a = \frac{\begin{vmatrix} -3 & 2 & -3 \\ 3 & 4 & 6 \\ 4 & 4 & 3 \end{vmatrix}}{78} = 1 \; ; \quad b = \frac{\begin{vmatrix} 2 & -3 & -3 \\ 1 & 3 & 6 \\ 5 & 4 & 3 \end{vmatrix}}{78} = -1 \; ; \quad c = \frac{\begin{vmatrix} 2 & 2 & -3 \\ 1 & 4 & 3 \\ 5 & 4 & 4 \end{vmatrix}}{78} = 1$$

PÁGINA 7

c) Se trata de ver si para los valores calculados $a=1$;

$b=-1$; y $c=1$ el sistema admite más soluciones que

la solución $(x,y,z) = (1,2,3)$. Así:

$$\left.\begin{array}{l} 2x - y + z = 3 \\ 3x + 2y - 2z = 1 \\ 5x - 2y + z = 4 \end{array}\right\} \quad A^* = \begin{pmatrix} 2 & -1 & 1 & \vdots & 3 \\ 3 & 2 & -2 & \vdots & 1 \\ \underbrace{5 \quad -2 \quad 1}_{A} & & & \vdots & 4 \end{pmatrix}$$

$$\det(A) = \begin{vmatrix} 2 & -1 & 1 \\ 3 & 2 & -2 \\ 5 & -2 & 1 \end{vmatrix} = -7 \neq 0 \Rightarrow \left.\begin{array}{l} rg(A) = 3 \\ rg(A^*) = 3 \\ n^o \ m \ c\acute{o}g = 3 \end{array}\right\} \begin{array}{l} T^a \ ROUCH\acute{E} \\ \Downarrow \\ Sistema \ Compatible \\ Determinado \end{array}$$

$\Rightarrow$ La solución $(x,y,z)=(1,2,3)$ es la única que admite

el sistema cuando $a=1$; $b=-1$; y $c=1$.

boxed{PROBLEMA B.2}

a)

$\vec{PA} = (0,1,0)-(0,3,-1) = (0,-2,1)$

$\vec{PA} \times \vec{V_r} = \begin{vmatrix} \vec{i} & \vec{j} & \vec{k} \\ 0 & -2 & 1 \\ 2 & -1 & 1 \end{vmatrix} = (-1, 2, 4)$

$$\Rightarrow d(A,r) = \frac{|\vec{PA} \times \vec{V_r}|}{|\vec{V_r}|} = \frac{\sqrt{1^2+2^2+4^2}}{\sqrt{2^2+1^2+1^2}} = \frac{\sqrt{21}}{\sqrt{6}} = \sqrt{\frac{7}{2}} \approx 1'87 u$$

b) Si la recta "s" es la que pasa por $P$ y $A$, un vector

director de "s" será $\vec{V_s} = \vec{PA} = (0,-2,1)$. Así:

PÁGINA 8

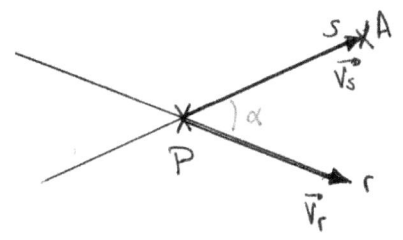

$$\cos \alpha = \frac{|\vec{v_r} \cdot \vec{v_s}|}{|\vec{v_r}| \cdot |\vec{v_s}|}$$

$$\cos \alpha = \frac{|(2,-1,1) \cdot (0,-2,1)|}{\sqrt{6} \cdot \sqrt{5}} = \frac{3}{\sqrt{30}}$$

$$\Rightarrow \alpha = \arccos\left(\frac{3}{\sqrt{30}}\right) = 56'79°$$

c)

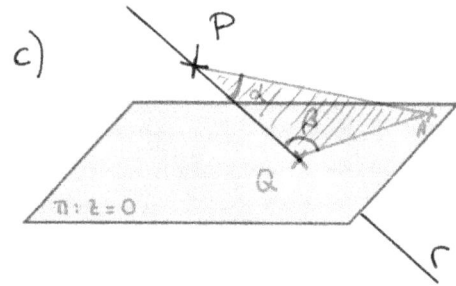

Las ecuaciones paramétricas

de la recta $r$:

$$r: \begin{cases} x = 0 + 2\lambda \\ y = 3 - \lambda \\ z = -1 + \lambda \end{cases}$$

El punto $Q$ de intersección entre $r$ y $\pi: z=0$ será:

$$z = 0 \Rightarrow 0 = -1 + \lambda \Rightarrow \lambda = 1$$

Como $Q \in r$ es $Q(2\lambda, 3-\lambda, -1+\lambda) \xrightarrow{\lambda=1} Q(2,2,0)$

$$\vec{QP} = (0,3,-1) - (2,2,0) = (-2,1,-1)$$

$$\vec{QA} = (0,1,0) - (2,2,0) = (-2,-1,0)$$

$$\cos \beta = \frac{\vec{QP} \cdot \vec{QA}}{|\vec{QP}| \cdot |\vec{QA}|} = \frac{(-2,1,-1) \cdot (-2,-1,0)}{\sqrt{6} \cdot \sqrt{5}} = \frac{3}{\sqrt{30}}$$

Como $\cos \beta = \cos \alpha \Rightarrow \alpha = \beta$ como queríamos demostrar

PÁGINA 9

©Juan Bertomeu Ferrer
www.bertoblog.com

{PROBLEMA B3}

a) $f(x) = 4 - x^2$ es una parábola que se puede representar fácilmente haciendo una tabla de valores:

| x | $f(x) = 4 - x^2$ |
|---|---|
| -4 | -12 |
| -3 | -5 |
| -2 | 0 |
| -1 | 3 |
| 0 | 4 |
| 1 | 3 |
| 2 | 0 |
| 3 | -5 |
| 4 | -12 |

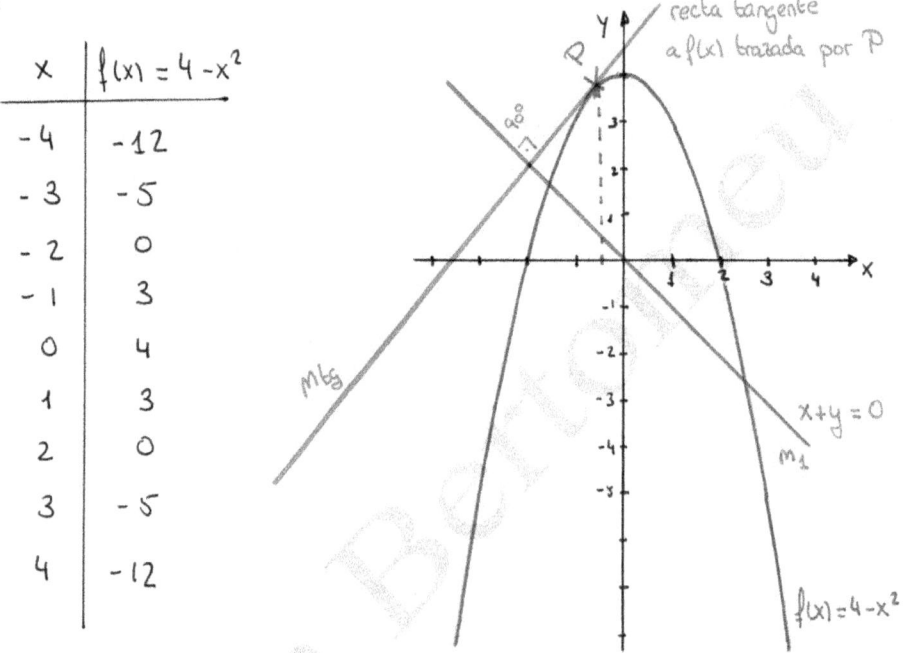

b) Hemos aprovechado la representación de $f(x)$ anterior para representar la recta $x+y=0$ y la recta perpendicular a ésta que será tangente en el punto P que vamos a determinar

$$x+y=0 \Rightarrow y=-x \Rightarrow m_1 = -1$$

La recta tangente trazada por P, por ser perpendicular a la recta $x+y=0$ dada, tendrá una pendiente inversa y cambiada de signo $\Rightarrow m_{tg} = \dfrac{-1}{m_1} = \dfrac{-1}{-1} = 1$

Por otro lado, la pendiente de la recta tangente es la derivada de $f(x)$ evaluada en el punto de tangencia P.

Así:

$$m_{tg} = f'(x_P) \quad . \quad \text{Como } f'(x) = -2x \implies$$

$$\implies 1 = -2x_P \implies x_P = -\frac{1}{2}$$

Y por tanto el punto pedido:

$$P(x, 4-x^2) \overset{x_P = -1/2}{\implies} P\left(-1/2, \, 15/4\right)$$

c)

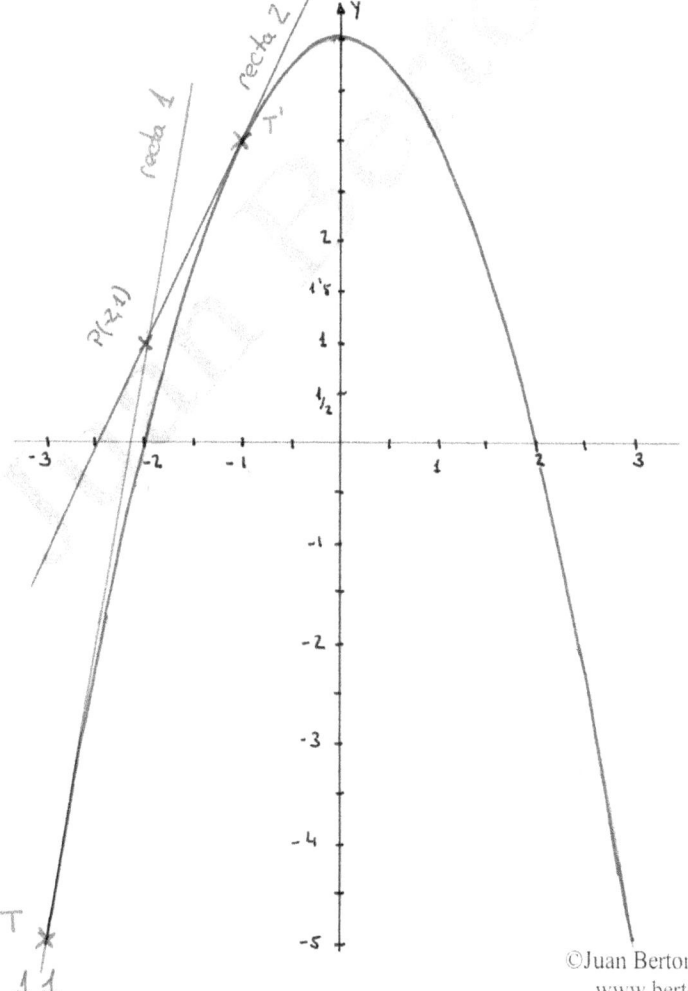

Las rectas que estamos buscando tendrán la ecuación:

$y - y_0 = m(x - x_0)$, siendo $(x_0, y_0) = (-2, 1)$ un

punto de la recta y siendo "m" la derivada de

$f(x)$ evaluada en el punto de tangencia T desconocido

$$\left.\begin{array}{l} y - y_0 = m(x - x_0) \\ (x_0, y_0) = (-2, 1) \\ m = f'(x_T) = -2x_T \end{array}\right\} \quad y - 1 = -2x_T(x + 2)$$

Los puntos de tangencia $T(x_T, 4 - x_T^2)$ de la curva $f(x)$

también son puntos de la recta, y por tanto deben

cumplir su ecuación:

$$4 - x_T^2 - 1 = -2x_T(x_T + 2) \Rightarrow x_T^2 + 4x_T + 3 = 0 \begin{array}{l} \nearrow x_T = -3 \\ \searrow x_{T'} = -1 \end{array}$$

Los puntos de tangencia son:

$$T(x, 4 - x^2) \begin{array}{l} \xrightarrow{x_T = -3} T(-3, -5) \\ \xrightarrow{x_{T'} = -1} T'(-1, 3) \end{array}$$

Y por tanto, las ecuaciones de las rectas tangentes:

$$y - 1 = -2x_T \cdot (x + 2) \begin{array}{l} \xrightarrow{x_T = -3} \text{recta 1}: \; y = 6x + 13 \\ \xrightarrow{x_{T'} = -1} \text{recta 2}: \; y = 2x + 5 \end{array}$$

# SEPTIEMBRE 2010

## OPCIÓN A

**Problema A.1.**

Dado el sistema de ecuaciones lineales $\begin{cases} \alpha x + \alpha^3 y + z = 1 \\ \alpha x + \alpha y + z = 1 \\ \alpha^3 x + \alpha y + z = 1 \end{cases}$ donde $\alpha$ es un parámetro real, se pide:

a) Deducir, razonadamente, para qué valores de $\alpha$ es compatible determinado. (*4 puntos*).

b) Deducir, razonadamente, para qué valores de $\alpha$ es compatible indeterminado. (*3 puntos*).

c) Resolver el sistema en todos los casos en que es compatible indeterminado. (*3 puntos*).

**Problema A.2.** Se pide obtener razonadamente:

a) La ecuación del plano $\pi$ que pasa por los puntos $O = (0,0,0)$, $A = (6,-3,0)$ y $B = (3,0,1)$. (*3 puntos*).

b) La ecuación de la recta $r$ que pasa por el punto $P = (8,7,-2)$ y es perpendicular al plano $\pi$. (*3 puntos*).

c) El punto $Q$ del plano $\pi$ cuya distancia al punto $P$ es menor que la distancia de cualquier otro punto del plano $\pi$ al punto $P$. (*4 puntos*).

**Problema A.3.** Dadas las funciones $f(x) = x^3$ y $g(x) = 2x^2 - x$, se pide:

a) Obtener razonadamente los puntos de intersección $A$ y $B$ de las curvas $y = f(x)$ e $y = g(x)$. (*3 puntos*).

b) Demostrar que $f(x) \geq g(x)$ cuando $x \geq 0$. (*3 puntos*).

c) Calcular razonadamente el área de la superficie limitada por las dos curvas entre los puntos $A$ y $B$. (*4 puntos*).

# OPCIÓN B

**Problema B.1.** Dadas las matrices $A(x) = \begin{pmatrix} x+2 & 4 & 3 \\ x+2 & 6 & 2 \\ x+3 & 8 & 2 \end{pmatrix}$ y $B(y) = \begin{pmatrix} y+1 & 4 & 3 \\ y+2 & 6 & 2 \\ y+3 & 8 & 1 \end{pmatrix}$, se pide:

a) Obtener razonadamente el valor de $x$ para que el determinante de la matriz $A(x)$ sea 6. *(4 puntos)*.

b) Calcular razonadamente el determinante de la matriz $2A(x)$. *(2 puntos)*.

c) Demostrar que la matriz $B(y)$ no tiene matriz inversa para ningún valor real de $y$. *(4 puntos)*.

**Problema B.2.** Dadas las dos rectas $r$ y $s$ de ecuaciones

$$r: \frac{x-4}{3} = \frac{y-4}{2} = z-4 \qquad \text{y} \qquad s: x = \frac{y}{2} = \frac{z}{3},$$

se pide calcular razonadamente:

a) Las coordenadas del punto $P$ de intersección de las rectas $r$ y $s$. *(3 puntos)*.

b) El ángulo que forman las rectas $r$ y $s$. *(3 puntos)*.

c) Ecuación implícita $Ax + By + Cz + D = 0$ del plano $\pi$ que contiene a las rectas $r$ y $s$. *(4 puntos)*.

**Problema B.3.** Dos elementos de un escudo son una circunferencia y un triángulo. La circunferencia tiene centro $(0,0)$ y radio 5. Uno de los vértices del triángulo es el punto $A = (-5, 0)$. Los otros dos vértices del triángulo son los puntos de la circunferencia $B = (x, y)$ y $C = (x, -y)$. Se pide obtener razonadamente:

a) El área del triángulo en función de $x$. *(3 puntos)*.

b) Los vértices $B$ y $C$ para los que es máxima el área del triángulo. *(5 puntos)*.

c) El valor máximo del área del triángulo. *(2 puntos)*.

OPCIÓN A

PROBLEMA A.1

$$\left. \begin{array}{l} \alpha x + \alpha^3 y + z = 1 \\ \alpha x + \alpha y + z = 1 \\ \alpha^3 x + \alpha y + z = 1 \end{array} \right\} \qquad A^* = \begin{pmatrix} \alpha & \alpha^3 & 1 & \vdots & 1 \\ \alpha & \alpha & 1 & \vdots & 1 \\ \alpha^3 & \alpha & 1 & \vdots & 1 \end{pmatrix}$$

$$\underbrace{\phantom{\begin{pmatrix} \alpha & \alpha^3 & 1 \\ \alpha & \alpha & 1 \\ \alpha^3 & \alpha & 1 \end{pmatrix}}}_{A}$$

$$\det(A) = \begin{vmatrix} \alpha & \alpha^3 & 1 \\ \alpha & \alpha & 1 \\ \alpha^3 & \alpha & 1 \end{vmatrix} \underset{\substack{-\bar{F}_1+\bar{F}_2 \\ -\bar{F}_2+\bar{F}_3}}{=} \begin{vmatrix} \alpha & \alpha^3 & 1 \\ 0 & \alpha-\alpha^3 & 0 \\ \alpha^3-\alpha & 0 & 0 \end{vmatrix} = \begin{vmatrix} 0 & \alpha-\alpha^3 \\ \alpha^3-\alpha & 0 \end{vmatrix} =$$

$$= -(\alpha^3-\alpha)(\alpha-\alpha^3) = (\alpha-\alpha^3)^2$$

$$\det(A) = 0 \Rightarrow (\alpha-\alpha^3)^2 = 0 \Rightarrow \alpha-\alpha^3 = 0$$
$$\alpha(1-\alpha^2) = 0 \begin{cases} \alpha = 0 \\ 1-\alpha^2=0 \begin{cases} \alpha=-1 \\ \alpha=1 \end{cases} \end{cases}$$

$\boxed{\text{Si } \alpha \neq -1 \wedge \alpha \neq 0 \wedge \alpha \neq 1} \Rightarrow \det(A) \neq 0 \Rightarrow rg(A) = 3 \Rightarrow rg(A^*) = 3$

$\Rightarrow T^{\underline{ma}}$ ROUCHÉ $\Rightarrow$ Sistema Compatible Determinado.

$\boxed{\text{Si } \alpha = -1} \Rightarrow \det(A) = 0 \Rightarrow rg(A) < 3$

$\underline{\text{Rango}(A):}$

$$A^* = \begin{pmatrix} \boxed{-1} & -1 & 1 & \vdots & 1 \\ -1 & -1 & 1 & \vdots & 1 \\ -1 & -1 & 1 & \vdots & 1 \end{pmatrix}$$

$|-1| = -1 \neq 0$

$\begin{vmatrix} -1 & -1 \\ -1 & -1 \end{vmatrix} = 0 \; ; \; \begin{vmatrix} -1 & 1 \\ -1 & 1 \end{vmatrix} = 0$

$\Rightarrow rg(A) = 1$

PÁGINA 1

Rango $(A^*)$:

$$\begin{vmatrix} -1 & 1 \\ -1 & 1 \end{vmatrix} = 0 \Rightarrow rg(A^*) = 1 \qquad \left. \begin{array}{l} rg(A) = 1 \\ rg(A^*) = 1 \\ n^o \, mc\acute{o}g = 3 \end{array} \right\} \begin{array}{l} T^{MA} \, ROUCH\acute{E} \\ \Downarrow \\ Sistema \; Compatible \\ Indeterminado. \end{array}$$

$$-x - y + z = 1 \; \begin{array}{l} \nearrow \; x = \lambda \\ \longrightarrow \; y = \mu \\ \searrow \; z = 1 + x + y = 1 + \lambda + \mu \end{array}$$

Las infinitas soluciones para $\alpha = -1$ vienen dadas por:

$$(x, y, z) = (\lambda, \mu, 1 + \lambda + \mu) \quad \forall \lambda, \mu \in \mathbb{R}$$

Si $\alpha = 0 \Rightarrow det(A) = 0 \Rightarrow rg(A) < 3$

$$A^* = \begin{pmatrix} 0 & 0 & 1 & | & 1 \\ 0 & 0 & 1 & | & 1 \\ 0 & 0 & 1 & | & 1 \end{pmatrix}$$

Rango $(A)$:

$$|1| = 1 \neq 0$$
$$\begin{vmatrix} 0 & 1 \\ 0 & 1 \end{vmatrix} = 0 \Rightarrow rg(A) = 1$$

Rango $(A^*)$:

$$\begin{vmatrix} 1 & 1 \\ 1 & 1 \end{vmatrix} = 0 \Rightarrow rg(A^*) = 1$$

$$\left. \begin{array}{l} rg(A) = 1 \\ rg(A^*) = 1 \\ n^o mc\acute{o}g = 3 \end{array} \right\} T^{MA} \, ROUCH\acute{E} \Rightarrow Sistema \; Compatible \; Indeterminado$$

$$z = 1 \; \begin{array}{l} \nearrow \; x = \lambda \\ \searrow \; y = \mu \end{array}$$

Las infinitas soluciones para $\alpha = 0$ vienen dadas por:

$$(x, y, z) = (\lambda, \mu, 1) \quad \forall \lambda, \mu \in \mathbb{R}$$

PÁGINA 2

$\boxed{Si\ \alpha = 1} \Rightarrow det(A) = 0 \Rightarrow rg(A) < 3$

$\underline{Rango\ (A):}$

$$A^* = \begin{pmatrix} \boxed{1} & 1 & 1 & \vdots & 1 \\ 1 & 1 & 1 & \vdots & 1 \\ 1 & 1 & 1 & \vdots & 1 \end{pmatrix}$$

$|1| = 1 \neq 0$

$\begin{vmatrix} 1 & 1 \\ 1 & 1 \end{vmatrix} = 0 \Rightarrow rg(A) = 1$

$\underline{Rango\ (A^*):}$

$\begin{vmatrix} \boxed{1} & 1 \\ 1 & 1 \end{vmatrix} = 0 \Rightarrow rg(A^*) = 1$

$\left. \begin{array}{l} rg(A) = 1 \\ rg(A^*) = 1 \\ n^o\ incógnitas = 3 \end{array} \right\} \Rightarrow T^{\underline{ma}}\ ROUCHÉ \Rightarrow$ Sistema Compatible Indeterminado

$$x + y + z = 1 \begin{array}{l} \nearrow x = \lambda \\ \rightarrow y = \mu \\ \searrow z = 1 - x - y = 1 - \lambda - \mu \end{array}$$

Las infinitas soluciones para $\alpha = 1$ vienen dadas por:

$$(x, y, z) = (\lambda, \mu, 1 - \lambda - \mu)\ \forall \lambda, \mu \in \mathbb{R}$$

$\boxed{PROBLEMA\ A2}$

a)

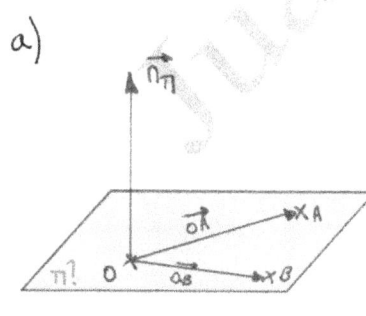

$\vec{OA} = (6, -3, 0) - (0, 0, 0) = (6, -3, 0)$

$\vec{OB} = (3, 0, 1) - (0, 0, 0) = (3, 0, 1)$

$\vec{OA} \times \vec{OB} = \begin{vmatrix} \vec{\imath} & \vec{\jmath} & \vec{k} \\ 6 & -3 & 0 \\ 3 & 0 & 1 \end{vmatrix} = (-3, -6, 9)$

$\pi: Ax + By + Cz + D = 0 \qquad \Rightarrow \vec{n_\pi} = (1, 2, -3)$

$\pi: x + 2y - 3z + D = 0 \Rightarrow$ Como $O(0,0,0) \in \pi \Rightarrow D = 0 \Rightarrow$

$$\Rightarrow \pi: x + 2y - 3z = 0$$

PÁGINA 3

b)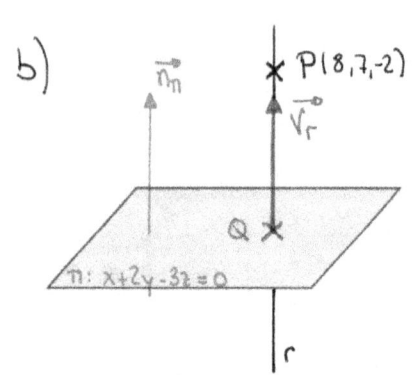

Como $r \perp \pi \Rightarrow \vec{v_r} = \vec{n_\pi} = (1,2,-3)$

Las ecuaciones paramétricas de "r":

$$r: \begin{cases} x = 8 + \lambda \\ y = 7 + 2\lambda \\ z = -2 - 3\lambda \end{cases}$$

c) El punto Q que nos piden será el punto de intersección entre la recta "r" y el plano "π".

$$\left. \begin{array}{l} \pi: \ x+2y-3z=0 \\ r: \begin{cases} x=8+\lambda \\ y=7+2\lambda \\ z=-2-3\lambda \end{cases} \end{array} \right\}$$

$(8+\lambda)+2(7+2\lambda)-3(-2-3\lambda)=0 \Rightarrow$

$\Rightarrow 14\lambda + 28 = 0 \Rightarrow \lambda = -2$

Como $Q \in r$ es $Q(8+\lambda, 7+2\lambda, -2-3\lambda) \xrightarrow{\lambda=-2} Q(6,3,4)$

## PROBLEMA A3

a) $\left. \begin{array}{l} f(x) = x^3 \\ g(x) = 2x^2 - x \end{array} \right\}$ Puntos de corte $\Rightarrow f(x) = g(x) \Rightarrow$

$\Rightarrow x^3 = 2x^2 - x \Rightarrow \underbrace{x^3 - 2x^2 + x = 0}_{f(x)-g(x)} \Rightarrow$

$x = 0 \Rightarrow A(0, f(0)) \Rightarrow A(0,0)$

$\Rightarrow x(x^2 - 2x + 1) = 0 \searrow x^2 - 2x + 1 = 0 \Rightarrow x = 1 \Rightarrow B(1, f(1)) \Rightarrow$

$\Rightarrow B(1,1)$

PÁGINA 4

b) $f(x) \geqslant g(x)$ cuando $x \geqslant 0$

$$x^3 \geqslant 2x^2 - x \Rightarrow x^3 - 2x^2 + x \geqslant 0 \Rightarrow x(x^2 - 2x + 1) \geqslant 0 \Rightarrow$$

$$\Rightarrow x \cdot (x-1)^2 \geqslant 0 \Big\langle \begin{array}{l} \rightarrow \text{Como } x \geqslant 0 \text{ por hipótesis} \\ \rightarrow \text{y como } (x-1)^2 \geqslant 0 \text{ por estar al cuadrado} \end{array}$$

$$\Rightarrow \underset{\substack{\downarrow \\ \geqslant 0}}{x} \cdot \underset{\substack{\downarrow \\ \geqslant 0}}{(x-1)^2} \geqslant 0 \text{ , como queríamos demostrar.}$$

c) El área comprendida entre $f(x)$ y $g(x)$ entre $A(x=0)$ y $B(x=1)$ viene dada por , por ser $f(x) \geqslant g(x)$ :

$$A = \int_0^1 (f(x) - g(x))\, dx = \int_0^1 (x^3 - 2x^2 + x)\, dx = \left[ \frac{x^4}{4} - \frac{2x^3}{3} + \frac{x^2}{2} \right]_0^1 =$$

$$= \left( \frac{1}{4} - \frac{2}{3} + \frac{1}{2} \right) - 0 = \frac{1}{12} \; u^2$$

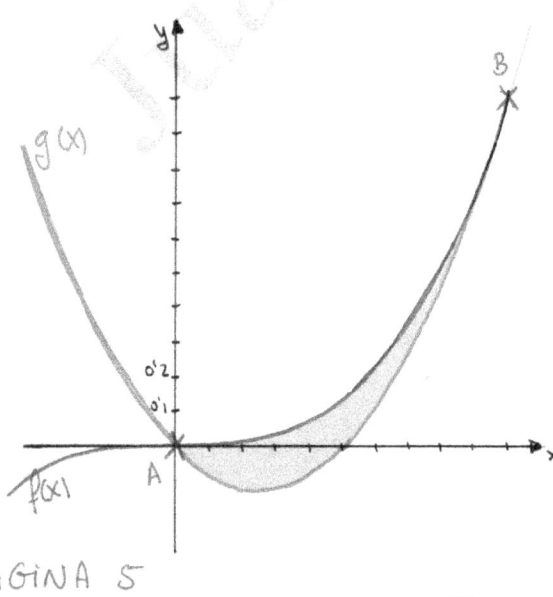

*No es necesario hacer la representación para calcular el área.
Pero basta con hacer unas tablas de valores para representar las funciones.

PÁGINA 5

OPCIÓN B

PROBLEMA B1

a) $\det(A(x)) = \begin{vmatrix} x+2 & 4 & 3 \\ x+2 & 6 & 2 \\ x+3 & 8 & 2 \end{vmatrix} \underset{\substack{-F_1+F_2 \\ -F_2+F_3}}{=} \begin{vmatrix} x+2 & 4 & 3 \\ 0 & 2 & -1 \\ 1 & 2 & 0 \end{vmatrix} =$

$= -4 - 6 + 2(x+2) = 2x - 6$

$\det(A(x)) = 6 \Rightarrow 2x - 6 = 6 \Rightarrow 2x = 12 \Rightarrow x = 6$

b) $\det(2 \cdot A(x)) = 2^3 \cdot \det(A(x)) = 8(2x - 6) = 16x - 48$

$\det(KX) = K^n \cdot \det(X)$ con $X_{n \times n}$

c) La matriz $B(y)$ no tendrá inversa si $\det(B(y)) = 0$.

$\det(B(y)) = \begin{vmatrix} y+1 & 4 & 3 \\ y+2 & 6 & 2 \\ y+3 & 8 & 1 \end{vmatrix} \underset{\substack{-F_1+F_2 \\ -F_2+F_3}}{=} \begin{vmatrix} y+1 & 4 & 3 \\ 1 & 2 & -1 \\ 1 & 2 & -1 \end{vmatrix} = 0$

↳ Por tener dos filas iguales

$\Rightarrow \nexists (B(y))^{-1}$ independientemente del valor de "$y$" pues

como hemos visto, $\det(B(y)) = 0 \ \forall y \in \mathbb{R}$

PÁGINA 6

PROBLEMA B2

Expresamos las rectas en paramétricas:

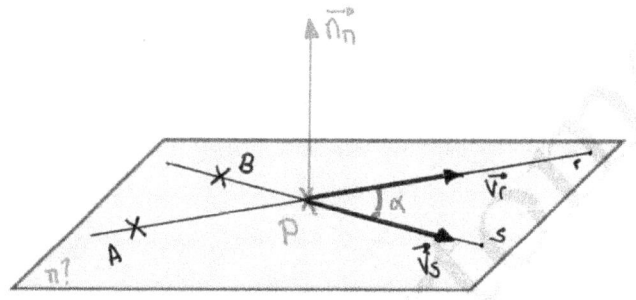

$$r: \begin{cases} x = 4 + 3\lambda \\ y = 4 + 2\lambda \\ z = 4 + \lambda \end{cases} \quad \to A(4,4,4) \\ \quad \to \vec{V_r} = (3,2,1)$$

$$s: \begin{cases} x = t \\ y = 2t \\ z = 3t \end{cases} \quad \to B(0,0,0) \\ \quad \to \vec{V_s} = (1,2,3)$$

a) El punto de intersección $P$ lo obtendremos resolviendo el sistema:

$$\left. \begin{array}{l} 4 + 3\lambda = t \\ 4 + 2\lambda = 2t \\ 4 + \lambda = 3t \end{array} \right\} \begin{array}{l} -2E_1 + E_2 \to -4 - 4\lambda = 0 \Rightarrow \lambda = -1 \\ \\ t = 1 \end{array}$$

Como $P \in s$ es $P(t, 2t, 3t) \overset{t=1}{\Longrightarrow} P(1, 2, 3)$

b) $\cos \alpha = \dfrac{|\vec{V_r} \cdot \vec{V_s}|}{|\vec{V_r}| \cdot |\vec{V_s}|} = \dfrac{|(3,2,1) \cdot (1,2,3)|}{\sqrt{3^2+2^2+1^2} \cdot \sqrt{1^2+2^2+3^2}} = \dfrac{10}{14} = \dfrac{5}{7}$

$$\Rightarrow \alpha = \arccos\left(\frac{5}{7}\right) = 44'415°$$

c) $\vec{v_r} \times \vec{v_s} = \begin{vmatrix} \vec{i} & \vec{j} & \vec{k} \\ 3 & 2 & 1 \\ 1 & 2 & 3 \end{vmatrix} = (4, -8, 4) \Rightarrow \vec{n_\pi} = (1, -2, 1)$

$\pi: Ax + By + Cz + D = 0 \Rightarrow \pi: x - 2y + z + D = 0$

Como $B(0,0,0) \in \pi \quad \diagup D = 0$

$\Rightarrow \pi: x - 2y + z = 0$

**PROBLEMA B3**

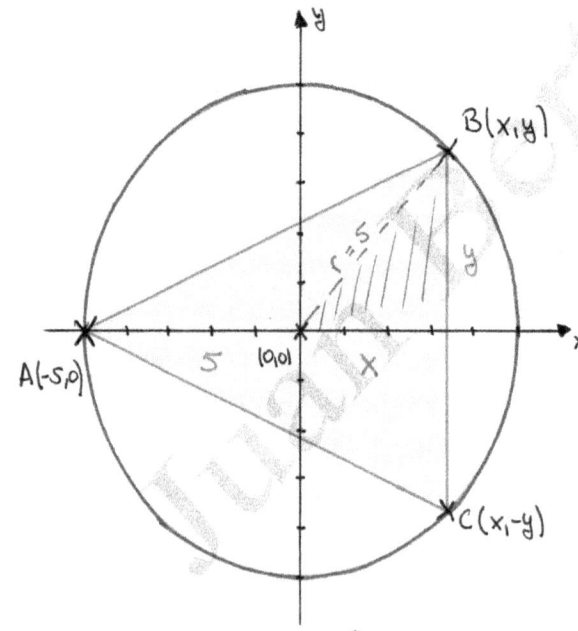

El área del triángulo se calcula como:

$$A_T = \frac{base \times altura}{2}$$

Así:

$$A(x,y) = \frac{(5+x) \cdot 2y}{2}$$

$$A(x,y) = (5+x) \cdot y$$

La relación entre las variables $x$ e $y$ la podemos obtener fácilmente aplicando Pitágoras:

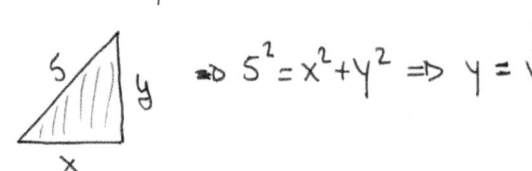

$\Rightarrow 5^2 = x^2 + y^2 \Rightarrow y = \sqrt{25 - x^2}$

PÁGINA 8

Y Por tanto, el área pedida en función de x es:

$$A(x) = (5+x) \cdot \sqrt{25-x^2} \quad \text{con } -5 < x < 5$$

b) $A'(x) = \sqrt{25-x^2} + (5+x) \cdot \dfrac{1}{\cancel{2}\sqrt{25-x^2}} \cdot (-\cancel{2}x) =$

$$= \sqrt{25-x^2} - \frac{5x+x^2}{\sqrt{25-x^2}} = \frac{\left(\sqrt{25-x^2}\right)^{\cancel{2}} - 5x - x^2}{\sqrt{25-x^2}} =$$

$$= \frac{25 - 5x - 2x^2}{\sqrt{25-x^2}} \quad \text{con } -5 < x < 5$$

$A'(x) = 0 \implies 25 - 5x - 2x^2 = 0$

  $x = -5$   No sirve!
          $(-5 < x < 5)$

  $x = 5/2$

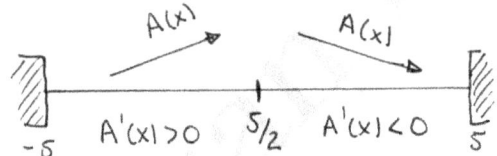

$A(x) \nearrow \qquad A(x) \searrow$

$-5 \qquad A'(x) > 0 \quad 5/2 \quad A'(x) < 0 \qquad 5$

Luego el área es máxima para $x = 5/2$, siendo los vértices pedidos los puntos:

$$B\left(5/2, \frac{5\sqrt{3}}{2}\right) \quad y \quad C\left(5/2, -\frac{5\sqrt{3}}{2}\right)$$

c) El valor máximo del área del triángulo será:

$$A(x = 5/2) = \left(5 + \frac{5}{2}\right) \cdot \sqrt{25 - \frac{25}{4}} = \frac{15}{2} \cdot \frac{5\sqrt{3}}{2} \approx 32'476 \ u^2$$

PÁGINA 9

## OPCIÓN A                    JUNIO 2011

**Problema A.1.** Sea el sistema de ecuaciones

$$S : \begin{cases} x + y + \phantom{3}z = m \\ 2x + \phantom{3}3z = 2m+1 \\ x + 3y + (m-2)z = m-1 \end{cases},$$

donde $m$ es un parámetro real. Obtener **razonadamente**:

a) Todas las soluciones del sistema $S$ cuando $m = 2$. (*4 puntos*).

b) Todos los valores de $m$ para los que el sistema $S$ tiene una solución única. (*2 puntos*).

c) El valor de $m$ para el que el sistema $S$ admite la solución $(x, y, z) = \left( \dfrac{3}{2}, -\dfrac{1}{2}, 0 \right)$. (*4 puntos*).

**Problema A.2.** En el espacio se dan las rectas $r : \begin{cases} x + z = 2 \\ 2x - y + z = 0 \end{cases}$ y $s : \begin{cases} 2x - y = 3 \\ x - y - z = 2 \end{cases}$. Obtener

**razonadamente**:

a) Un punto y un vector director de cada recta. (*3 puntos*).

b) La posición relativa de las rectas $r$ y $s$. (*4 puntos*).

c) La ecuación del plano que contiene a $r$ y es paralelo a $s$. (*3 puntos*).

**Problema A.3.** Sea $f$ la función definida por $f(x) = \dfrac{x}{x^2 - 3x + 2}$. Obtener **razonadamente**:

a) El dominio y las asíntotas de la función $f(x)$. (*3 puntos*).

b) Los intervalos de crecimiento y decrecimiento de la función $f(x)$. (*4 puntos*).

c) La integral $\displaystyle\int f(x)\,dx = \int \dfrac{x}{x^2 - 3x + 2}\,dx$. (*3 puntos*).

# OPCIÓN B

**Problema B.1.** Se da la matriz $A = \begin{pmatrix} -1 & 0 & 1 \\ 0 & m & 0 \\ 2 & 1 & m^2-1 \end{pmatrix}$, donde $m$ es un parámetro real.

a) Obtener **razonadamente** el rango o característica de la matriz $A$ en función de los valores de $m$. (*5 puntos*).

b) **Explicar** por qué es invertible la matriz $A$ cuando $m = 1$. (*2 puntos*).

c) Obtener **razonadamente** la matriz inversa $A^{-1}$ de $A$ cuando $m = 1$, indicando los distintos pasos para la obtención de $A^{-1}$. **Comprobar** que los productos $AA^{-1}$ y $A^{-1}A$ dan la matriz unidad. (*3 puntos*).

**Problema B.2.** En el espacio se dan las rectas $r : \begin{cases} x = \lambda \\ y = 1-\lambda \\ z = 3 \end{cases}$ y $s : \{ x-1 = y = z-3 \}$. Obtener

**razonadamente**:

a) Un vector director de cada una de dichas rectas $r$ y $s$. (*2 puntos*).

b) La ecuación del plano perpendicular a la recta $r$ que pasa por el punto $(0, 1, 3)$. (*3 puntos*).

c) El punto de intersección de las rectas $r$ y $s$ (*2 puntos*) y la ecuación del plano $\pi$ que contiene a estas rectas $r$ y $s$. (*3 puntos*).

**Problema B.3.** Se desea construir un campo rectangular con vértices $A$, $B$, $C$ y $D$ de manera que:

Los vértices $A$ y $B$ sean puntos del arco de la parábola $y = 4 - x^2$, $-2 \leq x \leq 2$, y el segmento de extremos $A$ y $B$ es horizontal.

Los vértices $C$ y $D$ sean puntos del arco de la parábola $y = x^2 - 16$, $-4 \leq x \leq 4$, y el segmento de extremos $C$ y $D$ es también horizontal.

Los puntos $A$ y $C$ deben tener la misma abscisa, cuyo valor es el número real positivo $x$.

Los puntos $B$ y $D$ deben tener la misma abscisa, cuyo valor es el número real negativo $-x$.

Se pide obtener **razonadamente**:

a) La expresión $S(x)$ del área del campo rectangular en función del número real positivo $x$. (*4 puntos*).

b) El número real positivo $x$ para el que el área $S(x)$ es máxima. (*4 puntos*).

c) El valor del área máxima. (*2 puntos*).

OPCIÓN A

PROBLEMA A.1

$$\left.\begin{array}{l} x + y + z = m \\ 2x + 3z = 2m+1 \\ x + 3y + (m-2)z = m-1 \end{array}\right\} \quad A^* = \begin{pmatrix} 1 & 1 & 1 & \vdots & m \\ 2 & 0 & 3 & \vdots & 2m+1 \\ 1 & 3 & m-2 & \vdots & m-1 \end{pmatrix}$$

$\underbrace{\phantom{xxxxxxxxxxxxx}}_{A}$

a) Para $\boxed{m=2}$ se tendrá:

$$A^* = \begin{pmatrix} 1 & 1 & 1 & \vdots & 2 \\ 2 & 0 & 3 & \vdots & 5 \\ 1 & 3 & 0 & \vdots & 1 \end{pmatrix}$$

Rango (A):

$$\begin{vmatrix} 1 & 1 \\ 2 & 0 \end{vmatrix} = -2 \neq 0$$

$$\begin{vmatrix} 1 & 1 & 1 \\ 2 & 0 & 3 \\ 1 & 3 & 0 \end{vmatrix} = 0 \Rightarrow rg(A) = 2$$

Rango (A*):

$$\begin{vmatrix} 1 & 1 & 2 \\ 2 & 0 & 5 \\ 1 & 3 & 1 \end{vmatrix} = 0 \Rightarrow rg(A^*) = 2 \Rightarrow \left.\begin{array}{l} rg(A) = 2 \\ rg(A^*) = 2 \\ n^o \, incóg = 3 \end{array}\right\} \begin{array}{l} T^{ma} \text{ ROUCHÉ} \\ \Downarrow \\ \text{Sistema} \\ \text{compatible} \\ \text{Indeterminado} \end{array}$$

$$\left.\begin{array}{l} x + y + z = 2 \\ 2x + 3z = 5 \end{array}\right\} \begin{array}{l} \times(-2) \\ \phantom{x} \end{array} \left.\begin{array}{l} -2x - 2y - 2z = -4 \\ 2x + 3z = 5 \end{array}\right\} \begin{array}{l} E_1 + E_2 \\ \phantom{x} \end{array} -2y + z = 1$$

$$y = \lambda \qquad z = 1 + 2\lambda$$

$$\longrightarrow x = 2 - y - z = 2 - \lambda - 1 - 2\lambda = 1 - 3\lambda$$

Las infinitas soluciones para m=2 vienen dadas por:

$$(x, y, z) = (1 - 3\lambda, \lambda, 1 + 2\lambda) \quad \forall \lambda \in \mathbb{R}$$

b) El sistema tendrá solución única cuando $rg(A) = 3$.

Para ello tendrá que ser $det(A) \neq 0$. Así:

$$det(A) = \begin{vmatrix} 1 & 1 & 1 \\ 2 & 0 & 3 \\ 1 & 3 & m-2 \end{vmatrix} = -2(m-2)$$

$$det(A) = 0 \implies -2(m-2) = 0 \implies m = 2$$

$\implies$ El sistema tendrá solución única $\forall m \in \mathbb{R} - \{2\}$

c) Si el sistema admite la solución $(x, y, z) = \left(\frac{3}{2}, -\frac{1}{2}, 0\right)$

$$\left. \begin{array}{l} \frac{3}{2} - \frac{1}{2} + 0 = m \\ 2 \cdot \frac{3}{2} + 3 \cdot 0 = 2m+1 \\ \frac{3}{2} + 3 \cdot \left(-\frac{1}{2}\right) + (m-2) \cdot 0 = m-1 \end{array} \right\} \left. \begin{array}{l} m = 1 \\ m = 1 \\ m = 1 \end{array} \right\}$$ El valor pedido es $m = 1$

{PROBLEMA A.2}

a) $r: \begin{cases} x + z = 2 \\ 2x - y + z = 0 \end{cases} \implies z = \lambda \implies r: \begin{cases} x = 2 - \lambda \\ y = 4 - \lambda \\ z = \lambda \end{cases}$  $\nearrow A(2,4,0)$

$\qquad\qquad\qquad\qquad\qquad\qquad\qquad\qquad\qquad\qquad \searrow \vec{V_r} = (-1, -1, 1)$

$\qquad\qquad\downarrow$

$y = 2x + z = 2(2-\lambda) + \lambda = 4 - \lambda$

$$s: \begin{cases} 2x - y = 3 \\ x - y - z = 2 \end{cases} \Rightarrow X = \alpha \Rightarrow s: \begin{cases} x = \alpha \\ y = -3 + 2\alpha \\ z = 1 - \alpha \end{cases}$$

B$(0, -3, 1)$

$\vec{V_s} = (1, 2, -1)$

$z = x - y - 2 = \alpha + 3 - 2\alpha - 2 = 1 - \alpha$

b) Para estudiar la posición relativa de las rectas $r$ y $s$ construimos las matrices M y $M^*$ según:

$$\vec{AB} = (0, -3, 1) - (2, 4, 0) = (-2, -7, 1)$$

$$M^* = \begin{pmatrix} -1 & 1 & \vdots & -2 \\ -1 & 2 & \vdots & -7 \\ 1 & -1 & \vdots & 1 \end{pmatrix}$$

Rango (M):

$$\begin{vmatrix} -1 & 1 \\ -1 & 2 \end{vmatrix} = -1 \neq 0 \Rightarrow rg(M) = 2$$

Rango ($M^*$):

$$\begin{vmatrix} -1 & 1 & -2 \\ -1 & 2 & -7 \\ 1 & -1 & 1 \end{vmatrix} = 1 \neq 0 \Rightarrow rg(M^*) = 3$$

Como $rg(M) = 2$ y $rg(M^*) = 3$ $\Rightarrow$ Las rectas "$r$" y "$s$" se cruzan

c)

$$\vec{V_r} \times \vec{V_s} = \begin{vmatrix} \vec{i} & \vec{j} & \vec{k} \\ -1 & -1 & 1 \\ 1 & 2 & -1 \end{vmatrix} = (-1, 0, -1)$$

$$\Rightarrow \vec{n_\pi} = (1, 0, 1)$$

$\pi: Ax + By + Cz + D = 0 \Rightarrow \pi: x + z + D = 0$

Como $A(2, 4, 0) \in \pi \rightarrow 2 + 0 + D = 0 \Rightarrow D = -2 \Rightarrow$

$$\Rightarrow \pi: x + z - 2 = 0$$

PÁGINA 3

{PROBLEMA A.3}

a) $f(x) = \dfrac{x}{x^2-3x+2}$ ;  $x^2-3x+2=0$ $\begin{cases} x=1 \\ x=2 \end{cases}$

$$\Rightarrow Dom(f(x)) = \mathbb{R} - \{1,2\}$$

A. Verticales:

$\displaystyle\lim_{x \to 1} \dfrac{x}{x^2-3x+2} = \left[\dfrac{1}{0}\right] \rightarrow \begin{cases} \displaystyle\lim_{x \to 1^-} \dfrac{x}{x^2-3x+2} = +\infty \\[4mm] \displaystyle\lim_{x \to 1^+} \dfrac{x}{x^2-3x+2} = -\infty \end{cases}$  $\begin{array}{l} x=1 \text{ es} \\ \text{A. Vertical} \end{array}$

$\displaystyle\lim_{x \to 2} \dfrac{x}{x^2-3x+2} = \left[\dfrac{2}{0}\right] \rightarrow \begin{cases} \displaystyle\lim_{x \to 2^-} \dfrac{x}{x^2-3x+2} = -\infty \\[4mm] \displaystyle\lim_{x \to 2^+} \dfrac{x}{x^2-3x+2} = +\infty \end{cases}$  $\begin{array}{l} x=2 \text{ es} \\ \text{A. Vertical} \end{array}$

A. Horizontales:

$\displaystyle\lim_{x \to \infty} \dfrac{x}{x^2-3x+2} = \left[\dfrac{\infty}{\infty}\right] = 0$
$\displaystyle\lim_{x \to -\infty} \dfrac{x}{x^2-3x+2} = \left[\dfrac{\infty}{\infty}\right] = 0$

$y=0$ es A. Horizontal cuando $x \to \pm\infty$ y por tanto no habrá asíntotas oblicuas.

b) $f'(x) = \dfrac{1\cdot(x^2-3x+2) - x\cdot(2x-3)}{(x^2-3x+2)^2} = \dfrac{-x^2+2}{(x^2-3x+2)^2}$

$$f'(x) = 0 \Rightarrow -x^2 + 2 = 0 \quad \nearrow \quad x = -\sqrt{2}$$
$$\searrow \quad x = +\sqrt{2}$$

$f(x)$ ↘    $f(x)$ ↗    $f(x)$ ↗    $f(x)$ ↘    $f(x)$ ↘

$f'(x) < 0$ $-\sqrt{2}$ $f'(x) > 0$ ①$_D$ $f'(x) > 0$ $\sqrt{2}$ $f'(x) < 0$ ②$_D$ $f'(x) < 0$

Creciente : $\left( -\sqrt{2}, 1 \right) \cup \left( 1, \sqrt{2} \right)$

Decreciente : $\left( -\infty, -\sqrt{2} \right) \cup \left( \sqrt{2}, 2 \right) \cup \left( 2, +\infty \right)$

c) $\displaystyle\int \frac{x}{x^2 - 3x + 2} \, dx = \circledast$

$$\frac{x}{x^2 - 3x + 2} = \frac{A}{x-1} + \frac{B}{x-2} = \frac{A(x-2) + B(x-1)}{(x-1)(x-2)}$$

$$\Rightarrow x = A(x-2) + B(x-1)$$

$$Si \ x = 1 \rightarrow 1 = -A \Rightarrow A = -1$$

$$Si \ x = 2 \rightarrow 2 = B$$

$$\Rightarrow \circledast = \int \frac{-1}{x-1} \, dx + \int \frac{2}{x-2} \, dx = -\ln|x-1| + 2 \cdot \ln|x-2| + C$$

PÁGINA 5

{OPCIÓN B}

{PROBLEMA B1:}

a) $A = \begin{pmatrix} -1 & 0 & 1 \\ 0 & m & 0 \\ 2 & 1 & m^2-1 \end{pmatrix}$ ; $\det(A) = \begin{vmatrix} -1 & 0 & 1 \\ 0 & m & 0 \\ 2 & 1 & m^2-1 \end{vmatrix} = -m^3 - m$

$\det(A) = 0 \Rightarrow -m^3 - m = 0 \Rightarrow -m(m^2+1) = 0$ 
$\begin{cases} m = 0 \\ m^2+1 = 0 \Rightarrow \nexists\, m \end{cases}$

$\boxed{\text{Si } m \neq 0} \Rightarrow \det(A) \neq 0 \Rightarrow rg(A) = 3$

$\boxed{\text{Si } m = 0} \Rightarrow \det(A) = 0 \Rightarrow rg(A) < 3$

$A = \begin{pmatrix} -1 & 0 & 1 \\ 0 & 0 & 0 \\ 2 & 1 & -1 \end{pmatrix}$ $\begin{vmatrix} -1 & 0 \\ 2 & 1 \end{vmatrix} = -1 \neq 0 \Rightarrow rg(A) = 2$

b) Una matriz A es invertible cuando su determinante es distinto de cero. El determinante de esta matriz solo se anula para $m = 0$, y por tanto para $m = 1$ se tendrá que $\det(A) \neq 0$, existiendo así la matriz inversa $A^{-1}$

c) Para $m = 1$:

$A = \begin{pmatrix} -1 & 0 & 1 \\ 0 & 1 & 0 \\ 2 & 1 & 0 \end{pmatrix}$ ; $\det(A) = \begin{vmatrix} -1 & 0 & 1 \\ 0 & 1 & 0 \\ 2 & 1 & 0 \end{vmatrix} = -2$

PÁGINA 6

$$A^{-1} = \frac{1}{\det(A)} \cdot \left[Adj(A)\right]^t$$

$$Adj(A) = \begin{pmatrix} \begin{vmatrix} 1 & 0 \\ 1 & 0 \end{vmatrix} & -\begin{vmatrix} 0 & 0 \\ 2 & 0 \end{vmatrix} & \begin{vmatrix} 0 & 1 \\ 2 & 1 \end{vmatrix} \\ -\begin{vmatrix} 0 & 1 \\ 1 & 0 \end{vmatrix} & \begin{vmatrix} -1 & 1 \\ 2 & 0 \end{vmatrix} & -\begin{vmatrix} -1 & 0 \\ 2 & 1 \end{vmatrix} \\ \begin{vmatrix} 0 & 1 \\ 1 & 0 \end{vmatrix} & -\begin{vmatrix} -1 & 1 \\ 0 & 0 \end{vmatrix} & \begin{vmatrix} -1 & 0 \\ 0 & 1 \end{vmatrix} \end{pmatrix} = \begin{pmatrix} 0 & 0 & -2 \\ 1 & -2 & 1 \\ -1 & 0 & -1 \end{pmatrix}$$

$$\left[Adj(A)\right]^t = \begin{pmatrix} 0 & 1 & -1 \\ 0 & -2 & 0 \\ -2 & 1 & -1 \end{pmatrix} \Rightarrow A^{-1} = -\frac{1}{2} \cdot \begin{pmatrix} 0 & 1 & -1 \\ 0 & -2 & 0 \\ -2 & 1 & -1 \end{pmatrix} \Rightarrow$$

$$\Rightarrow A^{-1} = \begin{pmatrix} 0 & -1/2 & 1/2 \\ 0 & 1 & 0 \\ 1 & -1/2 & 1/2 \end{pmatrix}$$

Comprobaciones:

$$A \cdot A^{-1} = \begin{pmatrix} -1 & 0 & 1 \\ 0 & 1 & 0 \\ 2 & 1 & 0 \end{pmatrix} \cdot \begin{pmatrix} 0 & -1/2 & 1/2 \\ 0 & 1 & 0 \\ 1 & -1/2 & 1/2 \end{pmatrix} = \begin{pmatrix} 1 & 0 & 0 \\ 0 & 1 & 0 \\ 0 & 0 & 1 \end{pmatrix} = I$$

$$A^{-1} \cdot A = \begin{pmatrix} 0 & -1/2 & 1/2 \\ 0 & 1 & 0 \\ 1 & -1/2 & 1/2 \end{pmatrix} \cdot \begin{pmatrix} -1 & 0 & 1 \\ 0 & 1 & 0 \\ 2 & 1 & 0 \end{pmatrix} = \begin{pmatrix} 1 & 0 & 0 \\ 0 & 1 & 0 \\ 0 & 0 & 1 \end{pmatrix} = I$$

PÁGINA 7

{PROBLEMA B2}

a)

$$r: \begin{cases} x = \lambda \\ y = 1-\lambda \\ z = 3 \end{cases}$$

$A(0,1,3)$

$\vec{V_r} = (1,-1,0)$

$s: \dfrac{x-1}{1} = \dfrac{y}{1} = \dfrac{z-3}{1}$

$B(1,0,3)$     $\vec{V_s} = (1,1,1)$

b)

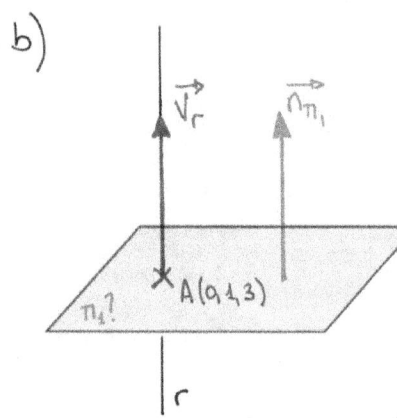

Como $\pi_1 \perp r \Rightarrow \vec{n}_{\pi_1} = \vec{V_r} = (1,-1,0)$

$\pi_1: Ax + By + Cz + D = 0$

$\pi_1: x - y + D = 0$

Como $A(0,1,3) \in \pi_1 \Big\} -1 + D = 0 \Rightarrow D = 1$

$\Rightarrow \pi_1: x - y + 1 = 0$

c)

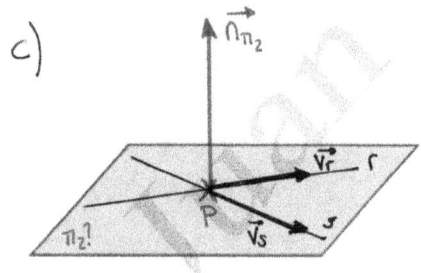

$$r: \begin{cases} x = \lambda \\ y = 1-\lambda \\ z = 3 \end{cases} \qquad s: \begin{cases} x = 1+\alpha \\ y = \alpha \\ z = 3+\alpha \end{cases}$$

Determinamos el punto resolviendo el sistema:

$$\begin{rcases} \lambda = 1+\alpha \\ 1-\lambda = \alpha \\ 3 = 3+\alpha \end{rcases} \Rightarrow \alpha = 0 \ y \ \lambda = 1$$

Como P e r es $P(\lambda, 1-\lambda, 3) \overset{\lambda=1}{\Longrightarrow} P(1,0,3)$

PÁGINA 8

Para determinar la ecuación del plano $\pi_2$:

$$\vec{n_{\pi_2}} = \vec{v_r} \times \vec{v_s} = \begin{vmatrix} \vec{i} & \vec{j} & \vec{k} \\ 1 & -1 & 0 \\ 1 & 1 & 1 \end{vmatrix} = (-1, -1, 2)$$

$$\pi_2 : Ax + By + Cz + D = 0 \Rightarrow \pi_2 : -x - y + 2z + D = 0$$

Como $P(1, 0, 3) \in \pi_2$    $-1 + 6 + D = 0 \Rightarrow D = -5$

$$\Rightarrow \pi_2 : -x - y + 2z - 5 = 0$$

{PROBLEMA B3}

Representamos las parábolas haciendo tablas de valores:

| X | $y = 4 - x^2$ |
|---|---|
| -2 | 0 |
| -1 | 3 |
| 0 | 4 |
| 1 | 3 |
| 2 | 0 |

| X | $y = x^2 - 16$ |
|---|---|
| -4 | 0 |
| -2 | -12 |
| 0 | -16 |
| 2 | -12 |
| 4 | 0 |

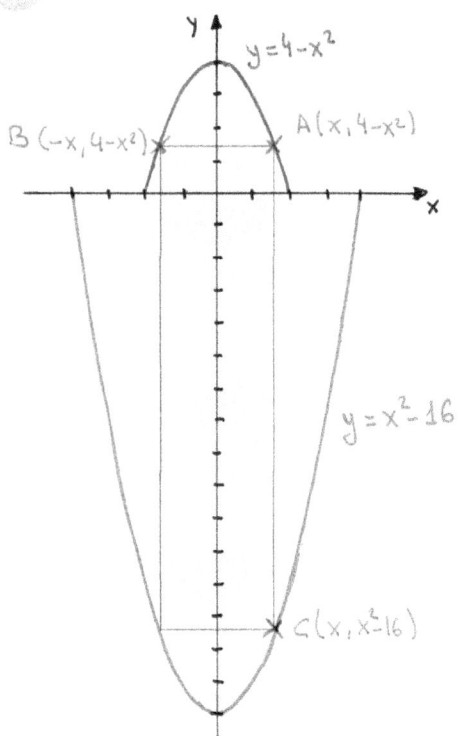

a) El área de un rectángulo es $A = base \times altura$, siendo:

Base:

$$\vec{BA} = (x, 4-x^2) - (-x, 4-x^2) = (2x, 0)$$

$$Base = d(B,A) = \sqrt{(2x)^2} = 2x$$

Altura:

$$\vec{CA} = (x, 4-x^2) - (x, x^2-16) = (0, 20-2x^2)$$

$$Altura = d(C,A) = \sqrt{(20-2x^2)^2} = 20-2x^2$$

Y por tanto:

$$S(x) = 2x \cdot (20-2x^2) = 40x - 4x^3 \quad con \quad 0 < x \le 2$$

b) $S'(x) = 40 - 12x^2 \quad con \quad 0 < x \le 2$

$S'(x) = 0 \implies 40 - 12x^2 = 0$

$x = -\sqrt{\dfrac{10}{3}}$ No sirve!!

$x = \sqrt{\dfrac{10}{3}}$

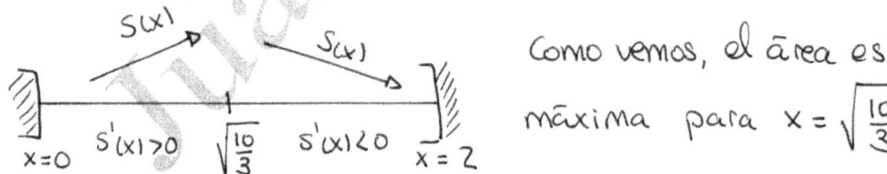

Como vemos, el área es máxima para $x = \sqrt{\dfrac{10}{3}}$

c) El valor del área máxima será:

$$S\left(x=\sqrt{\tfrac{10}{3}}\right) = 40 \cdot \sqrt{\tfrac{10}{3}} - 4 \cdot \left(\sqrt{\tfrac{10}{3}}\right)^3 = \frac{80 \cdot \sqrt{30}}{9} \approx 48'69 \, u^2$$

GENERALITAT VALENCIANA

COMISSIÓ GESTORA DE LES PROVES D'ACCÉS A LA UNIVERSITAT
COMISIÓN GESTORA DE LAS PRUEBAS DE ACCESO A LA UNIVERSIDAD

SISTEMA UNIVERSITARI VALENCIA
SISTEMA UNIVERSITARIO VALENCIANO

| PROVES D'ACCÉS A LA UNIVERSITAT | PRUEBAS DE ACCESO A LA UNIVERSIDAD |
|---|---|
| CONVOCATÒRIA:     SETEMBRE  2011 | CONVOCATORIA:     SEPTIEMBRE  2011 |
| MATEMÀTIQUES II | MATEMÁTICAS II |

## OPCIÓN A

**Problema A.1.** Se dan las matrices $A = \begin{pmatrix} 0 & -2 \\ 1 & 3 \end{pmatrix}$, $I = \begin{pmatrix} 1 & 0 \\ 0 & 1 \end{pmatrix}$ y $M$, donde $M$ es una matriz de dos filas y dos columnas que verifica $M^2 = M$. Obtener **razonadamente**:

a) Todos los valores reales $k$ para los que la matriz $B = A - kI$ tiene inversa. (*2 puntos*).

b) La matriz inversa $B^{-1}$ cuando $k = 3$. (*2 puntos*).

c) Las constantes reales $\alpha$ y $\beta$ para las que se verifica que $\alpha A^2 + \beta A = -2I$. (*4 puntos*).

d) Comprobar **razonadamente** que la matriz $P = I - M$ cumple las relaciones:
$$P^2 = P \qquad y \qquad MP = PM.$$
(*2 puntos, repartidos en 1 punto por cada igualdad*).

**Problema A.2.** En el espacio se dan las rectas $r: \begin{cases} x = 3 + \lambda \\ y = -1 + 2\lambda \\ z = 2 + \lambda \end{cases}$ y $s: \begin{cases} x + 2y - 1 = 0 \\ 3y - z + 2 + \alpha = 0 \end{cases}$.

Obtener **razonadamente**:

a) El valor de $\alpha$ para el que las rectas $r$ y $s$ están contenidas en un plano. (*4 puntos*).

b) La ecuación del plano que contiene a las rectas $r$ y $s$ para el valor de $\alpha$ obtenido en el apartado anterior. (*2 puntos*).

c) La ecuación del plano perpendicular a la recta $r$ que contiene el punto $(1, 2, 1)$. (*4 puntos*).

**Problema A.3** Dada la función $f$ definida por:
$$f(x) = x^2 e^{-x}$$

Obtener **razonadamente**:

a) El dominio y el recorrido de la función $f$. (*2 puntos*).

b) Los valores de $x$ donde la función $f(x) = x^2 e^{-x}$ alcanza el máximo relativo y el mínimo relativo. (*2 puntos*).

c) Los intervalos de crecimiento y de decrecimiento de dicha función $f$. (*2 puntos*).

d) Los valores de $x$ donde la función $f(x) = x^2 e^{-x}$ tiene los puntos de inflexión. (*2 puntos*).

e) La gráfica de la curva $y = x^2 e^{-x}$, explicando con detalle la obtención de su asíntota horizontal. (*2 puntos*).

# OPCIÓN B

**Problema B.1.** Se dan las matrices $M = \begin{pmatrix} 1 & 2 & 1 \\ 2 & 1 & 1 \\ 2 & 1 & -1 \end{pmatrix}$ y $T$, y se sabe que $T$ es una matriz cuadrada de 3 filas y

3 columnas cuyo determinante vale $\sqrt{2}$.

Calcular **razonadamente** los determinantes de las siguientes matrices, indicando explícitamente las propiedades utilizadas en su cálculo:

    a) $\dfrac{1}{2}T$. (*3 puntos*).

    b) $M^4$. (*3 puntos*).

    c) $TM^3T^{-1}$. (*4 puntos*).

**Problema B.2.** Se da la recta $r : \begin{cases} x - 4y = 0 \\ y - z = 0 \end{cases}$ y el plano $\pi_\alpha : (2 + 2\alpha)x + y + \alpha z - 2 - 6\alpha = 0$, dependiente del

parámetro real $\alpha$. Obtener **razonadamente**:

    a) La ecuación del plano $\pi_\alpha$ que pasa por el punto $(1,1,0)$. (*3 puntos*).

    b) La ecuación del plano $\pi_\alpha$ que es paralelo a la recta $r$. (*4 puntos*).

    c) La ecuación del plano $\pi_\alpha$ que es perpendicular a la recta $r$. (*3 puntos*).

**Problema B.3.** Un coche recorre el arco de parábola $\Gamma$ de ecuación $2y = 36 - x^2$, variando la $x$ de $-6$ a $6$. Se representa por $f(x)$ a la distancia del punto $(0,9)$ al punto $(x, y)$ del arco $\Gamma$ donde está situado el coche. Se pide obtener **razonadamente**:

    a)  La expresión de $f(x)$. (*2 puntos*)

    b)  Los puntos del arco $\Gamma$ donde la distancia $f(x)$ tiene mínimos relativos. (*2 puntos*).

    c)  Los valores máximo y mínimo de la distancia $f(x)$. (*2 punto*)

    d)  El área de la superficie limitada por el arco de parábola $\Gamma$ y el segmento rectilíneo que une los puntos $(-6, 0)$ y $(6, 0)$. (*4 puntos*)

OPCIÓN A

PROBLEMA A.1

a) Existirá $B^{-1}$ cuando se tenga $\det(B) \neq 0$. Así:

$$B = A - kI = \begin{pmatrix} 0 & -2 \\ 1 & 3 \end{pmatrix} - k \cdot \begin{pmatrix} 1 & 0 \\ 0 & 1 \end{pmatrix} = \begin{pmatrix} -k & -2 \\ 1 & 3-k \end{pmatrix}$$

$$\det(B) = \begin{vmatrix} -k & -2 \\ 1 & 3-k \end{vmatrix} = -k(3-k) + 2 = k^2 - 3k + 2$$

$$\det(B) = 0 \Rightarrow k^2 - 3k + 2 = 0 \begin{array}{c} \nearrow k = 2 \\ \searrow k = 1 \end{array}$$

$$\Rightarrow \exists B^{-1} \; \forall k \in \mathbb{R} - \{1, 2\}$$

b) Para $k = 3$ se tiene $B = \begin{pmatrix} -3 & -2 \\ 1 & 0 \end{pmatrix}$

$$B^{-1} = \frac{1}{\det(B)} \cdot \left[ \text{Adj}(B) \right]^t \; ; \quad \det(B) = \begin{vmatrix} -3 & -2 \\ 1 & 0 \end{vmatrix} = 2$$

$$\text{Adj}(B) = \begin{pmatrix} 0 & -1 \\ 2 & -3 \end{pmatrix} \; ; \quad \left[ \text{Adj}(B) \right]^t = \begin{pmatrix} 0 & 2 \\ -1 & -3 \end{pmatrix} \; ; \quad B^{-1} = \begin{pmatrix} 0 & 1 \\ -1/2 & -3/2 \end{pmatrix}$$

c) $A^2 = A \cdot A = \begin{pmatrix} 0 & -2 \\ 1 & 3 \end{pmatrix} \cdot \begin{pmatrix} 0 & -2 \\ 1 & 3 \end{pmatrix} = \begin{pmatrix} -2 & -6 \\ 3 & 7 \end{pmatrix}$

PÁGINA 1

$\Rightarrow \alpha\, A^2 + \beta A = -2I \quad \Rightarrow \begin{pmatrix} -2\alpha & -6\alpha \\ 3\alpha & 7\alpha \end{pmatrix} + \begin{pmatrix} 0 & -2\beta \\ \beta & 3\beta \end{pmatrix} = \begin{pmatrix} -2 & 0 \\ 0 & -2 \end{pmatrix}$

$\Rightarrow \left. \begin{array}{l} -2\alpha = -2 \\ -6\alpha - 2\beta = 0 \\ 3\alpha + \beta = 0 \\ 7\alpha + 3\beta = -2 \end{array} \right\} \Rightarrow \alpha = 1 \ y \ \beta = -3$

d) $P^2 = P \cdot P = (I - M)(I - M) = I^2 - IM - MI + M^2 =$

$\uparrow$
$P = I - M$

$= I - 2M + M^2 = I - 2M + M = I - M = P$

$\uparrow$
$M^2 = M$

$\left. \begin{array}{l} MP = M(I - M) = M - M^2 = M - M = \theta \\ PM = (I - M)M = M - M^2 = M - M = \theta \end{array} \right\} \ MP = PM$

{PROBLEMA A.2}

a)
$r: \left\{ \begin{array}{l} x = 3 + \lambda \\ y = -1 + 2\lambda \\ z = 2 + \lambda \end{array} \right. \quad \begin{array}{l} \nearrow \ A\,(3, -1, 2) \\ \\ \searrow \ \vec{v_r} = (1, 2, 1) \end{array}$

PÁGINA 2

$$S: \begin{cases} x + 2y - 1 = 0 \\ 3y - z + 2 + \alpha = 0 \end{cases} \Rightarrow y = \beta \Rightarrow S: \begin{cases} x = 1 - 2\beta \\ y = \beta \\ z = (2+\alpha) + 3\beta \end{cases}$$

$$B(1, 0, 2+\alpha) \qquad \vec{V_S} = (-2, 1, 3)$$

Para estudiar la posición relativa construimos las matrices

$M$ y $M^*$ según:

$$\vec{AB} = (1, 0, 2+\alpha) - (3, -1, 2) = (-2, 1, \alpha)$$

$$M^* = \begin{pmatrix} 1 & -2 & \vdots & -2 \\ 2 & 1 & \vdots & 1 \\ \underbrace{1 \quad 3}_{M} & \vdots & \alpha \end{pmatrix}$$

Dos rectas están contenidas en un mismo plano siempre que no se crucen. Para ello tendrá que ser

$rg(M^*) < 3$ y por tanto, $\det(M^*) = 0$. Así:

$$\det(M^*) = \begin{vmatrix} 1 & -2 & -2 \\ 2 & 1 & 1 \\ 1 & 3 & \alpha \end{vmatrix} = 5\alpha - 15$$

$\det(M^*) = 0 \Rightarrow 5\alpha - 15 = 0 \Rightarrow \alpha = 3$

Si $\alpha = 3$, las rectas están en un mismo plano, y además:

$$\begin{vmatrix} 1 & -2 \\ 2 & 1 \end{vmatrix} = 5 \neq 0 \Rightarrow rg(M) = rg(M^*) = 2 \Rightarrow \quad \text{Las rectas se cortan}$$

PÁGINA 3

b)

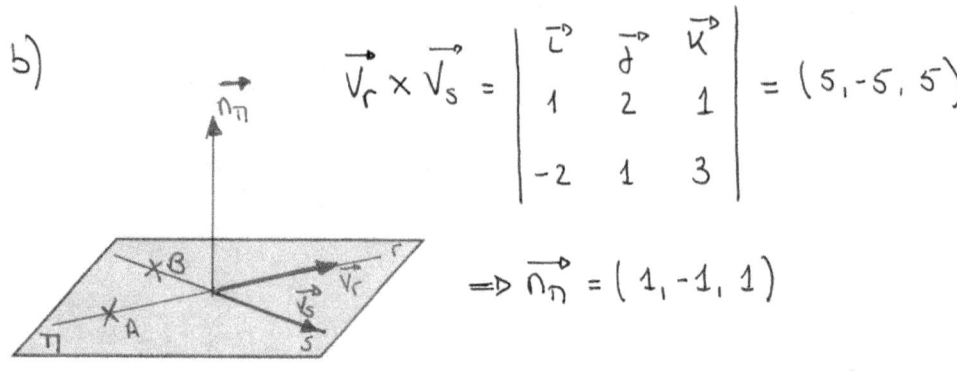

$$\vec{V_r} \times \vec{V_s} = \begin{vmatrix} \vec{i} & \vec{j} & \vec{k} \\ 1 & 2 & 1 \\ -2 & 1 & 3 \end{vmatrix} = (5, -5, 5)$$

$$\Rightarrow \vec{n_\pi} = (1, -1, 1)$$

$\pi: Ax + By + Cz + D = 0 \Rightarrow x - y + z + D = 0$

Como $A(3, -1, 2) \in \pi$ ⌡ $3 + 1 + 2 + D = 0 \Rightarrow D = -6$

$$\Rightarrow \pi: x - y + z - 6 = 0$$

c)

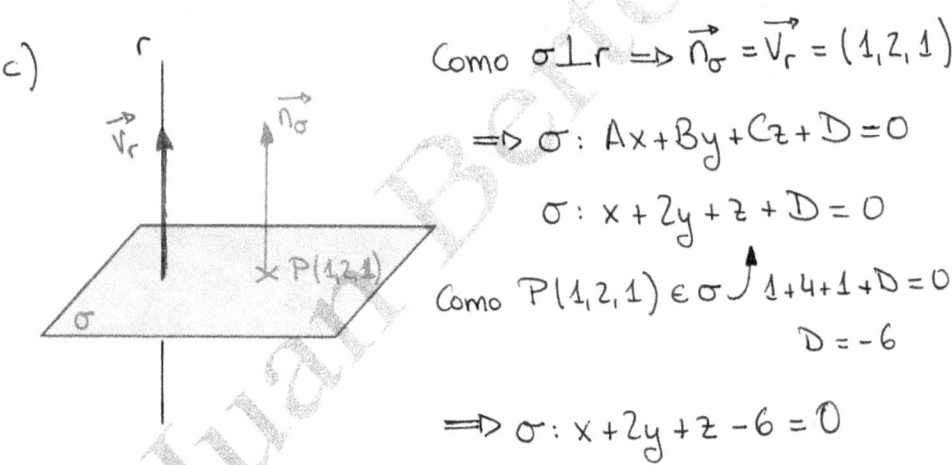

Como $\sigma \perp r \Rightarrow \vec{n_\sigma} = \vec{V_r} = (1, 2, 1)$

$$\Rightarrow \sigma: Ax + By + Cz + D = 0$$

$$\sigma: x + 2y + z + D = 0$$

Como $P(1, 2, 1) \in \sigma$ ⌡ $1 + 4 + 1 + D = 0$

$$D = -6$$

$$\Rightarrow \sigma: x + 2y + z - 6 = 0$$

{PROBLEMA A.3}

$$f(x) = x^2 \cdot e^{-x} = \frac{x^2}{e^x}$$

a) $e^x \neq 0 \ \forall x \in \mathbb{R} \Rightarrow Dom(f(x)) = \mathbb{R}$

Para el recorrido razonamos:

$$f(x) = \frac{x^2}{e^x} \begin{cases} x^2 \geq 0 \quad \forall x \in \mathbb{R} \\ e^x > 0 \quad \forall x \in \mathbb{R} \end{cases} \Rightarrow f(x) \geq 0 \quad \forall x \in \mathbb{R}$$

Por otro lado:

$$\lim_{x \to \infty} \frac{x^2}{e^x} = \left[\frac{\infty}{\infty}\right] = 0 \quad \rightarrow \text{Por orden de magnitud de los infinitos}$$

$$\lim_{x \to -\infty} \frac{x^2}{e^x} = \left[\frac{\infty}{0^+}\right] = +\infty$$

Por todo ello, $\text{Img}(f(x)) = [0, +\infty)$ (recorrido)

b) $f(x) = \frac{x^2}{e^x}$

$$f'(x) = \frac{2x \cdot e^x - x^2 \cdot e^x}{(e^x)^2} = \frac{2x - x^2}{e^x}$$

$$f'(x) = 0 \rightarrow \frac{2x - x^2}{e^x} = 0 \Rightarrow 2x - x^2 = 0 \begin{cases} x = 0 \\ x = 2 \end{cases}$$

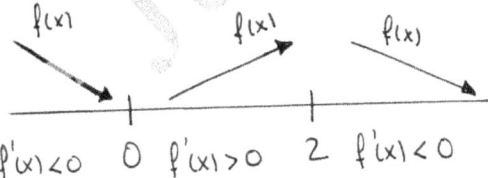

$f'(x) < 0$   $0$   $f'(x) > 0$   $2$   $f'(x) < 0$

Creciente: $(0, 2)$ ; Decreciente: $(-\infty, 0) \cup (2, +\infty)$

Mínimo relativo en $x = 0 \Rightarrow Mm(0, f(0)) \Rightarrow Mm(0, 0)$

Máximo relativo en $x = 2 \Rightarrow M\acute{a}x(2, f(2)) \Rightarrow M\acute{a}x(2, 0'54)$

d) $f'(x) = \dfrac{2x - x^2}{e^x}$

$f''(x) = \dfrac{(2-2x)\cdot e^x - (2x-x^2)\cdot e^x}{(e^x)^2} = \dfrac{2-4x+x^2}{e^x}$

$f''(x) = 0 \longrightarrow \dfrac{2-4x+x^2}{e^x} = 0 \Rightarrow 2-4x+x^2 = 0 \Big\langle \begin{array}{l} x = 2+\sqrt{2} \\ \\ x = 2-\sqrt{2} \end{array}$

$$\underbrace{\big(f(x)\big)}_{f''(x)>0 \quad 2-\sqrt{2}} \quad \underbrace{\big(f(x)\big)}_{f''(x)<0 \quad 2+\sqrt{2}} \quad \underbrace{\big(f(x)\big)}_{f''(x)>0}$$

Los puntos de inflexión son $\Rightarrow$ $\begin{cases} PI\left(2+\sqrt{2}, f(2+\sqrt{2})\right) \Rightarrow PI\left(2+\sqrt{2}, 0'38\right) \\ \\ PI\left(2-\sqrt{2}, f(2-\sqrt{2})\right) \Rightarrow PI\left(2-\sqrt{2}, 0'19\right) \end{cases}$

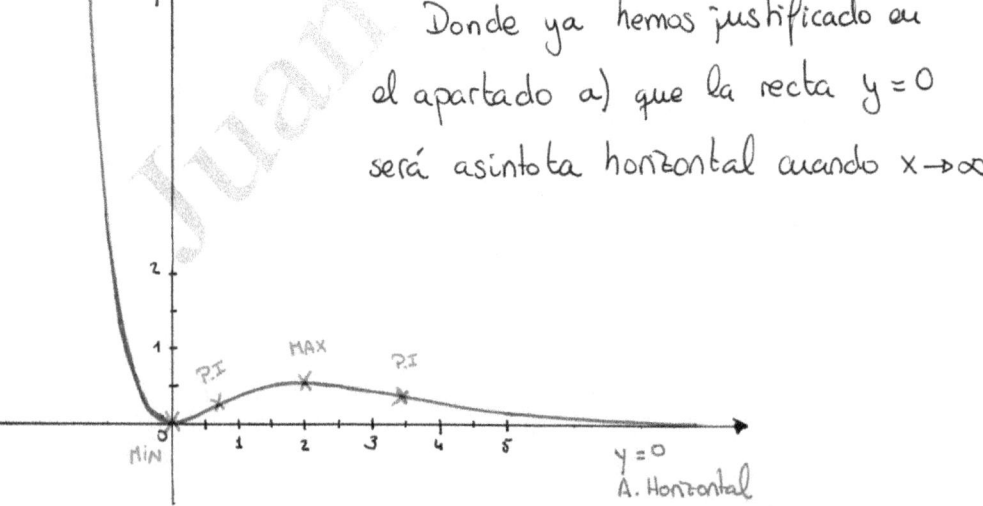

Donde ya hemos justificado en el apartado a) que la recta $y=0$ será asíntota horizontal cuando $x \to \infty$

PÁGINA 6

OPCIÓN B

PROBLEMA B.1

$$\det(M) = \begin{vmatrix} 1 & 2 & 1 \\ 2 & 1 & 1 \\ 2 & 1 & -1 \end{vmatrix} = 6 \quad ; \quad \det(T) = \sqrt{2}$$

a) $\det\left(\frac{1}{2}T\right) = \left(\frac{1}{2}\right)^3 \cdot \det(T) = \frac{1}{2^3} \cdot \sqrt{2} = \frac{\sqrt{2}}{8}$

$\det(KA) = K^n \cdot \det(A)$ con $A_{n\times n}$

b) $\det(M^4) = \left[\det(M)\right]^4 = 6^4 = 1296$

$\det(A^n) = \left[\det(A)\right]^n$

c) $\det(T \cdot M^3 \cdot T^{-1}) = \det(T) \cdot \det(M^3) \cdot \det(T^{-1}) =$

$\det(A \cdot B) = \det(A) \cdot \det(B)$

$\det(A^{-1}) = \frac{1}{\det(A)}$

$= \det(T) \cdot \det(M^3) \cdot \frac{1}{\det(T)} = \left[\det(M)\right]^3 = 6^3 = 216$

$\det(A^n) = \left[\det(A)\right]^n$

PÁGINA 7

PROBLEMA B.2

$$r: \begin{cases} x - 4y = 0 \\ y - z = 0 \end{cases} \Rightarrow y = \lambda \Rightarrow r: \begin{cases} x = 4\lambda \\ y = \lambda \\ z = \lambda \end{cases} \begin{array}{l} O(0,0,0) \\ \vec{V_r} = (4,1,1) \end{array}$$

a) $\Pi_\alpha : (2+2\alpha)x + y + \alpha z - 2 - 6\alpha = 0$

$P(1,1,0) \in \Pi_\alpha \quad 2+2\alpha + 1 - 2 - 6\alpha = 0$

$\qquad\qquad -4\alpha + 1 = 0 \Rightarrow \alpha = \frac{1}{4}$

$\Rightarrow \Pi_{1/4} : \frac{5}{2}x + y + \frac{1}{4}z - \frac{7}{2} = 0 \underset{(\times 4)}{\Rightarrow} \Pi_{1/4} : 10x + 4y + z - 14 = 0$

b)

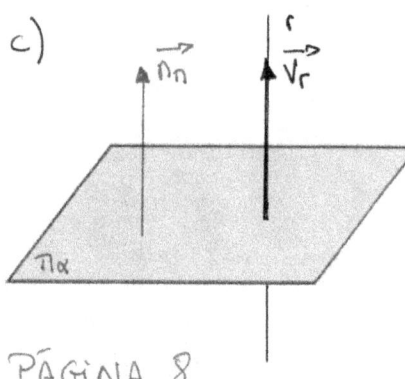

$\vec{n_n} = (2+2\alpha, 1, \alpha)$

Si $r // \Pi_\alpha \Rightarrow \vec{V_r} \perp \vec{n_n} \Rightarrow$

$\Rightarrow \vec{V_r} \cdot \vec{n_n} = 0$

$(4,1,1) \cdot (2+2\alpha, 1, \alpha) = 0$

$8 + 8\alpha + 1 + \alpha = 0$

$9\alpha + 9 = 0 \Rightarrow \alpha = -1$

$\Rightarrow \Pi_{-1} : y - z + 4 = 0$

c)

Si $r \perp \Pi_\alpha \Rightarrow \vec{V_r} // \vec{n_n} \Rightarrow \vec{n_n} = k \cdot \vec{V_r}$

$(2+2\alpha, 1, \alpha) = k(4,1,1) \Rightarrow (k=1)$

$\Rightarrow \alpha = 1$

$\Rightarrow \Pi_1 : 4x + y + z - 8 = 0$

PÁGINA 8

{PROBLEMA B.3}

$$2y = 36 - x^2 \implies y = 18 - \frac{x^2}{2} \quad \text{con} \quad -6 \le x \le 6$$

| $x$ | $y = 18 - \dfrac{x^2}{2}$ |
|-----|------------------------|
| -6  | 0  |
| -4  | 10 |
| -2  | 16 |
| 0   | 18 |
| 2   | 16 |
| 4   | 10 |
| 6   | 0  |

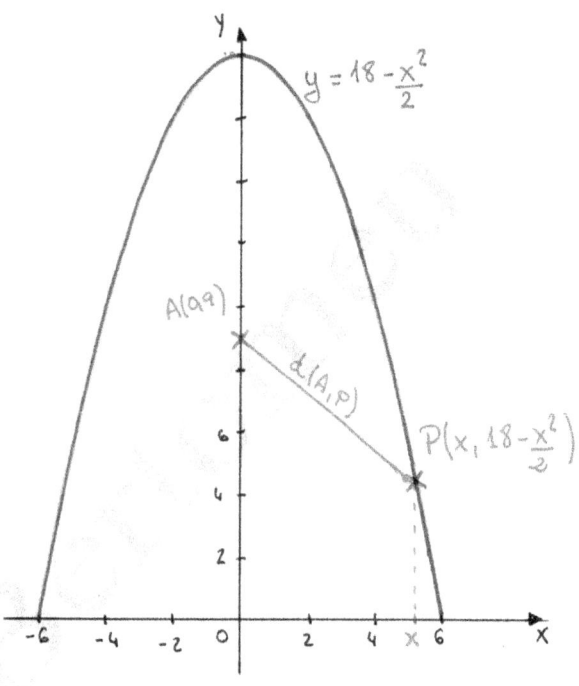

a) $\overrightarrow{AP} = \left(x, 18 - \dfrac{x^2}{2}\right) - (0, 9) = \left(x, 9 - \dfrac{x^2}{2}\right)$

$$f(x) = d(A,P) = |\overrightarrow{AP}| = \sqrt{x^2 + \left(9 - \frac{x^2}{2}\right)^2} = \sqrt{x^2 + 81 - 9x^2 + \frac{x^4}{4}} \implies$$

$$\implies f(x) = \sqrt{\frac{x^4}{4} - 8x^2 + 81} \quad \text{con} \quad -6 \le x \le 6$$

b) $f'(x) = \dfrac{1}{2\sqrt{\dfrac{x^4}{4} - 8x^2 + 81}} \cdot (x^3 - 16x) = \dfrac{x^3 - 16x}{2\sqrt{\dfrac{x^4}{4} - 8x^2 + 81}} \quad -6 \le x \le 6$

PÁGINA 9

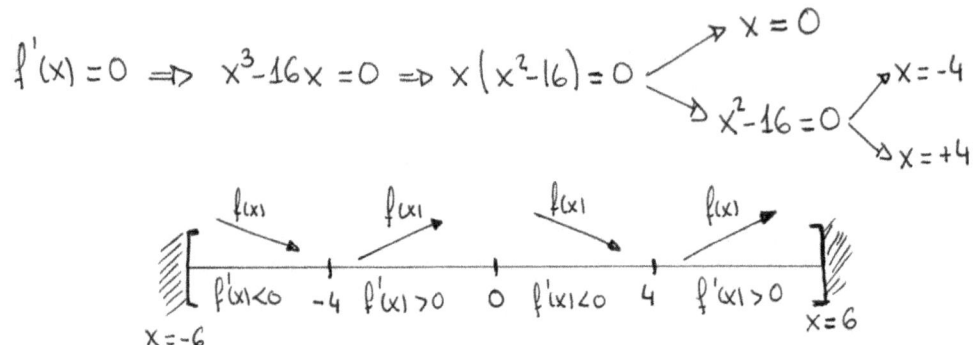

$$f'(x) = 0 \Rightarrow x^3 - 16x = 0 \Rightarrow x(x^2 - 16) = 0 \begin{cases} x = 0 \\ x^2 - 16 = 0 \begin{cases} x = -4 \\ x = +4 \end{cases} \end{cases}$$

Como vemos, los puntos del arco donde $f(x)$ alcanza sus mínimos relativos son los que tienen abcisas $x = -4$ y $x = 4$, siendo por tanto:

$$P\left(x, 18 - \frac{x^2}{2}\right) \begin{cases} x = -4 \rightarrow P_1(-4, 10) \\ x = +4 \rightarrow P_2(4, 10) \end{cases}$$

c) Tenemos que calcular los máximos y mínimos absolutos de $f(x)$ en el intervalo $[-6, 6]$. Así:

$$f(-6) = \sqrt{\frac{(-6)^4}{4} - 8 \cdot (-6)^2 + 81} = \sqrt{117}$$

$$f(-4) = \sqrt{\frac{(-4)^4}{4} - 8 \cdot (-4)^2 + 81} = \sqrt{17}$$

Como vemos, la distancia máxima y mínima son respectivamente:

$$f(0) = \sqrt{81} = 9$$

$$f(4) = f(-4) = \sqrt{17}$$

$$d_{min} = \sqrt{17}$$

$$f(6) = f(-6) = \sqrt{117}$$

$$d_{máx} = \sqrt{117}$$

d) De la gráfica anterior, es fácil ver que el área pedida viene dada por:

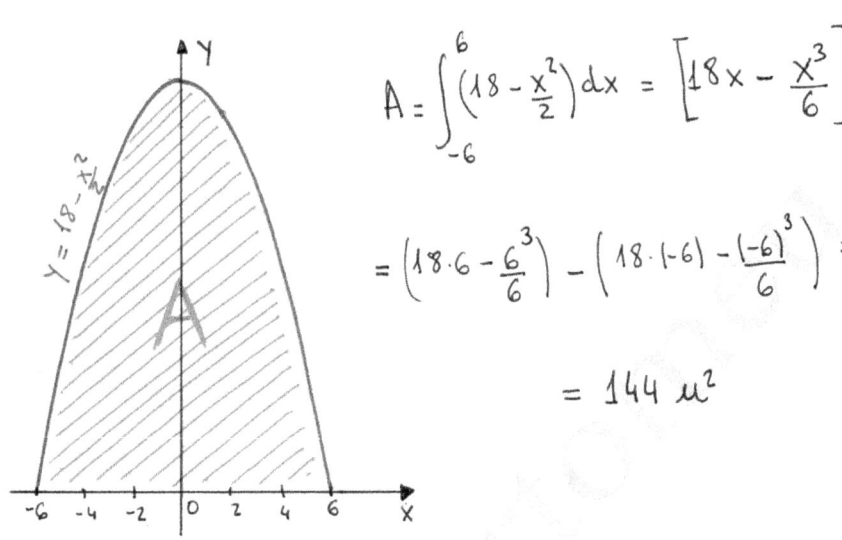

$$A = \int_{-6}^{6} \left(18 - \frac{x^2}{2}\right) dx = \left[18x - \frac{x^3}{6}\right]_{-6}^{6} =$$

$$= \left(18 \cdot 6 - \frac{6^3}{6}\right) - \left(18 \cdot (-6) - \frac{(-6)^3}{6}\right) =$$

$$= 144 \; u^2$$

 GENERALITAT VALENCIANA
CONSELLERIA D'EDUCACIÓ
FORMACIÓ I OCUPACIÓ

COMISSIÓ GESTORA DE LES PROVES D'ACCÉS A LA UNIVERSITAT
COMISIÓN GESTORA DE LAS PRUEBAS DE ACCESO A LA UNIVERSIDAD

 SISTEMA UNIVERSITARI VALENCIÀ
SISTEMA UNIVERSITARIO VALENCIANO

| PROVES D'ACCÉS A LA UNIVERSITAT | PRUEBAS DE ACCESO A LA UNIVERSIDAD |
|---|---|
| CONVOCATÒRIA: JUNY 2012 | CONVOCATORIA: JUNIO 2012 |
| MATEMÀTIQUES II | MATEMÁTICAS II |

**BAREM DE L'EXAMEN:** Cal triar només UNA dels dues OPCIONS, A o B, i s'han de fer els tres problemes d'aquesta opció.
Cada problema puntua fins a 10 punts.
La qualificació de l'exercici és la suma dels qualificacions de cada problema dividida entre 3, i aproximada a les centèsimes.
Cada estudiant pot disposar d'una calculadora científica o gràfica. **Es prohibeix la utilització indeguda (guardar fórmules o text en memòria).**
**S'use o no la calculadora, els resultats analítics i gràfics han d'estar sempre degudament justificats.**

BAREMO DEL EXAMEN: Se elegirá solo UNA de las dos OPCIONES, A o B, y se han de hacer los tres problemas de esa opción.
Cada problema se puntuará hasta 10 puntos.
La calificación del ejercicio será la suma de las calificaciones de cada problema dividida entre 3 y aproximada a las centésimas.
Cada estudiante podrá disponer de una calculadora científica o gráfica. **Se prohíbe su utilización indebida (guardar fórmulas o texto en memoria). Se utilice o no la calculadora, los resultados analíticos y gráficos deberán estar siempre debidamente justificados.**

# OPCIÓN A

**Problema A.1.** Se da el sistema de ecuaciones $S: \begin{cases} 2x + \alpha^2 z = 5 \\ x + (1-\alpha)y + z = 1 \\ x + 2y + \alpha^2 z = 1 \end{cases}$, donde $\alpha$ es un parámetro real.

Obtener **razonadamente**:

a) La solución del sistema $S$ cuando $\alpha = 0$. (*3 puntos*).

b) Todas las soluciones del sistema $S$ cuando $\alpha = -1$. (*4 puntos*).

c) El valor de $\alpha$ para el que el sistema $S$ es incompatible. (*3 puntos*).

**Problema A.2.** Se dan las rectas $r_1: \begin{cases} x = 1 + 2\alpha \\ y = \alpha \\ z = 2 - \alpha \end{cases}$ y $r_2: \begin{cases} x = -1 \\ y = 1 + \beta \\ z = -1 - 2\beta \end{cases}$, siendo $\alpha$ y $\beta$ parámetros reales.

Calcular **razonadamente**:

a) Las coordenadas del punto de corte de $r_1$ y $r_2$. (*3 puntos*).

b) La ecuación del plano que contiene esas dos rectas. (*4 puntos*).

c) La distancia del punto $(0, 0, 1)$ a la recta $r_2$. (*3 puntos*).

**Problema A.3.** Con el símbolo $\ln x$ se representa el logaritmo de un número positivo $x$ cuando la base del logaritmo es el número $e$. Sea $f$ la función que para un número positivo $x$ está definida por la igualdad

$$f(x) = 4x \ln x.$$

Obtener **razonadamente**:

a) El valor de $x$ donde la función $f$ alcanza el mínimo relativo. (*4 puntos*).

b) La ecuación de la recta tangente a la curva $y = 4x \ln x$ en el punto $(1, 0)$. (*3 puntos*).

c) El área limitada entre las rectas $y = 0$, $x = e$ y $x = e^2$ y la curva $y = 4x \ln x$. (*3 puntos*).

# OPCIÓN B

**Problema B.1.** Obtener **razonadamente**:

a) Todas las soluciones $\begin{pmatrix} x \\ y \\ z \end{pmatrix}$ de la ecuación $\begin{pmatrix} 1 & 0 & 2 \\ 1 & 1 & 3 \\ 1 & -1 & 1 \end{pmatrix}\begin{pmatrix} x \\ y \\ z \end{pmatrix} = \begin{pmatrix} 1 \\ 3 \\ -1 \end{pmatrix}$. (*4 puntos*).

b) El determinante de una matriz cuadrada $B$ de dos filas, que tiene matriz inversa y que verifica la ecuación $B^2 = B$. (*3 puntos*).

c) El determinante de una matriz cuadrada $A$ que tiene cuatro filas y que verifica la ecuación:

$$A^2 - 9\begin{pmatrix} 1 & 0 & 0 & 0 \\ 0 & 1 & 0 & 0 \\ 0 & 0 & 1 & 0 \\ 0 & 0 & 0 & 1 \end{pmatrix} = \begin{pmatrix} 0 & 0 & 0 & 0 \\ 0 & 0 & 0 & 0 \\ 0 & 0 & 0 & 0 \\ 0 & 0 & 0 & 0 \end{pmatrix}$$

sabiendo además que el determinante de $A$ es positivo. (*3 puntos*).

**Problema B.2.** Se da la recta $r$ de ecuación $r: \begin{cases} x - 2y - 2z = 1 \\ x + 5y - z = 0 \end{cases}$ y el plano $\pi$ de ecuación $\pi: 2x + y + nz = p$, donde $n$ y $p$ son dos parámetros reales.

Obtener **razonadamente**:

a) Todos los valores de $n$ para los que la intersección de la recta $r$ y el plano $\pi$ es un punto. (*4 puntos*).

b) El valor de $n$ y el valor de $p$ para los que la recta $r$ está contenida en el plano $\pi$. (*3 puntos*).

c) El valor de $n$ y todos los valores de $p$ para los que la recta $r$ no corta al plano $\pi$. (*3 puntos*).

**Problema B.3.** Para diseñar un escudo se dibuja un triángulo $T$ de vértices $A = (0, 12)$, $B = \left(-x, x^2\right)$ y $C = \left(x, x^2\right)$, siendo $x^2 < 12$.

Obtener **razonadamente**:

a) El área del triángulo $T$ en función de la abscisa $x$ del vértice $C$. (*2 puntos*).

b) Las coordenadas de los vértices $B$ y $C$ para que el área del triángulo $T$ sea máxima. (*3 puntos*).

Para completar el escudo se añade al triángulo $T$ de área máxima la superficie $S$ limitada entre la recta $y = 4$ y el arco de parábola $y = x^2$, cuando $-2 \le x \le 2$.

Obtener **razonadamente**:

c) El área de la superficie $S$. (*3 puntos*).

d) El área total del escudo. (*2 puntos*).

OPCIÓN A

PROBLEMA A.1

$$\left. \begin{array}{l} 2x + \alpha^2 z = 5 \\ x + (1-\alpha)y + z = 1 \\ x + 2y + \alpha^2 z = 1 \end{array} \right\} \quad A^* = \begin{pmatrix} 2 & 0 & \alpha^2 & | & 5 \\ 1 & 1-\alpha & 1 & | & 1 \\ 1 & 2 & \alpha^2 & | & 1 \end{pmatrix}$$

$$\underbrace{\qquad\qquad\qquad}_{A}$$

$$\det(A) = \begin{vmatrix} 2 & 0 & \alpha^2 \\ 1 & 1-\alpha & 1 \\ 1 & 2 & \alpha^2 \end{vmatrix} = -\alpha^3 + 3\alpha^2 - 4$$

$$\det(A) = 0 \implies -\alpha^3 + 3\alpha^2 - 4 = 0$$

$$\implies \alpha = 2 \, (\text{Doble}) \quad y \quad \alpha = -1$$

| | -1 | 3 | 0 | -4 |
|---|---|---|---|---|
| 2 | | -2 | 2 | 4 |
| -1 | -1 | 1 | 2 | 0 |
| | | 1 | -2 | |
| -1 | -1 | 2 | 0 | |
| 2 | | -2 | | |
| | -1 | 0 | | |

$\implies$

$\boxed{\text{Si } \alpha \neq 2 \wedge \alpha \neq -1} \implies \det(A) \neq 0 \implies rg(A) = 3 \implies rg(A^*) = 3 \implies$

$\implies T^{\underline{ma}}$ ROUCHÉ $\implies$ Sistema Compatible Determinado. En concreto

para $\boxed{\alpha = 0}$, la solución será: (Cramer):

$$x = \dfrac{\begin{vmatrix} 5 & 0 & 0 \\ 1 & 1 & 1 \\ 1 & 2 & 0 \end{vmatrix}}{-4} = \dfrac{-10}{-4} = \dfrac{5}{2}$$

$$y = \frac{\begin{vmatrix} 2 & 5 & 0 \\ 1 & 1 & 1 \\ 1 & 1 & 0 \end{vmatrix}}{-4} = \frac{3}{-4} = -\frac{3}{4} \;;\; z = \frac{\begin{vmatrix} 2 & 0 & 5 \\ 1 & 1 & 1 \\ 1 & 2 & 1 \end{vmatrix}}{-4} = \frac{3}{-4} = -\frac{3}{4}$$

La única solución para $\alpha = 0$ es $(x,y,z) = \left(\frac{5}{2}, -\frac{3}{4}, -\frac{3}{4}\right)$

$\boxed{\text{Si } \alpha = -1} \Rightarrow \det(A) = 0 \Rightarrow rg(A) < 3$

$$A^* = \begin{pmatrix} 2 & 0 & 1 & | & 5 \\ 1 & 2 & 1 & | & 1 \\ 1 & 2 & 1 & | & 1 \end{pmatrix}$$

Rango (A):

$\begin{vmatrix} 2 & 0 \\ 1 & 2 \end{vmatrix} = 4 \neq 0 \Rightarrow rg(A) = 2$

Rango $(A^*)$:

$\begin{vmatrix} 2 & 0 & 5 \\ 1 & 2 & 1 \\ 1 & 2 & 1 \end{vmatrix} = 0 \Rightarrow rg(A^*) = 2$

$\left.\begin{array}{l} rg(A) = 2 \\ rg(A^*) = 2 \\ n^o\; incóg = 3 \end{array}\right\} \Rightarrow T^{\underline{MA}}ROUCHÉ \Rightarrow$ Sistema Compatible Indeterminado

$\left.\begin{array}{l} 2x + z = 5 \\ x + 2y + z = 1 \end{array}\right\}$ $E_1 - E_2$ $x - 2y = 4$ $\Big\langle \begin{array}{l} y = \lambda \\ x = 4 + 2\lambda \end{array}$

$z = 5 - 2x = 5 - 8 - 4\lambda = -3 - 4\lambda$

Las infinitas soluciones del sistema para $\alpha = -1$ vienen

dadas por:

$$(x,y,z) = (4 + 2\lambda, \lambda, -3 - 4\lambda) \quad \forall \lambda \in \mathbb{R}$$

$\boxed{\text{Si } \alpha = 2} \Rightarrow \det(A) = 0 \Rightarrow rg(A) < 3$

$$A^* = \begin{pmatrix} 2 & 0 & 4 & \vdots & 5 \\ 1 & -1 & 1 & \vdots & 1 \\ 1 & 2 & 4 & \vdots & 1 \end{pmatrix}$$

Rango (A):

$$\begin{vmatrix} 2 & 0 \\ 1 & -1 \end{vmatrix} = -2 \neq 0 \Rightarrow rg(A) = 2$$

Rango (A*):

$$\begin{vmatrix} 2 & 0 & 5 \\ 1 & -1 & 1 \\ 1 & 2 & 1 \end{vmatrix} = 9 \neq 0 \Rightarrow rg(A^*) = 3$$

$\left. \begin{array}{l} rg(A) = 2 \\ rg(A^*) = 3 \end{array} \right\} \Rightarrow T^{\underline{MA}} ROUCHÉ \Rightarrow$ Sistema Incompatible

$\{$PROBLEMA A.2$\}$

a)

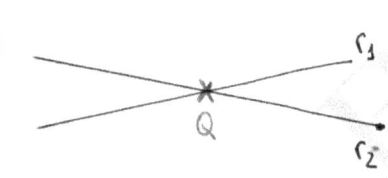

El punto de corte Q debe verificar las ecuaciones de ambas rectas. Lo obtenemos por tanto resolviendo el sistema:

$\left. \begin{array}{l} 1 + 2\alpha = -1 \\ \alpha = 1 + \beta \\ 2 - \alpha = -1 - 2\beta \end{array} \right\}$ $\longrightarrow +2\alpha = -2 \Rightarrow \alpha = -1$

$\longrightarrow \beta = \alpha - 1 = -1 - 1 = -2$

Comprobamos con $\alpha = -1$ y $\beta = -2 \Rightarrow 3 = 3$ ✓

El punto Q pedido por tanto:

$$Q \in r_1 \; (1 + 2\alpha, \alpha, 2 - \alpha) \underset{\alpha = -1}{\Longrightarrow} Q(-1, -1, 3)$$

PÁGINA 3

b)

$$r_1 : \begin{cases} x = 1 + 2\alpha \\ y = \alpha \\ z = 2 - \alpha \end{cases} \quad \begin{array}{l} A(1, 0, 2) \\ \\ \vec{V_{r_1}} = (2, 1, -1) \end{array}$$

$$r_2 : \begin{cases} x = -1 \\ y = 1 + \beta \\ z = -1 - 2\beta \end{cases} \quad \begin{array}{l} B(-1, 1, -1) \\ \\ \vec{V_{r_2}} = (0, 1, -2) \end{array}$$

$$\vec{n_{\pi}} = \vec{V_{r_1}} \times \vec{V_{r_2}} = \begin{vmatrix} \vec{i} & \vec{j} & \vec{k} \\ 2 & 1 & -1 \\ 0 & 1 & -2 \end{vmatrix} = (-1, 4, 2)$$

$\pi : Ax + By + Cz + D = 0 \implies \pi : -x + 4y + 2z + D = 0$

Como $A(1, 0, 2) \in \pi$ $\longrightarrow$ $-1 + 4 + D = 0 \implies D = -3$

$\implies \pi : -x + 4y + 2z - 3 = 0$

c)

$\vec{BP} = (0, 0, 1) - (-1, 1, -1) = (1, -1, 2)$

$$\vec{BP} \times \vec{V_{r_2}} = \begin{vmatrix} \vec{i} & \vec{j} & \vec{k} \\ 1 & -1 & 2 \\ 0 & 1 & -2 \end{vmatrix} = (0, 2, 1)$$

$$\implies d(P, r_2) = \frac{|\vec{BP} \times \vec{V_{r_2}}|}{|\vec{V_{r_2}}|} = \frac{\sqrt{2^2 + 1^2}}{\sqrt{4^2 + 2^2}} = \frac{\sqrt{5}}{\sqrt{5}} = 1\,u.$$

PÁGINA 4

PROBLEMA A.3

$$f(x) = 4x \cdot \ln(x) \implies Dom(f(x)) = (0, +\infty)$$

a) $f'(x) = 4 \cdot \ln(x) + 4x \cdot \dfrac{1}{x} = 4\ln(x) + 4$

$f'(x) = 0 \implies 4\ln(x) + 4 = 0 \implies 4\ln(x) = -4 \implies \ln(x) = -1 \implies$

$$\implies x = e^{-1}$$

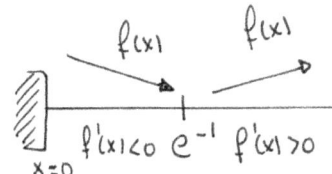

$f(x) \quad\quad f(x)$

$f'(x) < 0 \quad e^{-1} \quad f'(x) > 0$

$x = 0$

Creciente : $(e^{-1}, +\infty)$

Decreciente : $(0, e^{-1})$

Mínimo relativo en $x = e^{-1} \implies Mm\,(e^{-1}, -4 \cdot e^{-1})$

b) La ecuación de la recta tangente viene dada por:

$$y - y_0 = m(x - x_0)$$

$donde \begin{cases} (x_0, y_0) = (1, 0) \\ m = f'(x_0) = f'(1) = 4 \end{cases} \implies y = 4(x-1) = 4x - 4$

c) Primero veamos si la curva corta al eje X en algún

punto $c \in (e, e^2)$:

$f(x) = 0 \implies 4x \cdot \ln(x) = 0 \begin{cases} 4x = 0 \implies x = 0 \ (\text{No sirve!!}) \\ \ln(x) = 0 \implies x = e^0 = 1 \end{cases}$

Al no cortar la curva al eje X en el intervalo $(e, e^2)$ el área viene dada por:

$$A = \left| \int_{e}^{e^2} 4x \cdot \ln(x)\, dx \right| = \circledast \Rightarrow$$

$$\int \underbrace{4x \cdot \ln(x)}_{\substack{u \\ dv}} \cdot dx = 2x^2 \ln(x) - \int 2x\, dx = 2x^2 \ln(x) - x^2 + C$$

$$u = \ln(x) \quad du = \frac{1}{x}\, dx$$

$$dv = 4x\, dx \quad v = 2x^2$$

$$\Rightarrow \circledast = \left| \left[ 2x^2 \cdot \ln(x) - x^2 \right]_{e}^{e^2} \right| = \left| (2e^4 \cdot 2 - e^4) - (2e^2 - e^2) \right| = \left| 3e^4 - e^2 \right| =$$

$$= 156'4054\ u^2$$

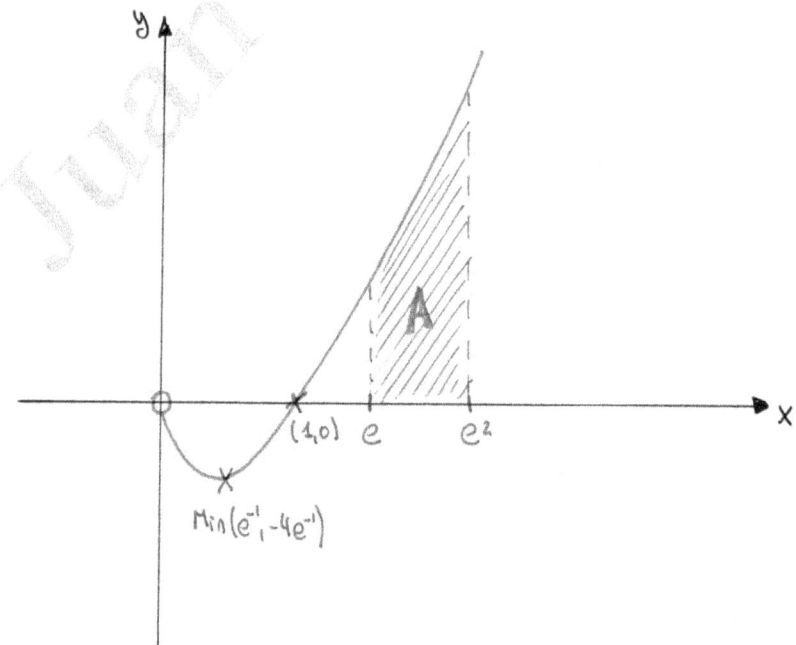

PÁGINA 6

OPCIÓN B

PROBLEMA B.1

a) Tenemos el sistema dado por $AX = B$:

$$\begin{pmatrix} 1 & 0 & 2 \\ 1 & 1 & 3 \\ 1 & -1 & 1 \end{pmatrix} \begin{pmatrix} x \\ y \\ z \end{pmatrix} = \begin{pmatrix} 1 \\ 3 \\ -1 \end{pmatrix} \Rightarrow A^* = \begin{pmatrix} 1 & 0 & 2 & \vdots & 1 \\ 1 & 1 & 3 & \vdots & 3 \\ \underbrace{1 & -1 & 1}_{A} & \vdots & -1 \end{pmatrix}$$

Rango $(A)$:

$$\begin{vmatrix} 1 & 0 \\ 1 & 1 \end{vmatrix} = 1 \neq 0 \; ; \; \det(A) = \begin{vmatrix} 1 & 0 & 2 \\ 1 & 1 & 3 \\ 1 & -1 & 1 \end{vmatrix} = 0 \Rightarrow rg(A) = 2$$

Rango $(A^*)$:

$$\begin{vmatrix} 1 & 0 & 1 \\ 1 & 1 & 3 \\ 1 & -1 & -1 \end{vmatrix} = 0 \Rightarrow rg(A^*) = 2$$

$$\left. \begin{array}{l} rg(A) = 2 \\ rg(A^*) = 2 \\ n^o \; incóg = 3 \end{array} \right\} \Rightarrow \begin{array}{c} T^{ma} ROUCHÉ \\ \Downarrow \\ \text{Sistema} \\ \text{Comp. Indeter.} \end{array}$$

$$\left. \begin{array}{l} x + 2z = 1 \\ x + y + 3z = 3 \end{array} \right\} \longrightarrow z = \lambda \Rightarrow x = 1 - 2\lambda$$

$$\longrightarrow y = 3 - x - 3z = 3 - 1 + 2\lambda - 3\lambda = $$
$$= 2 - \lambda$$

Las infinitas soluciones son:

$$X = \begin{pmatrix} x \\ y \\ z \end{pmatrix} = \begin{pmatrix} 1 - 2\lambda \\ 2 - \lambda \\ \lambda \end{pmatrix} \quad \forall \lambda \in \mathbb{R}$$

PÁGINA 7

b) $B^2 = B \Rightarrow B \cdot B = B \underset{\exists B^{-1}}{\Longrightarrow} B^{-1} \cdot B \cdot B = B^{-1} \cdot B \underset{B \cdot B^{-1} = I}{\Longrightarrow}$

$\Rightarrow B = I \Rightarrow \det(B) = \det(I) \Rightarrow \det(B) = 1$

c) La matriz nula se representa por $O_{4 \times 4}$. Así:

$$A^2 - 9I = O \Rightarrow A^2 = 9I \Rightarrow$$

$$\Rightarrow \det(A^2) = \det(9I) \Longrightarrow [\det(A)]^2 = 9^4 \cdot \overset{1}{\cancel{\det(I)}}$$

$$\Rightarrow \det(A) = \pm \sqrt{9^4}$$

$\det(A) = -81$    No sirve pues debe ser $\det(A) > 0$

$\det(A) = +81$

Donde hemos utilizado las propiedades:

   * $\det(k \cdot X) = k^n \cdot \det(X)$ con $k \in \mathbb{R}$ y $X \in \mathbb{R}^{n \times n}$

   * Como $\det(X \cdot Y) = \det(X) \cdot \det(Y) \Rightarrow \det(X^n) = [\det(X)]^n$

## PROBLEMA B 2

Para estudiar la posición relativa de $r: \begin{cases} x - 2y - 2z = 1 \\ x + 5y - z = 0 \end{cases}$

y $\pi: 2x + y + nz = p$, Construimos las matrices $M$ y $M^*$:

$$M^* = \left( \begin{array}{ccc|c} 1 & -2 & -2 & 1 \\ 1 & 5 & -1 & 0 \\ 2 & 1 & n & p \end{array} \right)$$

             $\underbrace{\qquad\qquad\qquad}_{M}$

a) "r" y "π" se cortan en un punto si $rg(M) = 3$. Así:

$$det(M) = \begin{vmatrix} 1 & -2 & -2 \\ 1 & 5 & -1 \\ 2 & 1 & n \end{vmatrix} = 7n + 23$$

$det(M) = 0 \Rightarrow 7n + 23 = 0 \Rightarrow n = -\dfrac{23}{7}$

Si $n \neq -\dfrac{23}{7}$ $\forall p \in \mathbb{R} \Rightarrow det(M) \neq 0 \Rightarrow rg(M) = 3$ y la

recta r y el plano π se cortan en un punto.

b) La recta "r" estará contenida en "π" si se cumple

$rg(M) = rg(M^{*}) = 2$. Para que $rg(M)$ pueda ser 2

$det(M)$ tendrá que ser 0. Es decir, que $n = -\dfrac{23}{7}$

Rango (M):

$\begin{vmatrix} 1 & -2 \\ 1 & 5 \end{vmatrix} = 7 \neq 0$ y $\begin{vmatrix} 1 & -2 & -2 \\ 1 & 5 & -1 \\ 2 & 1 & -\frac{23}{7} \end{vmatrix} = 0 \Rightarrow rg(M) = 2$

Para que $rg(M^{*}) = 2 \Rightarrow$

$\begin{vmatrix} 1 & -2 & 1 \\ 1 & 5 & 0 \\ 2 & 1 & p \end{vmatrix} = 0 \Rightarrow 7p - 9 = 0 \Rightarrow p = \dfrac{9}{7}$

Si $n = -\dfrac{23}{7}$ y $p = \dfrac{9}{7} \Rightarrow rg(M) = rg(M^{*}) = 2 \Rightarrow$ la recta "r"

está contenida en el plano π.

PÁGINA 9

c) La recta "r" estará paralela a "π" cuando se tenga $rg(M) = 2$ y $rg(M^*) = 3$. Con el estudio que hemos realizado en apartados anteriores:

Si $n = -\dfrac{23}{7}$ y $p \neq \dfrac{9}{7}$ $\Rightarrow$ $rg(M) = 2$ y $rg(M^*) = 3$ $\Rightarrow$

$\Rightarrow$ La recta no cortará al plano.

## PROBLEMA B.3

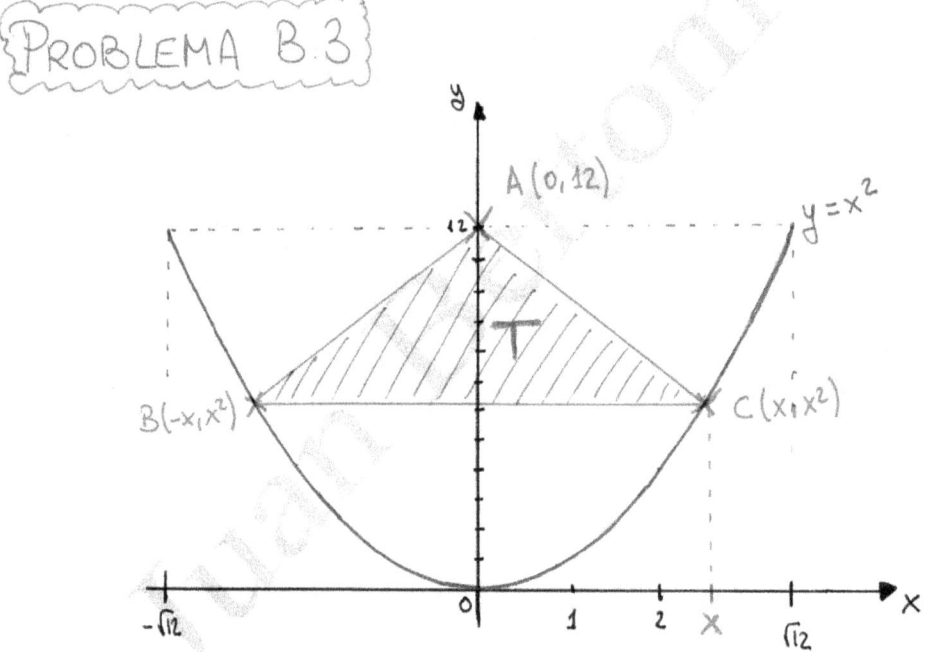

$A(0, 12)$

$y = x^2$

$B(-x, x^2)$          $C(x, x^2)$

a) El área del triángulo la calculamos según:

$$A_T = \frac{base \times altura}{2} \Rightarrow$$

$$\Rightarrow A_T(x) = \frac{2x \cdot (12 - x^2)}{2} = x(12 - x^2) = 12x - x^3 \quad con \quad 0 < x < \sqrt{12}$$

b) $A_T'(x) = 12 - 3x^2$

$A_T'(x) = 0 \implies 12 - 3x^2 = 0 \implies x^2 = 4$

$\quad\quad\nearrow x = -2 \quad$ No sirve $(0 < x < \sqrt{12})!!$

$\quad\quad\searrow x = +2$

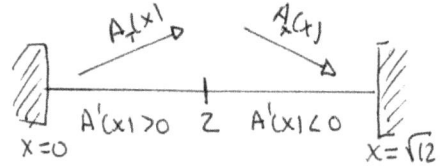

El área es máxima cuando cuando la abcisa del vértice C es $x = 2$, siendo en ese

las coordenadas de los vértices $B(-2, 4)$ y $C(2, 4)$

c)

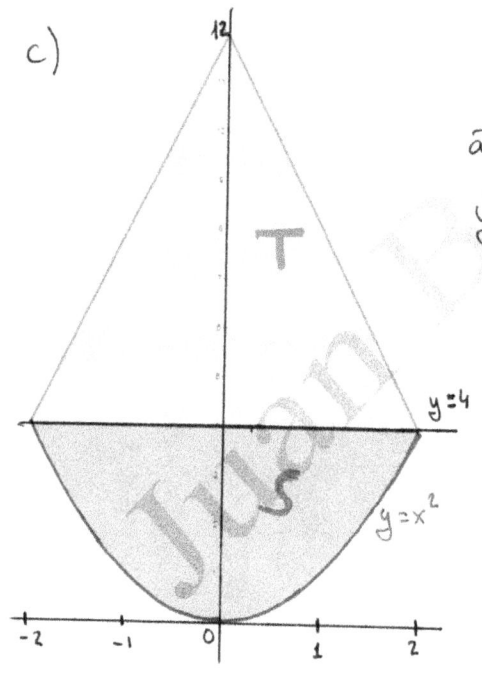

El área del recinto S, es el área limitada por las curvas $y = 4$ e $y = x^2$ con $-2 \le x \le 2$. Así:

$$A_S = \int_{-2}^{2} (4 - x^2)\, dx = \left[ 4x - \frac{x^3}{3} \right]_{-2}^{2} =$$

$$= \left( 4 \cdot 2 - \frac{2^3}{3} \right) - \left( 4 \cdot (-2) - \frac{(-2)^3}{3} \right) = \frac{32}{3}\ u^2$$

d) $A_T(x = 2) = 12 \cdot 2 - 2^3 = 16\ u^2$

$A_{escudo} = A_T + A_S = 16 + \frac{32}{3} = \frac{80}{3}\ u^2$

**GENERALITAT VALENCIANA**
CONSELLERIA D'EDUCACIÓ,
FORMACIÓ I OCUPACIÓ

COMISSIÓ GESTORA DE LES PROVES D'ACCÉS A LA UNIVERSITAT

COMISIÓN GESTORA DE LAS PRUEBAS DE ACCESO A LA UNIVERSIDAD

SISTEMA UNIVERSITARI VALENCIÀ
SISTEMA UNIVERSITARIO VALENCIANO

| PROVES D'ACCÉS A LA UNIVERSITAT | PRUEBAS DE ACCESO A LA UNIVERSIDAD |
|---|---|
| CONVOCATÒRIA:  SETEMBRE  2012 | CONVOCATORIA:  SEPTIEMBRE  2012 |
| MATEMÀTIQUES II | MATEMÁTICAS II |

**BAREM DE L'EXAMEN: Cal triar només UNA dels dues OPCIONS, A o B, i s'han de fer els tres problemes d'aquesta opció.**
Cada problema puntua fins a 10 punts.
La qualificació de l'exercici és la suma dels qualificacions de cada problema dividida entre 3, i aproximada a les centèsimes.
Cada estudiant pot disposar d'una calculadora científica o gràfica. **Es prohibeix la utilització indeguda (guardar fórmules o text en memòria).**
**S'use o no la calculadora, els resultats analítics i gràfics han d'estar sempre degudament justificats.**

BAREMO DEL EXAMEN: **Se elegirá solo UNA de las dos OPCIONES, A o B, y se han de hacer los tres problemas de esa opción.**
Cada problema se puntuará hasta 10 puntos.
La calificación del ejercicio será la suma de las calificaciones de cada problema dividida entre 3 y aproximada a las centésimas.
Cada estudiante podrá disponer de una calculadora científica o gráfica. **Se prohíbe su utilización indebida (guardar fórmulas o texto en memoria). Se utilice o no la calculadora, los resultados analíticos y gráficos deberán estar siempre debidamente justificados.**

# OPCIÓN A

**Problema A.1.** Sea el sistema de ecuaciones $S: \begin{cases} x - 2y - 3z = 0 \\ 3x + 10y - z = 0 \\ x + 14y + \alpha z = 0 \end{cases}$, donde $\alpha$ es un parámetro real.

Obtener **razonadamente**:
   a) La solución del sistema $S$ cuando $\alpha = 0$. (*4 puntos*).
   b) El valor de $\alpha$ para el que el sistema $S$ tiene infinitas soluciones. (*4 puntos*).
   c) Todas las soluciones del sistema $S$ cuando se da a $\alpha$ el valor obtenido en el apartado b). (*2 puntos*).

**Problema A.2.** En el espacio se tiene la recta $r: \begin{cases} x + y - z = 1 \\ x - y - z = 0 \end{cases}$ y el plano $\pi: x + mz = 0$, donde $m$ es un parámetro real.

Obtener **razonadamente**:
   a) Un vector director de la recta $r$. (*2 puntos*).
   b) El valor de $m$ para el que la recta $r$ y el plano $\pi$ son perpendiculares. (*2 puntos*).
   c) El valor de $m$ para el que la recta $r$ y el plano $\pi$ son paralelos. (*3 puntos*).
   d) La distancia entre $r$ y $\pi$ cuando se da a $m$ el valor obtenido en el apartado c). (*3 puntos*).

**Problema A.3.** Se definen las funciones $f$ y $g$ por $f(x) = -x^2 + 2x$ y $g(x) = x^2$.

Obtener **razonadamente**:
   a) Los intervalos de crecimiento y decrecimiento de cada una de esas dos funciones. (*2 puntos*).
   b) El máximo relativo de la función $f(x) = -x^2 + 2x$ y el mínimo relativo de $g(x) = x^2$. (*2 puntos*).
   c) Los puntos de intersección de las curvas $y = -x^2 + 2x$ e $y = x^2$. (*2 puntos*).
   d) El área encerrada entre las curvas $y = -x^2 + 2x$ e $y = x^2$, donde en ambas curvas la $x$ varía entre 0 y 1. (*4 puntos*).

# OPCIÓN B

**Problema B.1.** Se dan las matrices $A = \begin{pmatrix} 1 & -1 \\ 1 & 1 \end{pmatrix}$, $U = \begin{pmatrix} 1 & 0 \\ 0 & 1 \end{pmatrix}$ y $B$, donde $B$ es una matriz de dos filas y dos columnas que no tiene ningún elemento nulo y que verifica la relación $B^2 = -7B + U$.

Obtener **razonadamente**:

a) Los números reales $a$ y $b$ tales que $A^2 = aA + bU$. (*4 puntos*).

b) Los números reales $p$ y $q$ tales que $B^{-1} = pB + qU$ (*2 puntos*), **justificando** que la matriz $B$ tiene inversa (*2 puntos*).

c) Obtener los valores $x$ e $y$ para los que se verifica que $B^3 = xB + yU$. (*2 puntos*).

**Problema B.2.** En el espacio se dan los planos $\pi$, $\sigma$ y $\tau$ de ecuaciones:

$$\pi: 2x - y + z = 3; \qquad \sigma: x - y + z = 2; \qquad \tau: 3x - y - az = b,$$

siendo $a$ y $b$ parámetros reales, y la recta $r$ intersección de los planos $\pi$ y $\sigma$.

Obtener **razonadamente**:

a) Un punto, el vector director y las ecuaciones de la recta $r$. (*3 puntos*).

b) La ecuación del plano que contiene a la recta $r$ y pasa por el punto $(2, 1, 3)$. (*4 puntos*).

c) Los valores de $a$ y de $b$ para que el plano $\tau$ contenga a la recta $r$, intersección de los planos $\pi$ y $\sigma$. (*3 puntos*).

**Problema B.3.** Se desea construir un depósito cilíndrico de 100 m$^3$ de capacidad, abierto por la parte superior. Su base es un círculo en posición horizontal de radio $x$ y la pared vertical del depósito es una superficie cilíndrica perpendicular a su base.

El precio del material de la base del depósito es 4 euros/m$^2$.

El precio del material de la pared vertical es 2 euros/m$^2$.

Obtener **razonadamente**:

a) El área de la base en función de su radio $x$. (*1 punto*).

b) El área de la pared vertical del cilindro en función de $x$. (*2 puntos*).

c) La función $f(x)$ que da el coste del depósito. (*2 puntos*).

d) El valor $x$ del radio de la base para el que el coste del depósito es mínimo y el valor de dicho coste mínimo. (*5 puntos*).

{PROBLEMA A.1}

$$\left. \begin{array}{l} x - 2y - 3z = 0 \\ 3x + 10y - z = 0 \\ x + 14y + \alpha z = 0 \end{array} \right\} \quad A^* = \begin{pmatrix} 1 & -2 & -3 & \vdots & 0 \\ 3 & 10 & -1 & \vdots & 0 \\ 1 & 14 & \alpha & \vdots & 0 \end{pmatrix}$$

Se trata de un sistema homogéneo. Estos sistemas son siempre compatibles, ya que $rg(A) = rg(A^*)$. Siempre tienen la solución $(x, y, z) = (0, 0, 0)$, que podrá ser única (cuando el sistema sea compatible determinado) o formar parte del conjunto de las infinitas soluciones (cuando el sistema sea compatible indeterminado).

$$det(A) = \begin{vmatrix} 1 & -2 & -3 \\ 3 & 10 & -1 \\ 1 & 14 & \alpha \end{vmatrix} = 16\alpha - 80$$

$$det(A) = 0 \implies 16\alpha = 80 \implies \alpha = 5$$

$\boxed{Si\ \alpha \neq 5} \implies det(A) \neq 0 \implies rg(A) = 3 \implies rg(A^*) = 3 \implies$

$\implies T^{MA}$ ROUCHÉ $\implies$ Sistema Compatible Determinado $\implies$

$\implies$ Por ser homogéneo $\implies (x, y, z) = (0, 0, 0)$

PÁGINA 1

Por tanto, para $\alpha = 0$ (al ser $\alpha \neq 5$), la solución única

es $(x, y, z) = (0, 0, 0)$

$\boxed{Si \ \alpha = 5} \Rightarrow det(A) = 0 \Rightarrow rg(A) < 3$

$$A^* = \begin{pmatrix} 1 & -2 & -3 & \vdots & 0 \\ 3 & 10 & -1 & \vdots & 0 \\ 1 & 14 & 5 & \vdots & 0 \end{pmatrix}$$

<u>Rango (A):</u>

$\begin{vmatrix} 1 & -2 \\ 3 & 10 \end{vmatrix} = 16 \neq 0 \Rightarrow$

$\Rightarrow \underbrace{rg(A) = rg(A^*) = 2}$

Homogéneo!!

$\Rightarrow$ Como $rg(A) = rg(A^*) < n^{\circ} incóg \Rightarrow$ Sistema Compatible Indeterminado.

$$\left.\begin{array}{l} x - 2y - 3z = 0 \\ 3x + 10y - z = 0 \end{array}\right\} \quad x(-3) \quad \left.\begin{array}{l} -3x + 6y + 9z = 0 \\ 3x + 10y - z = 0 \end{array}\right\} \quad E_1 + E_2 \Rightarrow$$

$$\Rightarrow 16y + 8z = 0 \quad \nearrow \ y = \lambda$$
$$\searrow \ z = \frac{-16\lambda}{8} = -2\lambda$$

$$x = 2y + 3z = 2\lambda - 6\lambda = -4\lambda$$

Los infinitas soluciones del sistema para $\alpha = 5$

vienen dadas por $(x, y, z) = (-4\lambda, \lambda, -2\lambda) \ \forall \lambda \in \mathbb{R}$

{PROBLEMA A.2}

a) Pasamos la recta a paramétricas:

$$\left.\begin{array}{l} x+y-z=1 \\ x-y-z=0 \end{array}\right\} E_1 + E_2 \Rightarrow 2x - 2z = 1 \nearrow z = \lambda$$

$$\searrow x = \frac{1+2\lambda}{2} = \frac{1}{2} + \lambda$$

$$\longrightarrow y = x - z = \frac{1}{2} + \lambda - \lambda = \frac{1}{2}$$

$$\Rightarrow r: \left\{ \begin{array}{l} x = \frac{1}{2} + \lambda \\ y = \frac{1}{2} \\ z = \lambda \end{array} \right. \nearrow A\left(\frac{1}{2}, \frac{1}{2}, 0\right)$$

$$\searrow \vec{V_r} = (1, 0, 1)$$

b)

$\vec{V_r}$  $\vec{n_\pi} = (1, 0, m)$

$\pi: x + mz = 0$

$r$

Cuando $r$ y $\pi$ sean perpendiculares los vectores $\vec{V_r}$ y $\vec{n_\pi}$ son paralelos:

$$\vec{n_\pi} \parallel \vec{V_r} \Rightarrow \vec{n_\pi} = K \cdot \vec{V_r} \Rightarrow$$

$$\Rightarrow (1, 0, m) = K \cdot (1, 0, 1) \Rightarrow \boxed{K=1}$$

$$\Rightarrow m = 1$$

c y d)

$A\left(\frac{1}{2}, \frac{1}{2}, 0\right)$

$\vec{V_r}$  $r$

$\vec{n_\pi}$

$d(A, \pi)$

$\pi: x + mz = 0$

Cuando $r$ y $\pi$ son paralelos los vectores $\vec{V_r}$ y $\vec{n_\pi}$ son perpendi- -culares:

$$\vec{V_r} \perp \vec{n_\pi} \Rightarrow \vec{V_r} \cdot \vec{n_\pi} = 0$$

$$(1, 0, 1) \cdot (1, 0, m) = 0$$

$$1 + m = 0 \Rightarrow m = -1$$

PÁGINA 3

$$d(r, \pi) = d(A, \pi) = \frac{|Ax_0 + By_0 + Cz_0 + D|}{\sqrt{A^2 + B^2 + C^2}} = \frac{1/2}{\sqrt{2}} \approx 0'35 \, u.$$

## PROBLEMA A.3

a y b) $f(x) = -x^2 + 2x$ ; $Dom(f(x)) = \mathbb{R}$

$f'(x) = -2x + 2$

$f'(x) = 0 \longrightarrow -2x + 2 = 0 \Rightarrow x = 1$

$f'(x) > 0 \quad 1 \quad f'(x) < 0$

Creciente: $(-\infty, 1)$

Decreciente: $(1, +\infty)$

Máximo relativo en $x = 1 \Rightarrow$ Máx $(1, f(1)) = (1, 1)$

$g(x) = x^2$ ; $Dom(g(x)) = \mathbb{R}$

$g'(x) = 2x$

$g'(x) = 0 \longrightarrow 2x = 0 \Rightarrow x = 0$

$g'(x) < 0 \quad 0 \quad g'(x) > 0$

Creciente: $(0, +\infty)$

Decreciente: $(0, -\infty)$

Mínimo relativo en $x = 0 \Rightarrow$ Min $(0, f(0)) = (0, 0)$

c) $\left.\begin{array}{l} f(x) = -x^2 + 2x \\ g(x) = x^2 \end{array}\right\}$ $f(x) = g(x) \Rightarrow -x^2 + 2x = x^2 \Rightarrow$

$\Rightarrow \underbrace{-2x^2 + 2x}_{f(x) - g(x)} = 0 \Rightarrow x(-2x + 2) = 0 \Big\langle \begin{array}{l} x = 0 \longrightarrow (0, 0) \\ x = 1 \longrightarrow (1, 1) \end{array}$

PÁGINA 4

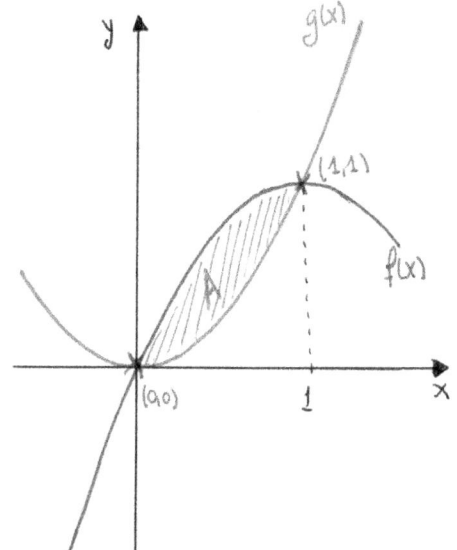

$$A = \int_0^1 \left(f(x) - g(x)\right) dx =$$

$$= \int_0^1 (-2x^2 + 2x)\, dx = \left[-\frac{2x^3}{3} + x^2\right]_0^1 =$$

$$= \left(-\frac{2}{3} + 1\right) - 0 = \frac{1}{3}\ u^2$$

## OPCIÓN B

### PROBLEMA B1

a) $A^2 = A \cdot A = \begin{pmatrix} 1 & -1 \\ 1 & 1 \end{pmatrix} \cdot \begin{pmatrix} 1 & -1 \\ 1 & 1 \end{pmatrix} = \begin{pmatrix} 0 & -2 \\ 2 & 0 \end{pmatrix}$

$A^2 = \alpha A + \beta U$

$\begin{pmatrix} 0 & -2 \\ 2 & 0 \end{pmatrix} = \alpha \begin{pmatrix} 1 & -1 \\ 1 & 1 \end{pmatrix} + \beta \begin{pmatrix} 1 & 0 \\ 0 & 1 \end{pmatrix} \Rightarrow$

$\Rightarrow \left. \begin{array}{l} 0 = \alpha + \beta \\ -2 = -\alpha \\ 2 = \alpha \\ 0 = \alpha + \beta \end{array} \right\} \quad \left. \begin{array}{l} \alpha + \beta = 0 \\ \alpha = 2 \end{array} \right\} \Rightarrow \alpha = +2 \ \text{y} \ \beta = -2$

PÁGINA 5

b) Una matriz cuadrada es invertible cuando existe

una matriz cuadrada del mismo orden que verifique

$B \cdot B^{-1} = U$ (siendo $U$ la matriz unitaria o identidad).

Así:

$$B^2 = -7B + U \Rightarrow B^2 + 7B = U \Rightarrow B \cdot (B + 7U) = U$$

Por tanto, $B$ es invertible siendo $B^{-1} = B + 7U$.

$$\left.\begin{array}{l} B^{-1} = 1 \cdot B + 7U \\ B^{-1} = pB + qU \end{array}\right\} \Rightarrow p = 1 \text{ y } q = 7$$

c) $B^3 = B^2 \cdot B = (-7B + U) \cdot B = -7B^2 + B =$

$\qquad = -7(-7B + U) + B = 49B - 7U + B = 50B - 7U$

$$\left.\begin{array}{l} B^3 = 50B - 7U \\ B^3 = xB + yU \end{array}\right\} \Rightarrow x = 50 \text{ e } y = -7$$

PÁGINA 6

PROBLEMA B2

a) $r: \begin{cases} 2x - y + z = 3 \\ x - y + z = 2 \end{cases}$    $\begin{rcases} 2x - y + z = 3 \\ x(-1)\quad -x + y - z = -2 \end{rcases} E_1 + E_2 \Rightarrow x = 1$

$\hookrightarrow 1 - y + z = 2 \Rightarrow -y + z = 1 \nearrow^{y = \lambda}_{\searrow z = 1 + \lambda}$

$\Rightarrow r: \begin{cases} x = 1 \\ y = \lambda \\ z = 1 + \lambda \end{cases} \begin{array}{l} \nearrow A \in r (1, 0, 1) \\ \searrow \vec{V_r} = (0, 1, 1) \end{array}$

b)

$\overrightarrow{n_\beta} = \overrightarrow{AP} \times \vec{V_r}$      $\overrightarrow{AP} = (2, 1, 3) - (1, 0, 1) = (1, 1, 2)$

$\overrightarrow{AP} \times \vec{V_r} = \begin{vmatrix} \vec{\imath} & \vec{\jmath} & \vec{u} \\ 1 & 1 & 2 \\ 0 & 1 & 1 \end{vmatrix} = (-1, -1, 1)$

$\Rightarrow \beta: Ax + By + Cz + D = 0 \Rightarrow \beta: -x - y + z + D = 0$

Como $A(1, 0, 1) \in \beta \nearrow -1 + 1 + D = 0 \Rightarrow D = 0$

$\Rightarrow \beta: -x - y + z = 0$

c) Planteamos las matrices $M$ y $M^*$ para estudiar la posición relativa de $r: \begin{cases} 2x - y + z = 3 \\ x - y + z = 2 \end{cases}$ y $\pi: 3x - y - az = b$

$$M^* = \begin{pmatrix} 2 & -1 & 1 & \vdots & 3 \\ 1 & -1 & 1 & \vdots & 2 \\ 3 & -1 & -a & \vdots & b \end{pmatrix}$$

La recta "r" estará contenida en el plano $\tau$ si se verifica que $rg(M) = 2$ y $rg(M^*) = 2$.

Rango (M):

$$\begin{vmatrix} 2 & -1 \\ 1 & -1 \end{vmatrix} = -1 \neq 0$$

Para que sea $rg(M) = 2 \Rightarrow det(M) = 0$. Así:

$$det(M) = \begin{vmatrix} 2 & -1 & 1 \\ 1 & -1 & 1 \\ 3 & -1 & -a \end{vmatrix} = a+1$$

$$det(M) = 0 \Rightarrow a+1 = 0 \Rightarrow a = -1$$

Rango $(M^*)$ (si $a = -1$):

Para que sea $rg(M^*) = 2 \Rightarrow \begin{vmatrix} 2 & -1 & 3 \\ 1 & -1 & 2 \\ 3 & -1 & b \end{vmatrix} = 0 \Rightarrow$

$$\Rightarrow -b+4 = 0 \Rightarrow b = 4$$

$\Rightarrow$ "r" está contenida en $\tau$ si $a = -1$ y $b = 4$

PROBLEMA B.3

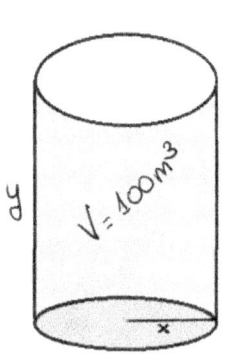

$$V = \pi x^2 \cdot y = 100 \Rightarrow$$

$$\Rightarrow y = \frac{100}{\pi x^2}$$

a) La base es un círculo de radio "x"

$$A_b(x) = \pi \cdot x^2 \quad con \; x > 0$$

b) El área lateral es el área de un rectángulo cuyos lados son el perímetro del círculo de la base $(2\pi x)$ y la altura $(y)$. Así:

$$A_\ell(x,y) = 2\pi x \cdot y \Rightarrow A_\ell(x) = 2\pi x \cdot \frac{100}{\pi x^2} = \frac{200}{x} \quad con \; x > 0$$

c) Coste = Coste$_{base}$ + Coste$_{lateral}$ $\Rightarrow$

$$\Rightarrow C(x) = 4 \cdot \pi x^2 + 2 \cdot \frac{200}{x} = 4\pi x^2 + \frac{400}{x} \quad con \; x > 0$$

d) $C'(x) = 8\pi x - \frac{400}{x^2}$ con $x > 0$

$$C'(x) = 0 \Rightarrow 8\pi x - \frac{400}{x^2} = 0 \Rightarrow 8\pi x = \frac{400}{x^2} \Rightarrow x = \sqrt[3]{\frac{50}{\pi}} \approx 2'51$$

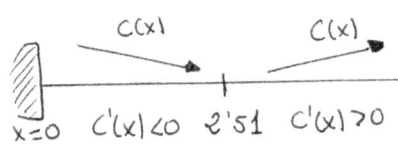

C(x) ↘        C(x) ↗

x=0  C'(x)<0  2'51  C'(x)>0

El coste es mínimo cuando el radio de la base es $x = 2'51$

siendo dicho coste mínimo $C(2'51) = 4\pi \cdot (2'51^2) + \dfrac{400}{2'51} = 238'53 \, €$

GENERALITAT
VALENCIANA
CONSELLERIA D'EDUCACIÓ,
CULTURA I ESPORT

COMISSIÓ GESTORA DE LES PROVES D'ACCÉS A LA UNIVERSITAT

COMISIÓN GESTORA DE LAS PRUEBAS DE ACCESO A LA UNIVERSIDAD

SISTEMA UNIVERSITARI VALENCIÀ
SISTEMA UNIVERSITARIO VALENCIANO

| PROVES D'ACCÉS A LA UNIVERSITAT | PRUEBAS DE ACCESO A LA UNIVERSIDAD |
|---|---|
| CONVOCATÒRIA:    JUNY   2013 | CONVOCATORIA:    JUNIO  2013 |
| MATEMÀTIQUES II | MATEMÁTICAS II |

**BAREM DE L'EXAMEN:** Cal elegir sols UNA de les dues OPCIONS, A o B, i s'han de fer els tres problemes d'aquesta opció.
Cada problema puntua fins a 10 punts.
La qualificació de l'exercici és la suma de les qualificacions de cada problema dividida entre 3, i aproximada a les centèsimes.
Cada estudiant pot disposar d'una calculadora científica o gràfica. Se'n prohibeix la utilització indeguda (guardar fòrmules o text en memòria).
S'use o no la calculadora, els resultats analítics i gràfics han d'estar sempre degudament justificats.
**BAREMO DEL EXAMEN: Se elegirá solo UNA de las dos OPCIONES, A o B, y se han de hacer los tres problemas de esa opción.**
Cada problema se puntuará hasta 10 puntos.
La calificación del ejercicio será la suma de las calificaciones de cada problema dividida entre 3 y aproximada a las centésimas.
Cada estudiante podrá disponer de una calculadora científica o gráfica. Se prohíbe su utilización indebida (guardar fòrmulas o texto en memoria).
Se utilice o no la calculadora, los resultados analíticos y gráficos deberán estar siempre debidamente justificados.

## OPCIÓN A

**Problema A.1.** Se tiene el sistema de ecuaciones $\begin{cases} 2x+5y=a \\ -x-4y=b \\ 2x+y=c \end{cases}$, donde $a$, $b$ y $c$ son tres números reales. Obtener

**razonadamente**, **escribiendo todos los pasos del razonamiento utilizado**:
   a) La relación que deben verificar los números $a$, $b$ y $c$ para que el sistema sea compatible.   (*4 puntos*).
   b) La solución del sistema cuando $a = -1$, $b = 2$ y $c = 3$.   (*2 puntos*).
   c) La solución del sistema cuando los números $a$, $b$ y $c$ verifican la relación $a = c = -2b$.   (*4 puntos*).

**Problema A.2.** Sean $O = (0,0,0)$, $A = (1,0,1)$, $B = (2,1,0)$ y $C = (0,2,3)$. Obtener **razonadamente**, **escribiendo todos los pasos del razonamiento utilizado**:
   a) El área del triángulo de vértices $O, A$ y $B$, (*3 puntos*) y el volumen del tetraedro de vértices $O, A, B$ y $C$. (*2 puntos*).
   b) La distancia del vértice $C$ al plano que contiene al triángulo $OAB$. (*3 puntos*).
   c) La distancia del punto $C'$ al plano que contiene al triángulo $OAB$, siendo $C'$ el punto medio del segmento de extremos $O$ y $C$. (*2 puntos*).

**Problema A.3.** Se estudió el movimiento de un meteorito del sistema solar durante un mes. Se obtuvo que la ecuación de su trayectoria $T$ es $y^2 = 2x+9$, siendo $-4,5 \le x \le 8$ e $y \ge 0$, estando situado el Sol en el punto $(0,0)$. Obtener **razonadamente**, **escribiendo todos los pasos del razonamiento utilizado**:
   a) La distancia del meteorito al Sol desde un punto $P$ de su trayectoria cuya abscisa es $x$. (*3 puntos*).
   b) El punto $P$ de la trayectoria $T$ donde el meteorito alcanza la distancia mínima al Sol. (*5 puntos*).
   c) Distancia mínima del meteorito al Sol. (*2 puntos*).
**Nota.** En los tres resultados sólo se dará la expresión algebraica o el valor numérico obtenido, sin mencionar la unidad de medida por no haber sido indicada en el enunciado.

# OPCIÓN B

**Problema B.1.** Dadas las matrices $A = \begin{pmatrix} -2 & 0 & 0 \\ 1 & 1 & 0 \\ 4 & 2 & -2 \end{pmatrix}$ y $B = \begin{pmatrix} 2 & 1 & 2 \\ 0 & -1 & 5 \\ 0 & 0 & 2 \end{pmatrix}$, obtener **razonadamente** el valor

de los determinantes siguientes, **escribiendo todos los pasos del razonamiento utilizado**:

a) $|A+B|$ y $\left|\dfrac{1}{2}(A+B)^{-1}\right|$.   (*4 puntos*).

b) $\left|(A+B)^{-1}A\right|$ y $\left|A^{-1}(A+B)\right|$.   (*3 puntos*).

c) $\left|2ABA^{-1}\right|$ y $\left|A^3B^{-1}\right|$.   (*3 puntos*).

**Problema B.2.** Dados los puntos $A = (1, 0, 1)$, $B = (2, -1, 0)$, $C = (0, 1, 1)$ y $P = (0, -3, 2)$, se pide calcular **razonadamente**, **escribiendo todos los pasos del razonamiento utilizado**:
   a) La distancia del punto $P$ al punto $A$.   (*2 puntos*)
   b) La distancia del punto $P$ a la recta que pasa por los puntos $A$ y $B$.   (*4 puntos*)
   c) La distancia del punto $P$ al plano que pasa por los puntos $A$, $B$ y $C$.   (*4 puntos*)

**Problema B.3.** Dada la función $f$ definida por $f(x) = \operatorname{sen} x$, para cualquier valor real $x$, se pide obtener **razonadamente**, **escribiendo todos los pasos del razonamiento utilizado**:
   a) La ecuación de la recta tangente a la curva $y = f(x)$ en el punto de abscisa $x = \pi/6$.   (*4 puntos*).
   b) La ecuación de la recta normal a la curva $y = f(x)$ en el punto de abscisa $x = \pi/3$. Se recuerda que la recta normal a una curva en un punto $P$ es la recta que pasa por ese punto $P$ y es perpendicular a la recta tangente a la curva en el punto $P$.   (*3 puntos*).
   c) El ángulo formado por las rectas determinadas en los apartados a) y b).   (*3 puntos*).

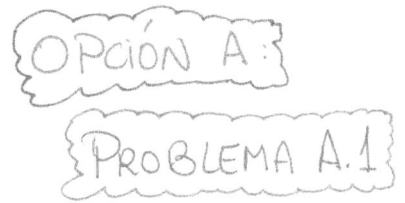

a) $\left.\begin{array}{r} 2x + 5y = a \\ -x - 4y = b \\ 2x + y = c \end{array}\right\}$   $A^* = \begin{pmatrix} 2 & 5 & \vdots & a \\ -1 & -4 & \vdots & b \\ 2 & 1 & \vdots & c \end{pmatrix}$

$\underbrace{\phantom{\begin{pmatrix} 2 & 5 \\ -1 & -4 \\ 2 & 1 \end{pmatrix}}}_{A}$

Rango (A):

$\begin{vmatrix} 2 & 5 \\ -1 & -4 \end{vmatrix} = -3 \neq 0$

$\Rightarrow rg(A) = 2$

Un sistema es compatible si se verifica que $rg(A)$ y $rg(A^*)$ son iguales. Como $rg(A) = 2$, el sistema será compatible si $rg(A^*) = 2$, y para ello, tendrá que ser $det(A^*) = 0$. Así:

$$det(A^*) = \begin{vmatrix} 2 & 5 & a \\ -1 & -4 & b \\ 2 & 1 & c \end{vmatrix} = 7a + 8b - 3c$$

$\Rightarrow$ El sistema es compatible si $7a + 8b - 3c = 0$

b)  $\left.\begin{array}{r} 2x + 5y = -1 \\ -x - 4y = 2 \\ 2x + y = 3 \end{array}\right\}$   $A^* = \begin{pmatrix} 2 & 5 & \vdots & -1 \\ -1 & -4 & \vdots & 2 \\ 2 & 1 & \vdots & 3 \end{pmatrix}$

Rango (A):

$\begin{vmatrix} 2 & 5 \\ -1 & -4 \end{vmatrix} = -3 \neq 0 \Rightarrow$

$\Rightarrow rg(A) = 2$

PÁGINA 1

Rango $(A^*)$ :

$$\begin{vmatrix} 2 & 5 & -1 \\ -1 & -4 & 2 \\ 2 & 1 & 3 \end{vmatrix} = 0 \Rightarrow rg(A^*) = 2$$

$$\left.\begin{array}{l} rg(A) = 2 \\ rg(A^*) = 2 \\ n^o \, mcóg = 2 \end{array}\right\} \Rightarrow T^{MA} ROUCHÉ \Rightarrow \text{Sistema Compatible Determinado}$$

$$\left.\begin{array}{l} 2x + 5y = -1 \\ -x - 4y = 2 \end{array}\right\} \times 2 \quad \left.\begin{array}{l} 2x + 5y = -1 \\ -2x - 8y = 4 \end{array}\right\} E_1 + E_2 \quad -3y = 3 \Rightarrow y = -1$$

$$\hookrightarrow x = -4y - 2 = -4 \cdot (-1) - 2 = 2$$

$$\Rightarrow \text{La solución única es } (x, y) = (2, -1)$$

c) $\left.\begin{array}{l} 2x + 5y = -2b \\ -x - 4y = b \\ 2x + y = -2b \end{array}\right\}$ $A^* = \begin{pmatrix} 2 & 5 & \vdots & -2b \\ -1 & -4 & \vdots & b \\ 2 & 1 & \vdots & -2b \end{pmatrix}$ 

Rango $(A)$:

$$\begin{vmatrix} 2 & 5 \\ -1 & -4 \end{vmatrix} = -3 \neq 0$$

$$\Rightarrow rg(A) = 2$$

Rango $(A^*)$ :

$$\begin{vmatrix} 2 & 5 & -2b \\ -1 & -4 & b \\ 2 & 1 & -2b \end{vmatrix} = 28b - 28b = 0 \Rightarrow rg(A^*) = 2$$

$$\Rightarrow rg(A) = rg(A^*) = n^o \, mcóg. = 2 \Rightarrow T^{MA} ROUCHÉ \Rightarrow \begin{array}{l} \text{Sistema Comp.} \\ \text{Determinado} \end{array}$$

PÁGINA 2

$\left. \begin{array}{l} 2x + 5y = -2b \\ -x - 4y = b \end{array} \right\} \times 2$   $\left. \begin{array}{l} 2x + 5y = -2b \\ -2x - 8y = 2b \end{array} \right\}$  $E_1 + E_2$  $-3y = 0 \Rightarrow y = 0$

$\hookrightarrow x = -4y - b = -b$

$\Rightarrow$ La solución única es $(x, y) = (-b, 0)$

## PROBLEMA A.2

$\overrightarrow{OA} = (1, 0, 1) - (0, 0, 0) = (1, 0, 1)$

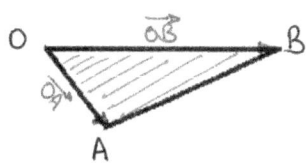

$\overrightarrow{OB} = (2, 1, 0) - (0, 0, 0) = (2, 1, 0)$

$A_T = \frac{1}{2} |\overrightarrow{OA} \times \overrightarrow{OB}|$

$\overrightarrow{OA} \times \overrightarrow{OB} = \begin{vmatrix} \vec{\imath} & \vec{\jmath} & \vec{k} \\ 1 & 0 & 1 \\ 2 & 1 & 0 \end{vmatrix} = (-1, 2, 1)$

$|\overrightarrow{OA} \times \overrightarrow{OB}| = \sqrt{1^2 + 2^2 + 1^2} = \sqrt{6} \Rightarrow A_T = \frac{1}{2} |\overrightarrow{OA} \times \overrightarrow{OB}| = \frac{\sqrt{6}}{2} \approx 1'225 \, u^2$

$V = \frac{1}{6} \cdot |[\overrightarrow{OA}, \overrightarrow{OB}, \overrightarrow{OC}]|$

$\overrightarrow{OC} = (0, 2, 3) - (0, 0, 0) = (0, 2, 3)$

$V = \frac{1}{6} \cdot \left\| \begin{matrix} 1 & 0 & 1 \\ 2 & 1 & 0 \\ 0 & 2 & 3 \end{matrix} \right\| = \frac{1}{6} \cdot 7 = \frac{7}{6} \, u^3$

b y c)

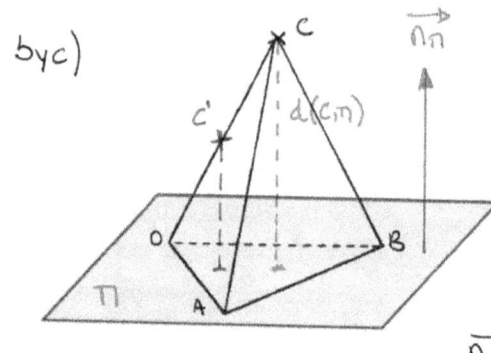

Determinamos primero la ecuación del plano $\Pi$. Su vector normal $\vec{n_\Pi}$ ya lo hemos calculado:

$$\vec{n_\Pi} = \overrightarrow{OA} \times \overrightarrow{OB} = (-1, 2, 1)$$

$$\Pi: Ax + By + Cz + D = 0 \Rightarrow \Pi: -x + 2y + z + D = 0$$

$$\text{Como } O(0,0,0) \in \Pi \nearrow 0 + D = 0 \Rightarrow D = 0$$

$$\Rightarrow \Pi: -x + 2y + z = 0$$

$$d(C, \Pi) = \frac{|Ax_0 + By_0 + Cz_0 + D|}{\sqrt{A^2 + B^2 + C^2}} = \frac{|-1 \cdot 0 + 2 \cdot 2 + 1 \cdot 3|}{\sqrt{1^2 + 2^2 + 1^2}} = \frac{7}{\sqrt{6}} \, u.$$

$$C' = P_{M_{OC}} = \left( \frac{O_x + C_x}{2}, \frac{O_Y + C_Y}{2}, \frac{O_z + C_z}{2} \right) = \left( \frac{0+0}{2}, \frac{0+2}{2}, \frac{0+3}{2} \right) = \left( 0, 1, \tfrac{3}{2} \right)$$

$$d(C', \Pi) = \frac{|-1 \cdot 0 + 2 \cdot 1 + 1 \cdot 3/2|}{\sqrt{1^2 + 2^2 + 1^2}} = \frac{7/2}{\sqrt{6}} = \frac{7}{2\sqrt{6}} \, u.$$

## PROBLEMA A.3

$$y^2 = 2x + 9 \quad \text{con} \quad -4'5 \leq x \leq 8$$

$$\Downarrow$$

$$y = \pm\sqrt{2x+9} \quad \text{con} \quad -4'5 \leq x \leq 8$$

$$y \geqslant 0$$

| x | $y = \sqrt{2x+9}$ |
|------|------|
| -4'5 | 0 |
| 0 | 3 |
| 8 | 5 |

$$\Rightarrow$$

PÁGINA 4

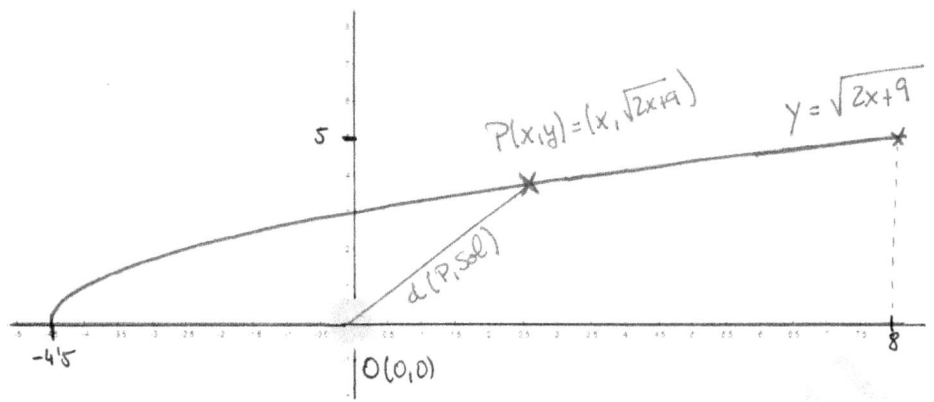

$$\overrightarrow{OP} = \left( x, \sqrt{2x+9} \right) - (0,0) = \left( x, \sqrt{2x+9} \right)$$

$$d(P,Sol) = |\overrightarrow{OP}| = \sqrt{x^2 + \left(\sqrt{2x+9}\right)^2} = \sqrt{x^2 + 2x + 9}$$

$$\Rightarrow d(x) = \sqrt{x^2 + 2x + 9} \quad con \quad -4'5 \leq x \leq 8$$

b) $\quad d'(x) = \dfrac{1}{2\sqrt{x^2+2x+9}} \cdot (2x+2) = \dfrac{x+1}{\sqrt{x^2+2x+9}}$

$$d'(x) = 0 \Rightarrow \dfrac{x+1}{\sqrt{x^2+2x+9}} = 0 \Rightarrow x+1 \Rightarrow x = -1$$

La distancia es mínima para $x = -1$, siendo el punto P pedido

$$P\left( x, \sqrt{2x+9} \right) \underset{x=-1}{\Longrightarrow} P\left( -1, \sqrt{7} \right)$$

c) La distancia mínima será :

$$d(x) = \sqrt{x^2 + 2x + 9} \Rightarrow d(-1) = \sqrt{1 - 2 + 9} = \sqrt{8}$$

PÁGINA 5

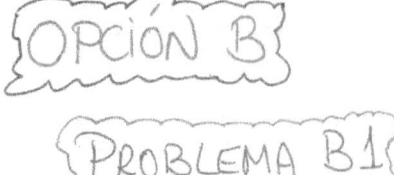

{PROBLEMA B1}

$$\det(A) = \begin{vmatrix} -2 & 0 & 0 \\ 1 & 1 & 0 \\ 4 & 2 & -2 \end{vmatrix} = 4 \; ; \; \det(B) = \begin{vmatrix} 2 & 1 & 2 \\ 0 & -1 & 5 \\ 0 & 0 & 2 \end{vmatrix} = -4$$

a) $A + B = \begin{pmatrix} -2 & 0 & 0 \\ 1 & 1 & 0 \\ 4 & 2 & -2 \end{pmatrix} + \begin{pmatrix} 2 & 1 & 2 \\ 0 & -1 & 5 \\ 0 & 0 & 2 \end{pmatrix} = \begin{pmatrix} 0 & 1 & 2 \\ 1 & 0 & 5 \\ 4 & 2 & 0 \end{pmatrix}$

$$\det(A+B) = \begin{vmatrix} 0 & 1 & 2 \\ 1 & 0 & 5 \\ 4 & 2 & 0 \end{vmatrix} = 20 + 4 = 24$$

$$\det\left( \frac{1}{2}(A+B)^{-1} \right) = \left(\frac{1}{2}\right)^3 \cdot \det\left[ (A+B)^{-1} \right] = \left(\frac{1}{2}\right)^3 \cdot \frac{1}{\det(A+B)} = \frac{1}{192}$$

b) $\det\left( (A+B)^{-1} \cdot A \right) = \det\left( (A+B)^{-1} \right) \cdot \det(A) = \frac{1}{\det(A+B)} \cdot \det(A) = \frac{4}{24} = \frac{1}{6}$

$\det\left( A^{-1} \cdot (A+B) \right) = \det(A^{-1}) \cdot \det(A+B) = \frac{1}{\det(A)} \cdot \det(A+B) = \frac{24}{4} = 6$

c) $\det(2ABA^{-1}) = 2^3 \cdot \det(A) \cdot \det(B) \cdot \det(A^{-1}) = 2^3 \cdot \det(A) \cdot \det(B) \cdot \frac{1}{\det(A)} =$

$$= 2^3 \cdot \det(B) = -32$$

PÁGINA 6

$$\det\left(A^3 \cdot B^{-1}\right) = \det(A^3) \cdot \det(B^{-1}) = \left[\det(A)\right]^3 \cdot \frac{1}{\det(B)} = \frac{4^3}{-4} = -16$$

Hemos utilizado las propiedades de los determinantes

dadas por:

* $\det(K \cdot X) = K^n \cdot \det(X)$ con $K \in \mathbb{R}$ y $X \in \mathbb{R}^{n \times n}$

* $\det(X \cdot Y) = \det(X) \cdot \det(Y)$

     $\hookrightarrow \det(X^n) = \left[\det(X)\right]^n$

     $\hookrightarrow \det(X^{-1}) = \dfrac{1}{\det(X)}$

## {PROBLEMA B2}

a)

$$\vec{PA} = (1,0,1) - (0,-3,2) = (1,3,-1)$$

$$d(P,A) = \left|\vec{PA}\right| = \sqrt{1^2 + 3^2 + 1^2} = \sqrt{11} \ u.$$

b)

$$\vec{V_r} = \vec{AB} = (2,-1,0) - (1,0,1) = (1,-1,-1)$$

$$\Rightarrow r: \begin{cases} x = 1 + \lambda \\ y = -\lambda \\ z = 1 - \lambda \end{cases}$$

$$d(P,r) = \frac{|\overrightarrow{AP} \times \overrightarrow{V_r}|}{|\overrightarrow{V_r}|} \quad ; \quad \overrightarrow{AP} = (0,-3,2) - (1,0,1) = (-1,-3,1)$$

$$\overrightarrow{AP} \times \overrightarrow{V_r} = \begin{vmatrix} \vec{\imath} & \vec{\jmath} & \vec{k} \\ -1 & -3 & 1 \\ 1 & -1 & -1 \end{vmatrix} = (4,0,4) \quad ; \quad |\overrightarrow{AP} \times \overrightarrow{V_r}| = \sqrt{4^2 + 4^2} = \sqrt{32}$$

$$\Rightarrow d(P,r) = \frac{|\overrightarrow{AP} \times \overrightarrow{V_r}|}{|\overrightarrow{V_r}|} = \frac{\sqrt{32}}{\sqrt{3}} \approx 3'266 \, u.$$

c)

$$\vec{n}_\pi = \overrightarrow{AB} \times \overrightarrow{AC} = \begin{vmatrix} \vec{\imath} & \vec{\jmath} & \vec{k} \\ 1 & -1 & -1 \\ -1 & 1 & 0 \end{vmatrix} = (1,1,0)$$

$\pi: Ax + By + Cz + D = 0$

$\pi: x + y + D = 0$

Como $A(1,0,1) \in \pi \quad \longrightarrow \quad 1 + D = 0 \Rightarrow D = -1$

$\Rightarrow \pi: x + y - 1 = 0$

$$d(P,\pi) = \frac{|A x_0 + B y_0 + C z_0 + D|}{\sqrt{A^2 + B^2 + C^2}} = \frac{|1 \cdot 0 + 1 \cdot (-3) - 1|}{\sqrt{1^2 + 1^2}} = \frac{4}{\sqrt{2}} = 2\sqrt{2} \, u.$$

PROBLEMA B.3

a) $f(x) = \text{sen}(x) \Rightarrow f'(x) = \cos(x)$

$y - y_0 = m(x - x_0)$, donde:

$$x_0 = \frac{\pi}{6}$$

$$y_0 = f(x_0) = \text{sen}\left(\frac{\pi}{6}\right) = \frac{1}{2}$$

$$m_{tg} = f'(x_0) = \cos\left(\frac{\pi}{6}\right) = \frac{\sqrt{3}}{2}$$

$$\Rightarrow \boxed{y - \frac{1}{2} = \frac{\sqrt{3}}{2}\left(x - \frac{\pi}{6}\right)}$$

b) $y - y_0 = m(x - x_0)$, donde

$$x_0 = \frac{\pi}{3}$$

$$y_0 = f(x_0) = \text{sen}\left(\frac{\pi}{3}\right) = \frac{\sqrt{3}}{2}$$

$$m_{normal} = -\frac{1}{m_{tg}} = \frac{-1}{f'(x_0)} = \frac{-1}{\cos\left(\frac{\pi}{3}\right)} = -2$$

$$\boxed{y - \frac{\sqrt{3}}{2} = -2\left(x - \frac{\pi}{3}\right)}$$

c) $\text{tg}\,\alpha = \left|\dfrac{m_2 - m_1}{1 + m_2 \cdot m_1}\right| = \left|\dfrac{-2 - \frac{\sqrt{3}}{2}}{1 + (-2)\cdot\frac{\sqrt{3}}{2}}\right| = 3'915$

$$\Rightarrow \alpha = \text{arctg}\,(3'915) = 75'67°$$

PÁGINA 9

©Juan Bertomeu Ferrer
www.bertoblog.com

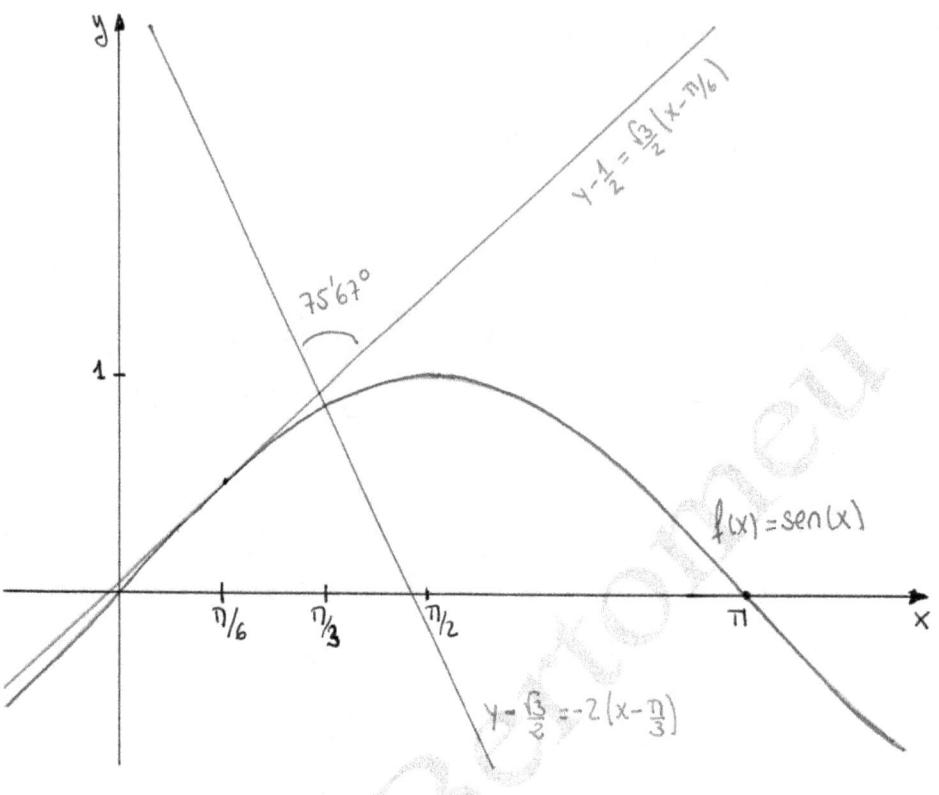

 GENERALITAT VALENCIANA
CONSELLERIA D'EDUCACIÓ, CULTURA I ESPORT

COMISSIÓ GESTORA DE LES PROVES D'ACCÉS A LA UNIVERSITAT
COMISIÓN GESTORA DE LAS PRUEBAS DE ACCESO A LA UNIVERSIDAD

 SISTEMA UNIVERSITARI VALENCIÀ
SISTEMA UNIVERSITARIO VALENCIANO

| PROVES D'ACCÉS A LA UNIVERSITAT | PRUEBAS DE ACCESO A LA UNIVERSIDAD |
|---|---|
| CONVOCATÒRIA:     JULIOL 2013 | CONVOCATORIA:     JULIO 2013 |
| MATEMÀTIQUES II | MATEMÁTICAS II |

**BAREM DE L'EXAMEN: Cal elegir sols UNA de les dues OPCIONS, A o B, i s'han de fer els tres problemes d'aquesta opció.**
Cada problema puntua fins a 10 punts.
La qualificació de l'exercici és la suma de les qualificacions de cada problema dividida entre 3, i aproximada a les centèsimes.
Cada estudiant pot disposar d'una calculadora científica o gràfica. Se'n prohibeix la utilització indeguda (guardar fórmules o text en memòria).
S'use o no la calculadora, els resultats analítics i gràfics han d'estar sempre degudament justificats.
BAREMO DEL EXAMEN: **Se elegirá solo UNA de las dos OPCIONES, A o B, y se han de hacer los tres problemas de esa opción.**
Cada problema se puntuará hasta 10 puntos.
La calificación del ejercicio será la suma de las calificaciones de cada problema dividida entre 3 y aproximada a las centésimas.
Cada estudiante podrá disponer de una calculadora científica o gráfica. Se prohíbe su utilización indebida (guardar fórmulas o texto en memoria).
Se utilice o no la calculadora, los resultados analíticos y gráficos deberán estar siempre debidamente justificados.

# OPCIÓN A

**Problema A.1.** Comprobar **razonadamente**, **escribiendo todos los pasos del razonamiento utilizado** que:

a) Si el producto de dos matrices cuadradas $A$ y $B$ es conmutativo, es decir que $AB = BA$, entonces se deduce que $A^2 B^2 = (AB)^2$.     (*2 puntos*).

b) Que la matriz $A = \begin{pmatrix} 1 & 0 & 0 \\ 0 & -4 & 10 \\ 0 & -3 & 7 \end{pmatrix}$ satisface la relación $A^2 - 3A + 2I = O$, siendo $I$ y $O$, respectivamente, las matrices de orden $3 \times 3$ unidad y nula,     (*4 puntos*),  y que una matriz $A$ tal que $A^2 - 3A + 2I = O$ tiene matriz inversa.     (*2 puntos*)

c) Obtener **razonadamente**, **escribiendo todos los pasos del razonamiento utilizado**, los valores $\alpha$ y $\beta$ tales que $A^3 = \alpha A + \beta I$, sabiendo que la matriz $A$ verifica la igualdad $A^2 - 3A + 2I = O$.     (*2 puntos*).

**Problema A.2.** Se dan las rectas $r_1 : \begin{cases} x = 1 + 2\alpha \\ y = \alpha \\ z = 2 - \alpha \end{cases}$ y $r_2 : \begin{cases} x = -1 \\ y = 1 + \beta \\ z = -1 - 2\beta \end{cases}$ , siendo $\alpha$ y $\beta$ parámetros reales.

Obtener **razonadamente**, **escribiendo todos los pasos del razonamiento utilizado**:

a) Unas ecuaciones implícitas de $r_1$.     (*2 puntos*).

b) La justificación de que las rectas $r_1$ y $r_2$ están contenidas en un plano $\pi$, (*2 puntos*) y la ecuación de ese plano $\pi$.     (*2 puntos*).

c) El área del triángulo de vértices $P$, $Q$ y $R$, siendo $P = (-1, 0, 1)$, $Q = (0, 1, 2)$ y $R$ el punto de intersección de $r_1$ y $r_2$.     (4 puntos).

**Problema A.3.** Se dan las funciones $f(x) = \dfrac{1}{2} \ln\left( \dfrac{1+x}{1-x} \right)$   y   $g(x) = \ln\sqrt{\dfrac{1-x}{1+x}}$. Obtener **razonadamente**,
**escribiendo todos los pasos del razonamiento utilizado**:

a) Las derivadas de $f(x)$ y $g(x)$.     (*4 puntos*).

b) Los dominios de definición de las funciones $f(x)$ y $g(x)$.     (*3 puntos*).

c) La expresión simplificada de la función $f(x) + g(x)$, (*1,5 puntos*), y el recorrido de esta función $f(x) + g(x)$.     (*1,5 puntos*).

# OPCIÓN B

**Problema B.1.** Se da el sistema de ecuaciones $\begin{cases} \alpha x + y + z = 1 \\ x + \alpha y + z = 1, \\ 3x + 5y + z = 1 \end{cases}$ donde $\alpha$ es un parámetro real.

Obtener **razonadamente, escribiendo todos los pasos del razonamiento utilizado**:

a) Todas las soluciones del sistema cuando $\alpha = 7$. (4 *puntos*).

b) Los valores de $\alpha$ para los que el sistema es compatible indeterminado. (3 *puntos*).

c) Los valores de $\alpha$ para los cuales el sistema es compatible determinado. (3 *puntos*).

**Problema B.2.** Se dan las rectas $r : \begin{cases} x - y + z = 0 \\ 2x + y + z = 1 \end{cases}$ y $s : \{x - 1 = y - 2 = z$ . Obtener **razonadamente,**

**escribiendo todos los pasos del razonamiento utilizado**:

a) Un punto y un vector director de cada una de las dos rectas. (3 *puntos*).

b) La distancia entre las rectas $r$ y $s$, (2 *puntos*), **justificando** que las rectas $r$ y $s$ se cruzan. (2 *puntos*).

c) Obtener unas ecuaciones de la recta $t$ que pasa por el punto $\left( \dfrac{41}{57}, -\dfrac{14}{57}, 0 \right)$ y es perpendicular a las rectas $r$ y $s$. (3 *puntos*).

**Problema B.3.** En el plano *XY* está dibujada una parcela $A$ cuyos límites son dos calles de ecuaciones $x = 0$ y $x = 40$, respectivamente, una carretera de ecuación $y = 0$, y el tramo del curso de un río de ecuación

$$y = f(x) = 30\sqrt{2x + 1}, \quad \text{con} \quad 0 \le x \le 40, \text{ siendo positivo el signo de la raíz cuadrada.}$$

Se pretende urbanizar un rectángulo $R$ inscrito en la parcela $A$, de manera que los vértices de $R$ sean los puntos $(x, 0)$, $(x, f(x))$, $(40, f(x))$ y $(40, 0)$.

Obtener **razonadamente, escribiendo todos los pasos del razonamiento utilizado**:

a) El área de la parcela $A$. (3 *puntos*).

b) Los vértices del rectángulo $R$ al que corresponde área máxima. (5 *puntos*).

c) El valor de dicha área máxima. (2 *puntos*).

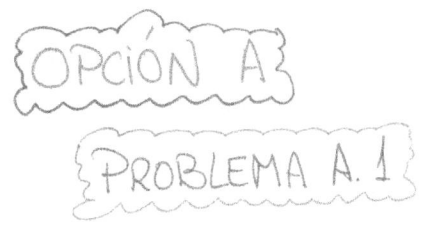

PROBLEMA A.1

a) $(A \cdot B)^2 = (AB) \cdot (AB) = A(BA)B = A(AB)B = A^2 \cdot B^2$

$$AB = BA$$

b) $A^2 = A \cdot A = \begin{pmatrix} 1 & 0 & 0 \\ 0 & -4 & 10 \\ 0 & -3 & 7 \end{pmatrix} \cdot \begin{pmatrix} 1 & 0 & 0 \\ 0 & -4 & 10 \\ 0 & -3 & 7 \end{pmatrix} = \begin{pmatrix} 1 & 0 & 0 \\ 0 & -14 & 30 \\ 0 & -9 & 19 \end{pmatrix}$

$A^2 - 3A + 2I = 0 \Rightarrow \begin{pmatrix} 1 & 0 & 0 \\ 0 & -14 & 30 \\ 0 & -9 & 19 \end{pmatrix} - \begin{pmatrix} 3 & 0 & 0 \\ 0 & -12 & 30 \\ 0 & -9 & 21 \end{pmatrix} + \begin{pmatrix} 2 & 0 & 0 \\ 0 & 2 & 0 \\ 0 & 0 & 2 \end{pmatrix} = \begin{pmatrix} 0 & 0 & 0 \\ 0 & 0 & 0 \\ 0 & 0 & 0 \end{pmatrix}$

Una matriz $A$ es invertible cuando existe una matriz $A^{-1}$ que verifica $A \cdot A^{-1} = I$. Así:

$$A^2 - 3A + 2I = 0$$

$$A^2 - 3A = -2I$$

$$A(A-3I) = -2I \Rightarrow A \cdot \left[ -\frac{1}{2}(A-3I) \right] = I$$

Con lo que efectivamente la matriz $A$ es invertible

siendo $A^{-1} = -\frac{1}{2}(A-3I)$

PÁGINA 1

c) Como $A^2 - 3A + 2I = \theta \Rightarrow A^2 = 3A - 2I$

$A^3 = A^2 \cdot A = (3A - 2I) \cdot A = 3A^2 - 2A = 3(3A - 2I) - 2A =$

$\quad = 9A - 6I - 2A = 7A - 6I$

Y Por tanto:

$\left. \begin{array}{l} A^3 = \alpha A + \beta I \\ A^3 = 7A - 6I \end{array} \right\} \Rightarrow \alpha = 7 \text{ y } \beta = -6$

{PROBLEMA A.2}

$r_1 : \begin{cases} x = 1 + 2\alpha \\ y = \alpha \\ z = 2 - \alpha \end{cases}$    $\nearrow A(1,0,2)$
$\searrow \vec{V}_{r_1} = (2,1,-1)$

$r_2 : \begin{cases} x = -1 \\ y = 1 + \beta \\ z = -1 - 2\beta \end{cases}$    $\nearrow B(-1,1,-1)$
$\searrow \vec{V}_{r_2} = (0,1,-2)$

a) $r_1 : \left( \dfrac{x-1}{2} = \dfrac{y}{1} \right) = \dfrac{z-2}{-1}$

$\nearrow \dfrac{x-1}{2} = y \Rightarrow x - 2y - 1 = 0$

$\searrow y = \dfrac{z-2}{-1} \Rightarrow z + y - 2 = 0$

$\Rightarrow r_1 : \begin{cases} x - 2y - 1 = 0 \\ y + z - 2 = 0 \end{cases}$

b) Estudiamos la posición relativa de $r_1$ y $r_2$ construyendo las matrices M y M* según:

$$\vec{AB} = (-1, 1, -1) - (1, 0, 2) = (-2, 1, -3)$$

$$M^* = \begin{pmatrix} 2 & 0 & \vdots & -2 \\ 1 & 1 & \vdots & 1 \\ -1 & -2 & \vdots & -3 \end{pmatrix}$$

$M$

Rango $(M)$:

$$\begin{vmatrix} 2 & 0 \\ 1 & 1 \end{vmatrix} = 2 \neq 0 \implies rg(M) = 2$$

Rango $(M^*)$:

$$\begin{vmatrix} 2 & 0 & -2 \\ 1 & 1 & 1 \\ -1 & -2 & -3 \end{vmatrix} = 0 \implies rg(M^*) = 2$$

Como $rg(M) = rg(M^*) = 2 \implies$ las rectas $r_1$ y $r_2$ son

secantes, y por tanto, están contenidas en un mismo

plano $\pi$ que determinamos según:

$$\vec{n_\pi} = \vec{V_{r_1}} \times \vec{V_{r_2}} = \begin{vmatrix} \vec{i} & \vec{j} & \vec{k} \\ 2 & 1 & -1 \\ 0 & 1 & -2 \end{vmatrix} =$$

$$= (-1, 4, 2)$$

$\pi: Ax + By + Cz + D = 0 \implies \pi: -x + 4y + 2z + D = 0$

Como $A(1, 0, 2) \in \pi$   $-1 + 4 + D = 0 \implies D = -3$

$$\implies \pi: -x + 4y + 2z - 3 = 0$$

c) Calculamos el punto de intersección $R$ entre las

rectas $r_1$ y $r_2$ resolviendo el sistema:

$$1 + 2\alpha = -1 \quad \left.\begin{array}{l}\\ \alpha = 1 + \beta \\ 2 - \alpha = -1 - 2\beta\end{array}\right\} \longrightarrow 2\alpha = -2 \Rightarrow \alpha = -1 \Rightarrow$$

$$R \in r_1 \; (1+2\alpha, \; \alpha, \; 2-\alpha) \underset{\alpha=-1}{\Longrightarrow} R(-1,-1,3)$$

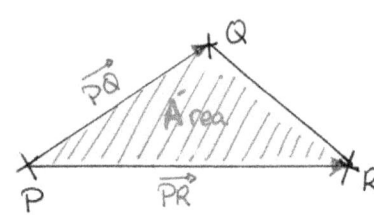

$$A_\triangle = \frac{1}{2} \left| \vec{PQ} \times \vec{PR} \right|$$

$$\vec{PQ} = (0,1,2) - (-1,0,1) = (1,1,1)$$

$$\vec{PR} = (-1,-1,3) - (-1,0,1) = (0,-1,2)$$

$$\vec{PQ} \times \vec{PR} = \begin{vmatrix} \vec{i} & \vec{j} & \vec{k} \\ 1 & 1 & 1 \\ 0 & -1 & 2 \end{vmatrix} = (3,-2,-1)$$

$$\left| \vec{PQ} \times \vec{PR} \right| = \sqrt{3^2 + 2^2 + 1^2} = \sqrt{14}$$

$$\Rightarrow A_\triangle = \frac{1}{2} \left| \vec{PQ} \times \vec{PR} \right| = \frac{1}{2} \cdot \sqrt{14} \approx 1'87 \; u^2$$

### PROBLEMA A.3

$$f(x) = \frac{1}{2} \cdot \ln\left(\frac{1+x}{1-x}\right) \quad ; \quad g(x) = \ln\sqrt{\frac{1-x}{1+x}}$$

a) $$f'(x) = \frac{1}{2} \cdot \frac{1}{\frac{1+x}{1-x}} \cdot \frac{1-x+1+x}{(1-x)^2} = \frac{1}{2} \cdot \frac{2}{(1+x)(1-x)} = \frac{1}{1-x^2}$$

$$g'(x) = \frac{1}{\sqrt{\frac{1-x}{1+x}}} \cdot \frac{1}{2 \cdot \sqrt{\frac{1-x}{1+x}}} \cdot \frac{-1(1+x)-(1-x)}{(1+x)^2} = \frac{-2}{2 \cdot \left(\frac{1-x}{1+x}\right) \cdot (1+x)^2} =$$

$$= \frac{-1}{(1-x)(1+x)} = \frac{-1}{1-x^2}$$

b) $f(x) = \frac{1}{2} \ln\left(\frac{1+x}{1-x}\right) \Rightarrow \frac{1+x}{1-x} > 0$

$\frac{1+x}{1-x} > 0 \begin{cases} 1+x = 0 \Rightarrow x = -1 \\ 1-x = 0 \Rightarrow x = 1 \end{cases}$

NO    NO
NO ⊶////SI////⊶ NO
$-1$          $1$

$\Rightarrow \text{Dom}(f(x)) = (-1, 1)$

$g(x) = \ln\sqrt{\frac{1-x}{1+x}} \Rightarrow \frac{1-x}{1+x} > 0$

$\frac{1-x}{1+x} > 0 \begin{cases} 1-x = 0 \Rightarrow x = 1 \\ 1+x = 0 \Rightarrow x = -1 \end{cases}$

NO    NO
NO ⊶////SI////⊶ NO
$-1$          $1$

$\Rightarrow \text{Dom}(g(x)) = (-1, 1)$

c) $f(x) + g(x) = \frac{1}{2} \cdot \ln\left(\frac{1+x}{1-x}\right) + \ln\sqrt{\frac{1-x}{1+x}} = \frac{1}{2}\ln\left(\frac{1+x}{1-x}\right) + \ln\left(\frac{1-x}{1+x}\right)^{1/2} =$

$= \frac{1}{2}\ln\left(\frac{1+x}{1-x}\right) + \frac{1}{2}\ln\left(\frac{1-x}{1+x}\right) = \frac{1}{2}\left[\ln\left(\frac{1+x}{1-x}\right) + \ln\left(\frac{1-x}{1+x}\right)\right] =$

$= \frac{1}{2} \cdot \ln\left[\frac{1+x}{1-x} \cdot \frac{1-x}{1+x}\right] = \frac{1}{2} \cdot \ln(1)^{\,0} = 0$

PÁGINA 5

$\Rightarrow$ Recorrido $= Img \left( f(x) + g(x) \right) = \{0\}$

\* Hemos utilizado las propiedades:

$$\ln a^b = b \cdot \ln a$$
$$\ln a + \ln b = \ln (a \cdot b)$$

## OPCIÓN B

### PROBLEMA B.1

$$\left. \begin{array}{l} \alpha x + y + z = 1 \\ x + \alpha y + z = 1 \\ 3x + 5y + z = 1 \end{array} \right\} \quad A^* = \begin{pmatrix} \alpha & 1 & 1 & | & 1 \\ 1 & \alpha & 1 & | & 1 \\ 3 & 5 & 1 & | & 1 \end{pmatrix}$$

$$\det(A) = \begin{vmatrix} \alpha & 1 & 1 \\ 1 & \alpha & 1 \\ 3 & 5 & 1 \end{vmatrix} = \alpha^2 - 8\alpha + 7$$

$$\det(A) = 0 \Rightarrow \alpha^2 - 8\alpha + 7 = 0 \begin{array}{l} \nearrow \alpha = 1 \\ \searrow \alpha = 7 \end{array}$$

Si $\alpha = 1$ $\Rightarrow \det(A) = 0 \Rightarrow rg(A) < 3$

$$A^* = \begin{pmatrix} 1 & 1 & 1 & | & 1 \\ 1 & 1 & 1 & | & 1 \\ 3 & 5 & 1 & | & 1 \end{pmatrix}$$

Rango (A):

$$\begin{vmatrix} 1 & 1 \\ 3 & 5 \end{vmatrix} = 2 \neq 0 \Rightarrow rg(A) = 2$$

Rango (A*):

$$\begin{vmatrix} 1 & 1 & 1 \\ 1 & 1 & 1 \\ 3 & 5 & 1 \end{vmatrix} = 0 \Rightarrow rg(A^*) = 2$$

PÁGINA 6

$$\left.\begin{array}{l} rg\,(A) = 2 \\ rg\,(A^*) = 2 \\ n^\circ\,\text{incógnitas} = 3 \end{array}\right\} \Rightarrow T^{\underline{MA}}\,\text{ROUCHÉ} \Rightarrow \text{Sistema Compatible Indeterminado}$$

$\boxed{Si\ \alpha = 7} \Rightarrow \det(A) = 0 \Rightarrow rg\,(A) < 3$

$$A^* = \begin{pmatrix} 7 & 1 & 1 & | & 1 \\ 1 & 7 & 1 & | & 1 \\ 3 & 5 & 1 & | & 1 \end{pmatrix}$$

$\underline{Rango(A)}:$

$\begin{vmatrix} 7 & 1 \\ 1 & 7 \end{vmatrix} = 48 \neq 0 \Rightarrow rg\,(A) = 2$

$\underline{Rango\,(A^*)}:$

$\begin{vmatrix} 7 & 1 & 1 \\ 1 & 7 & 1 \\ 3 & 5 & 1 \end{vmatrix} = 0 \Rightarrow rg\,(A^*) = 2$

$$\left.\begin{array}{l} rg\,(A) = 2 \\ rg\,(A^*) = 2 \\ n^\circ\,\text{incógnitas} = 3 \end{array}\right\} \Rightarrow T^{\underline{MA}}\,\text{ROUCHÉ} \Rightarrow \text{Sistema Compatible Indeterminado}$$

$$\left.\begin{array}{l} 7x + y + z = 1 \\ x + 7y + z = 1 \end{array}\right\} \quad E_1 - E_2 \to 6x - 6y = 0 \begin{array}{l} \to y = \lambda \\ \to x = \lambda \end{array}$$

$\to z = 1 - y - 7x = 1 - \lambda - 7\lambda = 1 - 8\lambda$

Las infinitas soluciones para $\alpha = 7$ vienen dadas por:

$$(x, y, z) = (\lambda, \lambda, 1 - 8\lambda) \quad \forall \lambda \in \mathbb{R}$$

$\boxed{Si\ \alpha \neq 1 \wedge \alpha \neq 7} \Rightarrow \det(A) \neq 0 \Rightarrow rg(A) = 3 \Rightarrow rg\,(A^*) = 3 \Rightarrow$

$\Rightarrow T^{\underline{MA}}\,\text{ROUCHÉ} \Rightarrow \text{Sistema Compatible Determinado.}$

{PROBLEMA B2}

a) $r: \begin{cases} x - y + z = 0 \\ 2x + y + z = 1 \end{cases} \rightarrow E_2 - E_1 \rightarrow x + 2y = 1 \begin{cases} y = \lambda \\ x = 1 - 2\lambda \end{cases}$

$\qquad\qquad\qquad\qquad z = y - x = \lambda - 1 + 2\lambda = -1 + 3\lambda$

$r: \begin{cases} x = 1 - 2\lambda \\ y = \lambda \\ z = -1 + 3\lambda \end{cases} \begin{matrix} A(1, 0, -1) \\ \\ \vec{V_r} = (-2, 1, 3) \end{matrix}$

$s: \dfrac{x-1}{1} = \dfrac{y-2}{1} = \dfrac{z}{1}$

$\qquad\qquad\qquad\qquad\qquad\qquad\qquad\qquad B(1, 2, 0) \qquad \vec{V_s} = (1, 1, 1)$

Para estudiar la posición relativa, construimos las matrices

$M$ y $M^*$ según:

$$\vec{AB} = (1, 2, 0) - (1, 0, -1) = (0, 2, 1)$$

$M^* = \begin{pmatrix} -2 & 1 & \vdots & 0 \\ 1 & 1 & \vdots & 2 \\ 3 & 1 & \vdots & 1 \end{pmatrix}$

$\underbrace{\qquad\qquad}_{M}$

Rango $(M)$:

$\begin{vmatrix} -2 & 1 \\ 1 & 1 \end{vmatrix} = -3 \neq 0 \Rightarrow rg(M) = 2$

Rango $(M^*)$:

$\begin{vmatrix} -2 & 1 & 0 \\ 1 & 1 & 2 \\ 3 & 1 & 1 \end{vmatrix} = 7 \neq 0 \Rightarrow rg(M^*) = 3$

Como $rg(M) = 2$ y $rg(M^*) = 3 \Rightarrow$ Las rectas $r$ y $s$ se cruzan.

PÁGINA 8

La distancia entre rectas que se cruzan se puede calcular según:

$$d(r,s) = \frac{|[\vec{AB}, \vec{V_r}, \vec{V_s}]|}{|\vec{V_r} \times \vec{V_s}|} = \frac{|\det(M^*)|}{|\vec{V_r} \times \vec{V_s}|}$$

$$\vec{V_r} \times \vec{V_s} = \begin{vmatrix} \vec{i} & \vec{j} & \vec{k} \\ -2 & 1 & 3 \\ 1 & 1 & 1 \end{vmatrix} = (-2, 5, -3)$$

$$|\vec{V_r} \times \vec{V_s}| = \sqrt{2^2 + 5^2 + 3^2} = \sqrt{38} \implies d(r,s) = \frac{7}{\sqrt{38}} \approx 1'13 \ u$$

c) Por ser "t" perpendicular a "r" y a "s"

$$\implies \vec{V_t} = \vec{V_r} \times \vec{V_s} = (-2, 5, -3)$$

$$\implies t: \begin{cases} x = \frac{41}{57} - 2\alpha \\ y = \frac{-14}{57} + 5\alpha \\ z = -3\alpha \end{cases}$$

PROBLEMA B3

Hagamos una representación gráfica aproximada de $f(x) = 30\sqrt{2x+1}$ con una pequeña tabla de valores

| X | $f(x) = 30\sqrt{2x+1}$ |
|---|---|
| 0 | 30 |
| 40 | $30\sqrt{81} = 270$ |

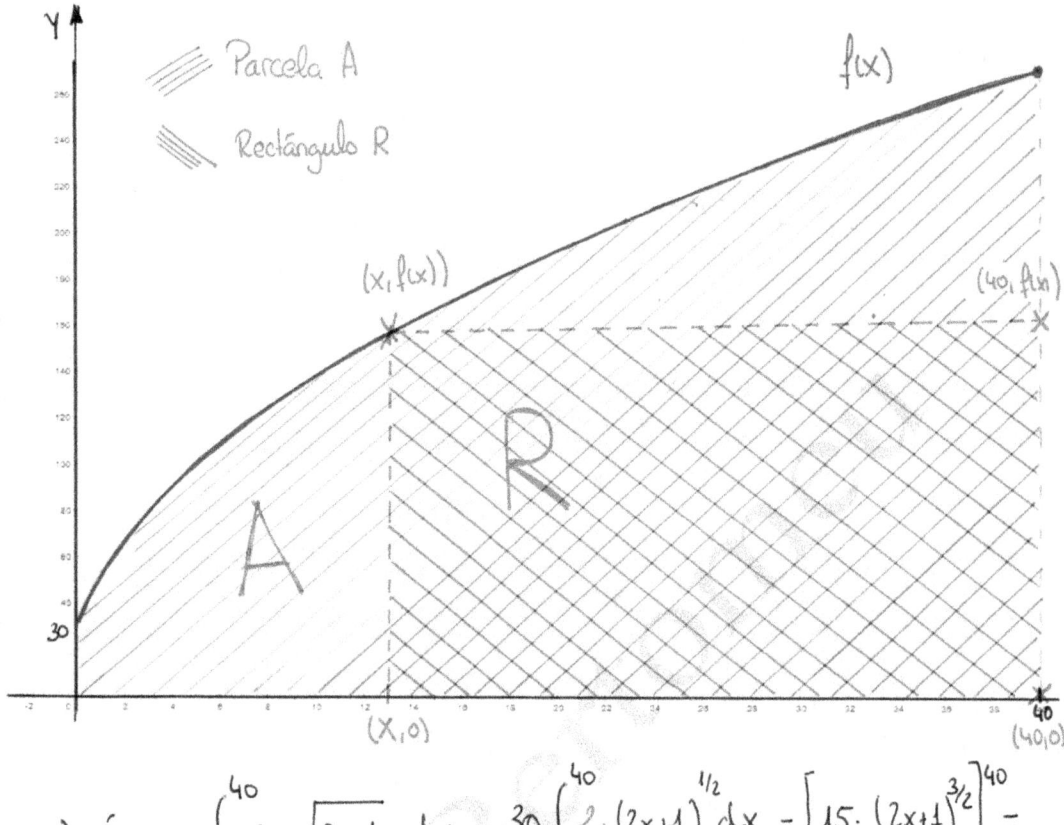

a) $\text{Área}_A = \displaystyle\int_0^{40} 30 \cdot \sqrt{2x+1} \cdot dx = \dfrac{30}{2} \int_0^{40} 2 \cdot (2x+1)^{1/2} \, dx = \left[ 15 \cdot \dfrac{(2x+1)^{3/2}}{3/2} \right]_0^{40} =$

$= \left[ 10 \cdot \sqrt{(2x+1)^3} \right]_0^{40} = 10 \cdot \sqrt{81^3} - 10 = 7280 \; u^2$

b) El área del rectángulo $R$ vendrá dada por:

$\quad \text{Área}_R = \text{base} \times \text{altura}$

$\quad A(x) = (40-x) \cdot f(x) = (40-x) \cdot 30 \cdot \sqrt{2x+1} \quad \text{con } 0 \leq x < 40$

$$A'(x) = (-1) \cdot 30\sqrt{2x+1} + (40-x) \cdot 30 \cdot \frac{\cancel{2}}{\cancel{2}\sqrt{2x+1}} =$$

$$= 30\left[-\sqrt{2x+1} + \frac{40-x}{\sqrt{2x+1}}\right] = 30 \cdot \frac{-2x-1+40-x}{\sqrt{2x+1}} =$$

$$= \frac{30(39-3x)}{\sqrt{2x+1}} \quad \text{con } 0 \le x < 40$$

$$A'(x) = 0 \Rightarrow \frac{30(39-3x)}{\sqrt{2x+1}} = 0 \Rightarrow 39-3x = 0 \Rightarrow x = 13$$

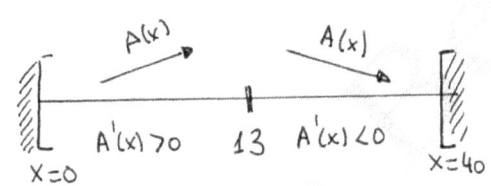

El área del rectángulo R es máxima cuando x=13, siendo los vértices del rectángulo en este caso:

$$(13,0) \; ; \; (13, 90\sqrt{3}) \; ; \; (40, 90\sqrt{3}) \; ; \; (40,0)$$

c) El valor del área máxima:

$$A(x=13) = 27 \cdot 30 \cdot \sqrt{27} \approx 4208'88 \, u^2$$

**GENERALITAT VALENCIANA**
CONSELLERIA D'EDUCACIÓ, CULTURA I ESPORT

COMISSIÓ GESTORA DE LES PROVES D'ACCÉS A LA UNIVERSITAT

COMISIÓN GESTORA DE LAS PRUEBAS DE ACCESO A LA UNIVERSIDAD

SISTEMA UNIVERSITARI VALENCIÀ
SISTEMA UNIVERSITARIO VALENCIANO

| PROVES D'ACCÉS A LA UNIVERSITAT | PRUEBAS DE ACCESO A LA UNIVERSIDAD |
|---|---|
| CONVOCATÒRIA:      JUNY 2014 | CONVOCATORIA:      JUNIO 2014 |
| MATEMÀTIQUES II | MATEMÁTICAS II |

# OPCIÓN A

**Problema A.1.** Dado el sistema de ecuaciones $\begin{cases} x+3y+2z = -1 \\ 2x+4y+5z = k-2 \\ x+k^2y+3z = 2k \end{cases}$, donde $k$ es un parámetro real se pide:

a) Discutir **razonadamente** el sistema según los valores de $k$.   (4 *puntos*).

b) Obtener **razonadamente**, **escribiendo todos los pasos del razonamiento utilizado**, todas las soluciones del sistema cuando $k=-1$.   (3 *puntos*).

c) Resolver **razonadamente** el sistema cuando $k=0$.   (3 *puntos*).

**Problema A.2.** Se dan el punto $A = (-1,\ 0,\ 2)$ y las rectas $r : \dfrac{x-1}{2} = \dfrac{y}{3} = z-2$  y  $s : \begin{cases} x = -1-2\lambda \\ y = 1+3\lambda \\ z = 1+\lambda \end{cases}$.

Obtener **razonadamente**, **escribiendo todos los pasos del razonamiento utilizado**:

a) La ecuación del plano $\pi$ que pasa por el punto $A$ y contiene a la recta $r$.   (3 *puntos*).

b) La ecuación del plano $\sigma$ que pasa por el punto $A$ y es perpendicular a la recta $s$.   (3 *puntos*)

c) Un vector dirección de la recta $l$ intersección de los planos $\pi$ y $\sigma$   (2 *puntos*) y la distancia entre las rectas $s$ y $l$.   (2 *puntos*).

**Problema A.3.** Obtener **razonadamente**, **escribiendo todos los pasos del razonamiento utilizado**:

a) El valor de $m$ para el cual la función $f(x) = \begin{cases} m(x+1)e^{2x}, & x \le 0 \\ \dfrac{(x+1)\,\mathrm{sen}\,x}{x}, & x>0 \end{cases}$ es continua en $x=0$.   (3 *puntos*).

b) Los intervalos de crecimiento o decrecimiento de la función $(x+1)e^{2x}$.   (3 *puntos*).

c) La integral $\int (x+1)e^{2x}dx$, (2 *puntos*) y el área limitada por la curva $y=(x+1)e^{2x}$ y las rectas $x=0$,   $x=1$  e  $y=0$.   (2 *puntos*).

# OPCIÓN B

**Problema B.1.** Se dan las matrices $A = \begin{pmatrix} 1 & -1 & 1 \\ 0 & 1 & 1 \\ 0 & 0 & 1 \end{pmatrix}$, $B = \begin{pmatrix} -2 \\ 1 \\ -1 \end{pmatrix}$ y $C = (-1 \quad 1 \quad 3)$.

Obtener **razonadamente**, **escribiendo todos los pasos del razonamiento utilizado**:

a) La matriz inversa $A^{-1}$ de la matriz $A$.   (3 *puntos*).

b) La matriz $X$ que es solución de la ecuación $AX = BC$.   (4 *puntos*).

c) El determinante de la matriz $2M^3$, siendo M una matriz cuadrada de orden 2 cuyo determinante vale $\dfrac{1}{2}$.   (3 *puntos*).

**Problema B.2.** Se da el triángulo $T$, cuyos vértices son $A = (1, 2, -2)$, $B = (0, -3, 1)$ y $C = (-1, 0, 0)$, y los

planos $\pi_1 : x + y + z + 1 = 0$ y $\pi_2 : \begin{cases} x &=& -\alpha + \beta + 1 \\ y &=& \alpha - 2\beta \\ z &=& \alpha + \beta \end{cases}$.

Obtener **razonadamente**, **escribiendo todos los pasos del razonamiento utilizado**:

a) La posición relativa del plano $\pi_1$ y del plano que contiene al triángulo $T$.   (4 *puntos*).

b) Un vector $\vec{n_1}$ perpendicular al plano $\pi_1$ y un vector $\vec{n_2}$ perpendicular al plano $\pi_2$ (1,5 *puntos*) y el coseno del ángulo formado por los vectores $\vec{n_1}$ y $\vec{n_2}$   (1,5 *puntos*).

c) Las ecuaciones paramétricas de la recta intersección de los planos $\pi_1$ y $\pi_2$.   (3 *puntos*).

**Problema B.3.** Se tiene un cuadrado de mármol de lado 80 cm. Se produce la rotura de una esquina y queda un pentágono de vértices $A = (0, 20)$, $B = (20, 0)$, $C = (80, 0)$, $D = (80, 80)$ y $E = (0, 80)$. Para obtener una pieza rectangular se elige un punto $P = (x, y)$ del segmento $AB$ y se hacen dos cortes paralelos a los ejes $X$ e $Y$. Así se obtiene un rectángulo $R$ cuyos vértices son los puntos $P = (x, y)$, $F = (80, y)$, $D = (80, 80)$ y $G = (x, 80)$.

Obtener **razonadamente**, **escribiendo todos los pasos del razonamiento utilizado**:

a) El área del rectángulo $R$ en función de $x$, cuando $0 \le x \le 20$.   (3 *puntos*).

b) El valor de $x$ para el que el área del rectángulo $R$ es máxima.   (5 *puntos*).

c) El valor del área máxima del rectángulo $R$.   (2 *puntos*).

PROBLEMA A.1

$$\left.\begin{array}{l} x + 3y + 2z = -1 \\ 2x + 4y + 5z = K-2 \\ x + K^2 \cdot y + 3z = 2K \end{array}\right\} \quad A^* = \begin{pmatrix} 1 & 3 & 2 & \vdots & -1 \\ 2 & 4 & 5 & \vdots & K-2 \\ 1 & K^2 & 3 & \vdots & 2K \end{pmatrix}$$

$$\det(A) = \begin{vmatrix} 1 & 3 & 2 \\ 2 & 4 & 5 \\ 1 & K^2 & 3 \end{vmatrix} = -K^2 + 1 \; ; \; \det(A) = 0 \implies -K^2 + 1 = 0$$

$$\implies K^2 = 1 \begin{cases} K = -1 \\ K = +1 \end{cases}$$

$\boxed{\text{Si } K = -1} \implies \det(A) = 0 \implies rg(A) < 3$

$$A^* = \begin{pmatrix} 1 & 3 & 2 & \vdots & -1 \\ 2 & 4 & 5 & \vdots & -3 \\ 1 & 1 & 3 & \vdots & -2 \end{pmatrix}$$

Rango (A):

$\begin{vmatrix} 1 & 3 \\ 2 & 4 \end{vmatrix} = -2 \neq 0 \implies rg(A) = 2$

Rango (A*):

$\begin{vmatrix} 1 & 3 & -1 \\ 2 & 4 & -3 \\ 1 & 1 & -2 \end{vmatrix} = 0 \implies rg(A^*) = 2$

$$\left.\begin{array}{l} rg(A) = 2 \\ rg(A^*) = 2 \\ n^{\circ} \text{ incógnitas} = 3 \end{array}\right\} \implies T^{MA}\text{-ROUCHÉ} \implies \text{Sistema Compatible Indeterminado}$$

$$\left.\begin{array}{l} x + 3y + 2z = -1 \\ 2x + 4y + 5z = -3 \end{array}\right\} \begin{array}{l} \times(-2) \\ \implies \end{array} \left.\begin{array}{l} -2x - 6y - 4z = 2 \\ 2x + 4y + 5z = -3 \end{array}\right\} \implies$$

PÁGINA 1

$\Rightarrow E_1 + E_2 \Rightarrow -2y + z = -1$ ↗ $y = \lambda$

↘ $z = -1 + 2\lambda$

$x = -1 - 3y - 2z = -1 - 3\lambda - 2(-1 + 2\lambda) = 1 - 7\lambda$

Las infinitas soluciones del sistema para $k = -1$ vienen

dadas por $(x, y, z) = (1 - 7\lambda, \lambda, -1 + 2\lambda) \;\; \forall \lambda \in \mathbb{R}$

$\boxed{Si \; k = 1} \Rightarrow \det(A) = 0 \Rightarrow rg(A) < 3$

$$A^* = \begin{pmatrix} 1 & 3 & 2 & \vdots & -1 \\ 2 & 4 & 5 & \vdots & -1 \\ 1 & 1 & 3 & \vdots & 2 \end{pmatrix}$$

$\underline{Rango\,(A):}$

$\begin{vmatrix} 1 & 3 \\ 2 & 4 \end{vmatrix} = -2 \neq 0 \Rightarrow rg(A) = 2$

$\underline{Rango\,(A^*):}$

$\begin{vmatrix} 1 & 3 & -1 \\ 2 & 4 & -1 \\ 1 & 1 & 2 \end{vmatrix} = -4 \neq 0 \Rightarrow rg(A^*) = 3$

$\left. \begin{array}{l} rg(A) = 2 \\ rg(A^*) = 3 \end{array} \right\} \Rightarrow T^{MA} ROUCHÉ \Rightarrow$ Sistema Incompatible.

$\boxed{Si \; k \neq 1 \wedge k \neq -1} \Rightarrow \det(A) \neq 0 \Rightarrow rg(A) = 3 \Rightarrow rg(A^*) = 3 \Rightarrow$

$\Rightarrow T^{MA} ROUCHÉ \Rightarrow$ Sistema Compatible Determinado. En

concreto, para $k = 0$, podemos por tanto resolver por

Cramer:

$$A^* = \begin{pmatrix} 1 & 3 & 2 & \vdots & -1 \\ 2 & 4 & 5 & \vdots & -2 \\ 1 & 0 & 3 & \vdots & 0 \end{pmatrix} ; \quad \det(A) = \begin{vmatrix} 1 & 3 & 2 \\ 2 & 4 & 5 \\ 1 & 0 & 3 \end{vmatrix} = 1$$

PÁGINA 2

$$x = \dfrac{\begin{vmatrix} -1 & 3 & 2 \\ -2 & 4 & 5 \\ 0 & 0 & 3 \end{vmatrix}}{1} = \dfrac{6}{1} = 6 \quad ; \quad y = \dfrac{\begin{vmatrix} 1 & -1 & 2 \\ 2 & -2 & 5 \\ 1 & 0 & 3 \end{vmatrix}}{1} = \dfrac{-1}{1} = -1$$

$$z = \dfrac{\begin{vmatrix} 1 & 3 & -1 \\ 2 & 4 & -2 \\ 1 & 0 & 0 \end{vmatrix}}{1} = \dfrac{-2}{1} = -2$$

La única solución para $K=0$ es $(x,y,z) = (6,-1,-2)$

### PROBLEMA A.2

$r: \dfrac{x-1}{2} = \dfrac{y}{3} = \dfrac{z-2}{1}$   $\nearrow B(1,0,2)$    $S: \begin{cases} x = -1-2\lambda \\ y = 1+3\lambda \\ z = 1+\lambda \end{cases}$   $\nearrow C(-1,1,1)$

    $\searrow \vec{V_r} = (2,3,1)$            $\searrow \vec{V_s} = (-2,3,1)$

a)

$\vec{BA} = (-1,0,2) - (1,0,2) = (-2,0,0)$

$$\vec{BA} \times \vec{V_r} = \begin{vmatrix} \vec{i} & \vec{j} & \vec{k} \\ -2 & 0 & 0 \\ 2 & 3 & 1 \end{vmatrix} = (0,2,-6)$$

$$\Rightarrow \vec{n_\pi} = (0,1,-3)$$

$$\Rightarrow \pi: Ax + By + Cz + D = 0 \Longrightarrow \pi: y - 3z + D = 0$$

Como $A(-1,0,2) \in \pi \quad -6 + D = 0 \Rightarrow D = 6$

$$\Rightarrow \pi: y - 3z + 6 = 0$$

©Juan Bertomeu Ferrer
www.bertoblog.com

b)

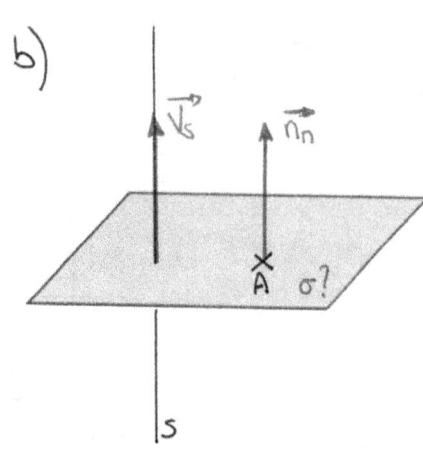

Como $s \perp \sigma \Rightarrow \vec{n_\sigma} = \vec{V_s} = (-2, 3, 1)$

$\sigma: Ax + By + Cz + D = 0$

$\sigma: -2x + 3y + z + D = 0$

Como $A(-1, 0, 2) \in \sigma:$

$\quad -2 \cdot (-1) + 2 + D = 0 \Rightarrow D = -4$

$\Rightarrow \sigma: -2x + 3y + z - 4 = 0$

c) la recta "$\ell$" es la intersección de los planos $\pi$ y $\sigma$:

$$\ell: \begin{cases} y - 3z + 6 = 0 \longrightarrow z = \alpha \longrightarrow y = -6 + 3\alpha \\ -2x + 3y + z - 4 = 0 \longrightarrow -2x + 3(-6 + 3\alpha) + \alpha - 4 = 0 \end{cases}$$

$$-2x - 18 + 9\alpha + \alpha - 4 = 0$$

$$\Rightarrow x = -11 + 5\alpha$$

$$\Rightarrow \ell: \begin{cases} x = -11 + 5\alpha \\ y = -6 + 3\alpha \\ z = \alpha \end{cases} \quad \begin{array}{l} \nearrow D \in \ell \ (-11, -6, 0) \\ \searrow \vec{V_\ell} = (5, 3, 1) \end{array}$$

Estudiamos la posición relativa de "$\ell$" y "$s$" construyendo las matrices $M$ y $M^+$ según:

$$\vec{CD} = (-11, -6, 0) - (-1, 1, 1) = (-10, -7, -1)$$

$$M^* = \begin{pmatrix} -2 & 5 & \vdots & -10 \\ 3 & 3 & \vdots & -7 \\ 1 & 1 & \vdots & -1 \end{pmatrix}$$

Rango (M):

$$\begin{vmatrix} -2 & 5 \\ 3 & 3 \end{vmatrix} = -21 \neq 0 \Rightarrow rg(M) = 2$$

Rango (M$^+$):

$$\begin{vmatrix} -2 & 5 & -10 \\ 3 & 3 & -7 \\ 1 & 1 & -1 \end{vmatrix} = -28 \neq 0 \Rightarrow rg(M^+) = 3$$

Como $rg(M) = 2$ y $rg(M^+) = 3$ $\Rightarrow$ Las rectas $\ell$ y $s$ se cruzan

Al cruzarse las rectas, su distancia viene dada por:

$$d(s, \ell) = \frac{|[\vec{CD}, \vec{v_s}, \vec{v_\ell}]|}{|\vec{v_s} \times \vec{v_\ell}|} = \frac{|det(M^+)|}{|\vec{v_s} \times \vec{v_\ell}|}$$

$$|\vec{v_s} \times \vec{v_\ell}| = \begin{vmatrix} \vec{i} & \vec{j} & \vec{k} \\ -2 & 3 & 1 \\ 5 & 3 & 1 \end{vmatrix} = (0, 7, -21) \Rightarrow |\vec{v_s} \times \vec{v_\ell}| = \sqrt{490}$$

$$\Rightarrow d(s, \ell) = \frac{28}{\sqrt{490}} \approx 1'265 \, u.$$

PROBLEMA A.3

$$f(x) = \begin{cases} m \cdot (x+1) \cdot e^{2x} & \text{si } x \leq 0 \\[2mm] \dfrac{(x+1)\operatorname{sen}(x)}{x} & \text{si } x > 0 \end{cases}$$

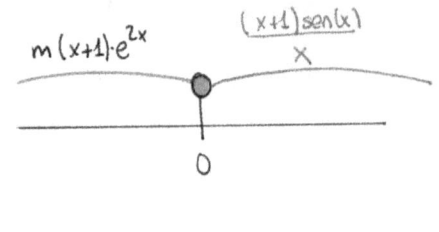

a) $f(x)$ es continua en $x=0$ si $f(0) = \lim\limits_{x \to 0} f(x)$. Así:

$$f(0) = m \cdot (0+1) \cdot e^{2 \cdot 0} = m$$

$$\lim_{x \to 0} f(x) \to \begin{cases} \lim\limits_{x \to 0^-} m(x+1) \cdot e^{2x} = m \\[4mm] \lim\limits_{x \to 0^+} \dfrac{(x+1)\operatorname{sen}(x)}{x} = \left[\dfrac{0}{0}\right] \underset{\text{L'HÔPITAL}}{=\!=\!=} \lim\limits_{x \to 0^+} \dfrac{\operatorname{sen}x + (x+1)\cos x}{1} = 1 \end{cases}$$

$\Rightarrow$ Si $m=1 \Rightarrow \lim\limits_{x \to 0} f(x) = 1 = f(0) \Rightarrow$ Continua en $x=0$

b) $g(x) = (x+1) \cdot e^{2x}$ ; $\text{Dom}(g(x)) = \mathbb{R}$

$$g'(x) = 1 \cdot e^{2x} + (x+1) \cdot e^{2x} \cdot 2 = e^{2x}(1+2x+2) = e^{2x}(2x+3)$$

$$g'(x) = 0 \longrightarrow \underset{0}{\underbrace{e^{2x}}} \cdot \underset{0}{\underbrace{(2x+3)}} = 0 \quad \begin{array}{l} \nearrow e^{2x} \neq 0 \; \forall x \in \mathbb{R} \\[3mm] \searrow 2x+3 = 0 \Rightarrow x = -\dfrac{3}{2} \end{array}$$

PÁGINA 6

Creciente: $\left(-\frac{3}{2}, \infty\right)$

Decreciente: $\left(-\infty, -\frac{3}{2}\right)$

c) $\displaystyle\int \underbrace{(x+1)}_{\mu} \cdot \underbrace{e^{2x}}_{dv} \cdot dx = \frac{1}{2}(x+1)\cdot e^{2x} - \frac{1}{2}\int e^{2x}\,dx =$

$$\begin{aligned} \mu &= x+1 & du &= dx \\ v &= e^{2x}dx & v &= \frac{1}{2}\cdot e^{2x} \end{aligned} \bigg\| \quad = \frac{1}{2}(x+1)\cdot e^{2x} - \frac{1}{4}\cdot e^{2x} + C$$

Como $g(x) = (x+1)\cdot e^{2x}$ solo corta al eje X en $x=-1$ y además $g(x) > 0 \ \forall x > -1$, el área pedida viene dada por:

$$A = \int_{0}^{1} (x+1)\cdot e^{2x}\cdot dx = \left[\frac{1}{2}(x+1)\cdot e^{2x} - \frac{1}{4}\cdot e^{2x}\right]_{0}^{1} =$$

$$= \left(\frac{1}{2}\cdot 2\cdot e^{2} - \frac{1}{4}e^{2}\right) - \left(\frac{1}{2}\cdot 1\cdot e^{0} - \frac{1}{4}e^{0}\right) = \frac{3e^{2}}{4} - \frac{1}{4} = 5'29\,u^{2}$$

PÁGINA 7

OPCIÓN B

PROBLEMA B.1

a) $A^{-1} = \dfrac{1}{\det(A)} \cdot \left[ Ad_i(A) \right]^t$ ; $\det(A) = \begin{vmatrix} 1 & -1 & 1 \\ 0 & 1 & 1 \\ 0 & 0 & 1 \end{vmatrix} = 1$

$Ad_i(A) = \begin{pmatrix} 1 & 0 & 0 \\ 1 & 1 & 0 \\ -2 & -1 & 1 \end{pmatrix}$ ; $\left[ Ad_i(A) \right]^t = \begin{pmatrix} 1 & 1 & -2 \\ 0 & 1 & -1 \\ 0 & 0 & 1 \end{pmatrix}$

$\Rightarrow A^{-1} = \dfrac{1}{1} \cdot \begin{pmatrix} 1 & 1 & -2 \\ 0 & 1 & -1 \\ 0 & 0 & 1 \end{pmatrix} = \begin{pmatrix} 1 & 1 & -2 \\ 0 & 1 & -1 \\ 0 & 0 & 1 \end{pmatrix}$

b) $AX = BC \Rightarrow \overset{I}{\overbrace{A^{-1} A}} X = A^{-1} BC \Rightarrow X = A^{-1} \cdot B \cdot C$

$B \cdot C = \begin{pmatrix} -2 \\ 1 \\ -1 \end{pmatrix} \cdot \begin{pmatrix} -1 & 1 & 3 \end{pmatrix} = \begin{pmatrix} 2 & -2 & -6 \\ -1 & 1 & 3 \\ 1 & -1 & -3 \end{pmatrix}$

$X = A^{-1} \cdot BC = \begin{pmatrix} 1 & 1 & -2 \\ 0 & 1 & -1 \\ 0 & 0 & 1 \end{pmatrix} \cdot \begin{pmatrix} 2 & -2 & -6 \\ -1 & 1 & 3 \\ 1 & -1 & -3 \end{pmatrix} = \begin{pmatrix} -1 & 1 & 3 \\ -2 & 2 & 6 \\ 1 & -1 & -3 \end{pmatrix}$

c) $\det(2M^3) = 2^2 \cdot \det(M^3) = 2^2 \cdot \left[ \det(M) \right]^3 = 2^2 \cdot \left( \dfrac{1}{2} \right)^3 = \dfrac{1}{2}$

$\det(k \cdot A) = k^n \cdot \det(A)$ con $A_{n \times n}$

$\det(A^n) = \left[ \det(A) \right]^n$

**PROBLEMA B 2:**

a)

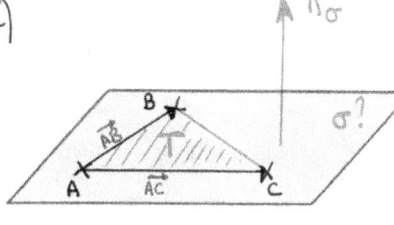

$$\vec{AB} = (0,-3,1) - (1,2,-2) = (-1,-5,3)$$

$$\vec{AC} = (-1,0,0) - (1,2,-2) = (-2,-2,2)$$

$$\vec{AB} \times \vec{AC} = \begin{vmatrix} \vec{i} & \vec{j} & \vec{k} \\ -1 & -5 & 3 \\ -2 & -2 & 2 \end{vmatrix} = (-4,-4,-8)$$

$$\Rightarrow \vec{n_\sigma} = (1,1,2)$$

$$\sigma: Ax + By + Cz + D = 0 \Rightarrow \sigma: x + y + 2z + D = 0$$

Como $C(-1,0,0) \in \sigma$ $\longrightarrow$ $-1 + D = 0 \Rightarrow D = 1$

$$\Rightarrow \sigma: x + y + 2z + 1 = 0$$

Para estudiar la posición relativa de $\pi_1$ y $\sigma$ podemos estudiar la proporcionalidad entre sus coeficientes:

$$\pi_1: x + y + z + 1 = 0$$
$$\sigma: x + y + 2z + 1 = 0$$ $$\Rightarrow \frac{1}{1} = \frac{1}{1} \neq \frac{1}{2}$$

$$\Rightarrow \text{Los planos } \pi_1 \text{ y } \sigma \text{ son secantes.}$$

b)

$$\pi_2: \begin{cases} x = 1 - \alpha + \beta \\ y = \alpha - 2\beta \\ z = \alpha + \beta \end{cases}$$

$D(1,0,0)$

$\vec{u} = (-1,1,1)$

$\vec{v} = (1,-2,1)$

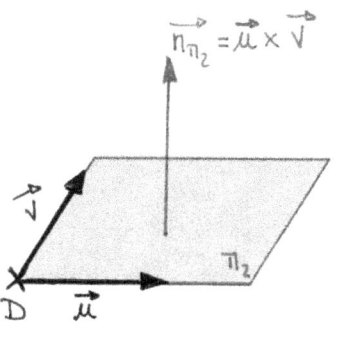

$\vec{n_{\pi_2}} = \vec{u} \times \vec{v}$

$$\vec{n}_{\pi_2} = \vec{u} \times \vec{v} = \begin{vmatrix} \vec{\imath} & \vec{\jmath} & \vec{k} \\ -1 & 1 & 1 \\ 1 & -2 & 1 \end{vmatrix} = (3,2,1)$$

$$\pi_2: Ax + By + Cz + D = 0 \implies \pi_2: 3x + 2y + z + D = 0$$

$$\text{Como } D(1,0,0) \in \pi_2 \quad \Big\} \; 3 + D = 0 \implies D = -3$$

$$\implies \pi_2: 3x + 2y + z - 3 = 0$$

Así:

$$\pi_1: x + y + z + 1 = 0 \implies \vec{n}_{\pi_1} = (1,1,1)$$

$$\pi_2: 3x + 2y + z - 3 = 0 \implies \vec{n}_{\pi_2} = (3,2,1)$$

$$\cos \alpha = \frac{\vec{n}_{\pi_1} \cdot \vec{n}_{\pi_2}}{|\vec{n}_{\pi_1}| \cdot |\vec{n}_{\pi_2}|} = \frac{(1,1,1) \cdot (3,2,1)}{\sqrt{3} \cdot \sqrt{14}} = \frac{6}{\sqrt{42}}$$

c) 
$$r: \begin{cases} x + y + z + 1 = 0 \\ 3x + 2y + z - 3 = 0 \end{cases} \xrightarrow{\times(-2)} \left. \begin{array}{l} -2x - 2y - 2z - 2 = 0 \\ 3x + 2y + z - 3 = 0 \end{array} \right\} \implies$$

$$\implies E_1 + E_2 \implies x - z - 5 = 0 \Big\langle \begin{array}{l} z = \lambda \\ x = 5 + \lambda \end{array}$$

$$\implies y = -1 - x - z = -1 - 5 - \lambda - \lambda = -6 - 2\lambda$$

$$\implies r: \begin{cases} x = 5 + \lambda \\ y = -6 - 2\lambda \\ z = \lambda \end{cases}$$

PÁGINA 10

PROBLEMA B.3

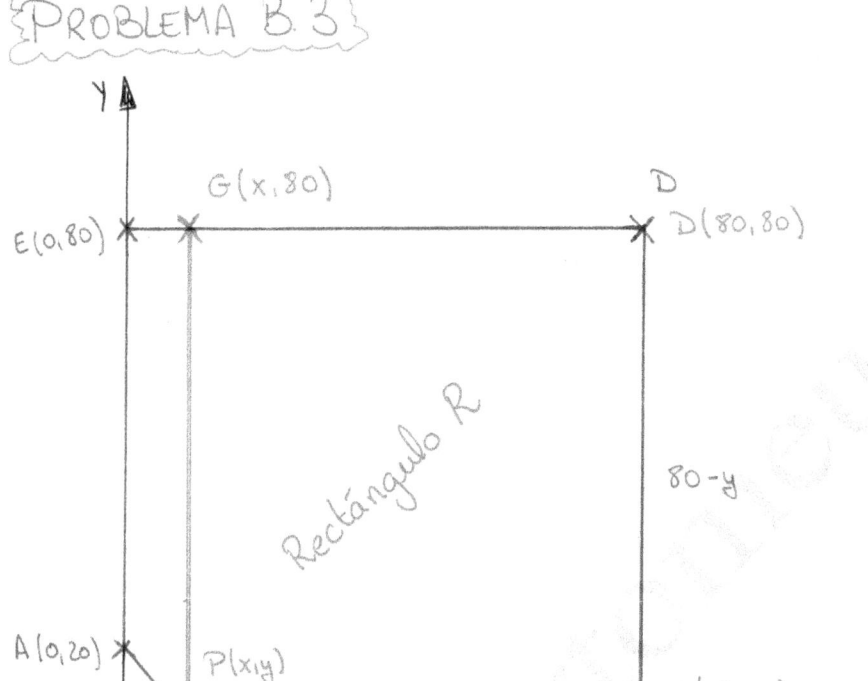

a) $A(x,y) = (80-x)(80-y)$

Busquemos una relación entre $x$ e $y$:

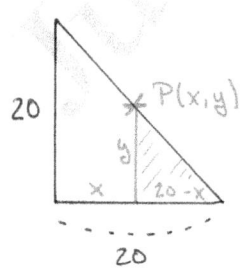

Por semejanza de triángulos:

$$\frac{altura}{ALTURA} = \frac{base}{BASE}$$

$$\frac{y}{20} = \frac{20-x}{20} \Rightarrow y = 20-x$$

$$\Rightarrow A(x) = (80-x)\cdot(80-(20-x)) = (80-x)(60+x) \Rightarrow$$

$\Rightarrow A(x) = 4800 + 20x - x^2$ con $0 \leq x \leq 20$

b y c)  $A'(x) = 20 - 2x$

$A'(x) = 0 \Rightarrow 20 - 2x = 0 \Rightarrow x = 10$ cm

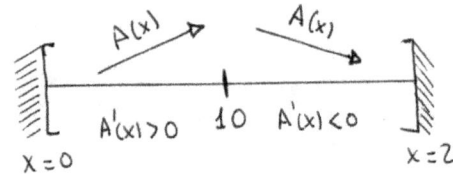

El área del rectángulo es máxima cuando el

valor de $x$ es $x = 10$ cm, siendo el valor de dicha

área máxima:

$A(x=10) = 4800 + 20 \cdot 10 - 10^2 = 4900$ cm$^2$

| PROVES D'ACCÉS A LA UNIVERSITAT | PRUEBAS DE ACCESO A LA UNIVERSIDAD |
|---|---|
| CONVOCATÒRIA:     JULIOL 2014 | CONVOCATORIA:     JULIO 2014 |
| MATEMÀTIQUES II | MATEMÁTICAS II |

BAREM DE L'EXAMEN: **Cal elegir sols UNA de les dues OPCIONS, A o B, i s'han de fer els tres problemes d'aquesta opció.**
Cada problema puntua fins a 10 punts.
La qualificació de l'exercici és la suma de les qualificacions de cada problema dividida entre 3, i aproximada a les centèsimes.
Cada estudiant pot disposar d'una calculadora científica o gràfica. Se'n prohibeix la utilització indeguda (guardar fórmules o text en memòria).
S'use o no la calculadora, els resultats analítics i gràfics han d'estar sempre degudament justificats.
BAREMO DEL EXAMEN: **Se elegirá solo UNA de las dos OPCIONES, A o B, y se han de hacer los tres problemas de esa opción.**
Cada problema se puntuará hasta 10 puntos.
La calificación del ejercicio será la suma de las calificaciones de cada problema dividida entre 3 y aproximada a las centésimas.
Cada estudiante podrá disponer de una calculadora científica o gráfica. Se prohíbe su utilización indebida (guardar fórmulas o texto en memoria).
Se utilice o no la calculadora, los resultados analíticos y gráficos deberán estar siempre debidamente justificados.

# OPCIÓN A

**Problema A.1.** Obtener **razonadamente**, **escribiendo todos los pasos del razonamiento utilizado**:

a) El valor del determinante de la matriz $S = \begin{pmatrix} 2 & -2 & 1 \\ 1 & 1 & 1 \\ -1 & 3 & 5 \end{pmatrix}$,     (*2 puntos*)  y la matriz $S^{-1}$, que es la

matriz inversa de la matriz S.     (*2 puntos*). Indicar la relación entre que el valor del determinante de una matriz $S$ sea o no nulo y la propiedad de que esta matriz admita matriz inversa $S^{-1}$.     (*1 punto*).

b) El determinante de la matriz $\left(4\left(T^2\right)\right)^{-1}$, sabiendo que $T$ es una matriz cuadrada de 3 filas y que 20 es el valor del determinante de dicha matriz $T$.     (*3 puntos*).

c) La solución $a$ de la ecuación $\begin{vmatrix} a & a^2-1 & -3 \\ a+1 & 2 & a^2+4 \\ -3 & 4a & 1 \end{vmatrix} = \begin{vmatrix} a & a+1 & -3 \\ a^2-1 & 2 & 4a \\ -3 & a^2+4 & 1 \end{vmatrix}$.     (*2 puntos*).

**Problema A.2.** Se dan los puntos $A = (1,\ 5,\ 7)$ y $B = (3,\ -1,\ -1)$.

Se pide obtener **razonadamente**, **escribiendo todos los pasos del razonamiento utilizado**:

a) Las ecuaciones de los planos $\pi_1$ y $\pi_2$ que son perpendiculares a la recta $r$ que pasa por los puntos $A$ y $B$, sabiendo que el plano $\pi_1$ pasa por el punto $A$ y el plano $\pi_2$ pasa por el punto medio del segmento cuyos extremos son los puntos $A$ y $B$.     (*4 puntos distribuidos en 2 puntos por cada plano*).

b) La distancia entre los planos $\pi_1$ y $\pi_2$.     (*2 puntos*).

c) Las ecuaciones de la recta $r$ que pasa por los puntos $A$ y $B$,     (*2 puntos*), y los puntos de la recta $r$ que están a distancia 3 del punto $C = (1,\ 0,\ 1)$.     (*2 puntos*).

**Problema A.3.** Sea $f$ la función real definida por $f(x) = xe^x - 3x$.

Se pide la obtención **razonada**, **escribiendo todos los pasos del razonamiento utilizado**, de:

a) Los puntos de corte de la curva $y = f(x)$ con el eje $X$.     (*2 puntos*).

b) El punto de inflexión de la curva $y = f(x)$,     (*2 puntos*), así como la **justificación razonada** de que la función $f$ es creciente cuando $x > 2$.     (*2 puntos*).

c) El área limitada por el eje $X$ y la curva $y = f(x)$, cuando $0 \le x \le \ln 3$, donde ln significa logaritmo neperiano.     (*4 puntos*).

# OPCIÓN B

**Problema B.1.** Se tiene el sistema de ecuaciones lineales $\begin{cases} (1-\alpha)\,x+2\,y+\ z\ =\ 4 \\ x+y-\ 2z\ =\ -4 \\ x+4\,y-(\alpha+1)\,z\ =\ -2\alpha \end{cases}$ donde $\alpha$ es un

parámetro real.

**Obtener razonadamente, escribiendo todos los pasos del razonamiento utilizado:**
  a) Los valores del parámetro $\alpha$ para los que el sistema es incompatible.   (*3 puntos*).
  b) Los valores del parámetro $\alpha$ para los que el sistema es compatible y determinado.   (*3 puntos*).
  c) Todas las soluciones del sistema cuando $\alpha = 2$.   (*4 puntos*).


**Problema B.2.** Se dan las rectas $r\begin{cases} x-y=0 \\ z=10 \end{cases}$ y $s\begin{cases} x+y\ =8 \\ x+y+z=13 \end{cases}$.

**Obtener razonadamente, escribiendo todos los pasos del razonamiento utilizado:**
  a) Un vector director de cada recta   (*2 puntos*) y la posición relativa de las rectas $r$ y $s$.   (*2 puntos*).
  b) La ecuación del plano que contiene a la recta $s$ y es paralelo a la recta $r$.   (*3 puntos*).
  c) La distancia entre las rectas $r$ y $s$.   (*3 puntos*).


**Problema B.3.** Un club deportivo alquila un avión de 80 plazas para realizar un viaje a la empresa VR. Hay 60 miembros del club que han reservado su billete. En el contrato de alquiler se indica que el precio de un billete será 800 euros si sólo viajan 60 personas, pero que el precio por billete disminuye en 10 euros por cada viajero adicional a partir de esos 60 viajeros que ya han reservado el billete.

**Obtener razonadamente, escribiendo todos los pasos del razonamiento utilizado:**
  a) El total que cobra la empresa VR si viajan 61, 70 y 80 pasajeros.   (*1 punto*).
  b) El total que cobra la empresa VR si viajan $60+x$ pasajeros, siendo $0 \le x \le 20$.   (*4 puntos*).
  c) El número de pasajeros entre 60 y 80 que maximiza lo que cobra en total la empresa VR.   (*5 puntos*).

OPCIÓN A

PROBLEMA A.1

a) $S = \begin{pmatrix} 2 & -2 & 1 \\ 1 & 1 & 1 \\ -1 & 3 & 5 \end{pmatrix}$ ; $\det(S) = \begin{vmatrix} 2 & -2 & 1 \\ 1 & 1 & 1 \\ -1 & 3 & 5 \end{vmatrix} = 20$

Como $\det(S) = 20 \neq 0 \Rightarrow \exists S^{-1}$ ; $S^{-1} = \dfrac{1}{\det(S)} \cdot \left[ Adj(S) \right]^{t}$

$Adj(S) = \begin{pmatrix} 2 & -6 & 4 \\ 13 & 11 & -4 \\ -3 & -1 & 4 \end{pmatrix} \Rightarrow \left[ Adj(S) \right]^{t} = \begin{pmatrix} 2 & 13 & -3 \\ -6 & 11 & -1 \\ 4 & -4 & 4 \end{pmatrix}$

$\Rightarrow S^{-1} = \dfrac{1}{20} \cdot \begin{pmatrix} 2 & 13 & -3 \\ -6 & 11 & -1 \\ 4 & -4 & 4 \end{pmatrix} = \begin{pmatrix} 1/10 & 13/20 & -3/20 \\ -3/10 & 11/20 & -1/20 \\ 1/5 & -1/5 & 1/5 \end{pmatrix}$

Una matriz posee inversa si y solo si su determinante

es distinto de cero:

$$ \text{Dada } S \in \mathbb{R}^{n \times n} \Rightarrow \exists S^{-1} \longleftrightarrow \det(S) \neq 0 $$

b) $\det\left[ \left( 4(T^2) \right)^{-1} \right] = \dfrac{1}{\det(4T^2)} = \dfrac{1}{4^3 \cdot \det(T^2)} = \dfrac{1}{4^3 \cdot \left( \det(T) \right)^2} =$

$$ = \dfrac{1}{4^3 \cdot 20^2} = \dfrac{1}{25600} $$

donde se han utilizado las propiedades de los determinantes:

$$* \; T \cdot T^{-1} = I \implies \det(T^{-1}) = \frac{1}{\det(T)}$$

$$* \; \det(k \cdot T) = k^n \cdot \det(T) \quad \text{con } T_{n \times n}$$

$$* \; \det(T^n) = \left[\det(T)\right]^n$$

c)
$$\begin{pmatrix} a & a^2-1 & -3 \\ a+1 & 2 & a^2+4 \\ -3 & 4a & 1 \end{pmatrix} = \begin{pmatrix} a & a+1 & -3 \\ a^2-1 & 2 & 4a \\ -3 & a^2+4 & 1 \end{pmatrix} \implies$$

$$\begin{cases} a = a \\ a^2-1 = a+1 \\ -3 = -3 \\ a+1 = a^2-1 \\ 2 = 2 \\ a^2+4 = 4a \\ -3 = -3 \\ 4a = a^2+4 \\ 1 = 1 \end{cases}$$

$$a^2-1 = a+1$$
$$\hookrightarrow a^2-a-2 = 0 \begin{cases} a = -1 \\ a = 2 \end{cases}$$

$$a^2+4 = 4a$$
$$\hookrightarrow a^2-4a+4 = 0 \longrightarrow a = 2$$

La única solución que verifica todas las ecuaciones del sistema es

$$\boxed{a = 2}$$

PROBLEMA A.2.

a)

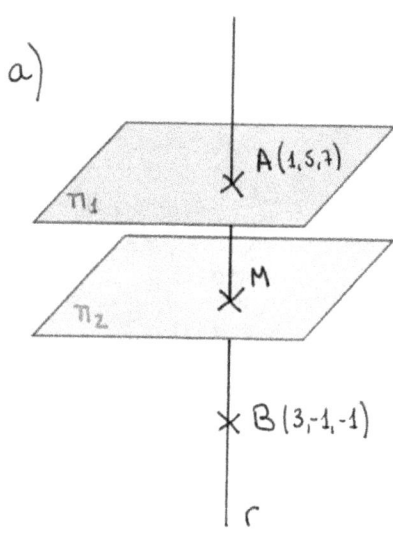

$$M = \left( \frac{a_x + b_x}{2}, \frac{a_y + b_y}{2}, \frac{a_z + b_z}{2} \right)$$

$$M = \left( \frac{3+1}{2}, \frac{5-1}{2}, \frac{7-1}{2} \right) = (2, 2, 3)$$

$$\overrightarrow{MA} = (1, 5, 7) - (2, 2, 3) = (-1, 3, 4)$$

Como vemos :

$$\overrightarrow{n_{\pi_1}} = \overrightarrow{n_{\pi_2}} = \overrightarrow{MA} = (-1, 3, 4)$$

$\pi_1 : Ax + By + Cz + D = 0 \Rightarrow \pi_1 : -x + 3y + 4z + D = 0$

Como $A(1,5,7) \in \pi_1$ ⟶ $-1 + 15 + 28 + D = 0 \Rightarrow D = -42$

$\Rightarrow \pi_1 : -x + 3y + 4z - 42 = 0$

$\pi_2 : Ax + By + Cz + D = 0 \Rightarrow \pi_2 : -x + 3y + 4z + D = 0$

Como $M(2,2,3) \in \pi_2$ ⟶ $-2 + 6 + 12 + D \Rightarrow D = -16$

$\Rightarrow \pi_2 : -x + 3y + 4z - 16 = 0$

b) La distancia entre dos planos paralelos viene dada por:

$$d(\pi_1, \pi_2) = \frac{|D - D'|}{\sqrt{A^2 + B^2 + C^2}} = \frac{|-42 + 16|}{\sqrt{1^2 + 3^2 + 4^2}} = \frac{26}{\sqrt{26}} = \sqrt{26} \ u.$$

Y también hubieramos podido razonar que :

$$d(\pi_1, \pi_2) = d(M, A) = |\overrightarrow{MA}| = \sqrt{1^2 + 3^2 + 4^2} = \sqrt{26} \ u$$

PÁGINA 3

c)

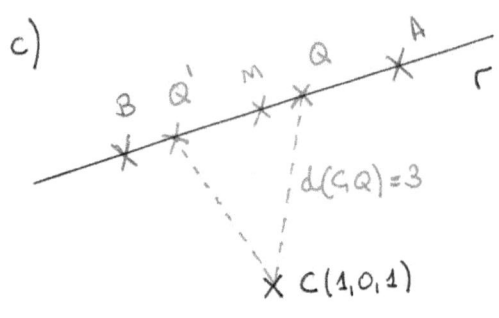

$d(C,Q)=3$

$\times\ C(1,0,1)$

Un vector director de la recta "r" es $\overrightarrow{MA}=(-1,3,4)$ y por tanto:

$$r:\begin{cases} x=1-\lambda \\ y=5+3\lambda \\ z=7+4\lambda \end{cases}$$

Un punto cualquiera $Q\in r$ es $Q(1-\lambda,5+3\lambda,7+4\lambda)$.

$$\overrightarrow{CQ}=(1-\lambda,5+3\lambda,7+4\lambda)-(1,0,1)=(-\lambda,5+3\lambda,6+4\lambda)$$

$$d(C,Q)=|\overrightarrow{CQ}|=\sqrt{\lambda^2+(5+3\lambda)^2+(6+4\lambda)^2}=3$$

$$\Rightarrow\left(\sqrt{\lambda^2+(5+3\lambda)^2+(6+4\lambda)^2}\right)^2=3^2\Rightarrow$$

$$\Rightarrow\lambda^2+(25+30\lambda+9\lambda^2)+(36+48\lambda+16\lambda^2)=9$$

$$\Rightarrow 26\lambda^2+78\lambda+61=9\Rightarrow 26\lambda^2+78\lambda+52=0$$

$$\Rightarrow\lambda^2+3\lambda+2=0\begin{cases}\lambda=-2\\ \lambda=-1\end{cases}$$

Los puntos pedidos de "r" son:

$$Q(1-\lambda,5+3\lambda,7+4\lambda)\begin{cases}\xrightarrow{\lambda=-2}\ Q(3,-1,-1)\\ \xrightarrow{\lambda=-1}\ Q'(2,2,3)\end{cases}$$

## PROBLEMA A.3

$$f(x) = x \cdot e^x - 3x = x(e^x - 3)$$

a) Puntos de corte con el eje $X \Rightarrow f(x) = 0$

$$x(e^x - 3) = 0 \nearrow \quad x = 0$$
$$\searrow \quad e^x - 3 = 0 \Rightarrow e^x = 3 \Rightarrow x = \ln 3$$

Los puntos pedidos son $P_1(0,0)$ y $P_2(\ln 3, 0)$

b) $f'(x) = e^x - 3 + x \cdot e^x$

$$f''(x) = e^x + e^x + x \cdot e^x = e^x(x + 2)$$

Los posibles puntos de inflexión los localizamos donde $f''(x) = 0$

$$f''(x) = 0 \Rightarrow e^x(x+2) = 0 \nearrow \quad e^x \neq 0 \; \forall x$$
$$\searrow \quad x + 2 = 0 \Rightarrow x = -2$$

$$\Rightarrow \text{En } x = -2 \text{ hay un punto}$$
de inflexión:
$$P.I \; (-2, f(-2)) = (-2, 5'73)$$

Una función es creciente en $x_0$ si $f'(x_0) > 0$

$$f'(x) = (e^x - 3) + x \cdot e^x$$

Si $x > 2 \Rightarrow$

$$\begin{cases} e^2 = 7'39 \Rightarrow (e^x - 3) > 0 \\ x \cdot e^x \nearrow \; \text{Si } x > 2 \Rightarrow x > 0 \\ \qquad \searrow e^x > 0 \; \forall x \end{cases}$$

Por lo tanto :

$$f'(x) = \underbrace{\overbrace{(e^x - 3)}^{>0} + \overbrace{(x \cdot e^x)}^{>0}}_{\text{si } x > 2} > 0 \text{ si } x > 2 \Rightarrow$$

$$\Rightarrow f(x) \text{ es creciente cuando } x > 2$$

c) Como ya se ha justificado en el apartado a), $f(x)$ solo

corta al eje X en $x = 0$ y en $x = \ln 3$. Por tanto, el área

pedida será :

$$A = \left| \int_0^{\ln 3} f(x)\,dx \right| = \left| \int_0^{\ln 3} (x \cdot e^x - 3x)\,dx \right| = \circledast \Rightarrow$$

$$\int \underset{u}{x} \cdot \underset{dv}{e^x \cdot dx} = x \cdot e^x - \int e^x\,dx = x \cdot e^x - e^x$$

$$u = x \qquad du = dx$$
$$dv = e^x dx \qquad v = e^x$$

$$\Rightarrow \circledast = \left| \left[ x \cdot e^x - e^x - \frac{3x^2}{2} \right]_0^{\ln 3} \right| = \left| \left[ (\ln 3) \cdot 3 - 3 - \frac{3}{2}(\ln 3)^2 \right] - (-1) \right| =$$

$$= \left| -0'5146 \right| = 0'5146 \ u^2.$$

OPCIÓN B

PROBLEMA B.1

$$\left.\begin{array}{r}(1-\alpha)x + 2y + z = 4 \\ x + y - 2z = -4 \\ x + 4y - (\alpha+1)z = -2\alpha\end{array}\right\} \quad A^* = \begin{pmatrix} 1-\alpha & 2 & 1 & \vdots & 4 \\ 1 & 1 & -2 & \vdots & -4 \\ 1 & 4 & -(\alpha+1) & \vdots & -2\alpha \end{pmatrix}$$

$$\det(A) = \begin{vmatrix} 1-\alpha & 2 & 1 \\ 1 & 1 & -2 \\ 1 & 4 & -(\alpha+1) \end{vmatrix} = \alpha^2 - 6\alpha + 8$$

$$\det(A) = 0 \longrightarrow \alpha^2 - 6\alpha + 8 = 0 \begin{array}{l} \nearrow \alpha = 4 \\ \searrow \alpha = 2 \end{array}$$

Si $\alpha \neq 2 \wedge \alpha \neq 4 \Longrightarrow \det(A) \neq 0 \Rightarrow rg(A) = 3 \Rightarrow rg(A^*) = 3 \Rightarrow$

$\Rightarrow T^{ma}$ ROUCHÉ $\Rightarrow$ Sistema Compatible Determinado

Si $\alpha = 4 \Rightarrow \det(A) = 0 \Rightarrow rg(A) < 3$

$$A^* = \begin{pmatrix} -3 & 2 & 1 & \vdots & 4 \\ 1 & 1 & -2 & \vdots & -4 \\ 1 & 4 & -5 & \vdots & -8 \end{pmatrix}$$

Rango (A):

$$\begin{vmatrix} -3 & 2 \\ 1 & 1 \end{vmatrix} = -5 \neq 0 \Rightarrow rg(A) = 2$$

Rango $(A^*)$:

$$\begin{vmatrix} -3 & 2 & 4 \\ 1 & 1 & -4 \\ 1 & 4 & -8 \end{vmatrix} = -4 \neq 0 \Rightarrow rg(A^*) = 3$$

$$\left.\begin{array}{l} rg(A) = 2 \\ rg(A^*) = 3 \end{array}\right\} \Rightarrow T^{ma} \text{ ROUCHÉ} \Rightarrow \text{Sistema Incompatible}$$

PÁGINA 7

Si $\alpha = 2$ $\Rightarrow$ $\det(A) = 0$ $\Rightarrow$ $rg(A) < 3$

$$A^* = \begin{pmatrix} -1 & 2 & 1 & | & 4 \\ 1 & 1 & -2 & | & -4 \\ 1 & 4 & -3 & | & -4 \end{pmatrix}$$

Rango (A):

$$\begin{vmatrix} -1 & 2 \\ 1 & 1 \end{vmatrix} = -3 \neq 0 \Rightarrow rg(A) = 2$$

Rango $(A^*)$:

$$\begin{vmatrix} -1 & 2 & 4 \\ 1 & 1 & -4 \\ 1 & 4 & -4 \end{vmatrix} = 0 \Rightarrow rg(A^*) = 2$$

$$\left.\begin{array}{l} rg(A) = 2 \\ rg(A^*) = 2 \\ n^\circ \text{ incógnitas} = 3 \end{array}\right\} \Rightarrow T^{ma}\text{ ROUCHÉ} \Rightarrow \text{Sistema Compatible Indeterminado.}$$

$$\left.\begin{array}{l} -x + 2y + z = 4 \\ x + y - 2z = -4 \end{array}\right\} E_1 + E_2 \Rightarrow 3y - z = 0 \begin{array}{l} \nearrow y = \lambda \\ \searrow z = 3\lambda \end{array}$$

$$\hookrightarrow x = -4 + 2z - y = -4 + 6\lambda - \lambda = -4 + 5\lambda$$

Las infinitas soluciones del sistema para $\alpha = 2$ vienen

dadas por $(x, y, z) = (-4 + 5\lambda, \lambda, 3\lambda)$ $\forall \lambda \in \mathbb{R}$

PROBLEMA B.2

a) $r : \begin{cases} x - y = 0 \\ z = 10 \end{cases}$ $\Rightarrow y = \lambda \Rightarrow r : \begin{cases} x = \lambda \\ y = \lambda \\ z = 10 \end{cases}$ $\begin{array}{l} \nearrow A \in r \,(0,0,10) \\ \searrow \vec{V_r} = (1,1,0) \end{array}$

$s : \begin{cases} x + y = 8 \\ x + y + z = 13 \end{cases}$ $\Rightarrow y = \alpha \Rightarrow s : \begin{cases} x = 8 - \alpha \\ y = \alpha \\ z = 5 \end{cases}$ $\begin{array}{l} \nearrow B \in s \,(8,0,5) \\ \searrow \vec{V_s} = (-1,1,0) \end{array}$

Para estudiar la posición relativa, construimos las matrices M y M* según:

$$\vec{AB} = (8,0,5) - (0,0,10) = (8,0,-5)$$

$$M^* = \begin{pmatrix} 1 & -1 & \vdots & 8 \\ 1 & 1 & \vdots & 0 \\ 0 & 0 & \vdots & -5 \end{pmatrix}$$

$\underbrace{\phantom{xxxxx}}_{M}$

Rango (M):

$\begin{vmatrix} 1 & -1 \\ 1 & 1 \end{vmatrix} = 2 \neq 0 \Rightarrow rg(M) = 2$

Rango (M*):

$\begin{vmatrix} 1 & -1 & 8 \\ 1 & 1 & 0 \\ 0 & 0 & -5 \end{vmatrix} = -10 \neq 0 \Rightarrow rg(M^*) = 3$

Como $rg(M) = 2$ y $rg(M^*) = 3 \Rightarrow$ Las rectas r y s se cruzan.

b)

$$\vec{V_r} \times \vec{V_s} = \begin{vmatrix} \vec{i} & \vec{j} & \vec{k} \\ 1 & 1 & 0 \\ -1 & 1 & 0 \end{vmatrix} = (0,0,2)$$

$\Rightarrow \vec{n_\pi} = (0,0,1)$

$\Rightarrow \pi: Ax + By + Cz + D = 0 \implies \pi: z + D = 0$

Como $B(8,0,5) \in \pi \nearrow 5 + D = 0 \Rightarrow D = -5$

$\Rightarrow \pi: z - 5 = 0$

c) Como las rectas se cruzan, calculamos la distancia según:

$$d(r,s) = \frac{|[\vec{AB}, \vec{V_r}, \vec{V_s}]|}{|\vec{V_r} \times \vec{V_s}|} = \frac{|det(M^*)|}{|\vec{V_r} \times \vec{V_s}|} = \frac{|-10|}{\sqrt{2^2}} = \frac{10}{2} = 5\ u.$$

PÁGINA 9

{ PROBLEMA B.3 }

Es mucho mejor empezar por el apartado b) construyendo la función de cobros:

b)   Cobros = ( nº viajeros ) × ( precio cada viajero )

⟹   $C(x) = (60 + x) \cdot (800 - 10x)$ con $0 \leq x \leq 20$ ⟹

⟹   $C(x) = -10x^2 + 200x + 48000$ con $0 \leq x \leq 20$, donde

$C(x)$ es el total que cobra la empresa VR y $x$ es el

número de pasajeros que excede a 60.

a)  61 pasajeros ⟹ $x = 1$ ⟹ $C(x=1) = 48190$ €

70 pasajeros ⟹ $x = 10$ ⟹ $C(x=10) = 49000$ €

80 pasajeros ⟹ $x = 20$ ⟹ $C(x=20) = 48000$ €

c)  $C'(x) = 0$ ⟹ $-20x + 200 = 0$ ⟹ $x = 10$

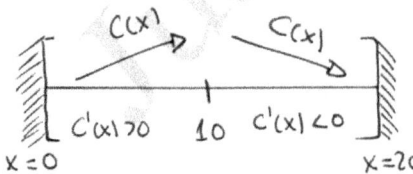

La función de cobros de la empresa VR es máxima si $x = 10$ siendo el total de pasajeros en este caso igual a 70 pasajeros.

GENERALITAT VALENCIANA
CONSELLERIA D'EDUCACIÓ,
CULTURA I ESPORT

COMISSIÓ GESTORA DE LES PROVES D'ACCÉS A LA UNIVERSITAT

COMISIÓN GESTORA DE LAS PRUEBAS DE ACCESO A LA UNIVERSIDAD

SISTEMA UNIVERSITARI VALENCIÀ
SISTEMA UNIVERSITARIO VALENCIANO

| PROVES D'ACCÉS A LA UNIVERSITAT | PRUEBAS DE ACCESO A LA UNIVERSIDAD |
|---|---|
| CONVOCATÒRIA:     JUNY  2015 | CONVOCATORIA:     JUNIO  2015 |
| MATEMÀTIQUES II | MATEMÁTICAS II |

**BAREM DE L'EXAMEN:**
**Cal elegir sols UNA de les dues OPCIONS, A o B, i s'han de fer els tres problemes d'aquesta opció.**
Cada problema puntua fins a 10 punts.
La qualificació de l'exercici és la suma de les qualificacions de cada problema dividida entre 3, i aproximada a les centèsimes.
Es permet l'ús de calculadores sempre que no siguen gràfiques o programables, i que no puguen realitzar càlcul simbòlic ni emmagatzemar text o fórmules en memòria. S'use o no la calculadora, els resultats analítics, numèrics i gràfics han d'estar sempre degudament justificats.

BAREMO DEL EXAMEN:
**Se elegirá solamente UNA de las dos OPCIONES, A o B, y se han de hacer los tres problemas de esa opción.**
Cada problema se puntuará hasta 10 puntos.
La calificación del ejercicio será la suma de las calificaciones de cada problema dividida entre 3 y aproximada a las centésimas.
Se permite el uso de calculadoras siempre que no sean gráficas o programables, y que no puedan realizar cálculo simbólico ni almacenar texto o fórmulas en memoria. Se utilice o no la calculadora, los resultados analíticos, numéricos y gráficos deberán estar siempre debidamente justificados.

## OPCIÓN A

**Problema A.1.** Se dan las matrices $A = \begin{pmatrix} 1 & -3 \\ 2 & 2 \end{pmatrix}$ y $B = \begin{pmatrix} 1 & 3 \\ 2 & -2 \end{pmatrix}$. Obtener **razonadamente**, **escribiendo**

**todos los pasos del razonamiento utilizado**:
  a)  La matriz inversa de la matriz $A$. (*2 puntos*)
  b)  Las matrices $X$ e $Y$ de orden $2 \times 2$ tales que $XA = B$ y $AY = B$. (*2 + 2 puntos*)
  c)  **Justificar razonadamente** que si $M$ es una matriz cuadrada tal que $M^2 = I$, donde $I$ es
      la matriz identidad del mismo orden que $M$, entonces se verifica la igualdad $M^3 = M^7$. (*4 puntos*)

**Problema A.2.** Obtener **razonadamente**, **escribiendo todos los pasos del razonamiento utilizado**:
  a)  La ecuación del plano $\pi$ que pasa por el punto $P(2, 0, 1)$ y es perpendicular a la recta
      $$r: \begin{cases} x + 2y = 0 \\ z = 0 \end{cases}.$$ (*3 puntos*)
  b)  Las coordenadas del punto $Q$ situado en la intersección de la recta $r$ y del plano $\pi$. (*2 puntos*)
  c)  La distancia del punto $P$ a la recta $r$, (*3 puntos*),
      y **justificar razonadamente** que la distancia del punto $P$ a un punto cualquiera de
      la recta $r$ es mayor o igual que $\dfrac{3\sqrt{5}}{5}$. (*2 puntos*)

**Problema A.3.** Obtener **razonadamente**, **escribiendo todos los pasos del razonamiento utilizado**:
  a)  Los intervalos de crecimiento y de decrecimiento de la función real $f$ definida por
      $f(x) = (x-1)(x-3)$, siendo $x$ un número real. (*3 puntos*)
  b)  El área del recinto acotado limitado entre las curvas $y = (x-1)(x-3)$ e
      $y = -(x-1)(x-3)$. (*4 puntos*)
  c)  El valor positivo de $a$ para el cual el área limitada entre la curva $y = a(x-1)(x-3)$,
      el eje $Y$ y el segmento que une los puntos $(0, 0)$ y $(1, 0)$ es 4/3. (*3 puntos*)

# OPCIÓN B

**Problema B.1.** Se da el sistema de ecuaciones $\begin{cases} (1-\alpha)x & + & (2\alpha+1)y & + & (2\alpha+2)z & = & \alpha \\ \alpha x & + & \alpha y & & & = & 2\alpha+2 \\ 2x & + & (\alpha+1)y & + & (\alpha-1)z & = & \alpha^2-2\alpha+9 \end{cases}$,

donde $\alpha$ es un parámetro real. Obtener **razonadamente**, **escribiendo todos los pasos del razonamiento utilizado**:

a) Todas las soluciones del sistema cuando $\alpha=1$. (3 *puntos*)

b) **La justificación razonada** de si el sistema es compatible o incompatible cuando $\alpha=2$. (3 *puntos*)

c) Los valores de $\alpha$ para los que el sistema es compatible y determinado. (4 *puntos*)

**Problema B.2.** Se dan las rectas $r: \begin{cases} x-y+3=0 \\ 2x-z+2=0 \end{cases}$ y $s: \begin{cases} 3y+1=0 \\ x-2z-3=0 \end{cases}$.

Obtener **razonadamente**, **escribiendo todos los pasos del razonamiento utilizado**:

a) El plano paralelo a la recta $s$ que contiene a la recta $r$. (3 *puntos*)

b) La recta $t$ que pasa por el punto $(0,0,0)$, sabiendo que un vector director de $t$ es perpendicular a un vector director de $r$ y también es perpendicular a un vector director de $s$. (3 *puntos*)

c) **Averiguar razonadamente** si existe o no un plano perpendicular a $s$ que contenga a la recta $r$. (4 *puntos*)

**Problema B.3.** Un pueblo está situado en el punto $A(0,4)$ de un sistema de referencia cartesiano. El tramo de un río situado en el término municipal del pueblo describe la curva $y=\dfrac{x^2}{4}$, siendo $-6 \le x \le 6$.

Obtener **razonadamente**, **escribiendo todos los pasos del razonamiento utilizado**:

a) La distancia entre un punto $P(x, y)$ del río y el pueblo en función de la abscisa $x$ de $P$. (2 *puntos*)

b) El punto o puntos del tramo del río situados a distancia mínima del pueblo. (4 *puntos*)

c) El punto o puntos del tramo del río situados a distancia máxima del pueblo. (4 *puntos*)

OPCIÓN A

PROBLEMA A.1

$$A = \begin{pmatrix} 1 & -3 \\ 2 & 2 \end{pmatrix} \; ; \; B = \begin{pmatrix} 1 & 3 \\ 2 & -2 \end{pmatrix}$$

a) $A^{-1} = \dfrac{1}{\det(A)} \cdot [Adj(A)]^t \Rightarrow \det(A) = \begin{vmatrix} 1 & -3 \\ 2 & 2 \end{vmatrix} = 2+6 = 8$

$Adj(A) = \begin{pmatrix} 2 & -2 \\ 3 & 1 \end{pmatrix} \; ; \; [Adj(A)]^t = \begin{pmatrix} 2 & 3 \\ -2 & 1 \end{pmatrix}$

$\Rightarrow A^{-1} = \dfrac{1}{8} \cdot \begin{pmatrix} 2 & 3 \\ -2 & 1 \end{pmatrix} = \begin{pmatrix} 1/4 & 3/8 \\ -1/4 & 1/8 \end{pmatrix}$

b) $XA = B \Rightarrow X A A^{-1} = B A^{-1} \Rightarrow X = B A^{-1}$

$X = \dfrac{1}{8} \cdot \begin{pmatrix} 1 & 3 \\ 2 & -2 \end{pmatrix} \cdot \begin{pmatrix} 2 & 3 \\ -2 & 1 \end{pmatrix} = \dfrac{1}{8} \cdot \begin{pmatrix} -4 & 6 \\ 8 & 4 \end{pmatrix} = \begin{pmatrix} -1/2 & 3/4 \\ 1 & 1/2 \end{pmatrix}$

$AY = B \Rightarrow A^{-1} A Y = A^{-1} B \Rightarrow Y = A^{-1} B$

$Y = \dfrac{1}{8} \begin{pmatrix} 2 & 3 \\ -2 & 1 \end{pmatrix} \cdot \begin{pmatrix} 1 & 3 \\ 2 & -2 \end{pmatrix} = \dfrac{1}{8} \begin{pmatrix} 8 & 0 \\ 0 & -8 \end{pmatrix} = \begin{pmatrix} 1 & 0 \\ 0 & -1 \end{pmatrix}$

c) $\left. \begin{array}{l} M^3 = M^2 \cdot M = I \cdot M = M \\ M^7 = M^2 \cdot M^2 \cdot M^2 \cdot M = I \cdot I \cdot I \cdot M = M \end{array} \right\} \Rightarrow M^3 = M^7$

PÁGINA 1

PROBLEMA A.2:

$$r: \begin{cases} x+2y=0 \\ z=0 \end{cases} \xrightarrow{y=\lambda} r: \begin{cases} x=-2\lambda \\ y=\lambda \\ z=0 \end{cases}$$

$$A \in r \ (0,0,0)$$

$$\vec{V_r} = (-2, 1, 0)$$

a)

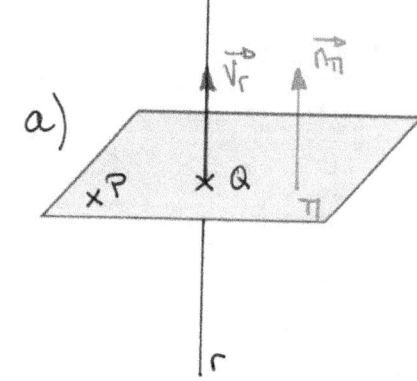

Como $r \perp \pi \Rightarrow \vec{V_r} = \vec{n_\pi}$

$\pi: Ax+By+Cz+D=0 \Rightarrow \pi: -2x+y+D=0$

Como $P(2,0,1) \in \pi \quad -4+D=0 \Rightarrow D=4$

$\Rightarrow \pi: -2x+y+4=0$

b) Para determinar el punto de corte $Q$ entre $r$ y $\pi$:

$$r: \begin{cases} x=-2\lambda \\ y=\lambda \\ z=0 \end{cases} \cap \pi: -2x+y+4=0 \Rightarrow$$

$$\Rightarrow -2(-2\lambda)+\lambda+4=0 \Rightarrow 5\lambda+4=0 \Rightarrow \lambda=-4/5$$

Como $Q \in r$ es $Q(-2\lambda, \lambda, 0) \underset{\lambda=-4/5}{\Longrightarrow} Q(8/5, -4/5, 0)$

c) La distancia mínima del punto $P$ a la recta $r$ es:

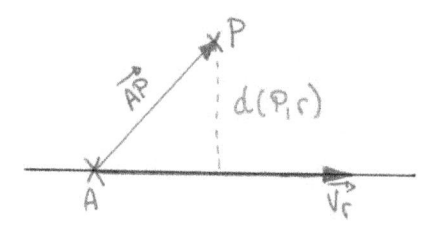

$$d(P,r) = \frac{|\overrightarrow{AP} \times \vec{V_r}|}{|\vec{V_r}|}$$

PÁGINA 2

$$\vec{AP} = (2,0,1) - (0,0,0) = (2,0,1)$$

$$\vec{AP} \times \vec{V_r} = \begin{vmatrix} \vec{i} & \vec{j} & \vec{k} \\ 2 & 0 & 1 \\ -2 & 1 & 0 \end{vmatrix} = (-1,-2,2) \; ; \; |\vec{AP} \times \vec{V_r}| = \sqrt{9} = 3$$

$$\Rightarrow d(P,r) = \frac{|\vec{AP} \times \vec{V_r}|}{|\vec{V_r}|} = \frac{3}{\sqrt{2^2+1^2}} = \frac{3}{\sqrt{5}} = \frac{3\sqrt{5}}{5} \, u.$$

Puesto que la distancia obtenida es la mínima (ya que se obtiene la distancia con la proyección ortogonal de P sobre "r") la distancia de P a otro punto de "r" será mayor que la calculada. Otra forma de razonar lo mismo seña darnos cuenta de :

Como vemos la distancia d(P,r) calculada es en realidad la distancia d(P,Q), y dado que la distancia a cualquier otro punto R∈r se puede calcular

con el teorema de Pitágoras según :

$$d(P,R) = \sqrt{(d(P,Q))^2 + (d(Q,R))^2} \, , \text{ es obvio que } d(P,R) \geqslant d(P,Q)$$

PÁGINA 3

PROBLEMA A.3

a) $f(x) = (x-1)(x-3) = x^2 - 4x + 3 \implies \text{Dom}(f(x)) = \mathbb{R}$

$f'(x) = 2x - 4 \; ; \; f'(x) = 0 \implies 2x - 4 = 0 \implies x = 2$

Decreciente: $(-\infty, 2)$

Creciente: $(2, +\infty)$

$f'(x) < 0 \quad 2 \quad f'(x) > 0$

b) $\left.\begin{array}{l} f(x) = (x-1)(x-3) = x^2 - 4x + 3 \\ g(x) = -(x-1)(x-3) = -x^2 + 4x - 3 \end{array}\right\} f(x) = g(x) \implies$

$\implies x^2 - 4x + 3 + x^2 - 4x + 3 = 0 \implies \underbrace{2x^2 - 8x + 6}_{f(x) - g(x)} = 0 \Big<\begin{array}{l} x = 1 \\ x = 3 \end{array}$

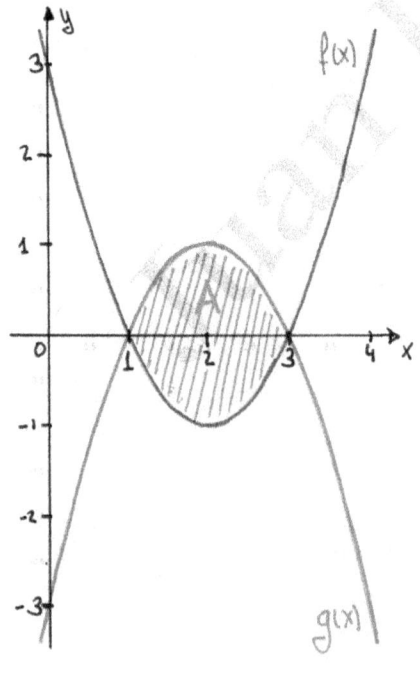

$A = \displaystyle\int_1^3 (g(x) - f(x))\, dx = \int_1^3 (-2x^2 + 8x - 6)\, dx =$

$= \left[ -\dfrac{2x^3}{3} + 4x^2 - 6x \right]_1^3 =$

$= \left( -\dfrac{2 \cdot 3^3}{3} + 4 \cdot 9 - 18 \right) - \left( -\dfrac{2}{3} + 4 - 6 \right) = \dfrac{8}{3}\, u^2$

PÁGINA 4

c) $f(x) = a(x-1)(x-3) = a \cdot (x^2 - 4x + 3)$

| $x$ | $f(x) = a(x-1)(x-3)$ |
|---|---|
| 0 | $3a$ |
| 1 | 0 |
| 3 | 0 |

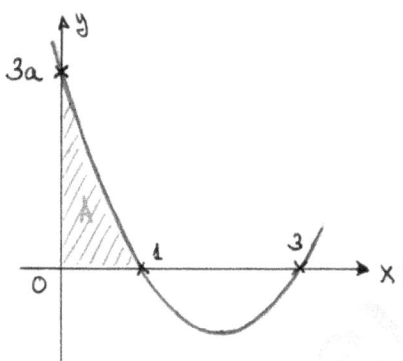

$$A = \int_0^1 a \cdot (x^2 - 4x + 3)\, dx = a \cdot \left[ \frac{x^3}{3} - 2x^2 + 3x \right]_0^1 = a \cdot \left( \frac{1}{3} - 2 + 3 \right) = a \cdot \frac{4}{3}$$

Como $A = \frac{4}{3}$ $\Rightarrow$ $a \cdot \frac{4}{3} = \frac{4}{3}$ $\Rightarrow$ $a = 1$

OPCIÓN B

PROBLEMA B.1

$$\left. \begin{array}{l} (1-\alpha)\, x + (2\alpha+1)\, y + (2\alpha+2)\, z = \alpha \\ \alpha\, x + \alpha\, y = 2\alpha + 2 \\ 2x + (\alpha+1)\, y + (\alpha-1)\, z = \alpha^2 - 2\alpha + 9 \end{array} \right\}$$

La matriz ampliada del sistema es:

$$A^* = \begin{pmatrix} 1-\alpha & 2\alpha+1 & 2\alpha+2 & \vdots & \alpha \\ \alpha & \alpha & 0 & \vdots & 2\alpha+2 \\ 2 & \alpha+1 & \alpha-1 & \vdots & \alpha^2-2\alpha+9 \end{pmatrix}$$

PÁGINA 5

Si $\alpha = 1$

$$A^* = \begin{pmatrix} 0 & 3 & 4 & | & 1 \\ 1 & 1 & 0 & | & 4 \\ 2 & 2 & 0 & | & 8 \end{pmatrix}$$

Rango (A):

$$\begin{vmatrix} 0 & 3 \\ 1 & 1 \end{vmatrix} = -3 \neq 0 \Rightarrow rg(A) \geqslant 2$$

$$\begin{vmatrix} 0 & 3 & 4 \\ 1 & 1 & 0 \\ 2 & 2 & 0 \end{vmatrix} = 0 \Rightarrow rg(A) = 2$$

Rango (A*):

$$\begin{vmatrix} 0 & 3 & 1 \\ 1 & 1 & 4 \\ 2 & 2 & 8 \end{vmatrix} = 0 \Rightarrow rg(A^*) = 2 \qquad \left.\begin{array}{c} rg(A) = 2 \\ rg(A^*) = 2 \\ n^\circ \text{ incógnitas} = 3 \end{array}\right\} \Rightarrow$$

$\Rightarrow T^{\text{MA}}$ ROUCHÉ $\Rightarrow$ Sistema Compatible Indeterminado

$$\left.\begin{array}{c} 3y + 4z = 1 \\ x + y = 4 \end{array}\right\} \Rightarrow y = \lambda \begin{array}{c} \nearrow z = \dfrac{1-3\lambda}{4} \\ \searrow x = 4 - \lambda \end{array}$$

Las infinitas soluciones del sistema para $\alpha = 1$ vienen dadas por $(x, y, z) = \left(4-\lambda, \lambda, \dfrac{1-3\lambda}{4}\right) \quad \forall \lambda \in \mathbb{R}$.

Si $\alpha = 2$

$$A^* = \begin{pmatrix} -1 & 5 & 6 & | & 2 \\ 2 & 2 & 0 & | & 6 \\ 2 & 3 & 1 & | & 9 \end{pmatrix}$$

Rango (A):

$$\begin{vmatrix} -1 & 5 \\ 2 & 2 \end{vmatrix} = -12 \neq 0 \Rightarrow rg(A) \geqslant 2$$

$$\begin{vmatrix} -1 & 5 & 6 \\ 2 & 2 & 0 \\ 2 & 3 & 1 \end{vmatrix} = 0 \Rightarrow rg(A) = 2$$

Rango (A*):

$$\begin{vmatrix} -1 & 5 & 2 \\ 2 & 2 & 6 \\ 2 & 3 & 9 \end{vmatrix} = -26 \neq 0 \Rightarrow rg(A^*) = 3$$

PÁGINA 6

$\left.\begin{array}{l} rg(A) = 2 \\ rg(A^*) = 3 \end{array}\right\} \Rightarrow T^{-ma}_{ROUCHÉ} \Rightarrow$ Sistema Incompatible

c) El sistema será compatible y determinado cuando se tenga $rg(A) = 3$, y por tanto sea $det(A) \neq 0$. Así:

$$|A| = \begin{vmatrix} 1-\alpha & 2\alpha+1 & 2\alpha+2 \\ \alpha & \alpha & 0 \\ 2 & \alpha+1 & \alpha-1 \end{vmatrix} = -\alpha^3 + 3\alpha^2 - 2\alpha$$

$det(A) = 0 \Rightarrow -\alpha^3 + 3\alpha^2 - 2\alpha = 0 \Rightarrow \alpha(-\alpha^2 + 3\alpha - 2) = 0$

$\qquad \nearrow \alpha = 0$

$\qquad \searrow -\alpha^2 + 3\alpha - 2 = 0 \begin{array}{l} \nearrow \alpha = 1 \\ \searrow \alpha = 2 \end{array}$

Con lo que el sistema será compatible determinado

$$\forall \alpha \in \mathbb{R} - \{0, 1, 2\}$$

PROBLEMA B.2

$r: \begin{cases} x - y + 3 = 0 \\ 2x - z + 2 = 0 \end{cases} \Rightarrow x = \lambda \Rightarrow r: \begin{cases} x = \lambda \\ y = 3 + \lambda \\ z = 2 + 2\lambda \end{cases} \begin{array}{l} \nearrow A(0,3,2) \\ \searrow \vec{V_r} = (1,1,2) \end{array}$

$s: \begin{cases} 3y + 1 = 0 \\ x - 2z - 3 = 0 \end{cases} \Rightarrow z = \alpha \Rightarrow s: \begin{cases} x = 3 + 2\alpha \\ y = -1/3 \\ z = \alpha \end{cases} \begin{array}{l} \nearrow B(3, -1/3, 0) \\ \searrow \vec{V_s} = (2, 0, 1) \end{array}$

PÁGINA 7

a)

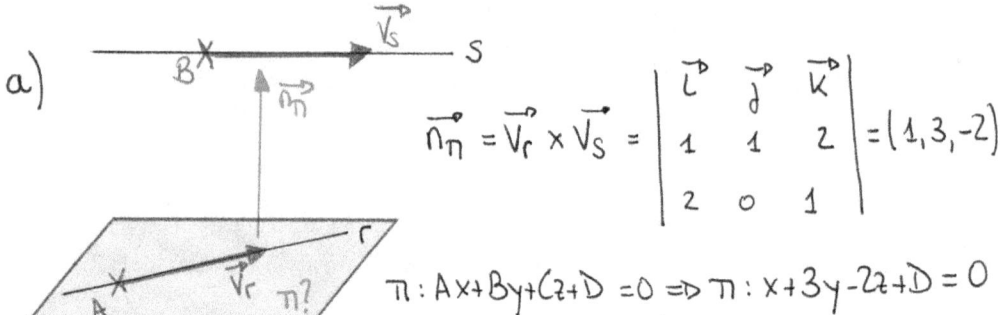

$$\vec{n_\pi} = \vec{V_r} \times \vec{V_s} = \begin{vmatrix} \vec{i} & \vec{j} & \vec{k} \\ 1 & 1 & 2 \\ 2 & 0 & 1 \end{vmatrix} = (1, 3, -2)$$

$$\pi : Ax + By + Cz + D = 0 \Rightarrow \pi : x + 3y - 2z + D = 0$$

Como $A(0, 3, 2) \in \pi \Rightarrow 3 \cdot 3 - 2 \cdot 2 + D = 0 \Rightarrow D = -5$

$$\Rightarrow \pi : x + 3y - 2z - 5 = 0$$

b) Si $\left\{ \begin{array}{c} \vec{V_t} \perp \vec{V_r} \\ \vec{V_t} \perp \vec{V_s} \end{array} \right\} \Rightarrow \vec{V_t} = \vec{V_r} \times \vec{V_s} = (1, 3, -2) \Rightarrow$

$$\Rightarrow t : \left\{ \begin{array}{l} x = 0 + \beta \\ y = 0 + 3\beta \\ z = 0 - 2\beta \end{array} \right.$$

c) Para que exista un plano perpendicular a "s" que contenga a la recta "r", los vectores $\vec{V_r}$ y $\vec{V_s}$ deben ser perpendiculares:

Si $\vec{V_r} \perp \vec{V_s} \Rightarrow \vec{V_r} \cdot \vec{V_s} = 0$

$$\vec{V_r} \cdot \vec{V_s} = (1, 1, 2) \cdot (2, 0, 1) = 2 + 2 = 4 \neq 0$$

$\Rightarrow \vec{V_r}$ y $\vec{V_s}$ no son perpendiculares, con lo que NO existe un plano perpendicular a "s" que contenga a "r"

PÁGINA 8

PROBLEMA B.3

| x | $y = x^2/4$ |
|---|---|
| -6 | 9 |
| -4 | 4 |
| -2 | 1 |
| 0 | 0 |
| 2 | 1 |
| 4 | 4 |
| 6 | 9 |

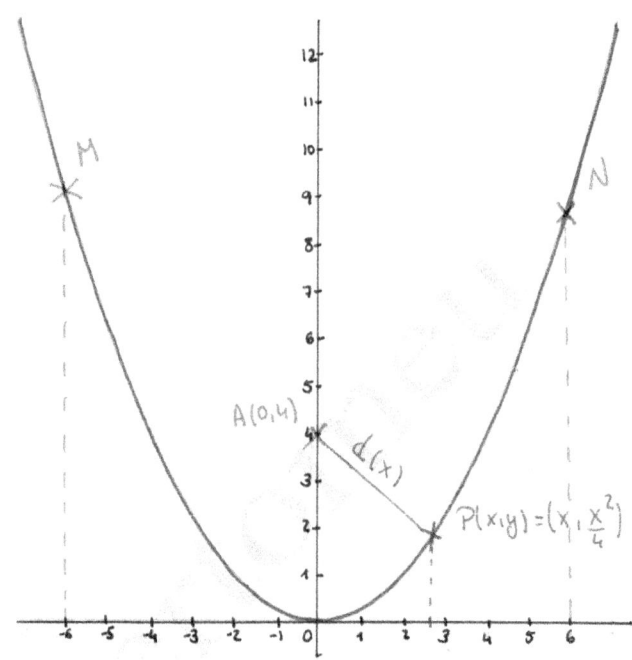

$$\vec{AP} = \left(x, \frac{x^2}{4}\right) - (0,4) = \left(x, \frac{x^2}{4} - 4\right)$$

$$d(A,P) = |\vec{AP}| = \sqrt{x^2 + \left(\frac{x^2}{4} - 4\right)^2} = \sqrt{x^2 + \frac{x^4}{16} - 2x^2 + 16}$$

$$\Rightarrow d(x) = \sqrt{\frac{x^4}{16} - x^2 + 16} \quad \text{con} \; -6 \leq x \leq 6$$

$$d'(x) = \frac{1}{2\sqrt{\frac{x^4}{16} - x^2 + 16}} \cdot \left(\frac{4x^3}{16} - 2x\right) = \frac{x^3 - 8x}{8\sqrt{\frac{x^4}{16} - x^2 + 16}}$$

$$d'(x) = 0 \Rightarrow x^3 - 8x = 0 \Rightarrow x(x^2 - 8) = 0 \begin{cases} x = 0 \\ x^2 - 8 = 0 \begin{cases} x = \sqrt{8} \\ x = -\sqrt{8} \end{cases} \end{cases}$$

PÁGINA 9

Como nos piden los máximos y mínimos absolutos

de d(x) en el intervalo $[-6,6]$ no es necesario clasificar

los extremos relativos. Basta con evaluar el valor

que toma la función en esos extremos relativos y

en los extremos del intervalo dado. Así:

$$d(x=-6) = \sqrt{61} \approx 7'81$$

$$d(x=-\sqrt{8}) = \sqrt{12} \approx 3'46$$

$$d(x=0) = 4$$

$$d(x=\sqrt{8}) = \sqrt{12} \approx 3'46$$

$$d(x=6) = \sqrt{61} \approx 7'81$$

Los puntos más alejados del pueblo son:

$$M\left(-6, \frac{(-6)^2}{4}\right) = (-6, 9)$$

$$N\left(6, \frac{6^2}{4}\right) = (6, 9)$$

y los más cercanos son:

$$P\left(\sqrt{8}, \frac{(\sqrt{8})^2}{4}\right) = (\sqrt{8}, 2)$$

$$P'\left(-\sqrt{8}, \frac{(-\sqrt{8})^2}{4}\right) = (-\sqrt{8}, 2)$$

GENERALITAT VALENCIANA
CONSELLERIA D'EDUCACIÓ, CULTURA I ESPORT

COMISSIÓ GESTORA DE LES PROVES D'ACCÉS A LA UNIVERSITAT
COMISIÓN GESTORA DE LAS PRUEBAS DE ACCESO A LA UNIVERSIDAD

SISTEMA UNIVERSITARI VALENCIÀ
SISTEMA UNIVERSITARIO VALENCIANO

**BAREM DE L'EXAMEN:**
Cal elegir sols UNA de les dues OPCIONS, A o B, i s'han de fer els tres problemes d'aquesta opció.
Cada problema puntua fins a 10 punts.
La qualificació de l'exercici és la suma de les qualificacions de cada problema dividida entre 3, i aproximada a les centèsimes.
Es permet l'ús de calculadores sempre que no siguen gràfiques o programables, i que no puguen realitzar càlcul simbòlic ni emmagatzemar text o fórmules en memòria. S'use o no la calculadora, els resultats analítics, numèrics i gràfics han d'estar sempre degudament justificats.

BAREMO DEL EXAMEN:
**Se elegirá solamente UNA de las dos OPCIONES, A o B, y se han de hacer los tres problemas de esa opción.**
Cada problema se puntuará hasta 10 puntos.
La calificación del ejercicio será la suma de las calificaciones de cada problema dividida entre 3 y aproximada a las centésimas.
Se permite el uso de calculadoras siempre que no sean gráficas o programables, y que no puedan realizar cálculo simbólico ni almacenar texto o fórmulas en memoria. Se utilice o no la calculadora, los resultados analíticos, numéricos y gráficos deberán estar siempre debidamente justificados.

## OPCIÓN A

**Problema A.1.** Se da el sistema de ecuaciones $\begin{cases} x + 3y + z = \alpha \\ x + y - \alpha z = 1 \\ 2x + \alpha y - z = 2\alpha + 3 \end{cases}$ , donde $\alpha$ es un parámetro

real. Obtener **razonadamente**, **escribiendo todos los pasos del razonamiento utilizado**:

   a) La solución del sistema cuando $\alpha = -1$.     (3 *puntos*)

   b) Todas las soluciones del sistema cuando $\alpha = 0$.     (3 *puntos*)

   c) El valor de $\alpha$ para el que el sistema es incompatible.     (4 *puntos*)

**Problema A.2.** Se tienen las rectas $r: \dfrac{x+1}{3} = \dfrac{y-1}{-1} = \dfrac{z}{2}$, $s: \begin{cases} x = 1 + \lambda \\ y = -\lambda \\ z = 0 \end{cases}$ y el punto $P(0, 3, -2)$. Obtener

**razonadamente**, **escribiendo todos los pasos del razonamiento utilizado**:

   a) Las ecuaciones de la recta que pasa por el punto $P$ y es paralela a la recta $r$.     (3 *puntos*)

   b) La ecuación del plano que contiene a la recta $r$ y es paralelo a la recta $s$.     (4 *puntos*)

   c) La distancia entre las rectas $r$ y $s$.     (3 *puntos*)

**Problema A.3.** Se da la función $f$ definida por $f(x) = \dfrac{x}{(x+1)^2}$. Obtener **razonadamente**, **escribiendo todos**

**los pasos del razonamiento utilizado**:

   a) El dominio y las asíntotas de la función $f$.     (3 *puntos*)

   b) Los intervalos de crecimiento y de decrecimiento de la función $f$.     (4 *puntos*)

   c) La integral $\displaystyle\int \dfrac{x}{(x+1)^2}\, dx$.     (3 *puntos*)

## OPCIÓN B

**Problema B.1.** Se dan las matrices $A = \begin{pmatrix} x & 1 & -1 \\ y & 2 & 3 \\ z & 1 & 0 \end{pmatrix}$ y $B = \begin{pmatrix} x & 1 & -1 \\ 1 & 2 & 3 \\ 0 & 1 & 0 \end{pmatrix}$. Obtener **razonadamente**, **escribiendo todos los pasos del razonamiento utilizado**:

a) Los valores de $x$ para los cuales la matriz $B$ tiene inversa. (3 puntos)

b) El valor del determinante de las matrices $A^3$ y $\begin{pmatrix} 2x & 5 & -1 \\ 2y & 10 & 3 \\ 2z & 5 & 0 \end{pmatrix}$, sabiendo que el valor del determinante de la matriz $A$ es 8. (4 puntos)

c) Los valores de $x$, $y$, $z$ para los cuales $A^2 = \begin{pmatrix} 0 & 0 & 4 \\ 3 & 7 & 6 \\ -1 & 3 & 2 \end{pmatrix}$. (3 puntos)

**Problema B.2.** Se dan las rectas $r: \begin{cases} 2x & -y & & +5 & = & 0 \\ 6x & & -z & +8 & = & 0 \end{cases}$, $s: \begin{cases} x = 1 - 2\alpha \\ y = 2 + \alpha \\ z = 3 - \alpha \end{cases}$ y el plano

$\pi : 2x + mz + 1 = 0$, siendo $m$ un parámetro real. Obtener **razonadamente**, **escribiendo todos los pasos del razonamiento utilizado**:

a) La posición relativa de las rectas $r$ y $s$ y el punto (o puntos) comunes a $r$ y $s$. (*4 puntos*)
b) El valor del parámetro $m$ para que la recta $s$ sea paralela al plano $\pi$. (*3 puntos*)
c) La ecuación del plano que contiene a la recta $s$ y al punto $P(1, 2, 4)$. (*3 puntos*)

**Problema B.3.** Se va a construir un depósito de $1500 \, m^3$ de capacidad, con forma de caja abierta por la parte superior. Su base es pues un cuadrado y las paredes laterales son cuatro rectángulos iguales perpendiculares a la base. El precio de cada $m^2$ de la base es de 15 € y el precio de cada $m^2$ de pared lateral es de 5 €.
Obtener **razonadamente**, **escribiendo todos los pasos del razonamiento utilizado**:

a) El coste total del depósito en función de la longitud $x$ de un lado de su base. (*3 puntos*)
b) Las longitudes del lado de la base y de la altura del depósito para que dicho coste total sea mínimo. (*5 puntos*)
c) El valor del mínimo coste total del depósito. (*2 puntos*)

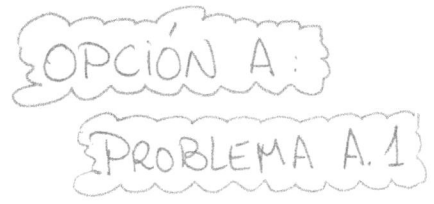

**OPCIÓN A:**

**PROBLEMA A.1**

a) Si $\alpha = -1$

$$\left. \begin{array}{r} x + 3y + z = -1 \\ x + y + z = 1 \\ 2x - y - z = 1 \end{array} \right\} \quad A^* = \begin{pmatrix} 1 & 3 & 1 & \vdots & -1 \\ 1 & 1 & 1 & \vdots & 1 \\ 2 & -1 & -1 & \vdots & 1 \end{pmatrix}$$

Rango (A):

$$\begin{vmatrix} 1 & 3 \\ 1 & 1 \end{vmatrix} = -2 \neq 0 \; ; \quad \begin{vmatrix} 1 & 3 & 1 \\ 1 & 1 & 1 \\ 2 & -1 & -1 \end{vmatrix} = 6 \neq 0 \Rightarrow rg(A) = 3$$

Como $rg(A) = 3 \Rightarrow rg(A^*) = 3 \Rightarrow T^{ma}$ ROUCHÉ $\Rightarrow$ Sistema Compatible Determinado. Resolvemos por Cramer:

$$X = \frac{\begin{vmatrix} -1 & 3 & 1 \\ 1 & 1 & 1 \\ 1 & -1 & -1 \end{vmatrix}}{6} = \frac{4}{6} = \frac{2}{3} \; ; \quad y = \frac{\begin{vmatrix} 1 & -1 & 1 \\ 1 & 1 & 1 \\ 2 & 1 & -1 \end{vmatrix}}{6} = \frac{-6}{6} = -1$$

$$z = \frac{\begin{vmatrix} 1 & 3 & -1 \\ 1 & 1 & 1 \\ 2 & -1 & 1 \end{vmatrix}}{6} = \frac{8}{6} = \frac{4}{3}$$

La única solución del sistema para $\alpha = -1$ es la dada por:

$$(x, y, z) = \left( \frac{2}{3}, -1, \frac{4}{3} \right)$$

PÁGINA 1

b) $\boxed{Si \; \alpha = 0}$

$$\left.\begin{array}{l} x + 3y + z = 0 \\ x + y \quad\quad = 1 \\ 2x \quad\quad - z = 3 \end{array}\right\} \quad A^* = \begin{pmatrix} 1 & 3 & 1 & \vdots & 0 \\ 1 & 1 & 0 & \vdots & 1 \\ 2 & 0 & -1 & \vdots & 3 \end{pmatrix}$$

Rango (A):

$$\begin{vmatrix} 1 & 3 \\ 1 & 1 \end{vmatrix} = -2 \neq 0 \; ; \quad \begin{vmatrix} 1 & 3 & 1 \\ 1 & 1 & 0 \\ 2 & 0 & -1 \end{vmatrix} = 0 \implies rg(A) = 2$$

Rango (A*):

$$\begin{vmatrix} 1 & 3 & 0 \\ 1 & 1 & 1 \\ 2 & 0 & 3 \end{vmatrix} = 0 \implies rg(A^*) = 2$$

$$\left.\begin{array}{l} rg(A) = 2 \\ rg(A^*) = 2 \\ n^o \; incógnitas = 3 \end{array}\right\} \implies T^{ma} \text{ ROUCHÉ} \implies \begin{array}{l} \text{Sistema Compatible} \\ \text{Indeterminado} \end{array}$$

$$\left.\begin{array}{l} x + 3y + z = 0 \\ x + y = 1 \end{array}\right\} \begin{array}{l} \longrightarrow z = -x - 3y = -1 + \lambda - 3\lambda = -1 - 2\lambda \\ \longrightarrow y = \lambda \; ; \; x = 1 - \lambda \end{array}$$

Las infinitas soluciones del sistema para $\alpha = 0$ vienen dadas por:

$$(x, y, z) = (1 - \lambda, \lambda, -1 - 2\lambda) \quad \forall \lambda \in \mathbb{R}$$

PÁGINA 2

c) $\left.\begin{array}{l} x + 3y + z = \alpha \\ x + y - \alpha z = 1 \\ 2x + \alpha y - z = 2\alpha + 3 \end{array}\right\}$  $A^* = \begin{pmatrix} 1 & 3 & 1 & \vdots & \alpha \\ 1 & 1 & -\alpha & \vdots & 1 \\ 2 & \alpha & -1 & \vdots & 2\alpha+3 \end{pmatrix}$

$$\det(A) = \begin{vmatrix} 1 & 3 & 1 \\ 1 & 1 & -\alpha \\ 2 & \alpha & -1 \end{vmatrix} = \alpha^2 - 5\alpha$$

$$\det(A) = 0 \longrightarrow \alpha^2 - 5\alpha = 0 \longrightarrow \alpha(\alpha-5) = 0 \left\{\begin{array}{l} \alpha = 0 \\ \alpha = 5 \end{array}\right.$$

Para $\alpha = 0$ ya se ha justificado que el sistema era compatible indeterminado. Veamos para $\alpha = 5$.

$\boxed{Si\ \alpha = 5} \Rightarrow \det(A) = 0 \Rightarrow rg(A) < 3$

$A^* = \begin{pmatrix} \boxed{\begin{matrix} 1 & 3 \\ 1 & 1 \end{matrix}} & 1 & \vdots & 5 \\ & -5 & \vdots & 1 \\ 2 & 5 & -1 & \vdots & 13 \end{pmatrix}$

$\underline{Rango\ (A):}$

$\begin{vmatrix} 1 & 3 \\ 1 & 1 \end{vmatrix} = -2 \neq 0 \Rightarrow rg(A) = 2$

$\underline{Rango\ (A^*):}$

$\begin{vmatrix} 1 & 3 & 5 \\ 1 & 1 & 1 \\ 2 & 5 & 13 \end{vmatrix} = -10 \neq 0 \Rightarrow rg(A^*) = 3$

$\left.\begin{array}{l} rg(A) = 2 \\ rg(A^*) = 3 \end{array}\right\} \Rightarrow T^{\underline{MA}} ROUCHÉ \Rightarrow$ Sistema Incompatible.

PÁGINA 3

PROBLEMA A.2

$$r: \frac{x+1}{3} = \frac{y-1}{-1} = \frac{z}{2}$$

$A \in r \ (-1, 1, 0)$

$\vec{V_r} = (3, -1, 2)$

$$S: \begin{cases} x = 1 + \lambda \\ y = -\lambda \\ z = 0 \end{cases}$$

$B \in S \ (1, 0, 0)$

$\vec{V_S} = (1, -1, 0)$

a)

Como $r \parallel t \Rightarrow \vec{V_r} = \vec{V_t}$

$$\Rightarrow t: \begin{cases} x = 0 + 3\alpha \\ y = 3 - \alpha \\ z = -2 + 2\alpha \end{cases}$$

b)

$$\vec{V_r} \times \vec{V_S} = \begin{vmatrix} \vec{\imath} & \vec{\jmath} & \vec{u} \\ 3 & -1 & 2 \\ 1 & -1 & 0 \end{vmatrix} = (2, 2, -2)$$

$$\Rightarrow \vec{n_\pi} = (1, 1, -1)$$

$\pi: Ax + By + Cz + D = 0 \Rightarrow \pi: x + y - z + D = 0$

Como $A(-1, 1, 0) \in \pi$  $\longrightarrow -1 + 1 + D = 0 \Rightarrow D = 0$

$$\Rightarrow \pi: x + y - z = 0$$

PÁGINA 4

c) $\overrightarrow{AB} = (1,0,0) - (-1,1,0) = (2,-1,0)$

$$\left[\overrightarrow{AB}, \overrightarrow{V_r}, \overrightarrow{V_s}\right] = \begin{vmatrix} 2 & -1 & 0 \\ 3 & -1 & 2 \\ 1 & -1 & 0 \end{vmatrix} = 2 \neq 0$$

Como $\left[\overrightarrow{AB}, \overrightarrow{V_r}, \overrightarrow{V_s}\right] \neq 0$, las rectas r y s se cruzan y su distancia viene dada por:

$$d(r,s) = \frac{\left|\left[\overrightarrow{AB}, \overrightarrow{V_r}, \overrightarrow{V_s}\right]\right|}{\left|\overrightarrow{V_r} \times \overrightarrow{V_s}\right|} = \frac{2}{\sqrt{2^2+2^2+2^2}} = \frac{2}{\sqrt{12}} = \frac{\sqrt{3}}{3} \approx 0'58\, u$$

### PROBLEMA A.3

$$f(x) = \frac{x}{(x+1)^2} \quad ; \quad (x+1)^2 = 0 \implies x = -1 \text{ (Doble)}$$

$$\implies Dom(f(x)) = \mathbb{R} - \{-1\}$$

A. Verticales:

$$\lim_{x \to -1} \frac{x}{(x+1)^2} = \left[\frac{-1}{0}\right] \longrightarrow \begin{cases} \displaystyle\lim_{x \to -1^-} \frac{x}{(x+1)^2} = -\infty \\[3mm] \displaystyle\lim_{x \to -1^+} \frac{x}{(x+1)^2} = -\infty \end{cases}$$

$$\implies x = -1 \text{ es A. Vertical.}$$

A. Horizontales:

$$\lim_{x \to \infty} \frac{x}{x^2+2x+1} = 0$$

$$\lim_{x \to -\infty} \frac{x}{x^2+2x+1} = 0$$

La recta $y=0$ es A. Horizontal tanto cuando $x \to \infty$ como cuando $x \to -\infty$ y por tanto no habrá asíntotas oblicuas.

b) $f'(x) = \dfrac{1 \cdot (x+1)^{2} - x \cdot 2(x+1)}{(x+1)^{4\,3}} = \dfrac{x+1-2x}{(x+1)^3} = \dfrac{1-x}{(x+1)^3}$

$f'(x) = 0 \Rightarrow \dfrac{1-x}{(x+1)^3} = 0 \Rightarrow 1-x = 0 \Rightarrow x = 1$

$f'(x)<0$   (-1)   $f'(x)>0$   1   $f'(x)<0$

Creciente: $(-1,1)$

Decreciente: $(-\infty,-1) \cup (1,+\infty)$

c) $\displaystyle\int \frac{x}{(x+1)^2}\, dx = \circledast$

$\dfrac{x}{(x+1)^2} = \dfrac{A}{(x+1)} + \dfrac{B}{(x+1)^2} = \dfrac{A(x+1)+B}{(x+1)^2}$

$\Rightarrow x = A(x+1) + B$

Si $x = -1 \longrightarrow -1 = B$

Si $x = 0 \longrightarrow 0 = A - 1 \Rightarrow A = 1$

$\Rightarrow \circledast = \displaystyle\int \frac{1}{x+1}\, dx + \int \frac{-1}{(x+1)^2}\, dx = \ln|x+1| + \frac{1}{x+1} + C'$

OPCIÓN B

PROBLEMA B.1

a) $\exists B^{-1}$ si $\det(B) \neq 0$ ; $\det(B) = \begin{vmatrix} x & 1 & -1 \\ 1 & 2 & 3 \\ 0 & 1 & 0 \end{vmatrix} = -3x - 1$

$\det(B) = 0 \Rightarrow -3x - 1 = 0 \Rightarrow x = -\frac{1}{3}$

$\Rightarrow \exists B^{-1} \forall x \in \mathbb{R} - \left\{ -\frac{1}{3} \right\}$

b) Sabemos que $\det(A) = \begin{vmatrix} x & 1 & -1 \\ y & 2 & 3 \\ z & 1 & 0 \end{vmatrix} = 8$. Por tanto:

$\det(A^3) = \det(A \cdot A \cdot A) = \det(A) \cdot \det(A) \cdot \det(A) = \left[ \det(A) \right]^3 = 8^3 = 512$

$\uparrow$

$\det(XY) = \det(X) \cdot \det(Y)$

$\begin{vmatrix} 2x & 5 & -1 \\ 2y & 10 & 3 \\ 2z & 5 & 0 \end{vmatrix} = 2 \cdot 5 \cdot \begin{vmatrix} x & 1 & -1 \\ y & 2 & 3 \\ z & 1 & 0 \end{vmatrix} = 10 \cdot 8 = 80$

Columna 1   Columna 2

c) $A^2 = A \cdot A = \begin{pmatrix} x & 1 & -1 \\ y & 2 & 3 \\ z & 1 & 0 \end{pmatrix} \cdot \begin{pmatrix} x & 1 & -1 \\ y & 2 & 3 \\ z & 1 & 0 \end{pmatrix} = \begin{pmatrix} x^2+y-z & x+1 & -x+3 \\ xy+2y+3z & y+7 & -y+6 \\ xz+y & z+2 & -z+3 \end{pmatrix}$

PÁGINA 7

$$\Rightarrow \begin{pmatrix} x^2+y-z & x+1 & -x+3 \\ xy+2y+3z & y+7 & -y+6 \\ xz+y & z+2 & -z+3 \end{pmatrix} = \begin{pmatrix} 0 & 0 & 4 \\ 3 & 7 & 6 \\ -1 & 3 & 2 \end{pmatrix} \Rightarrow$$

$$\Rightarrow \begin{array}{l} x+1 = 0 \longrightarrow x = -1 \\ y+7 = 7 \longrightarrow y = 0 \\ z+2 = 3 \longrightarrow z = 1 \end{array}$$

Y efectivamente se comprueba para esos valores que:

$$A^2 = A \cdot A = \begin{pmatrix} -1 & 1 & -1 \\ 0 & 2 & 3 \\ 1 & 1 & 0 \end{pmatrix} \cdot \begin{pmatrix} -1 & 1 & -1 \\ 0 & 2 & 3 \\ 1 & 1 & 0 \end{pmatrix} = \begin{pmatrix} 0 & 0 & 4 \\ 3 & 7 & 6 \\ -1 & 3 & 2 \end{pmatrix}$$

### PROBLEMA B2

$$r: \begin{cases} 2x - y + 5 = 0 \\ 6x - z + 8 = 0 \end{cases} \Rightarrow x = \lambda \begin{cases} y = 5+2\lambda \\ z = 8+6\lambda \end{cases} \Rightarrow r: \begin{cases} x = \lambda \\ y = 5+2\lambda \\ z = 8+6\lambda \end{cases} \begin{array}{l} A(0,5,8) \\ \vec{V_r} = (1,2,6) \end{array}$$

$$s: \begin{cases} x = 1-2\alpha \\ y = 2+\alpha \\ z = 3-\alpha \end{cases} \begin{array}{l} B(1,2,3) \\ \vec{V_s} = (-2,1,-1) \end{array}$$

a) $\overrightarrow{AB} = (1,2,3) - (0,5,8) = (1,-3,-5)$

Construimos la matriz M y M*:

$$M^* = \begin{pmatrix} 1 & -2 & \vdots & 1 \\ 2 & 1 & \vdots & -3 \\ 6 & -1 & \vdots & -5 \end{pmatrix}$$

M

Rango (M):

$$\begin{vmatrix} 1 & -2 \\ 2 & 1 \end{vmatrix} = 5 \neq 0 \Rightarrow rg(M) = 2$$

Rango (M*):

$$\begin{vmatrix} 1 & -2 & 1 \\ 2 & 1 & -3 \\ 6 & -1 & -5 \end{vmatrix} = 0 \Rightarrow rg(M^*) = 2$$

$$\left.\begin{array}{l} rg(M) = 2 \\ rg(M^*) = 2 \end{array}\right\} \Rightarrow \text{Las rectas } r \text{ y } s \text{ se cortan.}$$

Para determinar el punto de corte Q:

$$\left.\begin{array}{l} \lambda = 1 - 2\alpha \\ 5 + 2\lambda = 2 + \alpha \\ 8 + 6\lambda = 3 - \alpha \end{array}\right\} \quad E_2 + E_3 \rightarrow 13 + 8\lambda = 5 \Rightarrow \lambda = -1$$

Como $Q \in r$ es $Q(\lambda, 5+2\lambda, 8+6\lambda) \underset{\lambda=-1}{\Longrightarrow} Q(-1, 3, 2)$

b)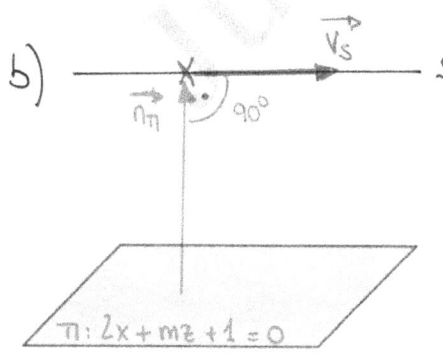

Si tenemos que $s \parallel \pi$
entonces se tendrá que $\vec{V_s} \perp \vec{n_\pi}$

$$\Rightarrow \vec{V_s} \cdot \vec{n_\pi} = 0$$

$$(-2, 1, -1) \cdot (2, 0, m) = 0$$

$$-4 - m = 0 \Rightarrow m = -4$$

PÁGINA 9

c)

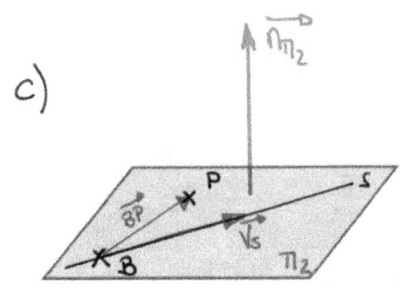

$$\vec{BP} = (1,2,4) - (1,2,3) = (0,0,1)$$

$$\vec{n}_{\pi_2} = \vec{V_s} \times \vec{BP} = \begin{vmatrix} \vec{i} & \vec{j} & \vec{k} \\ -2 & 1 & -1 \\ 0 & 0 & 1 \end{vmatrix} = (1,2,0)$$

$$\pi_2: Ax + By + Cz + D = 0 \Rightarrow \pi_2: x + 2y + D = 0$$

Como $P(1,2,4) \in \pi_2 \longrightarrow 1 + 2\cdot 2 + D = 0 \Rightarrow D = -5$

$$\Rightarrow \pi_2: x + 2y - 5 = 0$$

PROBLEMA B.3

a) $A_{base} = x^2 \ (m^2)$

    $A_{lateral} = 4 \cdot xy \ (m^2)$

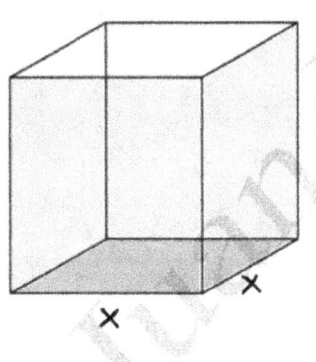

$Coste(x,y) = 15x^2 + 5 \cdot 4xy \ (\text{€})$

$C(x,y) = 15x^2 + 20xy \ (\text{€})$

$\Downarrow \quad V = 1500 m^3 \Rightarrow x^2 \cdot y = 1500 \Rightarrow y = \dfrac{1500}{x^2}$

$C(x) = 15x^2 + \dfrac{30000}{x} \ (\text{€}) \ con \ x > 0$

b) $C'(x) = 30x - \dfrac{30000}{x^2}$

$C'(x) = 0 \Rightarrow 30x - \dfrac{30000}{x^2} = 0 \Rightarrow x^3 = 1000 \Rightarrow x = 10 \ m$

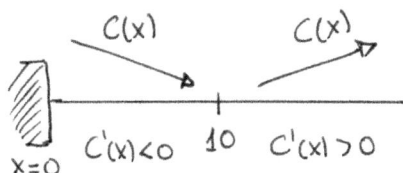

$x=0$   $C'(x)<0$   $10$   $C'(x)>0$

El coste es mínimo cuando el lado de la base es

$x = 10\,m$ y la altura es $y = \dfrac{1500}{10^2} = 15\,m$, siendo dicho

coste mínimo de:

c) $C(x=10) = 15 \cdot 10^2 + \dfrac{30000}{10} = 4500$ Euros.

**Problema A.1.** Se da el sistema de ecuaciones $\begin{cases} ax & & - & z & = & a \\ 2x & + & ay & + & z & = & 1 \\ 2x & & & + & z & = & 2 \end{cases}$, donde $a$ es un parámetro real.

Obtener **razonadamente, escribiendo todos los pasos del razonamiento utilizado**:

a) Los valores del parámetro $a$ para los cuales el sistema es incompatible.  (4 *puntos*)

b) Todas las soluciones del sistema cuando éste sea compatible indeterminado.  (3 *puntos*)

c) La solución del sistema cuando $a = -1$.  (3 *puntos*)

**Problema A.2.** Se dan las rectas $r : \begin{cases} x & - & 2y & + & z & + & 3 & = & 0 \\ 3x & + & y & - & z & + & 1 & = & 0 \end{cases}$ y $s : \begin{cases} x & = & 1 \\ y & = & 2\alpha \\ z & = & \alpha - 2 \end{cases}$.

Obtener **razonadamente, escribiendo todos los pasos del razonamiento utilizado**:

a) La recta paralela a $r$ que pasa por el punto $(0, 1, 0)$.  (3 *puntos*)

b) El plano $\pi$ que contiene a la recta $r$ y es paralelo a $s$.  (3 *puntos*)

c) La distancia entre las rectas $r$ y $s$.  (4 *puntos*)

**Problema A.3.** Se da la función $f$ definida por $f(x) = \dfrac{1}{x^2 - 5x + 6}$.

Obtener **razonadamente, escribiendo todos los pasos del razonamiento utilizado**:

a) Dominio y asíntotas de la función $f$.  (2 *puntos*)

b) Intervalos de crecimiento y de decrecimiento de la función $f$.  (3 *puntos*)

c) La integral $\int f(x)\,dx$.  (3 *puntos*)

d) El valor de $a > 4$ para el que el área de la superficie limitada por la curva $y = f(x)$ y las rectas $y = 0$, $x = 4$ y $x = a$ es $\ln(3/2)$.  (2 *puntos*)

# OPCIÓN B

**Problema B.1.** Se da la matriz $A = \begin{pmatrix} \sqrt{5} & 0 & 0 \\ 0 & 1 & -2 \\ 0 & 2 & 1 \end{pmatrix}$.

Obtener **razonadamente**, **escribiendo todos los pasos del razonamiento utilizado**:

a) La comprobación de que $A^{-1} = 5^{-1} A^t$, siendo $A^t$ la matriz traspuesta de $A$.    (4 *puntos*)

b) Los valores del parámetro real $\lambda$ para los cuales $A - \lambda I$ no es invertible, siendo $I$ la matriz identidad de orden 3.    (3 *puntos*)

c) El determinante de una matriz cuadrada $B$ cuyo determinante es mayor que 0 y verifica la ecuación $B^{-1} = B^t$.    (3 *puntos*)


**Problema B.2.** Se da el plano $\pi : 6x + 3y + 2z - 12 = 0$ y los puntos $A(1,0,0)$, $B(0,2,0)$ y $C(0,0,3)$.

Obtener **razonadamente**, **escribiendo todos los pasos del razonamiento utilizado**:

a) La ecuación implícita del plano $\sigma$ que pasa por los puntos $A$, $B$ y $C$,    (2 *puntos*)

    y la posición relativa de los planos $\sigma$ y $\pi$.    (2 *puntos*)

b) El área del triángulo de vértices $A$, $B$ y $C$.    (3 *puntos*)

c) Un punto $P$ del plano $\pi$ y el volumen del tetraedro cuyos vértices son $P$, $A$, $B$ y $C$.    (3 *puntos*)


**Problema B.3.** Cada día, una planta productora de acero vende $x$ toneladas de acero de baja calidad e $y$ toneladas de acero de alta calidad. Por restricciones del sistema de producción debe suceder que $y = \dfrac{23 - 5x}{10 - x}$, siendo $0 < x < \dfrac{23}{5}$.

El precio de una tonelada de acero de alta calidad es de 900 euros y el precio de una tonelada de acero de baja calidad es de 300 euros.

Obtener **razonadamente**, **escribiendo todos los pasos del razonamiento utilizado**:

a) Los ingresos obtenidos en un día en función de $x$.    (3 *puntos*)

b) Cuántas toneladas de cada tipo de acero se deben vender en un día para que los ingresos obtenidos ese día sean máximos.    (5 *puntos*)

d) El ingreso máximo que se puede obtener por las ventas de acero en un día.    (2 *puntos*)

OPCIÓN A

PROBLEMA A.1

$$\left.\begin{array}{l} ax \qquad -z = a \\ 2x + ay + z = 1 \\ 2x \qquad + z = 2 \end{array}\right\} \quad A^* = \begin{pmatrix} a & 0 & -1 & a \\ 2 & a & 1 & 1 \\ 2 & 0 & 1 & 2 \end{pmatrix}$$

$$\det(A) = \begin{vmatrix} a & 0 & -1 \\ 2 & a & 1 \\ 2 & 0 & 1 \end{vmatrix} = a^2 + 2a$$

$$\det(A) = 0 \Rightarrow a^2 + 2a = 0 \Rightarrow a(a+2) = 0 \begin{cases} a = 0 \\ a = -2 \end{cases}$$

$\boxed{\text{Si } a \neq 0 \wedge a \neq -2} \Rightarrow \det(A) \neq 0 \Rightarrow rg(A) = 3 \Rightarrow rg(A^*) = 3 \Rightarrow$

$\Rightarrow T^{MA} ROUCHÉ \Rightarrow$ Sistema Compatible determinado.

$\boxed{\text{Si } a = 0} \Rightarrow \det(A) = 0 \Rightarrow rg(A) < 3$

$$A^* = \begin{pmatrix} 0 & 0 & -1 & 0 \\ 2 & 0 & 1 & 1 \\ 2 & 0 & 1 & 2 \end{pmatrix}$$

Rango(A):
$\begin{vmatrix} 0 & -1 \\ 2 & 1 \end{vmatrix} = 2 \neq 0 \Rightarrow rg(A) = 2$

Rango(A*):
$\begin{vmatrix} 0 & -1 & 0 \\ 2 & 1 & 1 \\ 2 & 1 & 2 \end{vmatrix} = 2 \neq 0 \Rightarrow rg(A^*) = 3$

$\left.\begin{array}{l} rg(A) = 2 \\ rg(A^*) = 3 \end{array}\right\} \Rightarrow T^{MA} ROUCHÉ \Rightarrow$ Sistema Incompatible.

PÁGINA 1

$\boxed{Si\ a = -2}$ $\Rightarrow det(A) = 0$ $\Rightarrow rg(A) < 3$

$$A^* = \begin{pmatrix} -2 & 0 & -1 & \vdots & -2 \\ 2 & -2 & 1 & \vdots & 1 \\ 2 & 0 & 1 & \vdots & 2 \end{pmatrix}$$

<u>Rango (A):</u>

$\begin{vmatrix} -2 & 0 \\ 2 & -2 \end{vmatrix} = 4 \neq 0 \Rightarrow rg(A) = 2$

<u>Rango (A*):</u>

$\begin{vmatrix} -2 & 0 & -2 \\ 2 & -2 & 1 \\ 2 & 0 & 2 \end{vmatrix} = 0 \Rightarrow rg(A^*) = 2$

$\left.\begin{array}{l} rg(A) = 2 \\ rg(A^*) = 2 \\ n^\circ\ incógnitas = 3 \end{array}\right\} \Rightarrow T^{MA}\ ROUCHÉ \Rightarrow$ Sistema Compatible Indeterminado

$\left.\begin{array}{l} -2x - z = -2 \\ 2x - 2y + z = 1 \end{array}\right\}$ $E_1 + E_2 \Rightarrow -2y = -1 \Rightarrow y = \frac{1}{2}$

$\longrightarrow 2x + z = 2$ $\begin{array}{l} x = \lambda \\ z = 2 - 2\lambda \end{array}$

Las infinitas soluciones del sistema para $a = -2$ vienen dadas por:

$$(x, y, z) = (\lambda,\ \tfrac{1}{2},\ 2 - 2\lambda) \quad \forall \lambda \in \mathbb{R}.$$

c) Para $\boxed{a = -1}$ ya hemos justificado que se tratará de un sistema compatible determinado (por ser $a = -1$ un valor $a \neq 0 \land a \neq -2$). Así, podemos resolver aplicando la regla de Cramer:

$$A^* = \begin{pmatrix} -1 & 0 & -1 & | & -1 \\ 2 & -1 & 1 & | & 1 \\ 2 & 0 & 1 & | & 2 \end{pmatrix} \quad ; \quad det(A) = \begin{vmatrix} -1 & 0 & -1 \\ 2 & -1 & 1 \\ 2 & 0 & 1 \end{vmatrix} = -1$$

$$x = \frac{\begin{vmatrix} -1 & 0 & -1 \\ 1 & -1 & 1 \\ 2 & 0 & 1 \end{vmatrix}}{-1} = \frac{-1}{-1} = 1 \quad ; \quad y = \frac{\begin{vmatrix} -1 & -1 & -1 \\ 2 & 1 & 1 \\ 2 & 2 & 1 \end{vmatrix}}{-1} = \frac{-1}{-1} = 1$$

$$z = \frac{\begin{vmatrix} -1 & 0 & -1 \\ 2 & -1 & 1 \\ 2 & 0 & 2 \end{vmatrix}}{-1} = \frac{0}{-1} = 0 \quad ,$$

La única solución del sistema para $a = -1$ es la dada por $(x, y, z) = (1, 1, 0)$

## PROBLEMA A.2

$$r: \begin{cases} x - 2y + z + 3 = 0 \\ 3x + y - z + 1 = 0 \end{cases} \xrightarrow{E_1 + E_2} 4x - y + 4 = 0 \begin{cases} x = \lambda \\ y = 4 + 4\lambda \end{cases}$$

$$\longrightarrow z = 2y - x - 3 = 8 + 8\lambda - \lambda - 3 = 5 + 7\lambda$$

$$\Rightarrow r: \begin{cases} x = \lambda \\ y = 4 + 4\lambda \\ z = 5 + 7\lambda \end{cases} \begin{array}{l} A \in r \ (0, 4, 5) \\ \vec{V_r} = (1, 4, 7) \end{array}$$

$$s: \begin{cases} x = 1 \\ y = 2\alpha \\ z = -2 + \alpha \end{cases} \begin{array}{l} B \in s \ (1, 0, -2) \\ \vec{V_s} = (0, 2, 1) \end{array}$$

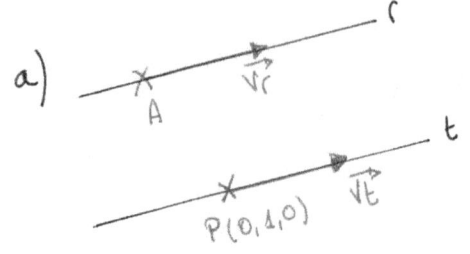

a)

Como $t // r \Rightarrow \vec{V_t} = \vec{V_r}$

$$\Rightarrow t: \begin{cases} x = \beta \\ y = 1 + 4\beta \\ z = 7\beta \end{cases}$$

b)

$$\vec{n_\Pi} = \vec{V_r} \times \vec{V_s} = \begin{vmatrix} \vec{i} & \vec{j} & \vec{k} \\ 1 & 4 & 7 \\ 0 & 2 & 1 \end{vmatrix} = (-10, -1, 2)$$

$\Pi: Ax + By + Cz + D = 0 \Rightarrow \Pi: -10x - y + 2z + D = 0$

Como $A(0,4,5) \in \Pi \longrightarrow -4 + 2 \cdot 5 + D = 0 \Rightarrow D = -6$

$$\Rightarrow \Pi: -10x - y + 2z - 6 = 0$$

c) $\vec{AB} = (1, 0, -2) - (0, 4, 5) = (1, -4, -7)$

$$[\vec{AB}, \vec{V_r}, \vec{V_s}] = \begin{vmatrix} 1 & -4 & -7 \\ 1 & 4 & 7 \\ 0 & 2 & 1 \end{vmatrix} = -20$$

Como $[\vec{AB}, \vec{V_r}, \vec{V_s}] \neq 0$, las rectas r y s se cruzan y su distancia viene dada por:

$$d(r,s) = \frac{|[\vec{AB}, \vec{V_r}, \vec{V_s}]|}{|\vec{V_r} \times \vec{V_s}|} = \frac{20}{\sqrt{10^2 + 1^2 + 2^2}} = \frac{20}{\sqrt{105}} \approx 1'952 \, u.$$

PÁGINA 4

PROBLEMA A.3

$$f(x) = \frac{1}{x^2-5x+6} \quad ; \quad x^2-5x+6 = 0 \begin{cases} x = 2 \\ x = 3 \end{cases}$$

$$\Rightarrow \text{Dom}(f(x)) = \mathbb{R} - \{2, 3\}$$

A. Verticales:

$$\lim_{x \to 2} \frac{1}{x^2-5x+6} = \left[\frac{1}{0}\right] \longrightarrow \begin{cases} \lim_{x \to 2^-} \frac{1}{x^2-5x+6} = +\infty \\ \lim_{x \to 2^+} \frac{1}{x^2-5x+6} = -\infty \end{cases}$$

$$\Rightarrow x = 2 \text{ es A. vertical.}$$

$$\lim_{x \to 3} \frac{1}{x^2-5x+6} = \left[\frac{1}{0}\right] \longrightarrow \begin{cases} \lim_{x \to 3^-} \frac{1}{x^2-5x+6} = -\infty \\ \lim_{x \to 3^+} \frac{1}{x^2-5x+6} = +\infty \end{cases}$$

$$\Rightarrow x = 3 \text{ es A. vertical.}$$

A. Horizontales:

$$\lim_{x \to \infty} \frac{1}{x^2-5x+6} = 0$$

$$\lim_{x \to -\infty} \frac{1}{x^2-5x+6} = 0$$

La recta $y = 0$ es A. Horizontal tanto cuando $x \to \infty$ como cuando $x \to -\infty$, y por tanto no habrá asíntotas oblicuas.

PÁGINA 5

b) $f'(x) = \dfrac{0 \cdot (x^2 - 5x + 6) - 1 \cdot (2x - 5)}{(x^2 - 5x + 6)^2} = \dfrac{5 - 2x}{(x^2 - 5x + 6)^2}$

$f'(x) = 0 \Rightarrow \dfrac{5 - 2x}{(x^2 - 5x + 6)^2} = 0 \Rightarrow 5 - 2x = 0 \Rightarrow x = \dfrac{5}{2}$

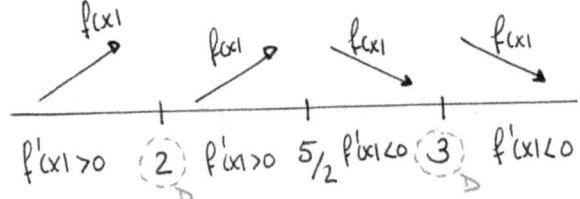

$f'(x) > 0$  ②  $f'(x) > 0$  $\frac{5}{2}$  $f'(x) < 0$  ③  $f'(x) < 0$

Creciente: $(-\infty, 2) \cup (2, \frac{5}{2})$

Decreciente: $(\frac{5}{2}, 3) \cup (3, +\infty)$

Máximo
relativo en $x = \frac{5}{2} \Rightarrow Máx\left(\frac{5}{2}, f(\frac{5}{2})\right) \to Máx\left(\frac{5}{2}, -4\right)$

c) $\displaystyle\int \dfrac{1}{x^2 - 5x + 6} \, dx;$

$\dfrac{1}{x^2 - 5x + 6} = \dfrac{A}{x - 2} + \dfrac{B}{x - 3} = \dfrac{A(x - 3) + B(x - 2)}{(x - 2)(x - 3)}$

$\Rightarrow 1 = A(x - 3) + B(x - 2)$

Si $x = 2 \longrightarrow 1 = -A = A = -1$

Si $x = 3 \longrightarrow 1 = B$

$\displaystyle\int \dfrac{1}{x^2 - 5x + 6} \, dx = \int \dfrac{-1}{x - 2} \, dx + \int \dfrac{1}{x - 3} \, dx =$

$= -\ln|x - 2| + \ln|x - 3| + C$

d)

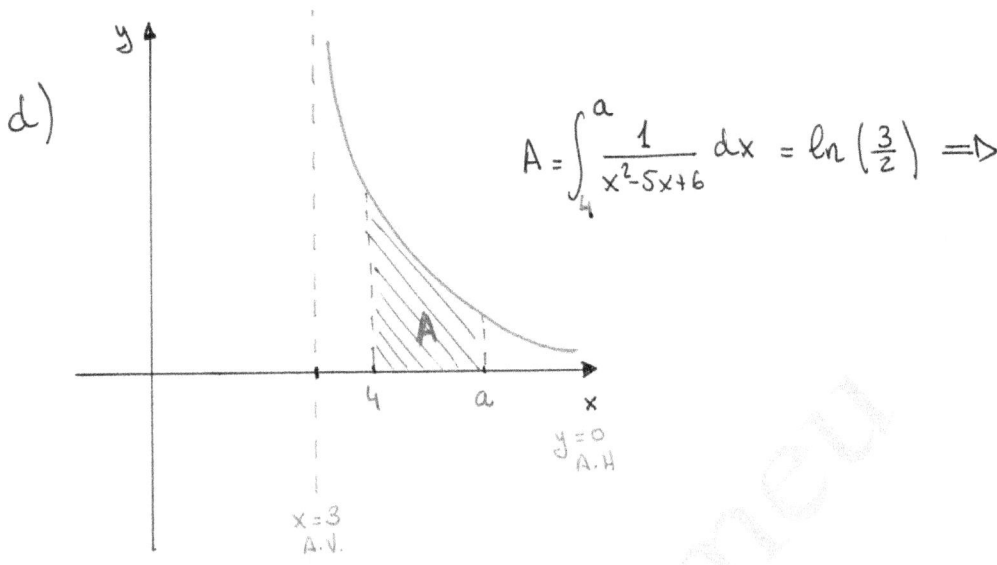

$$A = \int_4^a \frac{1}{x^2 - 5x + 6}\, dx = \ln\left(\frac{3}{2}\right) \Rightarrow$$

$$\Rightarrow \left[\ln(x-3) - \ln(x-2)\right]_4^a = \ln\left(\frac{3}{2}\right) \Rightarrow$$

$$\Rightarrow \left(\ln(a-3) - \ln(a-2)\right) - \left(\ln 1 - \ln 2\right) = \ln\left(\frac{3}{2}\right) \Rightarrow$$

$$\Rightarrow \ln\left(\frac{a-3}{a-2}\right) = \ln\left(\frac{3}{2}\right) - \ln 2 \Rightarrow$$

$$\Rightarrow \ln\left(\frac{a-3}{a-2}\right) = \ln\left(\frac{3}{4}\right) \Rightarrow$$

$$\Rightarrow \frac{a-3}{a-2} = \frac{3}{4} \Rightarrow 4a - 12 = 3a - 6 \Rightarrow a = 6$$

donde hemos utilizado la propiedad $\log x - \log y = \log\left(\frac{x}{y}\right)$

©Juan Bertomeu Ferrer
www.bertoblog.com

PROBLEMA B.1

a) Dado que por definición la matriz inversa $A^{-1}$ de una matriz $A$ es aquella que verifica que $A \cdot A^{-1} = I$, si $A^{-1} = \frac{1}{5} \cdot A^t$, se tendrá que verificar que:

$$A \cdot A^{-1} = I \implies A \cdot \frac{1}{5} \cdot A^t = I \implies A \cdot A^t = 5I$$

Comprobémoslo:

$$A \cdot A^t = \begin{pmatrix} \sqrt{5} & 0 & 0 \\ 0 & 1 & -2 \\ 0 & 2 & 1 \end{pmatrix} \cdot \begin{pmatrix} \sqrt{5} & 0 & 0 \\ 0 & 1 & 2 \\ 0 & -2 & 1 \end{pmatrix} = \begin{pmatrix} 5 & 0 & 0 \\ 0 & 5 & 0 \\ 0 & 0 & 5 \end{pmatrix} = 5I$$

Con lo que efectivamente se verifica que $A^{-1} = \frac{1}{5} \cdot A^t$

b) La matriz $(A - \lambda I)$ no será invertible para aquellos valores de $\lambda$ que hagan $\det(A - \lambda I) = 0$. Así:

$$A - \lambda I = \begin{pmatrix} \sqrt{5} & 0 & 0 \\ 0 & 1 & -2 \\ 0 & 2 & 1 \end{pmatrix} - \begin{pmatrix} \lambda & 0 & 0 \\ 0 & \lambda & 0 \\ 0 & 0 & \lambda \end{pmatrix} = \begin{pmatrix} \sqrt{5}-\lambda & 0 & 0 \\ 0 & 1-\lambda & -2 \\ 0 & 2 & 1-\lambda \end{pmatrix}$$

$$\det(A - \lambda I) = \begin{vmatrix} \sqrt{5}-\lambda & 0 & 0 \\ 0 & 1-\lambda & -2 \\ 0 & 2 & 1-\lambda \end{vmatrix} = (\sqrt{5}-\lambda) \cdot \begin{vmatrix} 1-\lambda & -2 \\ 2 & 1-\lambda \end{vmatrix} =$$

$$= (\sqrt{5}-\lambda)\cdot\left[(1-\lambda)^2+4\right] = (\sqrt{5}-\lambda)\cdot(\lambda^2-2\lambda+5)$$

$$\det(A-\lambda I)=0 \Rightarrow (\sqrt{5}-\lambda)\cdot(\lambda^2-2\lambda+5)=0$$

$$\sqrt{5}-\lambda=0 \Rightarrow \lambda=\sqrt{5}$$

$$\lambda^2-2\lambda+5=0 \Rightarrow \not\exists\,\lambda\in\mathbb{R}$$

$$\Rightarrow \text{La matriz } (A-\lambda I) \text{ no es invertible si } \lambda=\sqrt{5}$$

c) $\left.\begin{array}{l} B^{-1}=B^t \\[4pt] \det(B)>0 \end{array}\right\}$ $\det(B^{-1})=\det(B^t) \Rightarrow$

$$\Rightarrow \frac{1}{\det(B)}=\det(B) \Rightarrow \left[\det(B)\right]^2=1 \Rightarrow \det(B)=1$$

donde hemos utilizado las propiedades de los determinantes:

i) $\det(B^{-1})=\dfrac{1}{\det(B)}$

ii) $\det(B^t)=\det(B)$

{PROBLEMA B2}

a)

$\vec{n}_\sigma = \vec{AB}\times\vec{AC}$

$$\vec{AB}=(0,2,0)-(1,0,0)=(-1,2,0)$$

$$\vec{AC}=(0,0,3)-(1,0,0)=(-1,0,3)$$

$$\vec{n}_\sigma=\vec{AB}\times\vec{AC}=\begin{vmatrix} \vec{i} & \vec{j} & \vec{k} \\ -1 & 2 & 0 \\ -1 & 0 & 3 \end{vmatrix}=(6,3,2)$$

$$\sigma: Ax+By+Cz+D=0 \Rightarrow \sigma: 6x+3y+2z+D=0$$

Como $A(1,0,0) \in \sigma \Rightarrow 6 + D = 0 \Rightarrow D = -6$

$$\Rightarrow \sigma: 6x + 3y + 2z - 6 = 0$$

Podemos estudiar la posición relativa entre $\pi$ y $\sigma$ mirando la proporcionalidad entre los coeficientes de sus ecuaciones. Así:

$$\frac{6}{6} = \frac{3}{3} = \frac{2}{2} \neq \frac{-12}{-6} \Rightarrow \text{los planos } \pi \text{ y } \sigma \text{ son paralelos.}$$

b) El área del triángulo $\widehat{ABC}$ viene dada por:

$$\text{Área} = \frac{1}{2} |\vec{AB} \times \vec{AC}| = \frac{1}{2} \sqrt{6^2 + 3^2 + 2^2} = \frac{7}{2} u^2$$

c) Un punto $P$ cualquiera del plano $\pi: 6x + 3y + 2z - 12 = 0$ lo podemos obtener dando valores a un par de variables:

$$\left.\begin{array}{c} x = 0 \\ y = 0 \end{array}\right\} \Rightarrow 6x + 3y + 2z - 12 = 0 \Rightarrow z = 6 \Rightarrow P(0,0,6) \in \pi$$

El volumen pedido:

$$\vec{AP} = (0,0,6) - (1,0,0) = (-1,0,6)$$

$$V = \frac{1}{6} \cdot |[\vec{AP}, \vec{AB}, \vec{AC}]| = \frac{1}{6} \cdot \left| \begin{vmatrix} -1 & 0 & 6 \\ -1 & 2 & 0 \\ -1 & 0 & 3 \end{vmatrix} \right| =$$

$$= \frac{1}{6} \cdot 6 = 1 u^3$$

PÁGINA 10

Aclarar que el punto P considerado del plano π no modificaría el valor del volumen obtenido. La altura del tetraedro es la distancia entre los planos π y σ, y ésta es independiente del punto P∈π que se considere.

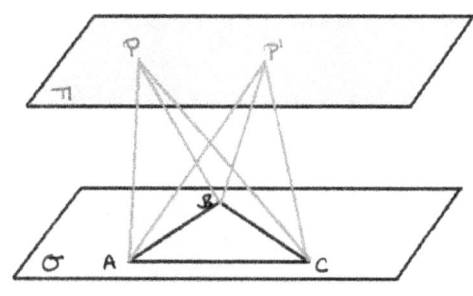

$$d(P,\sigma) = d(P',\sigma) = d(\pi,\sigma)$$

{PROBLEMA B3:}

a) Ingresos = Toneladas Baja calidad · Precio por tonelada baja + Toneladas Alta calidad · Precio por tonelada alta

$$I(x,y) = 300x + 900y \implies$$

$$\implies I(x) = 300x + 900 \cdot \left(\frac{23 - 5x}{10 - x}\right) \quad \text{con} \quad 0 < x < \frac{23}{5}$$

$$\implies I(x) = \frac{300x(10-x) + 20700 - 4500x}{10-x} = \frac{-300x^2 - 1500x + 20700}{10-x}$$

$$\implies I(x) = \frac{300x^2 + 1500x - 20700}{x - 10} \quad \text{con} \quad 0 < x < \frac{23}{5}$$

b) $I'(x) = \dfrac{(600x+1500)(x-10) - (300x^2+1500x-20700)\cdot 1}{(x-10)^2} =$

$= \dfrac{600x^2 - 6000x + 1500x - 15000 - 300x^2 - 1500x + 20700}{(x-10)^2} =$

$= \dfrac{300x^2 - 6000x + 5700}{(x-10)^2} \quad \text{con} \quad 0 < x < \dfrac{23}{5}$

$I'(x) = 0 \longrightarrow 300x^2 - 6000x + 5700 = 0 \begin{cases} x = 1 \\ x = 19 \;(\text{No sirve!!}) \end{cases}$

$\text{Debe ser } 0 < x < \dfrac{23}{5}$

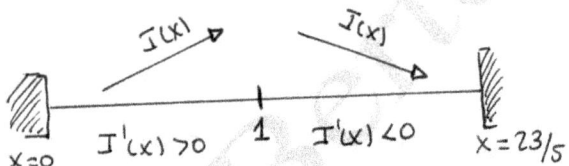

El ingreso es máximo cuando se venden $x=1$ toneladas de acero de baja calidad e $y = \dfrac{23-5}{10-1} = 2$ toneladas de acero de alta calidad.

El ingreso máximo será:

$I(1,2) = 300\cdot 1 + 900\cdot 2 = 2100$ euros.

**Problema A.1.** Se da el sistema $\begin{cases} x + y + 2z = 2 \\ -3x + 2y + 3z = -2, \\ 2x + \alpha y - 5z = -4 \end{cases}$ donde $\alpha$ es un parámetro real. Obtener

**razonadamente**, **escribiendo todos los pasos del razonamiento utilizado**:

a) La solución del sistema cuando $\alpha = 0$. (3 *puntos*)

b) El valor del parámetro $\alpha$ para el que el sistema es incompatible. (3 *puntos*)

c) Los valores del parámetro $\alpha$ para los que el sistema es compatible y determinado (2 *puntos*)
   y obtener la solución del sistema en función del parámetro $\alpha$. (2 *puntos*)

**Problema A.2.** Se dan los puntos $A = (0, 0, 1)$, $B = (1, 0, -1)$, $C = (0, 1, -2)$ y $D = (1, 2, 0)$.

Obtener **razonadamente**, **escribiendo todos los pasos del razonamiento utilizado**:

a) La ecuación del plano $\pi$ que contiene a los puntos $A$, $B$ y $C$. (3 *puntos*)

b) La justificación de que los cuatro puntos $A$, $B$, $C$ y $D$, no son coplanarios. (2 *puntos*)

c) La distancia del punto $D$ al plano $\pi$, (2 *puntos*)
   y el volumen del tetraedro cuyos vértices son $A$, $B$, $C$ y $D$. (3 *puntos*)

**Problema A.3.** Se da la función $f$ definida por $f(x) = x^2 + |x|$, donde $x$ es un número real cualquiera y $|x|$ representa al valor absoluto de $x$. Obtener **razonadamente**, **escribiendo todos los pasos del razonamiento utilizado**:

a) El punto o puntos donde la gráfica de la función $f$ corta a los ejes de coordenadas. (2 *puntos*)

b) La justificación de que la curva $y = f(x)$ es simétrica respecto al eje de ordenadas. (1 *puntos*)

c) Los intervalos de crecimiento y de decrecimiento de la función $f$, (2 *puntos*)
   y el extremo relativo de la función $f$, justificando si es máximo o mínimo relativo. (1 *puntos*)

d) La representación gráfica de dicha curva $y = f(x)$. (1 *puntos*)

e) Las integrales definidas $\int_{-1}^{0} f(x)dx$ y $\int_{0}^{2} f(x)dx$. (1,5 + 1,5 *puntos*)

## OPCIÓN B

**Problema B.1.** Se dan las matrices $A = \begin{pmatrix} 1 & 1 & -1 \\ 1 & 2 & 1 \\ 0 & 1 & 1 \end{pmatrix}$, $B = \begin{pmatrix} 0 & 1 & -1 \\ 2 & 1 & 2 \\ 1 & 0 & -1 \end{pmatrix}$ e $I = \begin{pmatrix} 1 & 0 & 0 \\ 0 & 1 & 0 \\ 0 & 0 & 1 \end{pmatrix}$.

Obtener **razonadamente**, **escribiendo todos los pasos del razonamiento utilizado**:

a)  El determinante de las matrices $A \cdot (2(B)^2)$                                                 *(1,5 puntos)*

    y  $A \cdot (2(B)^2) \cdot (3A)^{-1}$.                                                     *(1,5 puntos)*

b)  Las matrices $A^{-1}$                                                                 *(2 puntos)*

    y  $((B \cdot A)^{-1} \cdot B)^{-1}$.                                                      *(2 puntos)*

c)  La solución de la ecuación matricial $A \cdot X + B \cdot X = 3I$.                        *(3 puntos)*

**Problema B.2.** Se dan los planos $\pi : x + y + z = 1$ y $\sigma : ax + by + z = 0$, donde $a$ y $b$ son dos parámetros reales.

Obtener **razonadamente**, **escribiendo todos los pasos del razonamiento utilizado**:

a)  Los valores de $a$ y $b$ para los que el plano $\sigma$ pasa por el punto $(1, 2, 3)$ y, además, dicho
plano $\sigma$ es perpendicular al plano $\pi$.                                      *(3 puntos)*

b)  Los valores de $a$ y $b$ para los cuales sucede que el plano $\sigma$ pasa por el punto $(0, 1, 1)$ y
la distancia del punto $(1, 0, 1)$ al plano $\sigma$ es 1.                          *(3 puntos)*

c)  Los valores de $a$ y $b$ para los que la intersección de los planos $\pi$ y $\sigma$ es la recta $r$ para la
que el vector $(3, 2, -5)$ es un vector director de dicha recta $r$,                 *(3 puntos)*
y  obtener las coordenadas de un punto cualquiera de la recta $r$.           *(1 punto)*

**Problema B.3.** La diferencia de potencial $x$ entre dos puntos de un circuito eléctrico provoca el paso de una corriente eléctrica de intensidad $y$, que está relacionada con la diferencia de potencial $x$ por la ecuación $y = -x^2 - x + 6$, siendo $0 \le x \le 2$.

Obtener **razonadamente**, **escribiendo todos los pasos del razonamiento utilizado**:

a)  La gráfica de la función $f(x) = -x^2 - x + 6$                                   *(3 puntos)*
y deducir, gráfica o analíticamente, el valor de la intensidad $y$ cuando la diferencia de
potencial $x$ es 0 y el valor de la diferencia de potencial $x$ al que corresponde una intensidad
$y$ igual a 0, siendo $0 \le x \le 2$.                                            *(1 punto)*

b)  El valor de la diferencia de potencial $x$ para el que es máximo el producto $y \cdot x$ de la
intensidad $y$ por la diferencia de potencial $x$, cuando $0 \le x \le 2$,            *(2 puntos)*
y obtener el valor máximo de dicho producto $y \cdot x$, cuando $0 \le x \le 2$.        *(1 punto)*

c)  El área de la superficie situada en el primer cuadrante limitada por la curva $y = f(x)$,
el eje de abscisas y el eje de ordenadas.                                     *(3 puntos)*

## OPCIÓN A

### PROBLEMA A.1

$$\left. \begin{array}{l} x + y + 2z = 2 \\ -3x + 2y + 3z = -2 \\ 2x + \alpha \cdot y - 5z = -4 \end{array} \right\} \qquad A^* = \begin{pmatrix} 1 & 1 & 2 & \vdots & 2 \\ -3 & 2 & 3 & \vdots & -2 \\ 2 & \alpha & -5 & \vdots & -4 \end{pmatrix}$$

$$\det(A) = \begin{vmatrix} 1 & 1 & 2 \\ -3 & 2 & 3 \\ 2 & \alpha & -5 \end{vmatrix} = -9\alpha - 27$$

$$\det(A) = 0 \implies -9\alpha - 27 = 0 \implies \alpha = \frac{27}{-9} = -3$$

Si $\alpha \neq -3$ $\longrightarrow$ $\det(A) \neq 0 \implies rg(A) = 3 \implies rg(A^*) = 3 \implies$

$\implies T^{ma}$ ROUCHÉ $\implies$ Sistema Compatible Determinado. Cramer:

$$x = \frac{\begin{vmatrix} 2 & 1 & 2 \\ -2 & 2 & 3 \\ -4 & \alpha & -5 \end{vmatrix}}{-9\alpha - 27} = \frac{-10\alpha - 26}{-9\alpha - 27} = \frac{10\alpha + 26}{9\alpha + 27}$$

$$y = \frac{\begin{vmatrix} 1 & 2 & 2 \\ -3 & -2 & 3 \\ 2 & -4 & -5 \end{vmatrix}}{-9\alpha - 27} = \frac{36}{-9\alpha - 27} = \frac{36}{-9(\alpha + 3)} = \frac{-4}{\alpha + 3}$$

PÁGINA 1

$$z = \frac{\begin{vmatrix} 1 & 1 & 2 \\ -3 & 2 & -2 \\ 2 & \alpha & -4 \end{vmatrix}}{-9\alpha - 27} = \frac{-4\alpha - 32}{-9\alpha - 27} = \frac{4\alpha + 32}{9\alpha + 27}$$

En concreto, la solución del sistema para $\alpha = 0$

será $(x, y, z) = \left( \dfrac{26}{27}, \dfrac{-4}{3}, \dfrac{32}{27} \right)$

* Hemos resuelto el apartado a) y c) simultáneamente

$\boxed{\text{Si } \alpha = -3} \longrightarrow det(A) = 0 \Rightarrow rg(A) < 3$

Rango (A):

$A^* = \begin{pmatrix} 1 & 1 & 2 & | & 2 \\ -3 & 2 & 3 & | & -2 \\ 2 & -3 & -5 & | & -4 \end{pmatrix}$

$\begin{vmatrix} 1 & 1 \\ -3 & 2 \end{vmatrix} = 5 \neq 0 \Rightarrow rg(A) = 2$

Rango (A*):

$\begin{vmatrix} 1 & 1 & 2 \\ -3 & 2 & -2 \\ 2 & -3 & -4 \end{vmatrix} = -20 \neq 0 \Rightarrow$

$\Rightarrow rg(A^*) = 3$

Como $rg(A) \neq rg(A^*) \Rightarrow T^{ma}$ ROUCHÉ $\Rightarrow$ Sistema Incompatible.

PROBLEMA A.2

a)

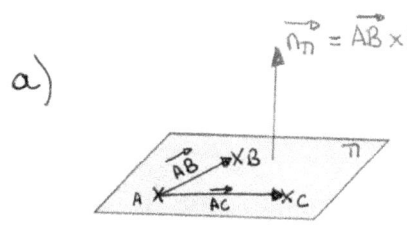

$$\vec{n_\pi} = \vec{AB} \times \vec{AC}$$

$$\vec{AB} = (1,0,-1) - (0,0,1) = (1,0,-2)$$

$$\vec{AC} = (0,1,2) - (0,0,1) = (0,1,-3)$$

$$\vec{AB} \times \vec{AC} = \begin{vmatrix} \vec{i} & \vec{j} & \vec{k} \\ 1 & 0 & -2 \\ 0 & 1 & -3 \end{vmatrix} = (2,3,1) = \vec{n_\pi}$$

$\pi: Ax + By + Cz + D \implies \pi: 2x + 3y + z + D = 0$

Como $A(0,0,1) \in \pi \implies 2 \cdot 0 + 3 \cdot 0 + 1 + D = 0 \implies D = -1$

$$\implies \pi: 2x + 3y + z - 1 = 0$$

b) La condición de coplanareidad de 4 puntos $A, B, C,$ y $D$ viene dada porque el producto mixto $[\vec{AB}, \vec{AC}, \vec{AD}]$ sea nulo

$$\vec{AD} = (1,2,0) - (0,0,1) = (1,2,-1)$$

$$\implies [\vec{AB}, \vec{AC}, \vec{AD}] = \begin{vmatrix} 1 & 0 & -2 \\ 0 & 1 & -3 \\ 1 & 2 & -1 \end{vmatrix} = 7 \neq 0 \implies$$

$\implies$ Los puntos $A, B, C$ y $D$ NO son coplanarios.

* También hubiéramos podido comprobar que el punto $D$ no verificaba la ecuación del plano $\pi$.

PÁGINA 3

c)

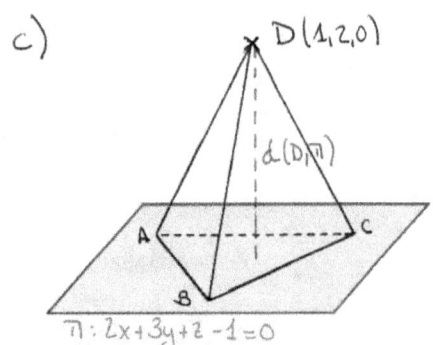

$$d(D,\pi) = \frac{|Ax_0 + By_0 + Cz_0 + D|}{\sqrt{A^2+B^2+C^2}} =$$

$$= \frac{|2 \cdot 1 + 3 \cdot 2 - 1|}{\sqrt{2^2+3^2+1^2}} = \frac{7}{\sqrt{14}} \approx 1'87 \, u.$$

Y el volumen pedido viene dado por:

$$V = \frac{1}{6} \cdot \left| [\vec{AB}, \vec{AC}, \vec{AD}] \right| = \frac{1}{6} \cdot 7 = \frac{7}{6} \, u^3$$

PROBLEMA A.3

$$f(x) = x^2 + |x| = \begin{cases} x^2 - x & \text{si } x < 0 \\ \\ x^2 + x & \text{si } x \geq 0 \end{cases}$$

a) Puntos de corte con el eje X : $f(x) = 0$

Si $x < 0$ → $x^2 - x = 0$  → $x = 0$ ⎫ No sirve ninguna
                    $x(x-1) = 0$ → $x = 1$ ⎭ solución pues deben ser
                                                    $x < 0$

Si $x \geq 0$ → $x^2 + x = 0$  → $x = 0$ → $PC(0,0)$
                    $x(x+1) = 0$  → $x = -1$ → No sirve, pues
                                                    debe ser $x \geq 0$

⟹ El único punto de corte con los ejes es $PC(0,0)$

b) Una función se llama simétrica respecto al eje de ordenadas o par si se verifica que $f(x) = f(-x)$ En este caso es fácil ver que:

$$f(x) = x^2 + |x|$$

$$f(-x) = (-x)^2 + |(-x)| = x^2 + |x| = f(x)$$

$\Rightarrow$ Como $f(x) = f(-x)$, la función es simétrica respecto al eje de ordenadas.

c) $\underline{Si\ x < 0} \longrightarrow f(x) = x^2 - x \Rightarrow f'(x) = 2x - 1$

$\qquad f'(x) = 0 \longrightarrow 2x - 1 = 0 \Rightarrow x = \frac{1}{2} \longrightarrow$ No sirve, pues debe ser $x < 0$

$\underline{Si\ x > 0} \longrightarrow f(x) = x^2 + x \Rightarrow f'(x) = 2x + 1$

$\qquad f'(x) = 0 \longrightarrow 2x + 1 = 0 \Rightarrow x = -\frac{1}{2} \longrightarrow$ No sirve, pues debe ser $x > 0$

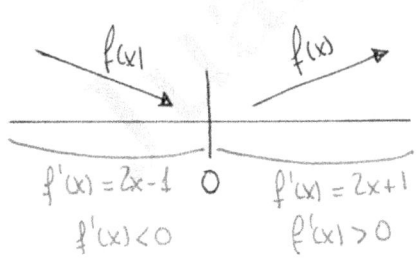

$f(x) \qquad\qquad f(x)$

$f'(x) = 2x - 1 \quad 0 \quad f'(x) = 2x + 1$
$f'(x) < 0 \qquad\quad f'(x) > 0$

Creciente: $(0, +\infty)$

Decreciente: $(-\infty, 0)$

Mínimo en $x = 0 \Rightarrow$ Min $(0,0)$
relativo
(y también es el mínimo absoluto)

d) $f(x) = x^2 + |x| = \begin{cases} x^2 - x & \text{si } x < 0 \\ x^2 + x & \text{si } x \geqslant 0 \end{cases}$

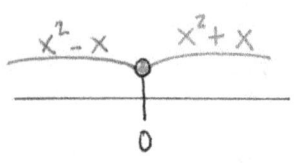

| $x$ | $f(x) = x^2 - x$ |
|-----|------------------|
| -4  | 20               |
| -3  | 12               |
| -2  | 6                |
| -1  | 2                |
| 0   | 0  NO            |

| $x$ | $f(x) = x^2 + x$ |
|-----|------------------|
| 0   | 0  SI            |
| 1   | 2                |
| 2   | 6                |
| 3   | 12               |

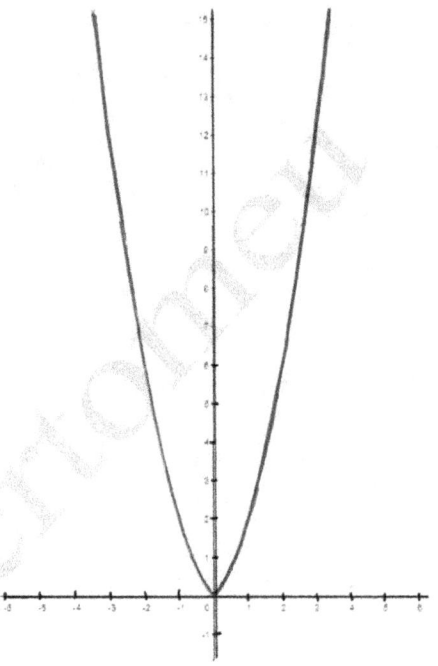

e) $\displaystyle\int_{-1}^{0} f(x)\,dx = \int_{-1}^{0} (x^2 - x)\,dx = \left[\frac{x^3}{3} - \frac{x^2}{2}\right]_{-1}^{0} = 0 - \left(-\frac{1}{3} - \frac{1}{2}\right) = \frac{5}{6}$

$\displaystyle\int_{0}^{2} f(x)\,dx = \int_{0}^{2} (x^2 + x)\,dx = \left[\frac{x^3}{3} + \frac{x^2}{2}\right]_{0}^{2} = \left(\frac{8}{3} + 2\right) - 0 = \frac{14}{3}$

PÁGINA 6

{PROBLEMA B1}

$$A = \begin{pmatrix} 1 & 1 & -1 \\ 1 & 2 & 1 \\ 0 & 1 & 1 \end{pmatrix} \; ; \; \det(A) = \begin{vmatrix} 1 & 1 & -1 \\ 1 & 2 & 1 \\ 0 & 1 & 1 \end{vmatrix} = -1$$

$$B = \begin{pmatrix} 0 & 1 & -1 \\ 2 & 1 & 2 \\ 1 & 0 & -1 \end{pmatrix} \; ; \; \det(B) = \begin{vmatrix} 0 & 1 & -1 \\ 2 & 1 & 2 \\ 1 & 0 & -1 \end{vmatrix} = 5$$

a) $\det\left(A \cdot (2(B)^2)\right) = \det(A) \cdot \det\left(2(B)^2\right) = \det(A) \cdot 2^3 \cdot \det(B^2) =$

$$= \det(A) \cdot 2^3 \cdot \left[\det(B)\right]^2 = -1 \cdot 8 \cdot 5^2 = -200$$

$\det\left[A \cdot (2(B)^2) \cdot (3A)^{-1}\right] = \det\left(A \cdot (2(B)^2)\right) \cdot \det\left((3A)^{-1}\right) =$

$$= -200 \cdot \frac{1}{\det(3A)} = \frac{-200}{3^3 \cdot \det(A)} = \frac{-200}{27 \cdot (-1)} = \frac{200}{27}$$

donde hemos utilizado las propiedades:

$$\det(X \cdot Y) = \det(X) \cdot \det(Y)$$

$$\det(K \cdot X) = K^n \cdot \det(X), \; K \in \mathbb{R} \; y \; X \in \mathbb{R}^{n \times n}$$

$$\det(X^n) = \left[\det(X)\right]^n$$

$$\det(X^{-1}) = \frac{1}{\det(X)}$$

b) $A^{-1} = \dfrac{1}{\det(A)} \cdot \left[ \text{Adj}(A) \right]^t$ ; $\det(A) = -1$

$$\text{Adj}(A) = \begin{pmatrix} \begin{vmatrix} 2 & 1 \\ 1 & 1 \end{vmatrix} & -\begin{vmatrix} 1 & 1 \\ 0 & 1 \end{vmatrix} & \begin{vmatrix} 1 & 2 \\ 0 & 1 \end{vmatrix} \\[6pt] -\begin{vmatrix} 1 & -1 \\ 1 & 1 \end{vmatrix} & \begin{vmatrix} 1 & -1 \\ 0 & 1 \end{vmatrix} & -\begin{vmatrix} 1 & 1 \\ 0 & 1 \end{vmatrix} \\[6pt] \begin{vmatrix} 1 & -1 \\ 2 & 1 \end{vmatrix} & -\begin{vmatrix} 1 & -1 \\ 1 & 1 \end{vmatrix} & \begin{vmatrix} 1 & 1 \\ 1 & 2 \end{vmatrix} \end{pmatrix} = \begin{pmatrix} 1 & -1 & 1 \\ -2 & 1 & -1 \\ 3 & -2 & 1 \end{pmatrix}$$

$$\left[ \text{Adj}(A) \right]^t = \begin{pmatrix} 1 & -2 & 3 \\ -1 & 1 & -2 \\ 1 & -1 & 1 \end{pmatrix} \implies A^{-1} = \begin{pmatrix} -1 & 2 & -3 \\ 1 & -1 & 2 \\ -1 & 1 & -1 \end{pmatrix}$$

$$\left( (BA)^{-1} \cdot B \right)^{-1} = B^{-1} \cdot \left( (BA)^{-1} \right)^{-1} = B^{-1} \cdot B \cdot A = I \cdot A = A$$

donde se ha utilizado la definición de matriz inversa

$X \cdot X^{-1} = X^{-1} \cdot X = I$ y las propiedades dadas por:

$$\left( X \cdot Y \right)^{-1} = Y^{-1} \cdot X^{-1}$$

$$\left( X^{-1} \right)^{-1} = X$$

c) $AX + BX = 3I \implies (A+B)X = 3I \implies$

$\implies \underbrace{(A+B)^{-1} \cdot (A+B)}_{I} \cdot X = (A+B)^{-1} \cdot (3I) \implies X = (A+B)^{-1} \cdot (3I)$

$$A + B = \begin{pmatrix} 1 & 1 & -1 \\ 1 & 2 & 1 \\ 0 & 1 & 1 \end{pmatrix} + \begin{pmatrix} 0 & 1 & -1 \\ 2 & 1 & 2 \\ 1 & 0 & -1 \end{pmatrix} = \begin{pmatrix} 1 & 2 & -2 \\ 3 & 3 & 3 \\ 1 & 1 & 0 \end{pmatrix}$$

$$\det(A+B) = \begin{vmatrix} 1 & 2 & -2 \\ 3 & 3 & 3 \\ 1 & 1 & 0 \end{vmatrix} = 3 \quad ; \quad \text{Adj}(A+B) = \begin{pmatrix} -3 & 3 & 0 \\ -2 & 2 & 1 \\ 12 & -9 & -3 \end{pmatrix}$$

$$\left[\text{Adj}(A+B)\right]^t = \begin{pmatrix} -3 & -2 & 12 \\ 3 & 2 & -9 \\ 0 & 1 & -3 \end{pmatrix} \quad ; \quad (A+B)^{-1} = \frac{1}{3}\begin{pmatrix} -3 & -2 & 12 \\ 3 & 2 & -9 \\ 0 & 1 & -3 \end{pmatrix}$$

$$\Rightarrow X = (A+B)^{-1} \cdot (3I) = \frac{1}{\cancel{3}} \cdot \begin{pmatrix} -3 & -2 & 12 \\ 3 & 2 & -9 \\ 0 & 1 & -3 \end{pmatrix} \cdot \cancel{3}I = \begin{pmatrix} -3 & -2 & 12 \\ 3 & 2 & -9 \\ 0 & 1 & -3 \end{pmatrix}$$

## PROBLEMA B.2

a)

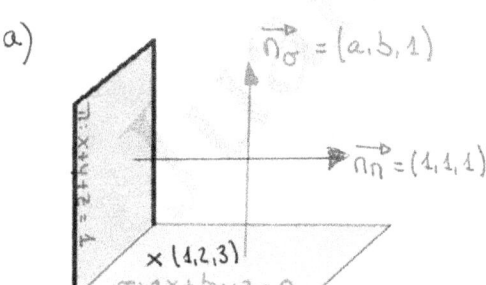

Como $\pi \perp \sigma \Rightarrow \vec{n_\pi} \perp \vec{n_\sigma}$

$$\Rightarrow \vec{n_\pi} \cdot \vec{n_\sigma} = 0$$

$$\vec{n_\pi} \cdot \vec{n_\sigma} = 0 \Rightarrow (1,1,1) \cdot (a,b,1) = 0 \Rightarrow a + b + 1 = 0 \Biggr\}$$

$$(1,2,3) \in \sigma \Rightarrow a \cdot 1 + b \cdot 2 + 3 = 0 \Rightarrow a + 2b + 3 = 0 \Biggr\} \Rightarrow$$

$\Rightarrow E_2 - E_1 \Rightarrow b + 2 = 0 \Rightarrow b = -2$  y  $a = 1$

b)

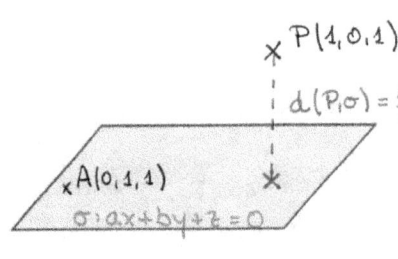

$$d(P, \sigma) = \frac{|Ax_0 + By_0 + Cz_0 + D|}{\sqrt{A^2 + B^2 + C^2}}$$

$$\Rightarrow 1 = \frac{|1 \cdot a + 0 \cdot b + 1|}{\sqrt{a^2 + b^2 + 1}} \Rightarrow$$

$$\Rightarrow |a + 1| = \sqrt{a^2 + b^2 + 1}$$

Por otro lado, como $A(0,1,1) \in \sigma \Rightarrow a \cdot 0 + b \cdot 1 + 1 = 0 \Rightarrow b = -1$

y por tanto:

$$|a + 1| = \sqrt{a^2 + 2} \Rightarrow (a+1)^2 = \left(\sqrt{a^2 + 2}\right)^2 \Rightarrow$$

$$\Rightarrow a^2 + 2a + 1 = a^2 + 2 \Rightarrow a = 1/2$$

c)

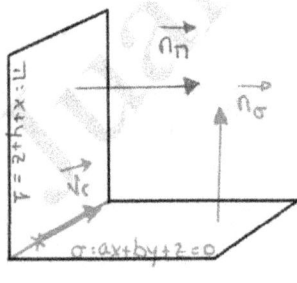

Un vector director de la recta puede venir dado por $\vec{V_r} = \vec{n_\pi} \times \vec{n_\sigma}$

$$\vec{n_\pi} \times \vec{n_\sigma} = \begin{vmatrix} \vec{i} & \vec{j} & \vec{k} \\ 1 & 1 & 1 \\ a & b & 1 \end{vmatrix} = (1-b, a-1, b-a)$$

$$\Rightarrow (3, 2, -5) = (1-b, a-1, b-a) \begin{cases} 1-b = 3 \Rightarrow b = -2 \\ a-1 = 2 \Rightarrow a = 3 \\ \text{Efectivamente } b-a = -5 \end{cases}$$

PÁGINA 10

$r: \begin{cases} x+y+z=1 \\ 3x-2y+z=0 \end{cases} \Rightarrow$ Tomamos $\quad x=0 \quad$ (por ejemplo) $\quad \Rightarrow \begin{cases} y+z=1 \\ -2y+z=0 \end{cases}$

$\Rightarrow E_1-E_2 \Rightarrow 3y=1 \Rightarrow y=\dfrac{1}{3} \Rightarrow z=\dfrac{2}{3}$

$\Rightarrow$ Un punto será (por ejemplo) el $Q\left(0, \frac{1}{3}, \frac{2}{3}\right)$

## PROBLEMA B3

a) $y=-x^2-x+6 \longrightarrow$ Parábola convexa $(a<0)$

Puntos de corte con eje X $\Rightarrow -x^2-x+6=0 \begin{cases} x=-3 \Rightarrow PC(-3,0) \\ x=2 \Rightarrow PC(2,0) \end{cases}$

Puntos de corte con eje Y $\Rightarrow f(0)=6 \Rightarrow PC(0,6)$

Vértice: $x_V=\dfrac{-b}{2a}=\dfrac{-1}{2}$ ; $y_V=f(-\frac{1}{2})=6'25 \Rightarrow V\left(-\frac{1}{2}, 6'25\right)$

| $x$ | $f(x)=-x^2-x+6$ |
|-----|-----------------|
| $-4$ | $-6$ |
| $-3$ | $0$ |
| $-2$ | $4$ |
| $-1$ | $6$ |
| $0$ | $6$ |
| $1$ | $4$ |
| $2$ | $0$ |
| $3$ | $-6$ |

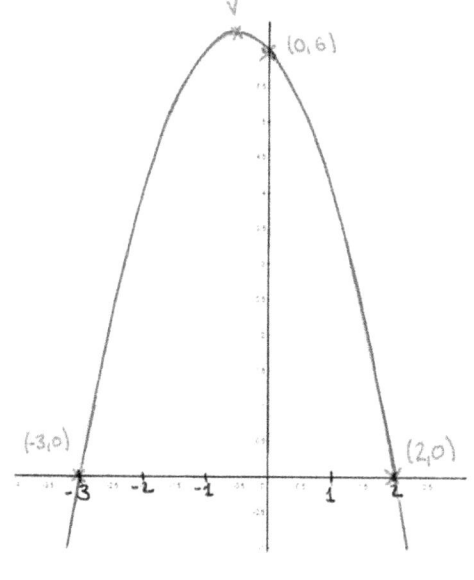

PÁGINA 11

donde además ya hemos justificado analítica y gráficamente que:

$$y(x=0) = 6$$

$$-x^2 - x + 6 = 0 \Rightarrow x = 2 \quad \text{(que es la única solución}$$
$$\text{válida, pues debe ser}$$
$$0 \leq x \leq 2\text{)}$$

b) $P(x) = y \cdot x = (-x^2 - x + 6) \cdot x = -x^3 - x^2 + 6x \quad$ con $0 \leq x \leq 2$

$$P'(x) = -3x^2 - 2x + 6$$

$$P'(x) = 0 \Rightarrow -3x^2 - 2x + 6 = 0 \begin{cases} x = -1'78 \\ x = 1'119633 \end{cases}$$

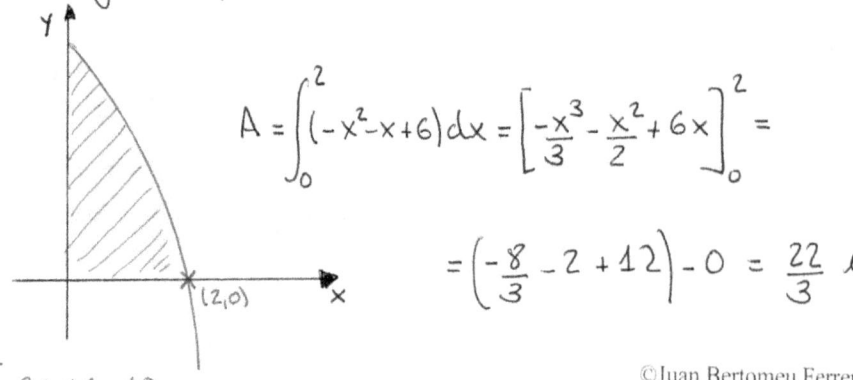

El valor máximo del producto $y \cdot x$ se alcanza para una diferencia de potencial $x = 1'119633$, siendo dicho producto máximo:

$$P_{máx} = -(1'119633)^3 - (1'119633)^2 + 6 \cdot (1'119633) = 4'0607$$

c) Tal y como ya hemos visto:

$$A = \int_0^2 (-x^2 - x + 6)\,dx = \left[ -\frac{x^3}{3} - \frac{x^2}{2} + 6x \right]_0^2 =$$

$$= \left( -\frac{8}{3} - 2 + 12 \right) - 0 = \frac{22}{3} \, u^2$$

PÁGINA 12

**Problema A.1.** Se da el sistema de ecuaciones $\begin{cases} -x + ay + 2z = a \\ 2x + ay - z = 2 \\ ax - y + 2z = a \end{cases}$, dependiente del parámetro real $a$.

Obtener **razonadamente**, **escribiendo todos los pasos del razonamiento utilizado**:
  a)  La solución del sistema cuando $a = 2$.                                    (3 *puntos*)
  b)  Los valores del parámetro $a$ para los que el sistema es compatible y determinado.    (3 *puntos*)
  c)  El valor del parámetro $a$ para el que el sistema es compatible e indeterminado
      y obtener todas las soluciones del sistema para ese valor de $a$.          (2+2 *puntos*)


**Problema A.2.** Se dan el punto $P = (1, 1, 1)$, la recta $r: \begin{cases} x + y - z + 1 = 0 \\ x + 2y - z - 1 = 0 \end{cases}$ y el plano

$\pi: x + y + z = 1$. Obtener **razonadamente**, **escribiendo todos los pasos del razonamiento utilizado**, las ecuaciones de:
  a)  El plano que contiene al punto $P$ y a la recta $r$.                        (2 *puntos*)
  b)  La recta $s$ que pasa por el punto $P$ y es perpendicular al plano $\pi$, la distancia del punto
      $P$ al plano $\pi$ y el punto de intersección de la recta $s$ con el plano $\pi$.    (2+2+2 *puntos*)
  c)  El plano $\sigma$ que contiene a la recta $r$ y es perpendicular al plano $\pi$.    (2 *puntos*)


**Problema A.3.** Se desea unir un punto $M$ situado en un lado de una calle, de 6 m. de anchura, con el punto $N$ situado en el otro lado de la calle, 18 m. más abajo, mediante dos cables rectos, uno desde $M$ hasta un punto $P$, situado al otro lado de la calle, y otro desde el punto $P$ hasta el punto $N$. Se representó la calle en un sistema cartesiano y resultó que $M = (0, 6)$, $P = (x, 0)$ y $N = (18, 0)$. El cable $MP$ tiene que ser más grueso debido a que cruza la calle sin apoyos intermedios, siendo su precio de 10 €/m. El precio del cable PN es de 5 €/m.

Obtener **razonadamente**, **escribiendo todos los pasos del razonamiento utilizado**:

  a)  El costo total $C$ de los dos cables en función de la abscisa $x$ del punto $P$, cuando $0 \le x \le 18$.   (3 *puntos*)
  b)  El valor de $x$, con $0 \le x \le 18$, para el que el costo total $C$ es mínimo.   (4 *puntos*)
  c)  El valor de dicho costo total mínimo.                                       (3 *puntos*)

# OPCIÓN B

**Problema B.1.** Obtener **razonadamente**, **escribiendo todos los pasos del razonamiento utilizado**:

a)  La comprobación de que $C^2 = 2C - I$, siendo $C = \begin{pmatrix} 5 & -4 & 2 \\ 2 & -1 & 1 \\ -4 & 4 & -1 \end{pmatrix}$ e $I$ la matriz identidad de orden

    $3 \times 3$,                                                                           (2,5 *puntos*)

    y el cálculo de la matriz $C^4$.                                                      (2,5 *puntos*)

b)  El valor del determinante de la matriz $\left(3A^4\right)\left(4A^2\right)^{-1}$, sabiendo que $A$ es una matriz cuadrada de cuatro
    columnas cuyo determinante vale $-1$.                                 (3 *puntos*)

c)  La matriz $B$ que admite inversa y que verifica la igualdad $BB = B$.         (2 *puntos*)

**Problema B.2.** Sea $T$ un tetraedro de vértices $O = (0, 0, 0)$, $A = (1, 1, 1)$, $B = (3, 0, 0)$ y $C = (0, 3, 0)$.
Obtener **razonadamente**, **escribiendo todos los pasos del razonamiento utilizado**:

a)  La ecuación del plano $\pi$ que contiene a los puntos $A$, $B$ y $C$,         (1 *punto*)
    y las ecuaciones de la recta $h_O$ perpendicular a $\pi$ que pasa por $O$.     (2 *puntos*)

b)  El punto de intersección de la altura $h_O$ y el plano $\pi$.            (3 *puntos*)

c)  El área de la cara cuyos vértices son los puntos $A$, $B$ y $C$,         (2 *puntos*)
    y el volumen del tetraedro $T$.                                                    (2 *puntos*)

**Problema B.3.** Dada la función $f$ definida por $f(x) = \dfrac{x^2 + 1}{x}$, para cualquier valor real $x \neq 0$, se pide obtener

**razonadamente**, **escribiendo todos los pasos del razonamiento utilizado**:

a)  Los intervalos de crecimiento y de decrecimiento de la función $f$,         (2 *puntos*)
    y los extremos relativos de la función $f$.                                      (1 *punto*)

b)  Las asíntotas de la curva $y = f(x)$.                                           (3 *puntos*)

c)  El área de la región plana limitada por la curva $y = \dfrac{x^2 + 1}{x}$, $1 \leq x \leq e$,

    el segmento que une los puntos $(1, 0)$ y $(e, 0)$, y las rectas $x = 1$ y $x = e$.     (4 *puntos*)

OPCIÓN A

Problema A.1:

$$\left.\begin{array}{l} -x + ay + 2z = a \\ 2x + ay - z = 2 \\ ax - y + 2z = a \end{array}\right\} \qquad A^* = \begin{pmatrix} -1 & a & 2 & | & a \\ 2 & a & -1 & | & 2 \\ a & -1 & 2 & | & a \end{pmatrix}$$

a) $\boxed{Si \; a = 2}$

Rango de A:

$$A^* = \begin{pmatrix} -1 & 2 & 2 & | & 2 \\ 2 & 2 & -1 & | & 2 \\ 2 & -1 & 2 & | & 2 \end{pmatrix} \qquad det(A) = \begin{vmatrix} -1 & 2 & 2 \\ 2 & 2 & -1 \\ 2 & -1 & 2 \end{vmatrix} = -27$$

$det(A) \neq 0 \Rightarrow rg(A) = 3 \Rightarrow rg(A^*) = 3 \Rightarrow T^{MA} \; ROUCHÉ \Rightarrow$

$\Rightarrow$ Sistema Compatible Determinado $\Rightarrow$ Cramer

$$x = \frac{\begin{vmatrix} 2 & 2 & 2 \\ 2 & 2 & -1 \\ 2 & -1 & 2 \end{vmatrix}}{-27} = \frac{-18}{-27} = \frac{2}{3} \; ; \; y = \frac{\begin{vmatrix} -1 & 2 & 2 \\ 2 & 2 & -1 \\ 2 & 2 & 2 \end{vmatrix}}{-27} = \frac{-18}{-27} = \frac{2}{3}$$

PÁGINA 1

$$z = \frac{\begin{vmatrix} -1 & 2 & 2 \\ 2 & 2 & 2 \\ 2 & -1 & 2 \end{vmatrix}}{-27} = \frac{-18}{-27} = \frac{2}{3}$$

La única solución del sistema cuando $a=2$ viene dada por $(x,y,z) = \left(\frac{2}{3}, \frac{2}{3}, \frac{2}{3}\right)$

b) El sistema será compatible determinado para todos los valores de $a$ que hagan que $rg(A)=3$. El rango de $A$ será 3 cuando $det(A) \neq 0$. Así:

$$det(A) = \begin{vmatrix} -1 & a & 2 \\ 2 & a & -1 \\ a & -1 & 2 \end{vmatrix} = -3a^2 - 6a - 3$$

$det(A) = 0 \longrightarrow -3a^2 - 6a - 3 = 0 \Rightarrow a = -1$

Si $a \neq -1 \Rightarrow det(A) \neq 0 \Rightarrow rg(A) = 3 \Rightarrow rg(A^*) = 3 \Rightarrow$

$\Rightarrow T^{MA}$ ROUCHÉ $\Rightarrow$ Sistema Compatible Determinado.

c) $\boxed{\text{Si } a = -1}$ $\Rightarrow \det(A) = 0 \Rightarrow rg(A) < 3$

$$A^* = \begin{pmatrix} -1 & -1 & 2 & \vdots & -1 \\ 2 & -1 & -1 & \vdots & 2 \\ -1 & -1 & 2 & \vdots & -1 \end{pmatrix}$$

Rango de A:

$\begin{vmatrix} -1 & -1 \\ 2 & -1 \end{vmatrix} = 3 \neq 0 \Rightarrow rg(A) = 2$

Rango de $A^*$:

$\begin{vmatrix} -1 & -1 & -1 \\ 2 & -1 & 2 \\ -1 & -1 & -1 \end{vmatrix} = 0 \Rightarrow rg(A^*) = 2$

$\left. \begin{array}{l} rg(A) = 2 \\ rg(A^*) = 2 \\ n^\circ \text{ incog} = 3 \end{array} \right\} \Rightarrow T^{MA} \text{ ROUCHÉ} \Rightarrow$ Sistema Compatible Indeterminado

$\left. \begin{array}{l} -x - y + 2z = -1 \\ 2x - y - z = 2 \end{array} \right\} \xrightarrow{E_2 - E_1} 3x - 3z = 3$

$\Downarrow$

$x - z = 1 \begin{array}{l} \nearrow z = \lambda \\ \searrow x = 1 + \lambda \end{array}$

$\Downarrow$

$y = 2x - z - 2 = 2(1+\lambda) - \lambda - 2 = \lambda$

Las infinitas soluciones del sistema para $a = -1$ vienen dadas por

$$(x, y, z) = (1 + \lambda, \lambda, \lambda) \quad \forall \lambda \in \mathbb{R}.$$

Problema A.2

$$r: \begin{cases} x + y - z + 1 = 0 \\ x + 2y - z - 1 = 0 \end{cases} \rightarrow \left. \begin{array}{l} -x - y + z - 1 = 0 \\ x + 2y - z - 1 = 0 \end{array} \right\}$$

$$y - 2 = 0 \Rightarrow y = 2$$

$$x + 2 - z + 1 = 0 \qquad z = \lambda$$
$$x - z = -3 \qquad x = -3 + \lambda$$

$$\Rightarrow r: \begin{cases} x = -3 + \lambda \\ y = 2 \\ z = \lambda \end{cases} \rightarrow \begin{array}{l} A(-3, 2, 0) \qquad P(1, 1, 1) \\ \vec{V_r}(1, 0, 1) \qquad \pi: x + y + z = 1 \end{array}$$

a)

$\vec{n_\tau} = \vec{AP} \times \vec{V_r}$    $\vec{AP} = (1,1,1) - (-3,2,0) = (4,-1,1)$

$$\vec{n_\tau} = \vec{AP} \times \vec{V_r} = \begin{vmatrix} \vec{i} & \vec{j} & \vec{k} \\ 4 & -1 & 1 \\ 1 & 0 & 1 \end{vmatrix} = (-1, -3, 1)$$

$\tau: Ax + By + Cz + D = 0$

$-x - 3y + z + D = 0$

$P(1,1,1) \in \tau \qquad -1 - 3 + 1 + D = 0 \Rightarrow D = 3$

$$\Rightarrow \tau: -x - 3y + z + 3 = 0$$

b)

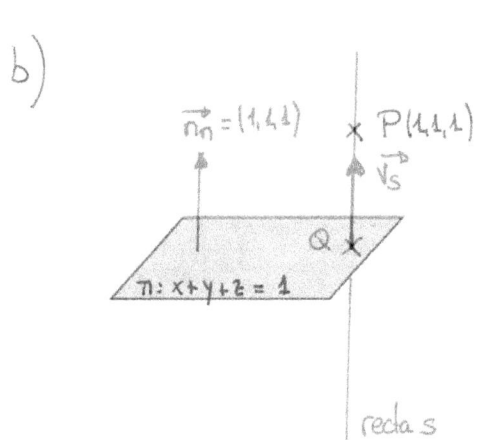

Como $s \perp \pi \Rightarrow \vec{v_s} = \vec{n_\pi}$

y por tanto, la recta $s$

$$s: \begin{cases} x = 1+\alpha \\ y = 1+\alpha \quad ; \alpha \in \mathbb{R} \\ z = 1+\alpha \end{cases}$$

El punto de corte $Q$ entre $s$ y $\pi$:

$$(1+\alpha)+(1+\alpha)+(1+\alpha) = 1 \Rightarrow 3+3\alpha = 1 \Rightarrow \alpha = -\frac{2}{3}$$

y por tanto:

$$Q \in s \ (1+\alpha, 1+\alpha, 1+\alpha) \xrightarrow{\alpha = -\frac{2}{3}} Q\left(\frac{1}{3}, \frac{1}{3}, \frac{1}{3}\right)$$

Y por último, calcularemos $d(P, \pi)$ como la distancia del punto $P$ al punto $Q$

$$\vec{PQ} = \left(\frac{1}{3}, \frac{1}{3}, \frac{1}{3}\right) - (1,1,1) = \left(-\frac{2}{3}, -\frac{2}{3}, -\frac{2}{3}\right)$$

$$d(P,\pi) = d(P,Q) = |\vec{PQ}| = \sqrt{\left(\frac{2}{3}\right)^2+\left(\frac{2}{3}\right)^2+\left(\frac{2}{3}\right)^2} = \frac{2\sqrt{3}}{3} \ u.$$

c)

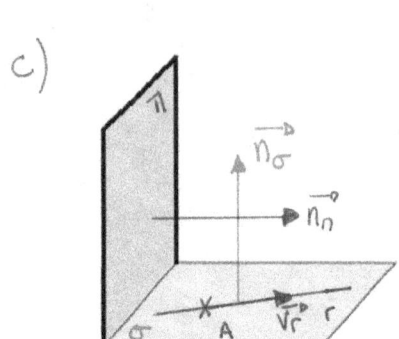

$$\vec{n_\sigma} = \vec{n_n} \times \vec{V_r} = \begin{vmatrix} \vec{i} & \vec{j} & \vec{k} \\ 1 & 1 & 1 \\ 1 & 0 & 1 \end{vmatrix} = (1,0,-1)$$

$$\sigma: Ax + By + Cz + D = 0$$

$$\sigma: x - z + D = 0$$

Como $A(-3,2,0) \in \sigma \Rightarrow -3 - 0 + D \Rightarrow D = 3$

$$\Rightarrow \sigma: x - z + 3 = 0$$

**Problema A.3**

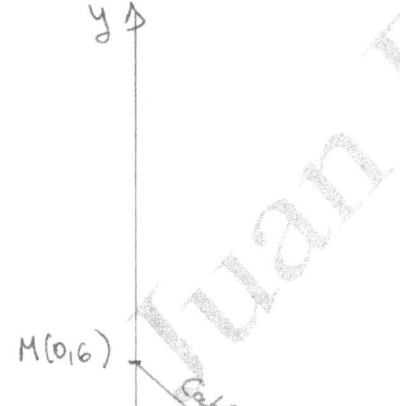

Como veremos, se tendrá que

$$d(M,P) = \sqrt{x^2 + 6^2}$$

$$d(P,N) = 18 - x$$

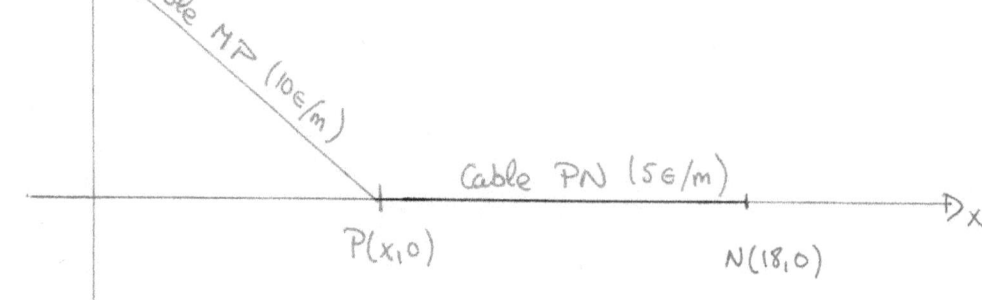

PÁGINA 6

a) $C(x) = 10 \cdot \sqrt{x^2+36} + 5 \cdot (18-x)$   $0 \leq x \leq 18$

b) $C'(x) = 10 \cdot \dfrac{1}{2\sqrt{x^2+36}} \cdot 2x - 5 = \dfrac{10x}{\sqrt{x^2+36}} - 5$

$C'(x) = 0 \Rightarrow \dfrac{10x}{\sqrt{x^2+36}} - 5 = 0 \Rightarrow 10x = 5 \cdot \sqrt{x^2+36}$

$\Rightarrow$ Elevamos al cuadrado   $100x^2 = 25(x^2+36) \Rightarrow 75x^2 = 900$

$\Rightarrow x^2 = 12$   $\to x = -2\sqrt{3}$ $\left( \begin{array}{c} \text{Debe ser} \\ 0 \leq x \leq 18 \end{array} \right)$

$\to x = 2\sqrt{3}$

El coste total de los cables es mínimo cuando $x = 2\sqrt{3}$ m

c) El coste mínimo vendrá dado por:

$C(2\sqrt{3}) = 10 \cdot \sqrt{(2\sqrt{3})^2 + 36} + 5 \cdot (18 - 2\sqrt{3}) = 141'96 €$

{OPCIÓN B}

{Problema B1}

$$C^2 = C \cdot C = \begin{pmatrix} 5 & -4 & 2 \\ 2 & -1 & 1 \\ -4 & 4 & -1 \end{pmatrix} \cdot \begin{pmatrix} 5 & -4 & 2 \\ 2 & -1 & 1 \\ -4 & 4 & -1 \end{pmatrix} = \begin{pmatrix} 9 & -8 & 4 \\ 4 & -3 & 2 \\ -8 & 8 & -3 \end{pmatrix}$$

$$2C - I = 2 \cdot \begin{pmatrix} 5 & -4 & 2 \\ 2 & -1 & 1 \\ -4 & 4 & -1 \end{pmatrix} - \begin{pmatrix} 1 & 0 & 0 \\ 0 & 1 & 0 \\ 0 & 0 & 1 \end{pmatrix} = \begin{pmatrix} 9 & -8 & 4 \\ 4 & -3 & 2 \\ -8 & 8 & -3 \end{pmatrix}$$

$\Rightarrow$ Efectivamente, se comprueba que $C^2 = 2C - I$

$$C^4 = C^2 \cdot C^2 = \begin{pmatrix} 9 & -8 & 4 \\ 4 & -3 & 2 \\ -8 & 8 & -3 \end{pmatrix} \cdot \begin{pmatrix} 9 & -8 & 4 \\ 4 & -3 & 2 \\ -8 & 8 & -3 \end{pmatrix} = \begin{pmatrix} 17 & -16 & 8 \\ 8 & -7 & 4 \\ -16 & 16 & -7 \end{pmatrix}$$

b) $\det(A) = -1$ y $A_{4 \times 4}$

$$\det\left[ (3A^4) \cdot (4A^2)^{-1} \right] = \det(3A^4) \cdot \det\left[ (4A^2)^{-1} \right] =$$

$$= 3^4 \cdot \det(A^4) \cdot \frac{1}{\det(4A^2)} = 3^4 \cdot \left[\det(A)\right]^4 \cdot \frac{1}{4^4 \cdot \det(A^2)} =$$

PÁGINA 8

$$= 3^4 \cdot \left[\det(A)\right]^4 \cdot \frac{1}{4^4 \cdot \left[\det(A)\right]^2} = \frac{3^4}{4^4} = \frac{81}{256}$$

donde se han utilizado las propiedades de las determinantes :

$$\det(A \cdot B) = \det(A) \cdot \det(B)$$

$$\det(K \cdot A) = K^n \cdot \det(A) \quad \text{con } A_{n \times n}$$

$$\det(A^{-1}) = \frac{1}{\det(A)}$$

$$\det(A^n) = \left[\det(A)\right]^n$$

c) Si existe $B^{-1}$

$$B \cdot B = B \implies \underbrace{B^{-1} B}_{I} B = \underbrace{B^{-1} B}_{I} \implies B = I$$

donde se ha utilizado la definición de matriz inversa $B \cdot B^{-1} = B^{-1} \cdot B = I$

Problema B.2

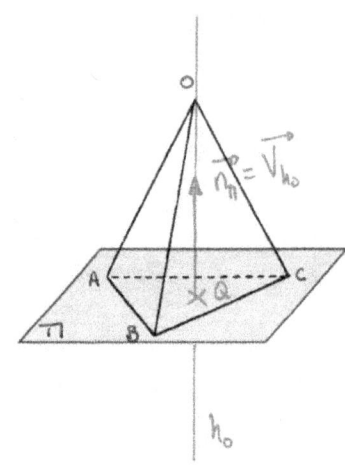

$$\vec{AB} = (3,0,0) - (1,1,1) = (2,-1,-1)$$

$$\vec{AC} = (0,3,0) - (1,1,1) = (-1,2,-1)$$

$$\vec{AB} \times \vec{AC} = \begin{vmatrix} \vec{i} & \vec{j} & \vec{k} \\ 2 & -1 & -1 \\ -1 & 2 & -1 \end{vmatrix} = (3,3,3)$$

$$\Rightarrow \vec{n_\Pi} = \vec{V_{h_o}} = (1,1,1)$$

$\Pi: Ax + By + Cz + D = 0$

$x + y + z + D = 0$

$A(1,1,1) \in \Pi \Bigg\} \Rightarrow 1 + 1 + 1 + D = 0 \Rightarrow D = -3$

$$\Rightarrow \Pi: x + y + z - 3 = 0$$

y las ecuaciones de la recta $h_o$: $\begin{cases} x = \lambda \\ y = \lambda \\ z = \lambda \end{cases}$, $\lambda \in \mathbb{R}$.

b) $\lambda + \lambda + \lambda - 3 = 0 \Rightarrow \lambda = 1 \Rightarrow Q(1,1,1)$

c) $Area = \dfrac{1}{2} |\vec{AB} \times \vec{AC}| = \dfrac{1}{2} \cdot \sqrt{3^2 + 3^2 + 3^2} = \dfrac{3\sqrt{3}}{2} u^2$

$V = \dfrac{1}{6} \cdot |[\vec{OA}, \vec{OB}, \vec{OC}]| = \dfrac{1}{6} \begin{vmatrix} 1 & 1 & 1 \\ 3 & 0 & 0 \\ 0 & 3 & 0 \end{vmatrix} = \dfrac{1}{6} \cdot 9 = \dfrac{3}{2} u^3$

## Problema B.3

$$f(x) = \frac{x^2 + 1}{x} \quad \rightarrow \quad Dom(f(x)) = \mathbb{R} - \{0\}$$

a) $f'(x) = \dfrac{2x \cdot x - (x^2+1)}{x^2} = \dfrac{x^2 - 1}{x^2}$

$f'(x) = 0 \longrightarrow x^2 - 1 = 0 \quad \Bigg\langle \begin{array}{l} \rightarrow x = -1 \\ \rightarrow x = +1 \end{array}$

$f'(x) > 0 \quad {}^{-1} \quad f'(x) < 0 \quad {}^{(0)} \quad f'(x) < 0 \quad {}^{1} \quad f'(x) > 0$

Creciente : $]-\infty, -1[ \cup ]1, +\infty[$

Decreciente : $]-1, 0[ \cup ]0, 1[$

Máximo relativo   en $x = -1 \Rightarrow$ Máx $(-1, f(-1)) = (-1, -2)$

Mínimo relativo   en $x = 1 \Rightarrow$ Min $(1, f(1)) = (1, 2)$

b) A. Verticales:

$\displaystyle\lim_{x \to 0} \frac{x^2+1}{x} = \left[\frac{1}{0}\right] \rightarrow \begin{cases} \displaystyle\lim_{x \to 0^-} \frac{x^2+1}{x} = -\infty \\[2mm] \displaystyle\lim_{x \to 0^+} \frac{x^2+1}{x} = +\infty \end{cases} \Rightarrow \displaystyle\not\exists \lim_{x \to 0} f(x)$

$x = 0$ es A. Vertical

PÁGINA 11

A. Horizontales:

$$\lim_{x \to \infty} \frac{x^2+1}{x} = +\infty$$

$$\lim_{x \to -\infty} \frac{x^2+1}{x} = -\infty$$

$f(x)$ no presenta asíntotas horizontales

A. Oblicuas: $y = mx + n$

$$m = \lim_{x \to \infty} \frac{f(x)}{x} = \lim_{x \to \infty} \frac{x^2+1}{x^2} = 1$$

$$n = \lim_{x \to \infty} (f(x) - mx) = \lim_{x \to \infty} \left( \frac{x^2+1}{x} - 1x \right) =$$

$$= \lim_{x \to \infty} \frac{x^2+1-x^2}{x} = \lim_{x \to \infty} \frac{1}{x} = 0$$

$\Rightarrow y = x$ es A. Oblicua.

c) $f(x)$ no corta al eje X

$f(x) > 0 \quad \forall x > 0$

$\Rightarrow A = \int_{1}^{e} \frac{x^2+1}{x} dx$

$$\int \frac{x^2+1}{x} dx = \int \frac{x^2}{x} dx + \int \frac{1}{x} dx = \frac{x^2}{2} + \ln|x| + C'$$

$$\Rightarrow A = \left[ \frac{x^2}{2} + \ln|x| \right]_{1}^{e} = \frac{e^2}{2} + 1 - \frac{1}{2} = 4'19 \, u^2$$

PÁGINA 12

# OPCIÓN A

**Problema A.1.** Sean $A$ y $B$ dos matrices cuadradas de orden 3 tales que $A^2 = -A - I$ y $2B^3 = B$, siendo
$I = \begin{pmatrix} 1 & 0 & 0 \\ 0 & 1 & 0 \\ 0 & 0 & 1 \end{pmatrix}$ la matriz identidad. Obtener **razonadamente**, **escribiendo todos los pasos del**

**razonamiento utilizado**:

a) La justificación de que la matriz $A$ es invertible (2 *puntos*)
   y el cálculo de la matriz $A^3$ en función de $A$ y de $I$. (2 *puntos*)

b) Los valores posibles del determinante de $B$. (3 *puntos*)

c) El valor del determinante de la matriz $B^2$, sabiendo que la matriz $B$ tiene inversa. (3 *puntos*)

**Problema A.2.** Se dan la recta $r: \begin{cases} x - 2y - 2z = 1 \\ x + 3y - z = 1 \end{cases}$ y el plano $\pi: 2x + y + mz = n$.

Obtener **razonadamente**, **escribiendo todos los pasos del razonamiento utilizado**:

a) Los valores de $m$ y $n$ para los que la recta $r$ y el plano $\pi$ se cortan en un punto. (3 *puntos*)

b) Los valores de $m$ y $n$ para los que la recta $r$ y el plano $\pi$ no se cortan. (3,5 *puntos*)

c) Los valores de $m$ y $n$ para los que la recta $r$ está contenida en el plano $\pi$. (3,5 *puntos*)

**Problema A.3.** Se consideran las curvas $y = x^3$, $y = ax$ y la función $f(x) = x^3 - ax$, siendo $a$ un parámetro real y $a > 0$. Obtener **razonadamente**, **escribiendo todos los pasos del razonamiento utilizado**:

a) Los puntos de corte de la curva $y = f(x)$ con los ejes de coordenadas y los intervalos
   de crecimiento y de decrecimiento de la función $f$. (1+2 *puntos*)

b) La gráfica de la función $f$ cuando $a = 9$. (3 *puntos*)

c) Calcular, en función del parámetro $a$, el área de la región acotada del primer cuadrante
   encerrada entre las curvas $y = x^3$ e $y = ax$, cuando $a > 1$. (2 *puntos*)

d) El valor del parámetro $a$ para el que el área obtenida en el apartado c) coincide con el área de
   la región acotada comprendida entre la curva $y = x^3$, el eje OX y las rectas $x = 0$ y $x = 2$. (2 *puntos*)

# OPCIÓN B

**Problema B.1.** Se consideran las matrices $A = \begin{pmatrix} 0 & 0 & -1 \\ 0 & 1 & 0 \\ 1 & 0 & 0 \end{pmatrix}$ e $I = \begin{pmatrix} 1 & 0 & 0 \\ 0 & 1 & 0 \\ 0 & 0 & 1 \end{pmatrix}$. Obtener **razonadamente**,

**escribiendo todos los pasos del razonamiento utilizado**:

  a) La justificación de que $A$ tiene matriz inversa y el cálculo de dicha inversa $A^{-1}$.       (2+2 *puntos*)

  b) La justificación de que $A^4 = I$.       (2 *puntos*)

  c) El cálculo de las matrices $A^7$, $A^{30}$ y $A^{100}$.       (4 *puntos*)

**Problema B.2.** Se dan la recta $r: \dfrac{x-1}{4} = \dfrac{y}{a} = \dfrac{z-1}{-1}$ y el plano $\pi: 2x - y + bz = 0$, siendo $a$ y $b$ dos

parámetros reales. Obtener **razonadamente**, **escribiendo todos los pasos del razonamiento utilizado**:

  a) El punto de intersección de la recta $r$ y el plano $\pi$ cuando $a = -b = 1$.       (2,5 *puntos*)

  b) La distancia entre la recta $r$ y el plano $\pi$ cuando $a = b = 4$.       (2,5 *puntos*)

  c) La posición relativa de la recta $r$ y del plano $\pi$ en función de los valores de los
     parámetros $a$ y $b$.       (5 *puntos*)

**Problema B.3.** Se considera el triángulo $T$ de vértices $O = (0, 0)$, $A = (x, y)$ y $B = (0, y)$, siendo $x > 0$,
$y > 0$, y tal que la suma de las longitudes de los lados $OA$ y $AB$ es 30 metros.

Obtener **razonadamente**, **escribiendo todos los pasos del razonamiento utilizado**:

  a) El área del triángulo $T$ en función de $x$.       (3 *puntos*)

  b) El valor de $x$ para el que dicha área es máxima.       (5 *puntos*)

  c) El valor de dicha área máxima.       (2 *puntos*)

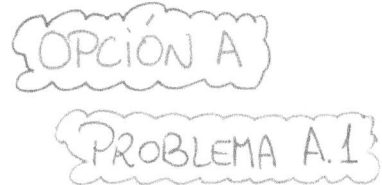

OPCIÓN A

PROBLEMA A.1

Una matriz $A$ es invertible si existe una matriz, a la que llamamos inversa de $A$ y codificamos con $A^{-1}$, que verifique que $A \cdot A^{-1} = A^{-1} A = I$. Así:

$$A^2 = -A - I \Rightarrow -A^2 - A = I \Rightarrow A(-A-I) = I$$

Por tanto, la matriz inversa de $A$ es:

$$A^{-1} = -A - I \quad , \text{ ya que } \quad A(-A-I) = (-A-I) \cdot A = I$$

$$A^3 = A^2 \cdot A = (-A-I) \cdot A = -A^2 - A = -(-A-I) - A =$$

$$= A + I - A = I$$

b) $2B^3 = B$. Tomamos determinantes:

$$\det(2B^3) = \det(B) \Rightarrow 2^3 \cdot \det(B^3) = \det(B) \Rightarrow$$

$$\Rightarrow 2^3 \cdot [\det(B)]^3 = \det(B) \Rightarrow 2^3 \cdot [\det(B)]^3 - \det(B) = 0$$

$$\Rightarrow \underbrace{\det(B)}_{0} \cdot [\underbrace{8 \cdot (\det(B))^2 - 1}_{0}] = 0$$

$\det(B) = 0$

$\det(B) = -\dfrac{1}{\sqrt{8}}$

$8\left(\det(B)\right)^2 - 1 = 0 \Rightarrow \left(\det(B)\right)^2 = \dfrac{1}{8}$

$\det(B) = \dfrac{1}{\sqrt{8}}$

c) $2B^3 = B \Rightarrow 2B^3 \cancel{B^{-1}}^{I} = B\cancel{B^{-1}}^{I} \Rightarrow 2B^2 \cancel{B \cdot B^{-1}}^{I} = I \Rightarrow$

$\Rightarrow 2B^2 = I \Rightarrow B^2 = \dfrac{1}{2} I \Rightarrow$ Tomamos determinantes

$\Rightarrow \det(B^2) = \det\left(\dfrac{1}{2} I\right) \Rightarrow$

$\Rightarrow \det(B^2) = \left(\dfrac{1}{2}\right)^3 \cdot \cancel{\det(I)}^{1} = \dfrac{1}{8}$

donde hemos utilizado las propiedades:

$\det(K \cdot A) = K^n \cdot \det(A)$ con $A_{n \times n}$

$\det(A^n) = \left[\det(A)\right]^n$

y la definición de matriz inversa $A \cdot A^{-1} = A^{-1} \cdot A = I$

### PROBLEMA A.2

$r: \begin{cases} x - 2y - 2z = 1 \\ x + 3y - z = 1 \end{cases}$ ; $\pi : 2x + y + mz = n$

Construimos las matrices:

$A = \begin{pmatrix} 1 & -2 & -2 \\ 1 & 3 & -1 \\ 2 & 1 & m \end{pmatrix}$  y  $A^* = \left(\begin{array}{ccc:c} 1 & -2 & -2 & 1 \\ 1 & 3 & -1 & 1 \\ 2 & 1 & m & n \end{array}\right)$

PÁGINA 2

a) La recta y el plano se cortan cuando $rg(A) = 3$, es decir, cuando $\det(A) \neq 0$. Así:

$$\det(A) = \begin{vmatrix} 1 & -2 & -2 \\ 1 & 3 & -1 \\ 2 & 1 & m \end{vmatrix} = 5m + 15$$

$\det(A) = 0 \longrightarrow 5m + 15 = 0 \Rightarrow m = -3$

$\Rightarrow$ Si $m \neq -3$ $\forall n \in \mathbb{R}$ $\Rightarrow \det(A) \neq 0 \Rightarrow rg(A) = 3 \Rightarrow$

$\Rightarrow$ recta y plano se cortan en un punto.

b) La recta y el plano no se cortan (recta paralela al plano) cuando $rg(A) = 2$ y $rg(A^+) = 3$. Así:

Si $m = -3 \Rightarrow \det(A) = 0 \Rightarrow rg(A) < 3$

$$A^+ = \begin{pmatrix} 1 & -2 & -2 & | & 1 \\ 1 & 3 & -1 & | & 1 \\ 2 & 1 & -3 & | & n \end{pmatrix}$$

Rango $(A)$:

$\begin{vmatrix} 1 & -2 \\ 1 & 3 \end{vmatrix} = 5 \neq 0 \Rightarrow rg(A) = 2$

Rango $(A^+)$:

$\begin{vmatrix} 1 & -2 & 1 \\ 1 & 3 & 1 \\ 2 & 1 & n \end{vmatrix} = 5n - 10 \; ; \; 5n - 10 = 0 \Rightarrow n = 2$

$\Rightarrow$ Si $m = -3$ y $n \neq 2 \Rightarrow rg(A) = 2$ y $rg(A^+) = 3 \Rightarrow$

$\Rightarrow$ recta y plano no se cortan.

PÁGINA 3

c) La recta estará contenida cuando $rg(A) = rg(A^*) = 2$.

Por tanto, como ya hemos visto:

Si $m = -3$ y $n = 2 \Rightarrow rg(A) = rg(A^*) = 2 \Rightarrow$

$\Rightarrow$ recta contenida en el plano.

PROBLEMA A.3

a) $f(x) = x^3 - ax$ ; $Dom(f(x)) = \mathbb{R}$

→ Puntos corte con el eje X: $f(x) = 0$

$x^3 - ax = 0 \Rightarrow x(x^2 - a) = 0$
  $x = 0 \Rightarrow PC(0,0)$
  $x^2 - a = 0$
    $PC(\sqrt{a}, 0)$
    $PC(-\sqrt{a}, 0)$

→ Puntos corte con el eje Y: $x = 0$

$f(0) = 0 \Rightarrow PC(0,0)$

$f'(x) = 3x^2 - a$

$f'(x) = 0 \rightarrow 3x^2 - a = 0 \Rightarrow x^2 = \dfrac{a}{3}$
  $x = -\sqrt{\dfrac{a}{3}}$
  $x = \sqrt{\dfrac{a}{3}}$

$f'(x) > 0 \quad -\sqrt{\dfrac{a}{3}} \quad f'(x) < 0 \quad \sqrt{\dfrac{a}{3}} \quad f'(x) > 0$

Creciente: $\left(-\infty, -\sqrt{\dfrac{a}{3}}\right) \cup \left(\sqrt{\dfrac{a}{3}}, +\infty\right)$

Decreciente: $\left(-\sqrt{\dfrac{a}{3}}, \sqrt{\dfrac{a}{3}}\right)$

Máximo relativo en $x = -\sqrt{\dfrac{a}{3}} \Rightarrow$ Máx $\left(-\sqrt{\dfrac{a}{3}}, \dfrac{2a}{3}\sqrt{\dfrac{a}{3}}\right)$

Mínimo relativo en $x = \sqrt{\dfrac{a}{3}} \Rightarrow$ Min $\left(\sqrt{\dfrac{a}{3}}, \dfrac{-2a}{3}\sqrt{\dfrac{a}{3}}\right)$

PÁGINA 4

b) Con la información del apartado anterior haciendo

$a = 9$, se tendrá:

Puntos de corte $\Rightarrow$ PC$(0,0)$ ; PC$(3,0)$ ; PC$(-3,0)$

Monotonía $\Rightarrow$ $\begin{cases} \text{Creciente: } (-\infty, -\sqrt{3}) \cup (\sqrt{3}, +\infty) \\ \text{Decreciente: } (-\sqrt{3}, \sqrt{3}) \\ \text{Máx } (-\sqrt{3}, 10'39) \text{ ; Mín } (\sqrt{3}, -10'39) \end{cases}$

Y con esta información se puede construir la gráfica

pedida:

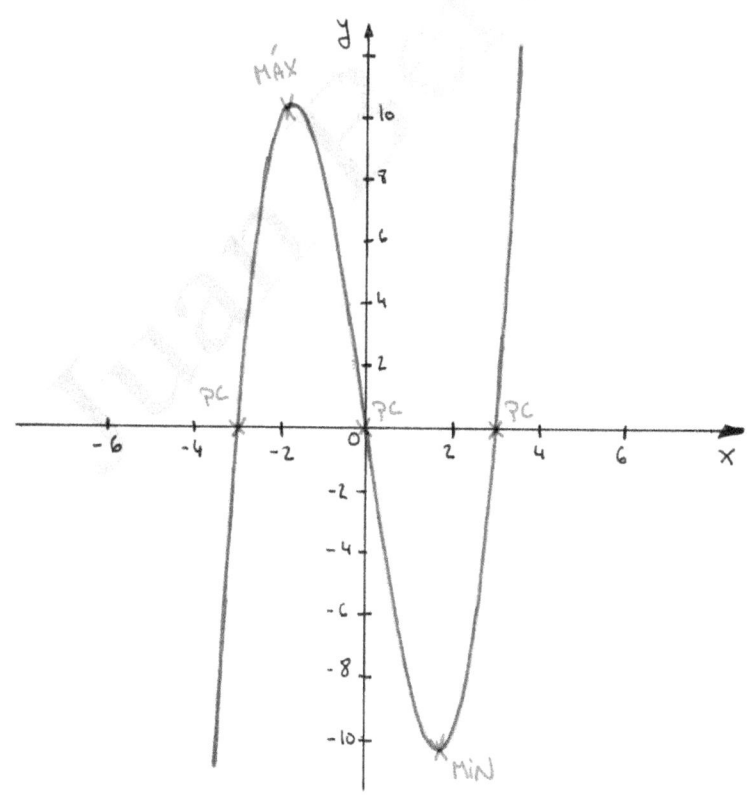

©Juan Bertomeu Ferrer
www.bertoblog.com

211

c) $f(x) = x^3$
$g(x) = ax$ $\Big\}$ Ptos. Corte : $f(x) = g(x)$

$x^3 = ax \Rightarrow x^3 - ax = 0$ $\longrightarrow$ $x = -\sqrt{a}$
$\longrightarrow$ $x = 0$
$\longrightarrow$ $x = +\sqrt{a}$

Por tanto, el área pedida EN EL PRIMER CUADRANTE será :

$$A = \left| \int_0^{\sqrt{a}} (x^3 - ax)\,dx \right| = \left| \left[ \frac{x^4}{4} - \frac{ax^2}{2} \right]_0^{\sqrt{a}} \right| =$$

$$= \left| \left( \frac{a^2}{4} - \frac{a \cdot a}{2} \right) - 0 \right| = \left| -\frac{a^2}{4} \right| = \frac{a^2}{4} \; u^2$$

d) $f(x) = x^3$
Eje X $\Rightarrow g(x) = 0$ $\Big\}$ Ptos. Corte $\Rightarrow x^3 = 0 \Rightarrow x = 0$

y como $f(x) = x^3 \geq 0$ $\forall x \geq 0$, entonces el área :

$$A = \int_0^2 x^3\,dx = \left[ \frac{x^4}{4} \right]_0^2 = 4\, u^2$$

y por tanto, el valor de "a" pedido será :

$\frac{a^2}{4} = 4 \Rightarrow a^2 = 16$ $\longrightarrow$ $a = -4$ No sirve pues debe ser $a > 1$
$\longrightarrow$ $a = 4$

## OPCIÓN B

### PROBLEMA B.1

$$A = \begin{pmatrix} 0 & 0 & -1 \\ 0 & 1 & 0 \\ 1 & 0 & 0 \end{pmatrix} \; ; \; \det(A) = \begin{vmatrix} 0 & 0 & -1 \\ 0 & 1 & 0 \\ 1 & 0 & 0 \end{vmatrix} = 1$$

Como $\det(A) \neq 0 \Rightarrow \exists A^{-1}$

$$A^{-1} = \frac{1}{\det(A)} \cdot [Adj(A)]^t$$

$$Adj(A) = \begin{pmatrix} 0 & 0 & -1 \\ 0 & 1 & 0 \\ 1 & 0 & 0 \end{pmatrix} \Rightarrow [Adj(A)]^t = A^{-1} = \begin{pmatrix} 0 & 0 & 1 \\ 0 & 1 & 0 \\ -1 & 0 & 0 \end{pmatrix}$$

b) $$A^2 = A \cdot A = \begin{pmatrix} 0 & 0 & -1 \\ 0 & 1 & 0 \\ 1 & 0 & 0 \end{pmatrix} \cdot \begin{pmatrix} 0 & 0 & -1 \\ 0 & 1 & 0 \\ 1 & 0 & 0 \end{pmatrix} = \begin{pmatrix} -1 & 0 & 0 \\ 0 & 1 & 0 \\ 0 & 0 & -1 \end{pmatrix}$$

$$A^4 = A^2 \cdot A^2 = \begin{pmatrix} -1 & 0 & 0 \\ 0 & 1 & 0 \\ 0 & 0 & -1 \end{pmatrix} \cdot \begin{pmatrix} -1 & 0 & 0 \\ 0 & 1 & 0 \\ 0 & 0 & -1 \end{pmatrix} = \begin{pmatrix} 1 & 0 & 0 \\ 0 & 1 & 0 \\ 0 & 0 & 1 \end{pmatrix}$$

Por tanto, efectivamente $A^4 = I$

c) $A^7 = A^4 \cdot A^3 = I \cdot A^3 = A^2 \cdot A =$

$$= \begin{pmatrix} -1 & 0 & 0 \\ 0 & 1 & 0 \\ 0 & 0 & -1 \end{pmatrix} \cdot \begin{pmatrix} 0 & 0 & -1 \\ 0 & 1 & 0 \\ 1 & 0 & 0 \end{pmatrix} = \begin{pmatrix} 0 & 0 & 1 \\ 0 & 1 & 0 \\ -1 & 0 & 0 \end{pmatrix} = A^{-1}$$

$$A^{30} = (A^4)^7 \cdot A^2 = I^7 \cdot A^2 = I \cdot A^2 = A^2 = \begin{pmatrix} -1 & 0 & 0 \\ 0 & 1 & 0 \\ 0 & 0 & -1 \end{pmatrix}$$

$$A^{100} = (A^4)^{25} = I^{25} = I$$

{ PROBLEMA B.2 }

$$r : \frac{x-1}{4} = \frac{y}{a} = \frac{z-1}{-1} \quad ; \quad \pi : 2x - y + bz = 0$$

a) $\boxed{Si \ a = -b = 1} \Rightarrow r : \begin{cases} x = 1 + 4\lambda \\ y = \lambda \\ z = 1 - \lambda \end{cases} \quad ; \quad \pi : 2x - y - z = 0$

Estudiamos qué puntos de "r" también están en $\pi$:

$$2(1+4\lambda) - \lambda - (1-\lambda) = 0 \Rightarrow 2 + 8\lambda - \lambda - 1 + \lambda = 0 \Rightarrow$$

$$\Rightarrow 8\lambda = -1 \Rightarrow \lambda = -1/8$$

Como P $\in$ r es $(1+4\lambda, \lambda, 1-\lambda) \underset{\lambda = -1/8}{\Longrightarrow} P\left( \frac{1}{2}, -\frac{1}{8}, \frac{9}{8} \right)$

b) $\boxed{Si\ a = b = 4}$ $\Rightarrow$ $r : \begin{cases} x = 1 + 4\lambda \\ y = 4\lambda \\ z = 1 - \lambda \end{cases}$    $\pi : 2x - y + 4z = 0$

Estudiamos qué puntos de "$r$" también están en $\pi$:

$2(1 + 4\lambda) - 4\lambda + 4(1 - \lambda) = 0$ $\Rightarrow$ $2 + 8\lambda - 4\lambda + 4 - 4\lambda = 0$

$\Rightarrow$ $0 \cdot \lambda = -6$ $\Rightarrow$ $\not\exists\ \lambda$ $\Rightarrow$ $\not\exists (P \in r) \in \pi$

La recta está paralela al plano y calculamos la

distancia entre recta y plano como la distancia de un

punto cualquiera $A \in r$ al plano $\pi$

$\quad A \in r$ es $A(1, 0, 1)$

$d(r, \pi) = d(A, \pi) = \dfrac{|2 \cdot 1 - 1 \cdot 0 + 4 \cdot 1|}{\sqrt{2^2 + 1^2 + 4^2}} = \dfrac{6}{\sqrt{21}}$ u.

c) $r : \dfrac{x - 1}{4} = \dfrac{y}{a} = \dfrac{z - 1}{-1}$

$\quad \hookrightarrow \dfrac{x - 1}{4} = \dfrac{z - 1}{-1}$ $\Rightarrow$ $x - 1 = -4z + 4$ $\Rightarrow$ $x + 4z = 5$

$\quad \hookrightarrow \dfrac{y}{a} = \dfrac{z - 1}{-1}$ $\Rightarrow$ $y = -az + a$ $\Rightarrow$ $y + az = a$

Tenemos la recta y el plano dado con sus ecuaciones

implícitas:

$\quad r : \begin{cases} x + 4z = 5 \\ y + az = a \end{cases}$ ; $\pi : 2x - y + bz = 0$

Estudiamos la posición relativa de r y π estudiando los rangos de las matrices A y A* dadas por:

$$A^* = \begin{pmatrix} 1 & 0 & 4 & | & 5 \\ 0 & 1 & a & | & a \\ 2 & -1 & b & | & 0 \end{pmatrix} \; ; \; \det(A) = \begin{vmatrix} 1 & 0 & 4 \\ 0 & 1 & a \\ 2 & -1 & b \end{vmatrix} = a + b - 8$$

$\det(A) = 0 \Rightarrow a + b - 8 = 0 \Rightarrow a + b = 8$

* $\boxed{Si \; a+b \neq 8} \Rightarrow \det(A) \neq 0 \Rightarrow rg(A) = 3 \Rightarrow$ La recta y el plano se cortan en un punto.

* $\boxed{Si \; a+b = 8} \Rightarrow \det(A) = 0 \Rightarrow rg(A) < 3$

$$A^* = \begin{pmatrix} 1 & 0 & 4 & | & 5 \\ 0 & 1 & a & | & a \\ 2 & -1 & b & | & 0 \end{pmatrix}$$

Rango (A):
$\begin{vmatrix} 1 & 0 \\ 0 & 1 \end{vmatrix} = 1 \neq 0 \Rightarrow rg(A) = 2$

Rango (A*):
$\begin{vmatrix} 1 & 0 & 5 \\ 0 & 1 & a \\ 2 & -1 & 0 \end{vmatrix} = a - 10$

$\Rightarrow a - 10 = 0 \Rightarrow a = 10$

$\boxed{Si \; a \neq 10} \Rightarrow rg(A) = 2 \wedge rg(A^*) = 3 \Rightarrow$ Recta paralela al plano

$\boxed{Si \; a = 10} \Rightarrow rg(A) = 2 \wedge rg(A^*) = 2 \Rightarrow$ Recta contenida en el plano

PÁGINA 10

En resumen:

Si $a+b \neq 8 \Rightarrow$ Recta y plano secantes.

Si $a+b = 8$ 
- Si $a \neq 10 \Rightarrow$ Recta paralela al plano
- Si $a = 10 \Rightarrow$ Recta contenida en el plano

## PROBLEMA B.3

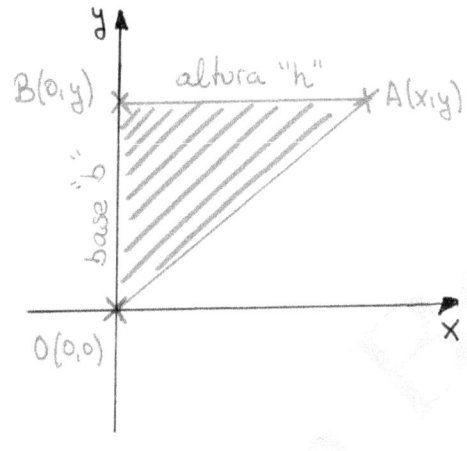

$$\text{Area} = \frac{\text{base} \cdot \text{altura}}{2}$$

$$A(x_1 y) = \frac{y \cdot x}{2}$$

Por otro lado nos dicen:

$$|\overrightarrow{OA}| + |\overrightarrow{AB}| = 30 \Rightarrow$$

$$\Rightarrow \sqrt{x^2+y^2} + x = 30 \Rightarrow$$

$$\Rightarrow \sqrt{x^2+y^2} = 30 - x \Rightarrow x^2 + y^2 = (30-x)^2 \Rightarrow$$

$$\Rightarrow x^2 + y^2 = 900 - 60x + x^2 \Rightarrow y = \sqrt{900-60x} \; ; \; 0 < x < 15$$

$$\Rightarrow A(x) = \frac{x \cdot \sqrt{900-60x}}{2} \quad \text{con } 0 < x < 15$$

$$A(x) = \frac{1}{2} \cdot \sqrt{900x^2 - 60x^3} \quad \text{con } 0 < x < 15$$

$$A'(x) = \frac{1}{2} \cdot \frac{1800x - 180x^2}{2\sqrt{900x^2 - 60x^3}} = \frac{450x - 45x^2}{\sqrt{900x^2 - 60x^3}}$$

$$A'(x) = 0 \longrightarrow 450x - 45x^2 = 0$$

$$45x \cdot (10 - x) = 0$$

No sirve pues
debería ser
$0 < x < 15$

$$x = 0$$

$$x = 10$$

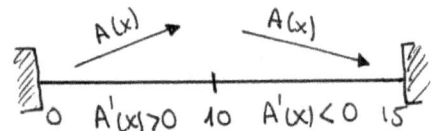

El área es máxima

cuando $x = 10$ metros

El valor de dicha área máxima es:

$$A(10) = \frac{1}{2} \cdot \sqrt{900 \cdot 10^2 - 60 \cdot 10^3} = 86'6025 \ m^2$$

**Problema A.1.** Se tiene el sistema de ecuaciones $\begin{cases} \quad\quad y - z = 1-a \\ -x \quad\quad + z = 5 \\ -ax + y - z = 1 \end{cases}$, donde $a$ es un parámetro

real. Se pide obtener **razonadamente**, **escribiendo todos los pasos del razonamiento utilizado**:

   a)  Los valores del parámetro $a$ para los cuales el sistema es compatible determinado     (*2 puntos*).

   b)  Las soluciones del sistema cuando $a = 3$     (*4 puntos*).

   c)  Las soluciones del sistema para los valores de $a$ que lo hacen compatible indeterminado     (*4 puntos*).

**Problema A.2.** Dados los puntos $A(-1,2,\lambda)$, $B(2,3,5)$ y $C(3,5,3)$, donde $\lambda$ es un parámetro real, se pide obtener **razonadamente**, **escribiendo todos los pasos del razonamiento utilizado**:

   a)  El valor del parámetro $\lambda$ para que el segmento $AC$ sea la hipotenusa de un triángulo
       rectángulo de vértices $A, B$ y $C$     (*3 puntos*).

   b)  El área del triángulo de vértices $A, B$ y $C$ cuando $\lambda = 6$     (*4 puntos*).

   c)  La ecuación del plano que contiene al triángulo de vértices $A, B$ y $C$ cuando $\lambda = 6$     (*3 puntos*).

**Problema A.3.** Dada la función $f(x) = \frac{1}{x^2-x}$ se pide obtener **razonadamente**, **escribiendo todos los pasos del razonamiento utilizado**:

   a)  El dominio y las asíntotas de la función $f(x)$     (*2 puntos*).

   b)  Los intervalos de crecimiento y de decrecimiento de la función $f(x)$     (*4 puntos*).

   c)  El área limitada por la curva $y = f(x)$, el eje de abcisas y las rectas $x = 2$ y $x = 3$     (*4 puntos*).

# OPCIÓN B

**Problema B.1.** Sea $A$ una matriz cuadrada tal que $A^2 + 2A = 3I$, donde $I$ es la matriz identidad. Calcular **razonadamente**, **escribiendo todos los pasos del razonamiento utilizado**:

a) Los valores de $a$ y $b$ para los cuales $A^{-1} = aA + bI$          (3 *puntos*).

b) Los valores de α y β para los cuales $A^4 = \alpha A + \beta I$          (4 *puntos*).

c) El determinante de la matriz $2B^{-1}$, sabiendo que $B$ es una matriz cuadrada de orden 3 cuyo determinante es 2          (3 *puntos*).

**Problema B.2.** Dados el punto $A(5,7,3)$ y la recta $r: \frac{x-3}{-1} = \frac{y+1}{3} = \frac{z}{2}$ , se pide obtener **razonadamente**, **escribiendo todos los pasos del razonamiento utilizado**:

a) La recta $s$ que corta a la recta $r$, pasa por el punto $A$, y es perpendicular a la recta $r$      (4 *puntos*).

b) La distancia del punto $A$ a la recta $r$          (3 *puntos*).

c) La distancia del punto $B(1,1,1)$ al plano $\pi$ que pasa por $(3,-1,0)$ y es perpendicular a $r$      (3 *puntos*).

**Problema B.3.** Se divide un alambre de longitud 100 cm en dos partes. Con una de ellas, de longitud $x$, se construye un triángulo equilátero y con la otra, de longitud $100 - x$, se construye un cuadrado. Se pide obtener **razonadamente**, **escribiendo todos los pasos del razonamiento utilizado**:

a) La función de la variable $x$ que expresa la suma de las áreas del triángulo equilátero y del cuadrado, siendo $0 \le x \le 100$          (4 *puntos*).

b) El valor de la variable $x$ en el intervalo $[0,100]$ para el cual dicha función (suma de las áreas en función de $x$ obtenida en el apartado a) ) alcanza su mínimo valor          (3 *puntos*).

c) El valor de la variable $x$ en el intervalo $[0,100]$ para el cual dicha función alcanza su máximo valor. Interpretar el resultado obtenido          (3 *puntos*).

OPCIÓN A

PROBLEMA A.1

$$\left.\begin{array}{r} y - z = 1 - a \\ -x \quad + z = 5 \\ -ax + y - z = 1 \end{array}\right\} \qquad A^* = \begin{pmatrix} 0 & 1 & -1 & \vdots & 1-a \\ -1 & 0 & 1 & \vdots & 5 \\ -a & 1 & -1 & \vdots & 1 \end{pmatrix}$$

a) El sistema será compatible determinado cuando se tenga $rg(A) = 3$. Será $rg(A) = 3$ si $det(A) \neq 0$. Así:

$$det(A) = \begin{vmatrix} 0 & 1 & -1 \\ -1 & 0 & 1 \\ -a & 1 & -1 \end{vmatrix} = -a$$

$$det(A) = 0 \implies -a = 0 \implies a = 0$$

El sistema es compatible determinado $\forall a \in \mathbb{R} - \{0\}$

b) Como acabamos de ver, si $a = 3$, el sistema es compatible determinado. Para obtener la solución utilizamos la regla de Cramer. Así:

$$X = \frac{\begin{vmatrix} -2 & 1 & -1 \\ 5 & 0 & 1 \\ 1 & 1 & -1 \end{vmatrix}}{-3} = \frac{3}{-3} = -1$$

$$y = \frac{\begin{vmatrix} 0 & -2 & -1 \\ -1 & 5 & 1 \\ -3 & 1 & -1 \end{vmatrix}}{-3} = \frac{-6}{-3} = 2$$

$$z = \frac{\begin{vmatrix} 0 & 1 & -2 \\ -1 & 0 & 5 \\ -3 & 1 & 1 \end{vmatrix}}{-3} = \frac{-12}{-3} = 4$$

La solución para $a = 3$ viene dada por $(x, y, z) = (-1, 2, 4)$

c) $\boxed{Si \; a = 0}$ $\Rightarrow$ $det(A) = 0$ $\Rightarrow$ $rg(A) < 3$

Rango $(A)$:

$$A^* = \begin{pmatrix} \boxed{\begin{matrix} 0 & 1 \\ -1 & 0 \end{matrix}} & -1 & \vdots & 1 \\ & 1 & \vdots & 5 \\ 0 & 1 & -1 & \vdots & 1 \end{pmatrix}$$

$\begin{vmatrix} 0 & 1 \\ -1 & 0 \end{vmatrix} = 1 \neq 0 \Rightarrow rg(A) = 2$

Rango $(A^*)$:

$$\begin{vmatrix} 0 & 1 & 1 \\ -1 & 0 & 5 \\ 0 & 1 & 1 \end{vmatrix} = 0 \Rightarrow rg(A^*) = 2$$

$\left. \begin{matrix} rg(A) = 2 \\ rg(A^*) = 2 \\ n° \; incógnitas = 3 \end{matrix} \right\} \longrightarrow T^{MA}\!-ROUCHÉ \Rightarrow$ Sistema Compatible Indeterminado

$\left. \begin{matrix} y - z = 1 \\ -x + z = 5 \end{matrix} \right\} \Rightarrow z = \lambda \begin{matrix} \nearrow \; y = 1 + \lambda \\ \searrow \; x = -5 + \lambda \end{matrix}$

Las infinitas soluciones vienen dadas por

$$(x, y, z) = (-5 + \lambda, 1 + \lambda, \lambda) \quad \forall \lambda \in \mathbb{R}$$

PÁGINA 2

PROBLEMA A.2

$$A(-1, 2, \lambda) \quad B(2, 3, 5) \quad C(3, 5, 3)$$

a) Si AC es la hipotenusa, el triángulo será rectángulo

en B según:

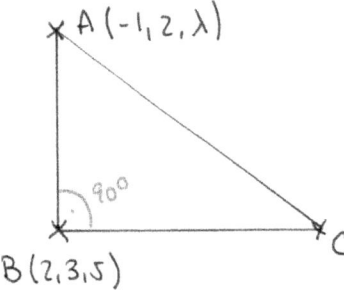

Como vemos, los vectores $\overrightarrow{BA}$

y $\overrightarrow{BC}$ serán perpendiculares.

Por tanto:

$$\overrightarrow{BA} = (-1, 2, \lambda) - (2, 3, 5) = (-3, -1, \lambda-5)$$

$$\overrightarrow{BC} = (3, 5, 3) - (2, 3, 5) = (1, 2, -2)$$

Si $\overrightarrow{BA} \perp \overrightarrow{BC} \Rightarrow \overrightarrow{BA} \cdot \overrightarrow{BC} = 0$

$$(-3, -1, \lambda-5) \cdot (1, 2, -2) = 0$$

$$-3 - 2 - 2\lambda + 10 = 0 \Rightarrow -2\lambda = -5 \Rightarrow \lambda = 5/2$$

b) $A_{triángulo} = \dfrac{1}{2} |\overrightarrow{BA} \times \overrightarrow{BC}|$

Si $\lambda = 6 \Rightarrow \overrightarrow{BA} \times \overrightarrow{BC} = \begin{vmatrix} \vec{i} & \vec{j} & \vec{k} \\ -3 & -1 & 1 \\ 1 & 2 & -2 \end{vmatrix} = (0, -5, -5)$

$$|\overrightarrow{BA} \times \overrightarrow{BC}| = \sqrt{5^2 + 5^2} = \sqrt{50} \Rightarrow Area = \dfrac{1}{2}\sqrt{50} = \dfrac{5\sqrt{2}}{2} \, u^2$$

c)

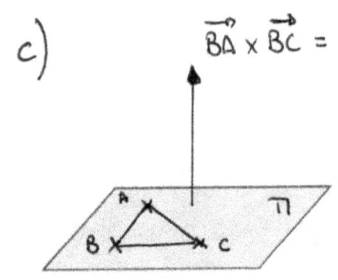

$$\vec{BA} \times \vec{BC} = (0, -5, -5) \Rightarrow \vec{n_\pi} = (0, 1, 1)$$

$$\pi: Ax + By + Cz + D = 0$$

$$\pi: y + z + D = 0$$

$$B(2, 3, 5) \in \pi \quad 3 + 5 + D = 0 \Rightarrow D = -8$$

$$\Rightarrow \pi: y + z - 8 = 0$$

PROBLEMA A.3

a) $f(x) = \dfrac{1}{x^2 - x}$

$$x^2 - x = 0 \Rightarrow x(x-1) = 0 \begin{cases} x = 0 \\ x = 1 \end{cases}$$

$$Dom(f(x)) = \mathbb{R} - \{0, 1\}$$

A. Verticales:

$$\lim_{x \to 0} \frac{1}{x^2 - x} = \left[\frac{1}{0}\right] \rightarrow \begin{cases} \lim_{x \to 0^-} \frac{1}{x^2 - x} = +\infty \\ \\ \lim_{x \to 0^+} \frac{1}{x^2 - x} = -\infty \end{cases} \quad x = 0 \text{ es A. Vertical}$$

$$\lim_{x \to 1} \frac{1}{x^2 - x} = \left[\frac{1}{0}\right] \rightarrow \begin{cases} \lim_{x \to 1^-} \frac{1}{x^2 - x} = -\infty \\ \\ \lim_{x \to 1^+} \frac{1}{x^2 - x} = +\infty \end{cases} \quad x = 1 \text{ es A. Vertical}$$

A. Horizontales

$$\lim_{x \to \infty} \frac{1}{x^2 - x} = \left[\frac{1}{\infty}\right] = 0$$

$$\lim_{x \to -\infty} \frac{1}{x^2 - x} = \left[\frac{1}{\infty}\right] = 0$$

$y = 0$ es A. Horizontal cuando $x \to \pm\infty$ y no hay oblicuas.

b) $f(x) = \dfrac{1}{x^2 - x}$

$$f'(x) = \frac{-1(2x-1)}{(x^2-x)^2} = \frac{1-2x}{(x^2-x)^2}$$

$$f'(x) = 0 \implies 1-2x = 0 \implies x = \tfrac{1}{2}$$

$f(x)$     $f(x)$     $f(x)$     $f(x)$

$f'(x) > 0 \quad 0 \quad f'(x) > 0 \quad \tfrac{1}{2} \quad f'(x) < 0 \quad 1 \quad f'(x) < 0$

$f(x)$ es creciente $\forall x \in (-\infty, 0) \cup (0, \tfrac{1}{2})$

$f(x)$ es decreciente $\forall x \in (\tfrac{1}{2}, 1) \cup (1, +\infty)$

c) $f(x)$ no corta al eje X
   $f(x) > 0 \ \forall x \in [2,3]$
   $\implies A = \displaystyle\int_2^3 \frac{1}{x^2 - x}\, dx$

$$\frac{1}{x^2-x} = \frac{A}{x} + \frac{B}{x-1} = \frac{A(x-1)+Bx}{x(x-1)}$$

$$\Rightarrow \quad 1 = A(x-1) + Bx$$

$$Si \quad x = 0 \longrightarrow 1 = -A \Rightarrow A = -1$$

$$Si \quad x = 1 \longrightarrow 1 = B$$

$$\Rightarrow \int \frac{1}{x^2-x}\, dx = \int \frac{-1}{x}\, dx + \int \frac{1}{x-1}\, dx =$$

$$= -\ln|x| + \ln|x-1| + C'$$

$$\Rightarrow A = \int_2^3 \frac{1}{x^2-x}\, dx = \left[ \ln|x-1| - \ln|x| \right]_2^3 =$$

$$= (\ln 2 - \ln 3) - (\ln 1 - \ln 2) = 2\ln 2 - \ln 3 \approx 0'2877\, u^2$$

OPCIÓN B

PROBLEMA B.1

a)  $A^2 + 2A = 3I$

$$A(A + 2I) = 3I$$

$$A \cdot \left[ \frac{1}{3}(A+2I) \right] = I \Rightarrow A \cdot \left( \frac{1}{3}A + \frac{2}{3}I \right) = I$$

La definición de matriz inversa dice :

$$A \cdot A^{-1} = I \quad \text{y tenemos que} \quad A \cdot \left( \frac{1}{3} A + \frac{2}{3} I \right) = I$$

Y por tanto $\Rightarrow A^{-1} = \frac{1}{3} A + \frac{2}{3} I$

Y como buscamos "a" y "b" tales que $A^{-1} = a \cdot A + b \cdot I$

$$\Rightarrow a = \frac{1}{3} \quad \text{y} \quad b = \frac{2}{3}$$

b) $A^2 + 2A = 3I \Rightarrow A^2 = 3I - 2A$

$A^4 = A^2 \cdot A^2 = (3I - 2A) \cdot (3I - 2A) = 9I - 6A - 6A + 4A^2 =$

$= 9I - 12A + 4A^2 = 9I - 12A + 4(3I - 2A) =$

$= 9I - 12A + 12I - 8A = -20A + 21I$

Como $A^4 = \alpha A + \beta I \Rightarrow \alpha = -20 \text{ y } \beta = 21$

c) $\det(2B^{-1}) = 2^3 \cdot \det(B^{-1}) = 2^3 \cdot \frac{1}{\det(B)} = 2^3 \cdot \frac{1}{2} = 4$

$\det(KX) = K^n \cdot \det(X)$     $\det(X^{-1}) = \frac{1}{\det(X)}$

con $X_{n \times n}$

PÁGINA 7

PROBLEMA B.2

$A(5,7,3)$    $r: \dfrac{x-3}{-1} = \dfrac{y+1}{3} = \dfrac{z}{2}$    $\nearrow \, cer\,(3,-1,0)$

$\searrow \, \vec{V_r}\,(-1,3,2)$

a)

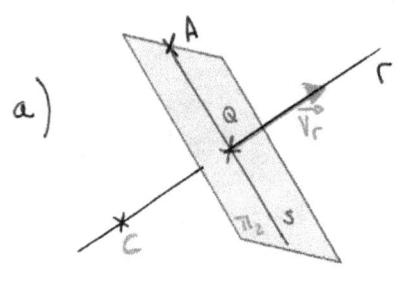

Construimos por A un plano
perpendicular a r.

Como $\Pi_2 \perp r \Rightarrow \vec{n}_{\Pi_2} = \vec{V_r}$

$\Pi_2: Ax + By + Cz + D = 0$

$\Pi_2: -x + 3y + 2z + D = 0$

Como $A(5,7,3) \in \Pi_2 \quad\nearrow\; -5 + 21 + 6 + D = 0 \Rightarrow D = -22$

$\Rightarrow \Pi_2: -x + 3y + 2z - 22 = 0$

Determinamos el punto de corte Q entre la recta r dada

y el plano $\Pi_2$ construido:

$r: \begin{cases} x = 3 - \lambda \\ y = -1 + 3\lambda \\ z = 2\lambda \end{cases}$    $\Rightarrow -(3-\lambda) + 3(-1+3\lambda) + 2(2\lambda) - 22 = 0$

$-3 + \lambda - 3 + 9\lambda + 4\lambda - 22 = 0$

$14\lambda - 28 = 0 \Rightarrow \lambda = 2$

$Q(3-\lambda, -1+3\lambda, 2\lambda) \overset{\lambda=2}{\Longrightarrow} Q(1,5,4)$

La recta s que estamos buscando es la que pasa por

A y por Q. Así:

PÁGINA 8

$$\overrightarrow{AQ} = (1,5,4) - (5,7,3) = (-4,-2,1) = \overrightarrow{v_s}$$

$$\Rightarrow \quad S: \begin{cases} x = 5 - 4\alpha \\ y = 7 - 2\alpha \\ z = 3 + \alpha \end{cases}$$

b) Tal y como acabamos de ver, la distancia de A a r es la distancia de A a Q. Así:

$$d(A,r) = d(A,Q) = |\overrightarrow{AQ}| = \sqrt{16+4+1} = \sqrt{21} \; \mu.$$

c) Como $\pi \perp r \Rightarrow \overrightarrow{n_\pi} = \overrightarrow{v_r}$

$$\pi: Ax + By + Cz + D = 0 \Rightarrow \pi: -x + 3y + 2z + D = 0$$

$$(+3,-1,0) \in \pi \quad \searrow -3 -3 + D = 0 \Rightarrow D = 6$$

$$\Rightarrow \pi: -x + 3y + 2z + 6 = 0$$

$$d(B,\pi) = \frac{|Ax_0 + By_0 + Cz_0 + D|}{\sqrt{A^2 + B^2 + C^2}} = \frac{|-1+3+2+6|}{\sqrt{1+9+4}} = \frac{10}{\sqrt{14}} \; \mu.$$

PROBLEMA B.3

a)

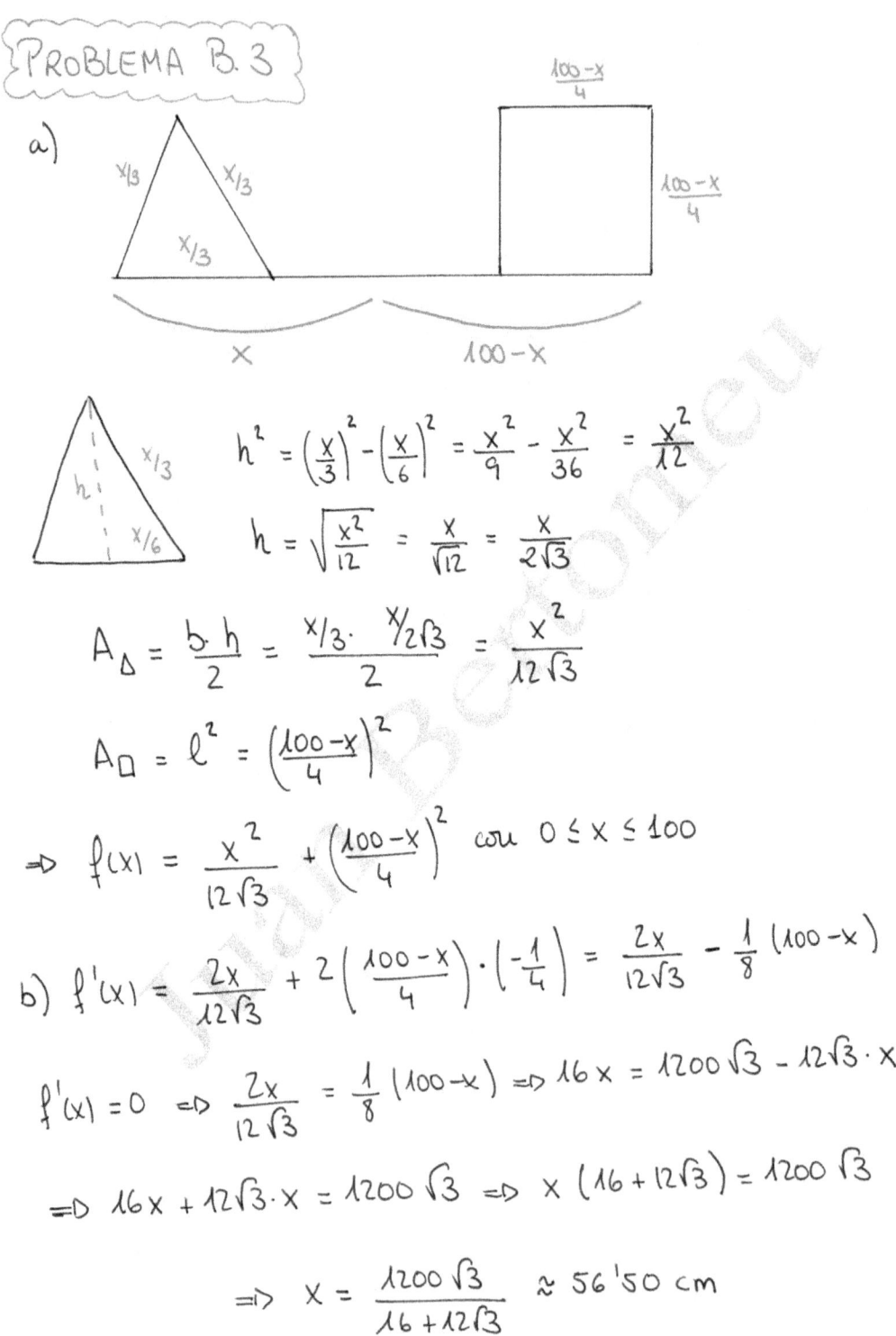

$$h^2 = \left(\frac{x}{3}\right)^2 - \left(\frac{x}{6}\right)^2 = \frac{x^2}{9} - \frac{x^2}{36} = \frac{x^2}{12}$$

$$h = \sqrt{\frac{x^2}{12}} = \frac{x}{\sqrt{12}} = \frac{x}{2\sqrt{3}}$$

$$A_\triangle = \frac{b \cdot h}{2} = \frac{x/3 \cdot x/2\sqrt{3}}{2} = \frac{x^2}{12\sqrt{3}}$$

$$A_\square = \ell^2 = \left(\frac{100-x}{4}\right)^2$$

$$\Rightarrow f(x) = \frac{x^2}{12\sqrt{3}} + \left(\frac{100-x}{4}\right)^2 \quad \text{con } 0 \leq x \leq 100$$

b) $$f'(x) = \frac{2x}{12\sqrt{3}} + 2\left(\frac{100-x}{4}\right) \cdot \left(-\frac{1}{4}\right) = \frac{2x}{12\sqrt{3}} - \frac{1}{8}(100-x)$$

$$f'(x) = 0 \Rightarrow \frac{2x}{12\sqrt{3}} = \frac{1}{8}(100-x) \Rightarrow 16x = 1200\sqrt{3} - 12\sqrt{3} \cdot x$$

$$\Rightarrow 16x + 12\sqrt{3} \cdot x = 1200\sqrt{3} \Rightarrow x(16 + 12\sqrt{3}) = 1200\sqrt{3}$$

$$\Rightarrow x = \frac{1200\sqrt{3}}{16 + 12\sqrt{3}} \approx 56'50 \text{ cm}$$

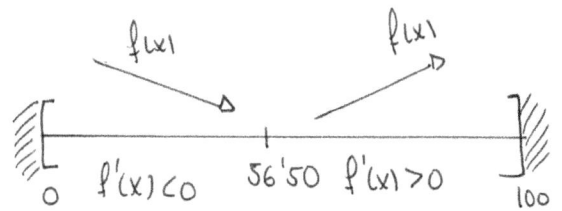

La suma de las áreas es mínima cuando el

valor de x es    $x = \dfrac{1200\sqrt{3}}{16+12\sqrt{3}} \approx 56'50$ cm

c) El máximo de f(x) en [0,100] estará por tanto

en alguno de los extremos. Así:

$f(0) = 625$ cm$^2$

$f(100) = 481'12$ cm$^2$

$\Rightarrow$ El área es máxima para x=0, es decir, cuando

destinamos la totalidad del alambre para construir

el cuadrado.

**Problema A.1.** Dado el sistema de ecuaciones $\begin{cases} x + y & = 1 \\ (a-1)y + z & = 0 \\ x + ay + (a-1)z & = a \end{cases}$, donde $a$ es un

parámetro real, se pide obtener **razonadamente**, **escribiendo todos los pasos del razonamiento utilizado**:

a) Los valores del parámetro $a$ para los cuales el sistema es compatible          (5 *puntos*).
b) Las soluciones del sistema cuando $a = 1$          (3 *puntos*).
c) La solución del sistema cuando $a = 0$          (2 *puntos*).

**Problema A.2.** Se tienen el plano $\pi : x - y + z - 3 = 0$, la recta $s : \begin{cases} x - 2y = 0 \\ z = 0 \end{cases}$ y el punto $A(1,1,1)$.

Obtener **razonadamente**, **escribiendo todos los pasos del razonamiento utilizado**:

a) La recta que pasa por $A$, corta a la recta $s$ y es paralela al plano $\pi$          (4 *puntos*).
b) El plano que pasa por $A$, es perpendicular al plano $\pi$ y paralelo a la recta s          (3 *puntos*).
c) Discute si el punto $(3,2,1)$ está en la recta paralela a $s$ que pasa por $(5,3,1)$          (3 *puntos*).

**Problema A.3** Consideramos la función $f(x) = ax^3 + bx^2 + cx \cos(\pi x)$, que depende de los parámetros $a, b, c$. Obtener **razonadamente, escribiendo todos los pasos del razonamiento utilizado:**

a) La relación entre los coeficientes $a, b, c$ sabiendo que $f(x)$ toma el valor 22 cuando $x = 1$ (2 puntos).
b) La relación que deben verificar los coeficientes $a, b$ y $c$ para que sea horizontal la recta tangente a la curva $y = f(x)$ en el punto $P$ de dicha curva, sabiendo que la abscisa del punto $P$ es $x = 1$.          (4 puntos).
c) $\int_0^1 x \cos(\pi x)\, dx$          (4 puntos).

# OPCIÓN B

**Problema B.1.** Resolver los siguientes apartados, **escribiendo todos los pasos del razonamiento utilizado**:

a) Dadas $A$ y $B$, matrices cuadradas del mismo orden tales que $AB = A$ y $BA = B$, deducir
que $A^2 = A$ y $B^2 = B$ (4 *puntos*).

b) Dada la matriz $A = \begin{bmatrix} 1 & 0 \\ 0 & 0 \end{bmatrix}$, se pide encontrar los parámetros $a, b$ para que la matriz

$B = \begin{bmatrix} a & 0 \\ 1 & b \end{bmatrix}$ cumpla que $B^2 = B$ pero $AB \neq A$ y $BA \neq B$ (2 *puntos*).

c) Sabiendo que $\begin{vmatrix} x & 1 & 0 \\ y & 2 & 1 \\ z & 3 & 2 \end{vmatrix} = 3$, obtener razonadamente el valor de los determinantes

$\begin{vmatrix} 2x & 1 & 0 \\ 2y & 2 & 1 \\ 2z & 3 & 2 \end{vmatrix}$ y $\begin{vmatrix} x+1 & 1 & 0 \\ y+3 & 2 & 1 \\ z+5 & 3 & 2 \end{vmatrix}$ (4 *puntos*).

**Problema B.2.** Dada la recta $r: \begin{cases} x + y = 3 \\ x + 4y - z = 8 \end{cases}$ se pide obtener **razonadamente**, **escribiendo todos los pasos del razonamiento utilizado**:

a) Las ecuaciones paramétricas de la recta $r$ (3 *puntos*).

b) La ecuación del plano $\pi$ que es paralelo a $r$ y pasa por los puntos $(5,0,1)$ y $(4,1,0)$ (4 *puntos*).

c) La distancia entre la recta $r$ y el plano $\pi$ obtenido en el apartado anterior (3 *puntos*).

**Problema B.3.** Dentro de una cartulina rectangular se desea hacer un dibujo que ocupe un rectángulo $R$ de
$600\ cm^2$ de área de manera que:
Por encima y por debajo de $R$ deben quedar unos márgenes de 3 cm de altura cada uno. Los márgenes a
izquierda y a derecha de $R$ deben tener una anchura de 2 cm cada uno.
Obtener **razonadamente, escribiendo todos los pasos del razonamiento utilizado**:

a) El área de la cartulina en función de la base $x$ del rectángulo $R$ (3 puntos).

b) El valor de $x$ para el cual el área de la cartulina es mínima (5 puntos).

c) Las dimensiones de dicha cartulina de área mínima (2 puntos).

{OPCIÓN A}

{PROBLEMA A.1}

$$\left. \begin{array}{l} x + y = 1 \\ (a-1)y + z = 0 \\ x + ay + (a-1)z = a \end{array} \right\} \qquad A^* = \begin{pmatrix} 1 & 1 & 0 & \vdots & 1 \\ 0 & a-1 & 1 & \vdots & 0 \\ 1 & a & a-1 & \vdots & a \end{pmatrix}$$

$$\det(A) = \begin{vmatrix} 1 & 1 & 0 \\ 0 & a-1 & 1 \\ 1 & a & a-1 \end{vmatrix} = a^2 - 3a + 2$$

$$\det(A) = 0 \;\Rightarrow\; a^2 - 3a + 2 = 0 \; \begin{array}{l} \nearrow a = 1 \\ \searrow a = 2 \end{array}$$

**Si a = 1** $\Rightarrow \det(A) = 0 \Rightarrow rg(A) < 3$

$$A^* = \begin{pmatrix} 1 & 1 & 0 & \vdots & 1 \\ 0 & 0 & 1 & \vdots & 0 \\ 1 & 1 & 0 & \vdots & 1 \end{pmatrix}$$

<u>Rango (A):</u>

$\begin{vmatrix} 1 & 0 \\ 0 & 1 \end{vmatrix} = 1 \neq 0 \Rightarrow rg(A) = 2$

<u>Rango (A*):</u>

$\begin{vmatrix} 1 & 0 & 1 \\ 0 & 1 & 0 \\ 1 & 0 & 1 \end{vmatrix} = 0 \Rightarrow rg(A^*) = 2$

$$\left. \begin{array}{l} rg(A) = 2 \\ rg(A^*) = 2 \\ n^o \; \text{incógnitas} = 3 \end{array} \right\} \Rightarrow T^{\underline{MA}} \; ROUCHÉ \Rightarrow \text{Sistema Compatible Indeterminado}$$

PÁGINA 1

$$\left.\begin{array}{r} x + y = 1 \\ z = 0 \end{array}\right\} \quad y = \lambda \Rightarrow x = 1 - \lambda$$

Las infinitas soluciones del sistema para $a = 1$ vienen dadas por:

$$(x, y, z) = (1 - \lambda, \lambda, 0) \quad \forall \lambda \in \mathbb{R}.$$

Si $a = 2$ $\Rightarrow \det(A) = 0 \Rightarrow rg(A) < 3$

$$A^* = \begin{pmatrix} 1 & 1 & 0 & | & 1 \\ 0 & 1 & 1 & | & 0 \\ 1 & 2 & 1 & | & 2 \end{pmatrix}$$

Rango $(A)$:

$$\begin{vmatrix} 1 & 1 \\ 0 & 1 \end{vmatrix} = 1 \neq 0 \Rightarrow rg(A) = 2$$

Rango $(A^*)$:

$$\begin{vmatrix} 1 & 1 & 1 \\ 0 & 1 & 0 \\ 1 & 2 & 2 \end{vmatrix} = 1 \neq 0 \Rightarrow rg(A^*) = 3$$

$$\left.\begin{array}{l} rg(A) = 2 \\ rg(A^*) = 3 \end{array}\right\} T^{MA} \text{ ROUCHÉ} \Rightarrow \text{Sistema Incompatible}$$

Si $a \neq 1 \land a \neq 2$ $\Rightarrow \det(A) \neq 0 \Rightarrow rg(A) = 3 \Rightarrow rg(A^*) = 3$

$\Rightarrow T^{MA}$ ROUCHÉ $\Rightarrow$ Sistema Compatible determinado.

Es decir, que el sistema es compatible $\forall a \in \mathbb{R} - \{2\}$

Solo nos falta calcular la solución cuando $a = 0$.

Como $a = 0$ es $a \neq 1 \land a \neq 2$, sabemos que el sistema será compatible determinado si $a = 0$. Así:

$$\left. \begin{array}{l} x + y = 1 \\ -y + z = 0 \\ x - z = 0 \end{array} \right\} \longrightarrow 2z = 1 \Rightarrow z = \tfrac{1}{2}$$

$$\begin{array}{l} y = z \\ x = z \end{array}$$

La solución del sistema para $a = 0$ viene dada por:

$$(x, y, z) = \left( \tfrac{1}{2}, \tfrac{1}{2}, \tfrac{1}{2} \right)$$

{PROBLEMA A.2}

$\pi : x - y + z - 3 = 0$   ;   $s : \begin{cases} x - 2y = 0 \\ z = 0 \end{cases} \Rightarrow y = \lambda \Rightarrow s : \begin{cases} x = 2\lambda \\ y = \lambda \\ z = 0 \end{cases}$

$\vec{n_\pi} = (1, -1, 1)$

$B_{\in s} (0, 0, 0)$    $\vec{v_s} (2, 1, 0)$

a) Primero veamos la posición relativa de la recta "s" dada con el plano $\pi$ dado.

$$s : \begin{cases} x = 2\lambda \\ y = \lambda \\ z = 0 \end{cases} \quad \pi : x - y + z - 3 = 0$$

$\Rightarrow 2\lambda - \lambda + 0 - 3 = 0 \Rightarrow \lambda = 3 \Rightarrow$ La recta "s" corta

al plano $\pi$ en el punto $P(6, 3, 0)$. Así:

PÁGINA 3

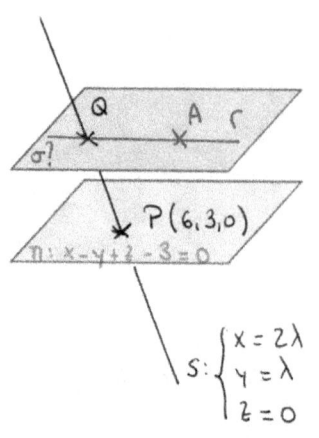

* Determinamos el plano $\sigma$ que pasa por A y es paralelo a $\pi$:

$$\vec{n_\sigma} = \vec{n_\pi} = (1, -1, 1)$$

$$\Rightarrow \sigma: x - y + z + D = 0$$

$$A(1, 1, 1) \in \sigma \curvearrowright 1 - 1 + 1 + D = 0$$

$$\Rightarrow D = -1$$

$$\Rightarrow \sigma: x - y + z - 1 = 0$$

* Calculamos Q punto de corte entre $\sigma$ y la recta **s**:

$$s: \begin{cases} x = 2\lambda \\ y = \lambda \\ z = 0 \end{cases} \qquad \sigma: x - y + z - 1 = 0$$

$$\Rightarrow 2\lambda - \lambda + 0 - 1 = 0 \Rightarrow \lambda = 1 \Rightarrow Q(2, 1, 0)$$

* La recta r que buscamos es la que pasa por Q y A.

$$\vec{QA} = (1, 1, 1) - (2, 1, 0) = (-1, 0, 1) = \vec{V_r}$$

$$\Rightarrow r: \begin{cases} x = 2 - \alpha \\ y = 1 \\ z = \alpha \end{cases}$$

b)

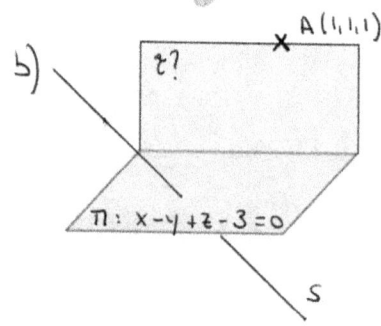

El plano $\tau$ que buscamos es paralelo a la recta **s** $\Rightarrow \vec{n_\tau} \perp \vec{V_s}$

El plano $\tau$ que buscamos es perpendicular al plano $\pi$ $\Rightarrow \vec{n_\tau} \perp \vec{n_\pi}$

$$\Rightarrow \vec{n_\Pi} \times \vec{v_S} = \begin{vmatrix} \vec{i} & \vec{j} & \vec{k} \\ 1 & -1 & 1 \\ 2 & 1 & 0 \end{vmatrix} = (-1, 2, 3) = \vec{n_\tau}$$

$$\Rightarrow \tau: \; Ax + By + Cz + D = 0$$

$$\tau: \; -x + 2y + 3z + D = 0$$

Como $A(1,1,1) \in \tau$ $\Biggr\}$ $-1 + 2 + 3 + D = 0 \Rightarrow D = -4$

$$\Rightarrow \tau: \; -x + 2y + 3z - 4 = 0$$

c) La recta t paralela a la recta s tendrá $\vec{v_t} = \vec{v_s}$.

Como además pasa por $(5,3,1)$ será:

$$t \equiv \begin{cases} x = 5 + 2\beta \\ y = 3 + \beta \\ z = 1 \end{cases}$$

Un punto pertenece a una recta si verifica su ecuación.

Así:

$$\left. \begin{array}{l} 3 = 5 + 2\beta \Rightarrow \beta = -1 \\ 2 = 3 + \beta \Rightarrow \beta = -1 \\ 1 = 1 \end{array} \right\} \; \begin{array}{l} \text{El punto } (3,2,1) \text{ efectivamente} \\ \text{pertenece a la recta t.} \end{array}$$

{PROBLEMA A.3}

$$f(x) = ax^3 + bx^2 + cx \cdot \cos(\pi x)$$

a) $f(1) = 22$

$$a \cdot 1^3 + b \cdot 1^2 + c \cdot 1 \cdot \cos(\pi) = 22$$

$$a + b - c = 22$$

b) Una recta horizontal tiene pendiente nula $\Rightarrow m = 0$

$$f'(x) = 3ax^2 + 2bx + c \cdot \cos(\pi x) - \pi cx \cdot \sin(\pi x)$$

La pendiente de la recta tangente en un punto $x_0$ es el valor que toma la derivada en dicho punto.

$$m = f'(x_0) \Rightarrow f'(1) = 0$$

$$3a \cdot 1 + 2b \cdot 1 + c \cdot \cos(\pi) - \pi c \sin(\pi) = 0$$

$$3a + 2b - c = 0$$

c) $\displaystyle\int_0^1 \underbrace{x}_{u} \cdot \underbrace{\cos(\pi x)}_{dv} dx = \left[ \frac{x}{\pi} \cdot \sin(\pi x) \right]_0^1 - \int_0^1 \frac{1}{\pi} \sin(\pi x) dx = \circledast$

$$u = x \quad du = dx$$

$$dv = \cos(\pi x) \quad v = \frac{1}{\pi}\sin(\pi x)$$

$\circledast = \left[ \frac{x}{\pi} \cdot \sin(\pi x) \right]_0^1 - \left[ \frac{1}{\pi^2} \cdot (-\cos(\pi x)) \right]_0^1 =$

PÁGINA 6

$$= \left[ \frac{x}{\pi} \operatorname{sen}(\pi x) + \frac{1}{\pi^2} \cdot \cos(\pi x) \right]_0^1 =$$

$$= \left( \frac{1}{\pi} \operatorname{sen}(\pi) + \frac{1}{\pi^2} \cos(\pi) \right) - \left( 0 \cdot \operatorname{sen}(0) + \frac{1}{\pi^2} \cdot \cos(0) \right) =$$

$$= -\frac{1}{\pi^2} - \frac{1}{\pi^2} = -\frac{2}{\pi^2}$$

## OPCIÓN B

### PROBLEMA B.1

a) $\quad A^2 = A \cdot A = ABAB = ABB = AB = A$

$$\overset{AB=A}{\phantom{x}}$$
$$\underset{BA=B}{\phantom{x}} \qquad \underset{BA=B}{\phantom{x}}$$

$$B^2 = B \cdot B = BABA = BAA = BA = B$$

$$\underset{AB=A}{\phantom{x}}$$

b) $\quad B^2 = B \Rightarrow \begin{pmatrix} a & 0 \\ 1 & b \end{pmatrix} \cdot \begin{pmatrix} a & 0 \\ 1 & b \end{pmatrix} = \begin{pmatrix} a & 0 \\ 1 & b \end{pmatrix} \Rightarrow$

$$\Rightarrow \begin{pmatrix} a^2 & 0 \\ a+b & b^2 \end{pmatrix} = \begin{pmatrix} a & 0 \\ 1 & b \end{pmatrix} \Rightarrow \begin{cases} a^2 = a \\ a+b = 1 \\ b^2 = b \end{cases}$$

$$a^2 - a = 0 \Rightarrow a(a-1) = 0 \begin{cases} a = 0 \longrightarrow b = 1 \\ a = 1 \longrightarrow b = 0 \end{cases}$$

Por otro lado, $AB \neq A \land BA \neq B$

$$A \cdot B = \begin{pmatrix} 1 & 0 \\ 0 & 0 \end{pmatrix} \begin{pmatrix} a & 0 \\ 1 & b \end{pmatrix} = \begin{pmatrix} a & 0 \\ 0 & 0 \end{pmatrix} \neq \begin{pmatrix} 1 & 0 \\ 0 & 0 \end{pmatrix}$$

$$\Rightarrow a \neq 1$$

$$B \cdot A = \begin{pmatrix} a & 0 \\ 1 & b \end{pmatrix} \cdot \begin{pmatrix} 1 & 0 \\ 0 & 0 \end{pmatrix} = \begin{pmatrix} a & 0 \\ 1 & 0 \end{pmatrix} \neq \begin{pmatrix} a & 0 \\ 1 & b \end{pmatrix}$$

$$\Rightarrow b \neq 0$$

Los valores pedidos son $a = 0$ y $b = 1$

c)
$$\begin{vmatrix} 2x & 1 & 0 \\ 2y & 2 & 1 \\ 2z & 3 & 2 \end{vmatrix} = 2 \cdot \begin{vmatrix} x & 1 & 0 \\ y & 2 & 1 \\ z & 3 & 2 \end{vmatrix} = 2 \cdot 3 = 6$$

$$\begin{vmatrix} x+1 & 1 & 0 \\ y+3 & 2 & 1 \\ z+5 & 3 & 2 \end{vmatrix} = \begin{vmatrix} x & 1 & 0 \\ y & 2 & 1 \\ z & 3 & 2 \end{vmatrix} = 3$$

$$c_1' = c_1 - c_2 - c_3$$

PROBLEMA B.2

a) $r:\begin{cases} x+y=3 \\ x+4y-z=8 \end{cases}$    $y=\lambda \Rightarrow x=3-\lambda$

$z=x+4y-8=3-\lambda+4\lambda-8=-5+3\lambda$

$\Rightarrow r:\begin{cases} x=3-\lambda \\ y=\lambda \\ z=-5+3\lambda \end{cases}$    $A\in r (3,0,-5)$
$\vec{V_r}(-1,1,3)$

b)

$\vec{BC}=(5,0,1)-(4,1,0)=(1,-1,1)$

$\vec{BC}\times\vec{V_r}=\begin{vmatrix} \vec{i} & \vec{j} & \vec{k} \\ 1 & -1 & 1 \\ -1 & 1 & 3 \end{vmatrix}=(-4,-4,0)$

$\Rightarrow \vec{n_\pi}=(1,1,0)$

$\pi: Ax+By+Cz+D=0$

$\pi: x+y+D=0$

Como $(5,0,1)\in\pi$    $5+0+D=0 \Rightarrow D=-5$

$\Rightarrow \pi: x+y-5=0$

c) $d(r,\pi)=d(A\in r,\pi)=\dfrac{|3+0-5|}{\sqrt{1^2+1^2}}=\dfrac{2}{\sqrt{2}}=\sqrt{2}\,u$

PÁGINA 9

PROBLEMA B.3

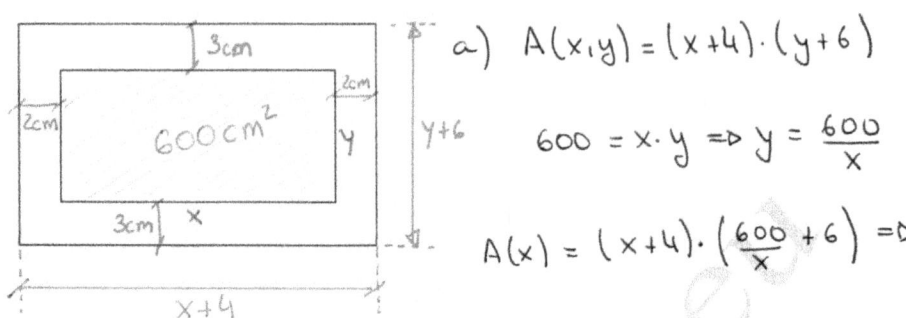

a) $A(x,y) = (x+4) \cdot (y+6)$

$$600 = x \cdot y \Rightarrow y = \frac{600}{x}$$

$$A(x) = (x+4) \cdot \left(\frac{600}{x} + 6\right) \Rightarrow$$

$$\Rightarrow A(x) = 600 + 6x + \frac{2400}{x} + 24 = 6x + \frac{2400}{x} + 624 \; ; \; x > 0$$

b) $A'(x) = 6 - \frac{2400}{x^2}$

$$A'(x) = 0 \Rightarrow 6 - \frac{2400}{x^2} = 0 \Rightarrow \frac{2400}{x^2} = 6 \Rightarrow x = 20\,cm$$

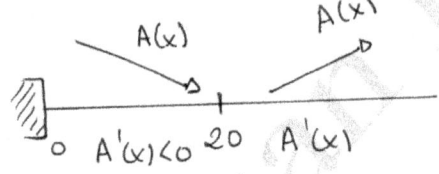

El área de la cartulina
es mínima cuando $x = 20\,cm$

c) Las dimensiones de la cartulina de área mínima

Base $= x + 4 = 20 + 4 = 24\,cm$

Altura $= y + 6 = \frac{600}{x} + 6 = \frac{600}{20} + 6 = 36\,cm$

**Problema A.1.** Se dan la matriz $A = \begin{pmatrix} 1 & 0 & a \\ -2 & a+1 & 2 \\ -3 & a-1 & a \end{pmatrix}$, que depende del parámetro real $a$, y una matriz

cuadrada $B$ de orden 3 tal que $B^2 = \frac{1}{3} I - 2B$, siendo $I$ la matriz identidad de orden 3.

**Obtener razonadamente, escribiendo todos los pasos del razonamiento utilizado:**

a)  El rango de la matriz $A$ en función del parámetro $a$ y el determinante de la matriz $2A^{-1}$
    cuando $a = 1$.                                                                    (2+2 *puntos*)

b)  Todas las soluciones del sistema de ecuaciones $A \begin{pmatrix} x \\ y \\ z \end{pmatrix} = \begin{pmatrix} -1 \\ 2 \\ 0 \end{pmatrix}$ cuando $a = -1$.          (3 *puntos*)

c)  La comprobación de que $B$ es invertible, encontrando $m$ y $n$ tales que $B^{-1} = mB + nI$.          (3 *puntos*)

**Problema A.2.** Consideramos en el espacio las rectas $r: \begin{cases} x - y + 3 = 0 \\ 2x - z + 3 = 0 \end{cases}$ y $s: x = y + 1 = \frac{z-2}{2}$.

**Obtener razonadamente, escribiendo todos los pasos del razonamiento utilizado:**

a)  La ecuación del plano que contiene las rectas $r$ y $s$.                          (3 *puntos*)

b)  La recta que pasa por $P = (0, -1, 2)$ y corta perpendicularmente a la recta $r$.          (4 *puntos*)

c)  El valor que deben tener los parámetros reales $a$ y $b$ para que la recta $s$ esté contenida en
    el plano $\pi: x - 2y + az = b$.                                                   (3 *puntos*)

**Problema A.3.** Se considera la función $f(x) = xe^{-x^2}$.

**Obtener razonadamente, escribiendo todos los pasos del razonamiento utilizado:**

a)  Las asíntotas, los intervalos de crecimiento y de decrecimiento, así como los máximos
    y mínimos relativos de la función $f(x)$.                                          (3 *puntos*)

b)  La representación gráfica de la curva $y = f(x)$.                                  (2 *puntos*)

c)  El valor del parámetro $a$ para que se pueda aplicar el teorema de Rolle en el intervalo
    $[0,1]$ a la función $g(x) = f(x) + ax$.                                           (1 *punto*)

d)  El valor de las integrales indefinidas $\int f(x)\, dx$, $\int xe^{-x}\, dx$.          (4 *puntos*)

# OPCIÓN B

**Problema B.1.** Se da el sistema $\begin{cases} x + y + z = 4 \\ 3x + 4y + 5z = 5 \\ 7x + 9y + 11z = \alpha \end{cases}$ , donde $\alpha$ es un parámetro real.

**Obtener razonadamente, escribiendo todos los pasos del razonamiento utilizado:**

a) Los valores de $\alpha$ para los que el sistema es compatible y los valores de $\alpha$ para los que el sistema es incompatible. (4 *puntos*)

b) Todas las soluciones del sistema cuando sea compatible. (4 *puntos*)

c) La discusión de la compatibilidad y determinación del nuevo sistema deducido del anterior al cambiar el coeficiente 11 por cualquier otro número diferente. (2 *puntos*)

**Problema B.2.** Sea $\pi$ el plano de ecuación $9x + 12y + 20z = 180$.

**Obtener razonadamente, escribiendo todos los pasos del razonamiento utilizado:**

a) Las ecuaciones de los dos planos paralelos a $\pi$ que distan 4 unidades de $\pi$. (4 *puntos*)

b) Los puntos $A$, $B$ y $C$ intersección del plano $\pi$ con los ejes OX, OY y OZ y el ángulo que forman los vectores $\overrightarrow{AB}$ y $\overrightarrow{AC}$. (4 *puntos*)

c) El volumen del tetraedro cuyos vértices son el origen O de coordenadas y los puntos $A$, $B$ y $C$. (2 *puntos*)

**Problema B.3.** Las coordenadas iniciales de los móviles A y B son $(0, 0)$ y $(250, 0)$, respectivamente, siendo 1km la distancia del origen de coordenadas a cada uno de los puntos $(1, 0)$ y $(0, 1)$.

El móvil A se desplaza sobre el eje OY desde su posición inicial hasta el punto $\left(0, \frac{375}{2}\right)$ con velocidad de 30 km/h y, simultáneamente, el móvil B se desplaza sobre el eje OX desde su posición inicial hasta el origen de coordenadas con velocidad de 40 km/h.

**Obtener razonadamente, escribiendo todos los pasos del razonamiento utilizado:**

a) La distancia $f(t)$ entre los móviles A y B durante el desplazamiento, en función del tiempo $t$ en horas desde que comenzaron a desplazarse. (2 *puntos*)

b) El tiempo T que tardan los móviles en desplazarse desde su posición inicial a su posición final, y los intervalos de crecimiento y de decrecimiento de la función $f$ a lo largo del trayecto. (4 *puntos*)

c) Los valores de $t$ para los que la distancia de los móviles es máxima y mínima durante su desplazamiento y dichas distancias máxima y mínima. (4 *puntos*)

OPCIÓN A

PROBLEMA A.1

a)

$$A = \begin{pmatrix} 1 & 0 & a \\ -2 & a+1 & 2 \\ -3 & a-1 & a \end{pmatrix} \qquad det(A) = \begin{vmatrix} 1 & 0 & a \\ -2 & a+1 & 2 \\ -3 & a-1 & a \end{vmatrix} = 2a^2 + 4a + 2$$

$$det(A) = 0 \rightarrow 2a^2 + 4a + 2 = 0 \; ; \; a = \frac{-4 \pm \sqrt{16-16}}{4} = -1 \; (Doble)$$

Si $a \neq -1 \Rightarrow det(A) \neq 0 \Rightarrow rg(A) = 3$

Si $a = -1 \Rightarrow det(A) = 0 \Rightarrow rg(A) < 3$

$$A = \begin{pmatrix} 1 & 0 & -1 \\ -2 & 0 & 2 \\ -3 & -2 & -1 \end{pmatrix} \qquad \begin{vmatrix} -2 & 0 \\ -3 & -2 \end{vmatrix} = 4 \neq 0$$

$$\Rightarrow rg(A) = 2$$

Si $a = 1$, tendremos:

$$det(A) = 2a^2 + 4a + 2 \xRightarrow{a=1} det(A) = 8$$

y por tanto:

$$det(2A^{-1}) \underset{\uparrow}{=} 2^3 \cdot det(A^{-1}) \underset{\uparrow}{=} 2^3 \cdot \frac{1}{det(A)} = \frac{8}{8} = 1$$

$$det(kX) = k^n \cdot det(X) \text{ con } X_{n \times n}$$

$$det(A^{-1}) = \frac{1}{det(A)}$$

PÁGINA 1

b) $A \cdot \begin{pmatrix} x \\ y \\ z \end{pmatrix} = \begin{pmatrix} -1 \\ 2 \\ 0 \end{pmatrix}$ cuando $a = -1$ ($\det(A) = 0$):

$$A^* = \begin{pmatrix} 1 & 0 & -1 & \vdots & -1 \\ -2 & 0 & 2 & \vdots & 2 \\ -3 & -2 & -1 & \vdots & 0 \end{pmatrix}$$

Rango (A):

$$\begin{vmatrix} -2 & 0 \\ -3 & -2 \end{vmatrix} = 4 \neq 0$$

$$rg(A) = 2$$

Rango $(A^*)$:

$$\begin{vmatrix} 1 & 0 & -1 \\ -2 & 0 & 2 \\ -3 & -2 & 0 \end{vmatrix} = 0 \Rightarrow$$

$$\Rightarrow rg(A^*) = 2$$

$$\left.\begin{array}{l} rg(A) = 2 \\ rg(A^*) = 2 \\ n^o \text{ incógnitas} = 3 \end{array}\right\} \Rightarrow T^{\underset{\text{MA}}{-}} \text{ROUCHÉ} \Rightarrow \text{Sistema Compatible Indeterminado}$$

$$\left.\begin{array}{l} -2x + 2z = 2 \\ -3x - 2y - z = 0 \end{array}\right\} \rightarrow -x + z = 1 \quad \begin{array}{l} \rightarrow x = \lambda \\ \rightarrow z = 1 + \lambda \end{array}$$

$$\rightarrow 2y = -3x - z$$

$$y = -\frac{3x - z}{2} = \frac{-3\lambda - 1 - \lambda}{2} = -\frac{1}{2} - 2\lambda$$

Las infinitas soluciones vienen dadas por:

$$\begin{pmatrix} x \\ y \\ z \end{pmatrix} = \begin{pmatrix} \lambda \\ -\frac{1}{2} - 2\lambda \\ 1 + \lambda \end{pmatrix} \quad \forall \lambda \in \mathbb{R}$$

c) Una matriz $B$ es invertible si existe una matriz,

a la que llamamos inversa de $B$, $B^{-1}$, que verifique

que $B \cdot B^{-1} = I$. Así:

$$B^2 = \frac{1}{3} I - 2B \implies B^2 + 2B = \frac{1}{3} I \implies$$

$$\implies B(B + 2I) = \frac{1}{3} I \implies B \cdot (3B + 6I) = I$$

Por tanto, la matriz inversa de $B$ es:

$$B^{-1} = 3B + 6I \quad \text{y como nos dicen } B^{-1} = mB + nI$$

los valores pedidos son $m = 3$ y $n = 6$

PROBLEMA A.2

$$r: \begin{cases} x - y + 3 = 0 \\ 2x - z + 3 = 0 \end{cases} \longrightarrow \begin{array}{l} y = 3 + \lambda \\ x = \lambda \\ z = 3 + 2\lambda \end{array}$$

$$\implies r: \begin{cases} x = \lambda \\ y = 3 + \lambda \\ z = 3 + 2\lambda \end{cases} \begin{array}{l} A(0, 3, 3) \\ \vec{V_r}(1, 1, 2) \end{array}$$

$$s: \quad x = y + 1 = \frac{z - 2}{2} \quad \begin{array}{l} B(0, -1, 2) \\ \vec{V_s}(1, 1, 2) \end{array}$$

Estudiamos las posiciones relativas de la recta $r$

y la recta $s$:

$$\vec{AB} = (0, -1, 2) - (0, 3, 3) = (0, -4, -1)$$

Construimos las matrices $M$ y $M^*$ y estudiamos los rangos según:

$$M = \begin{pmatrix} 1 & 1 \\ 1 & 1 \\ 2 & 2 \end{pmatrix} \longrightarrow \begin{vmatrix} 1 & 1 \\ 1 & 1 \end{vmatrix} = 0 \, ; \, \begin{vmatrix} 1 & 1 \\ 2 & 2 \end{vmatrix} = 0 \, ; \, |1| = 1 \neq 0$$

$$M^* = \begin{pmatrix} 1 & 1 & \vdots & 0 \\ 1 & 1 & \vdots & -4 \\ 2 & 2 & \vdots & -1 \end{pmatrix} \longrightarrow \begin{vmatrix} 1 & 0 \\ 1 & -4 \end{vmatrix} = -4 \neq 0$$

Como vemos, $rg(M) = 1$ y $rg(M^*) = 2 \Rightarrow$ Las rectas $r$ y $s$ son paralelas

a)

$$\vec{n}_\pi = \vec{AB} \times \vec{V}_r = \begin{vmatrix} \vec{i} & \vec{j} & \vec{k} \\ 0 & -4 & -1 \\ 1 & 1 & 2 \end{vmatrix} = (-7, -1, 4)$$

$\pi: Ax + By + Cz + D = 0$

$\pi: -7x - y + 4z + D = 0$

Como $A(0, 3, 3) \in \pi$  $\Big\}$  $-3 + 12 + D = 0 \Rightarrow D = -9$

$$\Rightarrow \pi: -7x - y + 4z - 9 = 0$$

©Juan Bertomeu Ferrer
www.bertoblog.com

b)

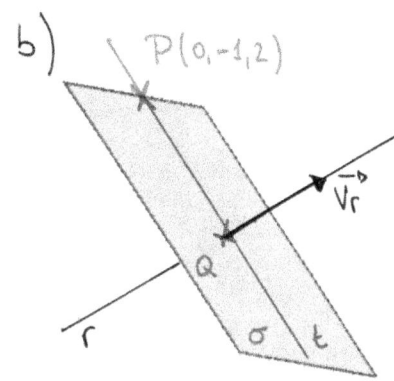

$P(0,-1,2)$

Construimos el plano $\sigma$ que pasando por $P$ sea perpendicular a la recta $r$.

$$\sigma \perp r \Rightarrow \vec{n_\sigma} = \vec{V_r} = (1,1,2)$$

$$\sigma : Ax + By + Cz + D = 0$$

$$\sigma : x + y + 2z + D = 0$$

Como $P(0,-1,2) \in \sigma \Rightarrow -1 + 4 + D = 0 \Rightarrow D = -3$

$$\Rightarrow \sigma : x + y + 2z - 3 = 0$$

Calculamos el punto de corte $Q$ entre $r$ y $\sigma$:

$$r : \begin{cases} x = \lambda \\ y = 3 + \lambda \\ z = 3 + 2\lambda \end{cases} ; \quad \sigma : x + y + 2z - 3 = 0 \Rightarrow$$

$$\Rightarrow \lambda + 3 + \lambda + 2(3 + 2\lambda) - 3 = 0 \Rightarrow 6\lambda + 6 = 0 \Rightarrow \lambda = -1$$

Como $Q \in r$ es $Q(\lambda, 3+\lambda, 3+2\lambda) \underset{\lambda = -1}{\Longrightarrow} Q(-1, 2, 1)$

La recta $t$ pedida es la que pasa por $P$ y $Q$. Así:

$$\vec{PQ} = (-1,2,1) - (0,-1,2) = (-1, 3, -1) = \vec{V_t}$$

$$\Rightarrow t : \begin{cases} x = -\lambda \\ y = -1 + 3\lambda \\ z = 2 - \lambda \end{cases}$$

PÁGINA  5

c) Expresamos $s: x = y+1 = \dfrac{z-2}{2}$ con sus ecuaciones

implícitas:

$$x = y+1 \longrightarrow x - y = 1$$

$$y + 1 = \dfrac{z-2}{2} \longrightarrow 2y + 2 = z - 2$$

$$\Rightarrow s: \begin{cases} x - y = 1 \\ 2y - z = -4 \end{cases}$$

Construimos las matrices $M$ y $M^*$ con las ecuaciones

de la recta $s$ y el plano $\pi$ dado según:

$$M^* = \begin{pmatrix} 1 & -1 & 0 & \vdots & 1 \\ 0 & 2 & -1 & \vdots & -4 \\ 1 & -2 & a & \vdots & b \end{pmatrix}$$

$\underbrace{\qquad\qquad}_{M}$

La recta $s$ estará contenida

en el plano $\pi$ cuando se

tenga $rg(M) = rg(M^*) = 2$

Para ello:

$$\det(M) = 0 \Rightarrow \begin{vmatrix} 1 & -1 & 0 \\ 0 & 2 & -1 \\ 1 & -2 & a \end{vmatrix} = 2a - 1 = 0 \Rightarrow a = \tfrac{1}{2}$$

$$\begin{vmatrix} 1 & -1 \\ 0 & 2 \end{vmatrix} = 2 \neq 0 \Rightarrow Si\ a = \tfrac{1}{2} \Rightarrow rg(M) = 2$$

Para $rg(M^*) = 2$, tendrá que anularse también el

determinante:

$$\begin{vmatrix} 1 & -1 & 1 \\ 0 & 2 & -4 \\ 1 & -2 & b \end{vmatrix} = 2b - 6 \Rightarrow 2b - 6 = 0 \Rightarrow b = 3$$

$\Rightarrow$ Si $a = \tfrac{1}{2}$ y $b = 3 \Rightarrow rg(M) = rg(M^*) = 2 \Rightarrow$ La recta

$s$ está contenida en el plano.

PÁGINA 6

{PROBLEMA A.3}

$$f(x) = x \cdot e^{-x^2} = \frac{x}{e^{x^2}}$$

- Dominio:

$$e^{x^2} \neq 0 \ \forall x \ \Rightarrow Dom(f(x)) = \mathbb{R}$$

- Puntos de corte con los ejes:

  - Con el eje X: $f(x) = 0$

  $$\frac{x}{e^{x^2}} = 0 \ \Rightarrow x = 0 \ \Rightarrow PC \ (0,0)$$

- Asíntotas Verticales:

  No tiene por estar definida en $\mathbb{R}$

- Asíntotas Horizontales:

  $$\lim_{x \to \infty} \frac{x}{e^{x^2}} = \left[\frac{\infty}{\infty}\right] = 0 \quad \text{(por orden de magnitud de los infinitos!!)}$$

  $$\lim_{x \to -\infty} \frac{x}{e^{x^2}} = \left[\frac{\infty}{\infty}\right] = 0 \quad \text{(por orden de magnitud de los infinitos!!)}$$

$\Rightarrow$ la recta $y = 0$ es asíntota horizontal tanto cuando $x \to \infty$ como cuando $x \to -\infty$, y por tanto no habrá asíntotas oblicuas.

PÁGINA 7

Para la monotonía y los extremos:

$$f(x) = x \cdot e^{-x^2}$$

$$f'(x) = 1 \cdot e^{-x^2} + x \cdot e^{-x^2} \cdot (-2x) = e^{-x^2} \cdot (1 - 2x^2)$$

$$f'(x) = 0 \Rightarrow e^{-x^2} \cdot (1 - 2x^2) = 0$$

$e^{-x^2} \neq 0 \; \forall x$

$1 - 2x^2 = 0 \Rightarrow x^2 = \frac{1}{2}$

$x = -\frac{\sqrt{2}}{2}$

$x = \frac{\sqrt{2}}{2}$

$f(x)$   $f(x)$   $f(x)$

$f'(x) < 0 \quad -\frac{\sqrt{2}}{2} \quad f'(x) > 0 \quad \frac{\sqrt{2}}{2} \quad f'(x) < 0$

$f(x)$ es creciente $\forall x \in \left( -\frac{\sqrt{2}}{2} , \frac{\sqrt{2}}{2} \right)$

$f(x)$ es decreciente $\forall x \in \left( -\infty, -\frac{\sqrt{2}}{2} \right) \cup \left( \frac{\sqrt{2}}{2} , +\infty \right)$

Mínimo relativo en $x = -\frac{\sqrt{2}}{2} \Rightarrow Min\left( -\frac{\sqrt{2}}{2} , f\left( -\frac{\sqrt{2}}{2} \right) \right) = \left( -\frac{\sqrt{2}}{2} , -0'429 \right)$

Máximo relativo en $x = \frac{\sqrt{2}}{2} \Rightarrow Max\left( \frac{\sqrt{2}}{2} , f\left( \frac{\sqrt{2}}{2} \right) \right) = \left( \frac{\sqrt{2}}{2} , 0'429 \right)$

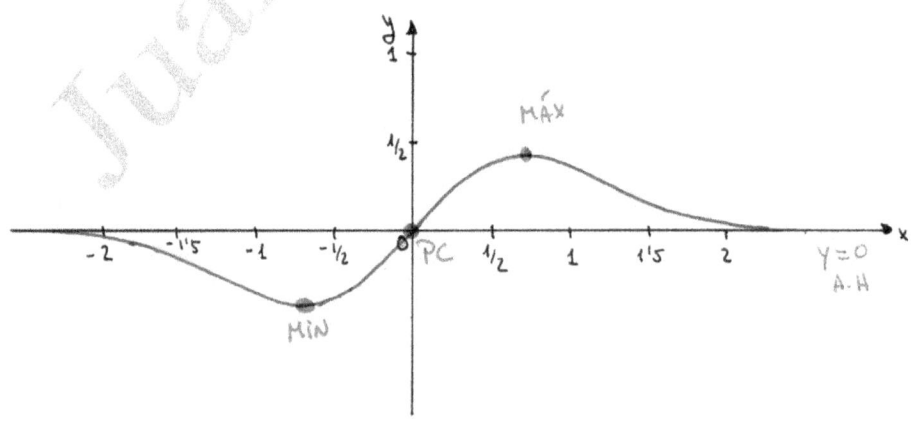

c) La función $g(x) = f(x) + ax$ es:

$$g(x) = x \cdot e^{-x^2} + ax$$

$g(x)$ es continua y derivable en $\mathbb{R}$, y por tanto también lo será en el intervalo $[0, 1]$. Para poder aplicar el teorema de Rolle en $[0, 1]$ solamente falta que se verifique que $g(0) = g(1)$. Así:

$$g(0) = g(1)$$

$$0 \cdot e^0 + a \cdot 0 = 1 \cdot e^{-1} + a \cdot 1 \implies$$

$$\implies 0 = e^{-1} + a \implies a = -e^{-1} = -\frac{1}{e} \approx -0'368$$

d) $\displaystyle\int f(x)\,dx = \int x \cdot e^{-x^2}\,dx = -\frac{1}{2}\int -2x \cdot e^{-x^2}\,dx =$

$$= -\frac{1}{2} \cdot e^{-x^2} + C$$

$$\int \underset{u}{x} \cdot \underset{dv}{e^{-x}\,dx} = -x \cdot e^{-x} + \int e^{-x}\,dx = -x \cdot e^{-x} - e^{-x} + C$$

$$\begin{array}{ll} u = x & du = dx \\ dv = e^{-x}\,dx & v = -e^{-x} \end{array}$$

OPCIÓN B

PROBLEMA B.1

$$\left.\begin{array}{l} x + y + z = 4 \\ 3x + 4y + 5z = 5 \\ 7x + 9y + 11z = \alpha \end{array}\right\} \qquad A^* = \begin{pmatrix} 1 & 1 & 1 & \vdots & 4 \\ 3 & 4 & 5 & \vdots & 5 \\ 7 & 9 & 11 & \vdots & \alpha \end{pmatrix}$$

a y b)  Rango (A):

$$\det(A) = \begin{vmatrix} 1 & 1 & 1 \\ 3 & 4 & 5 \\ 7 & 9 & 11 \end{vmatrix} = 0 \;;\; \begin{vmatrix} 1 & 1 \\ 3 & 4 \end{vmatrix} = 1 \neq 0 \Rightarrow rg(A) = 2$$

Rango (A*):

$$\begin{vmatrix} 1 & 1 & 4 \\ 3 & 4 & 5 \\ 7 & 9 & \alpha \end{vmatrix} = \alpha - 14 \Rightarrow \alpha - 14 = 0 \Rightarrow \alpha = 14$$

Si $\alpha \neq 14 \Rightarrow rg(A^*) = 3$  y  $rg(A) = 2 \Rightarrow T^{MA}$ ROUCHÉ $\Rightarrow$

$\Rightarrow$ Sistema Incompatible

Si $\alpha = 14 \Rightarrow rg(A^*) = 2 = rg(A) \neq n^o$ incógnitas $\Rightarrow$

$\Rightarrow T^{MA}$ ROUCHÉ $\Rightarrow$ Sistema Compatible Indeterminado

$$\left.\begin{array}{l} x + y + z = 4 \\ 3x + 4y + 5z = 5 \end{array}\right\} \begin{array}{l} \times(-3) \quad -3x - 3y - 3z = -12 \\ \phantom{\times(-3)} \quad 3x + 4y + 5z = 5 \end{array}\Big\}$$

$$\underline{\phantom{aaaaaaaaaaaaaaaaaaaaaaaaa}}$$

$$y + 2z = -7 \quad \begin{array}{l} z = \lambda \\ y = -7 - 2\lambda \end{array}$$

$$x = 4 - y - z = 4 + 7 + 2\lambda - \lambda = 11 + \lambda$$

Las infinitas soluciones del sistema vienen dadas por:

$$(x, y, z) = (11+\lambda, -7-2\lambda, \lambda) \quad \forall \lambda \in \mathbb{R}$$

c) Nos piden discutir el sistema:

$$\left. \begin{array}{l} x + y + z = 4 \\ 3x + 4y + 5z = 5 \\ 7x + 9y + Kz = \alpha \end{array} \right\} \quad A^* = \begin{pmatrix} 1 & 1 & 1 & \vdots & 4 \\ 3 & 4 & 5 & \vdots & 5 \\ 7 & 9 & K & \vdots & \alpha \end{pmatrix}$$

$$\det(A) = \begin{vmatrix} 1 & 1 & 1 \\ 3 & 4 & 5 \\ 7 & 9 & K \end{vmatrix} = K - 11$$

$$\det(A) = 0 \Rightarrow K - 11 = 0 \Rightarrow K = 11$$

Si $K \neq 11 \Rightarrow \det(A) \neq 0 \Rightarrow rg(A) = 3 \Rightarrow rg(A^*) = 3 \quad \forall \alpha \in \mathbb{R} \Rightarrow$

$\Rightarrow T^{\underline{MA}} ROUCHÉ \Rightarrow$ Sistema Compatible Determinado

PROBLEMA B.2

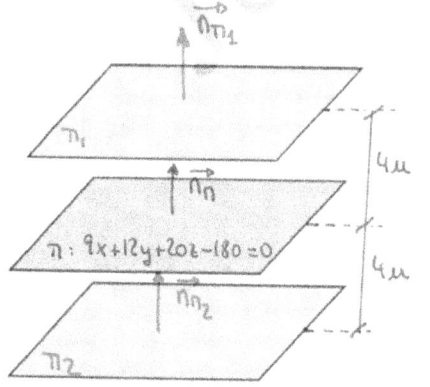

$$\Pi : 9x + 12y + 20z - 180 = 0 \Rightarrow \vec{n_\Pi} = (9, 12, 20)$$

Los planos $\Pi_1$ y $\Pi_2$ que buscamos al ser paralelos a $\Pi$ tendrían el mismo vector normal. Así:

$$\Pi_1 : 9x + 12y + 20z + D_1 = 0$$

$$\Pi_2 : 9x + 12y + 20z + D_2 = 0$$

La distancia entre planos paralelos viene dada por

$$d(\pi, \pi') = \frac{|D - D'|}{\sqrt{A^2 + B^2 + C^2}} \Rightarrow 4 = \frac{|D + 180|}{\sqrt{9^2 + 12^2 + 20^2}} \Rightarrow$$

$$\Rightarrow 4 = \frac{|D + 180|}{25} \Rightarrow 100 = |D + 180| \Rightarrow D + 180 = \pm 100$$

$$\Rightarrow D + 180 = 100 \Rightarrow D = -80 \Rightarrow \pi_1 : 9x + 12y + 20z - 80 = 0$$

$$\Rightarrow D + 180 = -100 \Rightarrow D = -280 \Rightarrow \pi_2 : 9x + 12y + 20z - 280 = 0$$

b)

$$A \begin{cases} \text{Plano } \pi \\ \text{Eje X} \end{cases} \Rightarrow \left. \begin{array}{l} 9x + 12y + 20z = 180 \\ y = z = 0 \end{array} \right\} \Rightarrow$$

$$\Rightarrow 9x = 180 \Rightarrow x = 20$$

$$\Rightarrow A(20, 0, 0)$$

$$B \begin{cases} \text{Plano } \pi \\ \text{Eje Y} \end{cases} \Rightarrow \left. \begin{array}{l} 9x + 12y + 20z = 180 \\ x = z = 0 \end{array} \right\} \begin{array}{l} 12y = 180 \Rightarrow y = 15 \\ \Rightarrow B(0, 15, 0) \end{array}$$

$$C \begin{cases} \text{Plano } \pi \\ \text{Eje Z} \end{cases} \Rightarrow \left. \begin{array}{l} 9x + 12y + 20z = 180 \\ x = y = 0 \end{array} \right\} 20z = 180 \Rightarrow z = 9 \Rightarrow C(0, 0, 9)$$

$$\vec{AB} = (0, 15, 0) - (20, 0, 0) = (-20, 15, 0)$$

$$\vec{AC} = (0, 0, 9) - (20, 0, 0) = (-20, 0, 9)$$

Para calcular el ángulo entre vectores, recurrimos al producto escalar:

$$\vec{AB} \cdot \vec{AC} = |\vec{AB}| \cdot |\vec{AC}| \cdot \cos \alpha \Rightarrow$$

$$\Rightarrow \cos \alpha = \frac{\vec{AB} \cdot \vec{AC}}{|\vec{AB}| \cdot |\vec{AC}|} = \frac{(-20, 15, 0) \cdot (-20, 0, 9)}{\sqrt{20^2 + 15^2} \cdot \sqrt{20^2 + 9^2}} = \frac{400}{25 \cdot \sqrt{481}}$$

$$\Rightarrow \alpha = \arccos \left( \frac{16}{\sqrt{481}} \right) = 43'15°$$

c)

$$V = \frac{1}{6} \left| [\vec{OA}, \vec{OB}, \vec{OC}] \right|$$

$$\vec{OA} = (20, 0, 0) - (0, 0, 0) = (20, 0, 0)$$
$$\vec{OB} = (0, 15, 0)$$
$$\vec{OC} = (0, 0, 9)$$

$$[\vec{OA}, \vec{OB}, \vec{OC}] = \begin{vmatrix} 20 & 0 & 0 \\ 0 & 15 & 0 \\ 0 & 0 & 9 \end{vmatrix} = 2700$$

$$\Rightarrow V = \frac{1}{6} \left| [\vec{OA}, \vec{OB}, \vec{OC}] \right| = \frac{1}{6} \cdot 2700 = 450 \, u^3$$

PROBLEMA B.3

Representamos el
ejercicio $\Rightarrow$

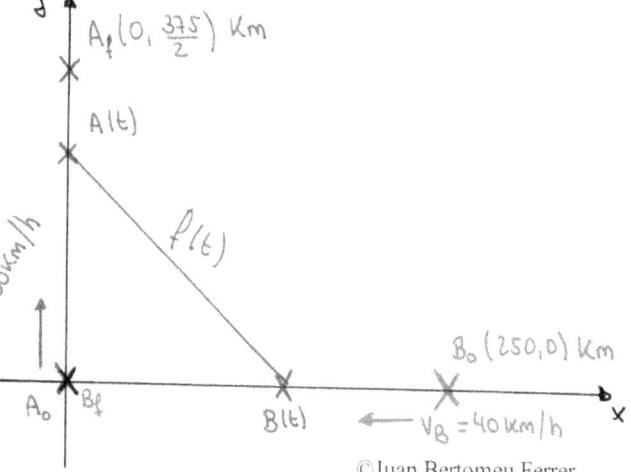

PÁGINA 13

Las coordenadas de los puntos A y B en función del tiempo t serán:

$$A(0, 0+30t) \; km$$
$$B(250-40t, 0) \; km$$
$$\overrightarrow{AB}(t) = (250-40t, -30t)$$

y la función $f(t)$ es la distancia entre $A(t)$ y $B(t)$. Así:

$$f(t) = |\overrightarrow{AB}(t)| = \sqrt{(250-40t)^2 + (30t)^2} = \sqrt{62500 - 20000t + 1600t^2 + 900t^2}$$

$$\Rightarrow f(t) = \sqrt{2500t^2 - 20000t + 62500} \quad km \quad (t \text{ en horas})$$

b) El tiempo T pedido es el tiempo que tardan en desplazarse.

$$e = v \cdot t \Rightarrow t = \frac{e}{v} \Rightarrow T = \frac{250}{40} = 6'25 \text{ horas}$$

* Si hubieras considerado el otro móvil, T sería el mismo

Por tanto, tenemos $f(t) = \sqrt{2500t^2 - 20000t + 62500}$ con $0 \le t \le 6'25$

$$f'(t) = \frac{5000t - 20000}{2\sqrt{2500t^2 - 20000t + 62500}} = \frac{2500t - 10000}{\sqrt{2500t^2 - 20000t + 62500}}$$

$$f'(t) = 0 \Rightarrow \frac{2500t - 10000}{\sqrt{2500t^2 - 20000t + 62500}} = 0 \Rightarrow 2500t - 10000 = 0 \Rightarrow$$

$$\Rightarrow t = \frac{10000}{2500} = 4 \text{ horas}$$

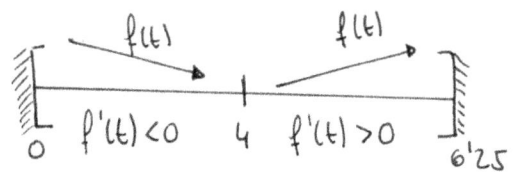

La distancia $f(t)$ decrece $\forall t \in [0,4)$

La distancia $f(t)$ crece $\forall t \in (4, 6'25]$

c) La distancia es mínima en $t=4$ horas, siendo dicha

distancia mínima:

$$f(4) = \sqrt{2500 \cdot 4^2 - 20000 \cdot 4 + 62500} = 150 \, km$$

El máximo de $f(t)$ en el intervalo $[0, 6'25]$ se alcanzará

en uno de los dos extremos de dicho intervalo. Así:

$$f(0) = \sqrt{62500} = 250 \, km$$

$$f(6'25) = \sqrt{2500 \cdot 6'25^2 - 20000 \cdot 6'25 + 62500} = 187'5 \, km$$

La distancia máxima entre los móviles será de $250 \, km$

en el instante inicial $t=0$ horas.

PÁGINA 15

**Problema A.1.** Se da el sistema de ecuaciones $\begin{cases} 2x & & +3z = & \alpha \\ x & -2y & +2z = & 5 \\ 3x & -y & +5z = & \alpha+1 \end{cases}$ , donde $\alpha$ es un parámetro real.

Obtener **razonadamente**, **escribiendo todos los pasos del razonamiento utilizado**:

a) Los valores de $\alpha$ para los que el sistema es compatible y determinado.       (4 *puntos*)

b) La solución del sistema cuando $\alpha = -1$.       (3 *puntos*)

c) El valor de $\alpha$ para que el sistema tenga una solución $(x, y, z)$ que verifique $x + y + z = 0$.       (3 *puntos*)

**Problema A.2.** Se da el plano $\pi : 2x + y + 2z = 8$ y el punto $P = (10, 0, 10)$.

Obtener **razonadamente**, **escribiendo todos los pasos del razonamiento utilizado**:

a) La distancia del punto $P$ al plano $\pi$.       (3 *puntos*)

b) El área del triángulo cuyos vértices son los puntos $A$, $B$ y $C$, obtenidos al hallar la
intersección del plano $\pi$ con los ejes de coordenadas.       (4 *puntos*)

c) El volumen del tetraedro cuyos vértices son $P$, $A$, $B$ y $C$.       (3 *puntos*)

**Problema A.3.** Se da la función real $h$ definida por $h(x) = \frac{x^3+x^2+5x-3}{x^2+2x+5}$.

Obtener **razonadamente**, **escribiendo todos los pasos del razonamiento utilizado**:

a) El dominio de la función $h$. Los límites $\lim\limits_{x\to+\infty} h(x)$ y $\lim\limits_{x\to 0} h(x)$.       (1 + 2 *puntos*)

b) La asíntota de la curva $y = h(x)$.       (2 *puntos*)

c) La primitiva de la función $h$ (es decir, $\int h(x)dx$) y el área de la superficie encerrada entre
las rectas $y = 0$, $x = 1$, $x = 5$ y la curva $y = h(x)$.       (3 + 2 *puntos*)

## OPCIÓN B

**Problema B.1.** Se dan las matrices $A = \begin{pmatrix} 1 & 4 \\ -1 & 6 \end{pmatrix}$ y $X = \begin{pmatrix} x \\ y \end{pmatrix}$.

Obtener **razonadamente**, **escribiendo todos los pasos del razonamiento utilizado**:

  a) Los valores de $\alpha$ para los que la ecuación matricial $AX = \alpha X$ solo admite una solución.   (4 *puntos*)

  b) Todas las soluciones de la ecuación matricial $AX = 5X$.   (3 *puntos*)

  c) Comprobar que $X = \begin{pmatrix} 4 \\ 1 \end{pmatrix}$ es una solución de la ecuación matricial $AX = 2X$ y, sin calcular

    la matriz $A^{100}$, obtener el valor $\beta$ tal que $A^{100} \begin{pmatrix} 4 \\ 1 \end{pmatrix} = \beta \begin{pmatrix} 4 \\ 1 \end{pmatrix}$.   (3 *puntos*)

**Problema B.2.** Se dan en el espacio la recta $r: \dfrac{x-\alpha}{-1} = \dfrac{y}{-4} = \dfrac{z}{\beta}$ y el plano $\pi : x + 2y + 3z = 6$.

Obtener **razonadamente**, **escribiendo todos los pasos del razonamiento utilizado**:

  a) La posición relativa de la recta $r$ y el plano $\pi$ en función de los parámetros reales $\alpha$ y $\beta$.   (5 *puntos*)

  b) La distancia entre la recta $r$ y el plano $\pi$ cuando $\alpha = 6$ y $\beta = 3$.   (3 *puntos*)

  c) La ecuación del plano que pasa por $(0,0,0)$ y que no corta al plano $\pi$.   (2 *puntos*)

**Problema B.3.** Un proyectil está unido al punto $(0,2)$ por una cuerda elástica y tensa. El proyectil recorre la curva $y = 4 - x^2$ de extremos $(-2,0)$ y $(2,0)$.

Obtener **razonadamente**, **escribiendo todos los pasos del razonamiento utilizado**:

  a) La función de la variable $x$ que expresa la distancia entre un punto cualquiera $(x, 4 - x^2)$ de la
    curva $y = 4 - x^2$ y el punto $(0,2)$.   (2 *puntos*)

  b) Los puntos de la curva $y = 4 - x^2$ a mayor distancia absoluta del punto $(0,2)$
    para $-2 \le x \le 2$.   (2 *puntos*)

  c) Los puntos de la curva $y = 4 - x^2$ a menor distancia absoluta del punto $(0,2)$
    para $-2 \le x \le 2$.   (2 *puntos*)

  d) El área de la superficie por la que se ha movido la cuerda elástica, es decir, el área
    comprendida entre las curvas $y = 4 - x^2$ e $y = 2 - |x|$ cuando $-2 \le x \le 2$.   (4 *puntos*)

{PROBLEMA A.1}

$$\left.\begin{array}{l} 2x \quad +3z = \alpha \\ x -2y +2z = 5 \\ 3x \quad -y + 5z = \alpha+1 \end{array}\right\} \quad A^* = \begin{pmatrix} 2 & 0 & 3 & | & \alpha \\ 1 & -2 & 2 & | & 5 \\ 3 & -1 & 5 & | & \alpha+1 \end{pmatrix}$$

$$\det(A) = \begin{vmatrix} 2 & 0 & 3 \\ 1 & -2 & 2 \\ 3 & -1 & 5 \end{vmatrix} = -1$$

Como $\det(A) \neq 0 \Rightarrow rg(A) = 3$

Como $rg(A) = 3 \Rightarrow rg(A^*) = 3 \quad \forall \alpha \in \mathbb{R}$

Por el T$^{\text{MA}}$ ROUCHÉ $\Rightarrow$ El sistema es compatible determinado

para cualquier valor $\alpha \in \mathbb{R}$.

La solución única, por la regla de Cramer:

$$x = \frac{\begin{vmatrix} \alpha & 0 & 3 \\ 5 & -2 & 2 \\ \alpha+1 & -1 & 5 \end{vmatrix}}{-1} = \frac{-2\alpha-9}{-1} = 2\alpha+9$$

$$y = \frac{\begin{vmatrix} 2 & \alpha & 3 \\ 1 & 5 & 2 \\ 3 & \alpha+1 & 5 \end{vmatrix}}{-1} = \frac{4}{-1} = -4$$

PÁGINA 1

$$z = \frac{\begin{vmatrix} 2 & 0 & \alpha \\ 1 & -2 & 5 \\ 3 & -1 & \alpha+1 \end{vmatrix}}{-1} = \frac{\alpha + 6}{-1} = -\alpha - 6$$

b) Como acabamos de ver la solución en función del parámetro $\alpha$, bastará con sustituir por $\alpha = -1$. Así:

$$(x, y, z) = (2\alpha + 9, -4, -\alpha - 6) \underset{\alpha = -1}{\Longrightarrow} (x, y, z) = (7, -4, -5)$$

c) Si $x + y + z = 0$, se tendrá:

$$2\alpha + 9 + (-4) + (-\alpha - 6) = 0$$

$$\alpha - 1 = 0 \implies \alpha = 1$$

{PROBLEMA A.2}

a) $d(P, \pi) = \dfrac{|Ax_0 + By_0 + Cz_0 + D|}{\sqrt{A^2 + B^2 + C^2}}$  siendo $\begin{cases} P(x_0, y_0, z_0) \\ \pi : Ax + By + Cz + D = 0 \end{cases}$

En nuestro caso tenemos $P(10, 0, 10)$ y $\pi : 2x + y + 2z = 8$ y por tanto la solución es inmediata:

$$d(P, \pi) = \frac{|2 \cdot 10 + 1 \cdot 0 + 2 \cdot 10 - 8|}{\sqrt{2^2 + 1^2 + 2^2}} = \frac{32}{3} u \approx 10'67 u$$

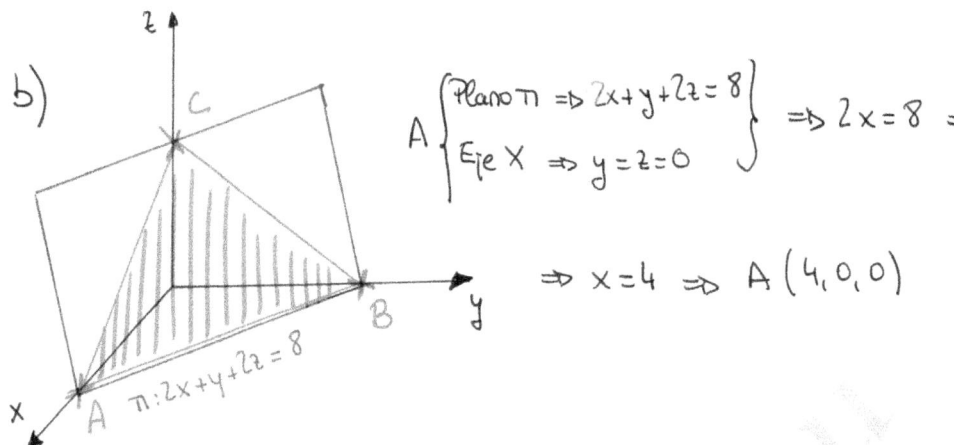

b)

$$A \begin{cases} \text{Plano } \pi \Rightarrow 2x+y+2z=8 \\ \text{Eje } X \Rightarrow y=z=0 \end{cases} \Rightarrow 2x=8 \Rightarrow$$

$$\Rightarrow x=4 \Rightarrow A(4,0,0)$$

$$B \begin{cases} \text{Plano } \pi \Rightarrow 2x+y+2z=8 \\ \text{Eje } Y \Rightarrow x=z=0 \end{cases} \Rightarrow y=8 \Rightarrow B(0,8,0)$$

$$C \begin{cases} \text{Plano } \pi \Rightarrow 2x+y+2z=8 \\ \text{Eje } Z \Rightarrow x=y=0 \end{cases} \Rightarrow 2z=8 \Rightarrow z=4 \Rightarrow C(0,0,4)$$

$$\vec{AB} = (0,8,0)-(4,0,0) = (-4,8,0)$$

$$\vec{AC} = (0,0,4)-(4,0,0) = (-4,0,4)$$

$$\vec{AB} \times \vec{AC} = \begin{vmatrix} \vec{i} & \vec{j} & \vec{k} \\ -4 & 8 & 0 \\ -4 & 0 & 4 \end{vmatrix} = (32, 16, 32)$$

$$|\vec{AB} \times \vec{AC}| = \sqrt{32^2+16^2+32^2} = \sqrt{2304} = 48$$

$$\text{Área}_{\underset{ABC}{\triangle}} = \frac{1}{2}|\vec{AB} \times \vec{AC}| = \frac{1}{2}\cdot 48 = 24 \ u^2$$

PÁGINA 3

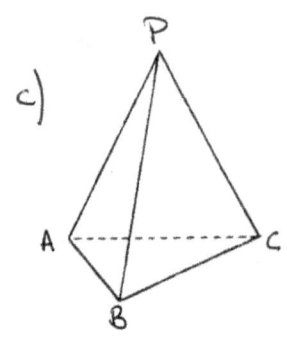

c)

$$V = \frac{1}{6} \left| \left[ \vec{AP}, \vec{AB}, \vec{AC} \right] \right|$$

$$\vec{AP} = (10,0,10) - (4,0,0) = (6,0,10)$$

$$\left[ \vec{AP}, \vec{AB}, \vec{AC} \right] = \begin{vmatrix} 6 & 0 & 10 \\ -4 & 8 & 0 \\ -4 & 0 & 4 \end{vmatrix} = 512$$

$$\Rightarrow V = \frac{1}{6} \left| \left[ \vec{AP}, \vec{AB}, \vec{AC} \right] \right| = \frac{1}{6} \cdot 512 = \frac{256}{3} \, u^3 \approx 85'33 \, u^3$$

PROBLEMA A.3

$$f(x) = \frac{x^3 + x^2 + 5x - 3}{x^2 + 2x + 5}$$

a) $x^2 + 2x + 5 = 0 \longrightarrow x = \frac{-2 \pm \sqrt{4-20}}{2} \Rightarrow \nexists x \in \mathbb{R}$

$$\Rightarrow Dom(f(x)) = \mathbb{R}$$

$$\lim_{x \to \infty} \frac{x^3 + x^2 + 5x - 3}{x^2 + 2x + 5} = \left[ \frac{\infty}{\infty} \right] = \lim_{x \to \infty} \frac{x^3}{x^2} = \lim_{x \to \infty} x = +\infty$$

$$\lim_{x \to 0} \frac{x^3 + x^2 + 5x - 3}{x^2 + 2x + 5} = -\frac{3}{5}$$

b) A. Verticales:

No presenta asíntotas verticales por estar definida

en $\mathbb{R}$

PÁGINA 4

A. Horizontales:

$$\lim_{x\to\infty} \frac{x^3+x^2+5x-3}{x^2+2x+5} = +\infty \quad \text{(resuelto en el apartado anterior)}$$

$$\lim_{x\to-\infty} \frac{x^3+x^2+5x-3}{x^2+2x+5} = \lim_{x\to+\infty} \frac{-x^3+x^2-5x-3}{x^2-2x+5} = \left[\frac{\infty}{\infty}\right] =$$

$$= \lim_{x\to+\infty} \frac{-x^3}{x^2} = \lim_{x\to\infty} -x = -\infty$$

$\Rightarrow$ No hay asíntotas horizontales

A. Oblicua: $y = mx + n$

$$m = \lim_{x\to\infty} \frac{f(x)}{x} = \lim_{x\to\infty} \frac{x^3+x^2+5x-3}{x^3+2x^2+5x} = \left[\frac{\infty}{\infty}\right] = \lim_{x\to\infty} \frac{x^3}{x^3} = 1$$

$$n = \lim_{x\to\infty}\left(f(x)-mx\right) = \lim_{x\to\infty}\left(\frac{x^3+x^2+5x-3}{x^2+2x+5} - x\right) =$$

$$= \lim_{x\to\infty} \frac{x^3+x^2+5x-3-x^3-2x^2-5x}{x^2+2x+5} = \lim_{x\to\infty} \frac{-x^2-3}{x^2+2x+5} = \left[\frac{\infty}{\infty}\right] =$$

$$= \lim_{x\to\infty} \frac{-x^2}{x^2} = -1$$

$\Rightarrow$ La recta $y = x-1$ es Asíntota Oblicua.

©Juan Bertomeu Ferrer
www.bertoblog.com

c) $\int \dfrac{x^3+x^2+5x-3}{x^2+2x+5}\, dx$ ;

$$
\begin{array}{r|l}
x^3+x^2+5x-3 & \underline{x^2+2x+5} \\
-x^3-2x^2-5x & \quad x-1 \\ \hline
\;\;-x^2-3 & \\
\;\;+x^2+2x+5 & \\ \hline
\qquad 2x+2 &
\end{array}
$$

$\int \dfrac{P(x)}{Q(x)}\, dx = \int C(x)\, dx + \int \dfrac{R(x)}{Q(x)}\, dx$

$\Rightarrow \int \dfrac{x^3+x^2+5x-3}{x^2+2x+5}\, dx = \int (x-1)\, dx + \int \dfrac{2x+2}{x^2+2x+5}\, dx =$

$$= \dfrac{x^2}{2} - x + \ln\left|x^2+2x+5\right| + C'$$

Para el área, primero hay que ver si la función f(x) corta

al eje X (y=0) en algún punto $c \in (1,5)$. Así:

$$x^3+x^2+5x-3 = 0 \longrightarrow x = 0'5184 \;\; \text{(sacada con calculadora!!)}$$

Y por tanto:

$$A = \left| \int_{1}^{5} \dfrac{x^3+x^2+5x-3}{x^2+2x+5}\, dx \right| = \left| \left[\dfrac{x^2}{2} - x + \ln\left|x^2+2x+5\right|\right]_{1}^{5} \right| =$$

$$= \left| \left(\dfrac{25}{2} - 5 + \ln 40\right) - \left(\dfrac{1}{2} - 1 + \ln 8\right) \right| = 8 + \ln(5) \approx 9'61 \; u^2$$

PÁGINA 6

©Juan Bertomeu Ferrer
www.bertoblog.com

OPCIÓN B

PROBLEMA B.1

a) $AX = \alpha X \Rightarrow AX - \alpha X = \theta \Rightarrow (A - \alpha I) \cdot X = \theta$

donde $\theta$ representa la matriz nula e $I$ la identidad.

Para que esta ecuación matricial solo tenga una

solución, debe existir $(A - \alpha I)^{-1}$, y por tanto ser

$\det(A - \alpha I) \neq 0$. Así:

$$A - \alpha I = \begin{pmatrix} 1 & 4 \\ -1 & 6 \end{pmatrix} - \begin{pmatrix} \alpha & 0 \\ 0 & \alpha \end{pmatrix} = \begin{pmatrix} 1-\alpha & 4 \\ -1 & 6-\alpha \end{pmatrix}$$

$$\det(A - \alpha I) = \begin{vmatrix} 1-\alpha & 4 \\ -1 & 6-\alpha \end{vmatrix} = (1-\alpha)(6-\alpha) + 4 = \alpha^2 - 7\alpha + 10$$

$$\det(A - \alpha I) = 0 \Rightarrow \alpha^2 - 7\alpha + 10 = 0 \begin{cases} \alpha = 2 \\ \alpha = 5 \end{cases}$$

$\Rightarrow$ La ecuación matricial solo admite una solución

cuando $\alpha \neq 2 \wedge \alpha \neq 5$. Además, aunque no lo pida

el ejercicio, dicha solución es:

$$(A - \alpha I) \cdot X = \theta \Rightarrow (A - \alpha I)^{-1} \cdot (A - \alpha I) \cdot X = (A - \alpha I)^{-1} \cdot \theta \Rightarrow$$

$$\Rightarrow X = (A - \alpha I)^{-1} \cdot \theta \Rightarrow X = \theta_{2\times1} = \begin{pmatrix} 0 \\ 0 \end{pmatrix}$$

PÁGINA 7

b) $AX = 5X \Rightarrow AX - 5X = \theta \Rightarrow (A - 5I)X = \theta$

$$A - 5I = \begin{pmatrix} 1 & 4 \\ -1 & 6 \end{pmatrix} - \begin{pmatrix} 5 & 0 \\ 0 & 5 \end{pmatrix} = \begin{pmatrix} -4 & 4 \\ -1 & 1 \end{pmatrix}$$

$$\begin{pmatrix} -4 & 4 \\ -1 & 1 \end{pmatrix} \cdot \begin{pmatrix} x \\ y \end{pmatrix} = \begin{pmatrix} 0 \\ 0 \end{pmatrix} \Rightarrow \left. \begin{array}{c} -4x + 4y = 0 \\ -x + y = 0 \end{array} \right\} \Rightarrow -x + y = 0$$

$$\begin{array}{c} x = \lambda \\ y = \lambda \end{array} \Rightarrow X = \begin{pmatrix} \lambda \\ \lambda \end{pmatrix} \ \forall \lambda \in \mathbb{R}$$

c) $AX = 2X$ con $X = \begin{pmatrix} 4 \\ 1 \end{pmatrix}$

$$\left. \begin{array}{c} AX = \begin{pmatrix} 1 & 4 \\ -1 & 6 \end{pmatrix} \cdot \begin{pmatrix} 4 \\ 1 \end{pmatrix} = \begin{pmatrix} 8 \\ 2 \end{pmatrix} \\ \\ 2X = 2 \cdot \begin{pmatrix} 4 \\ 1 \end{pmatrix} = \begin{pmatrix} 8 \\ 2 \end{pmatrix} \end{array} \right\}$$
Efectivamente se comprueba que $AX = 2X$ cuando $X = \begin{pmatrix} 4 \\ 1 \end{pmatrix}$, con lo que podemos asegurar

que $X = \begin{pmatrix} 4 \\ 1 \end{pmatrix}$ es una solución de la ecuación matricial $AX = 2X$

Es decir que $A \cdot \begin{pmatrix} 4 \\ 1 \end{pmatrix} = 2 \cdot \begin{pmatrix} 4 \\ 1 \end{pmatrix}$

Sabiendo esto, se puede deducir $\beta$ en $A^{100} \cdot \begin{pmatrix} 4 \\ 1 \end{pmatrix} = \beta \cdot \begin{pmatrix} 4 \\ 1 \end{pmatrix}$

mediante el procedimiento de inducción:

$$A^{100} \cdot \begin{pmatrix} 4 \\ 1 \end{pmatrix} = A^{99} \cdot A \cdot \begin{pmatrix} 4 \\ 1 \end{pmatrix} = A^{99} \cdot 2 \cdot \begin{pmatrix} 4 \\ 1 \end{pmatrix} = 2 \cdot A^{99} \cdot \begin{pmatrix} 4 \\ 1 \end{pmatrix} =$$

$$= 2 \cdot A^{98} \cdot A \cdot \begin{pmatrix} 4 \\ 1 \end{pmatrix} = 2 \cdot A^{98} \cdot 2 \cdot \begin{pmatrix} 4 \\ 1 \end{pmatrix} = 2^2 \cdot A^{98} \cdot \begin{pmatrix} 4 \\ 1 \end{pmatrix} =$$

©Juan Bertomeu Ferrer
www.bertoblog.com

$$= 2^2 \cdot A^{97} \cdot A \cdot \begin{pmatrix} 4 \\ 1 \end{pmatrix} = 2^2 \cdot A^{97} \cdot 2 \cdot \begin{pmatrix} 4 \\ 1 \end{pmatrix} = 2^3 \cdot A^{97} \cdot \begin{pmatrix} 4 \\ 1 \end{pmatrix} =$$

$$\overset{96 \text{ veces}}{=} \ldots = 2^{99} \cdot A \cdot \begin{pmatrix} 4 \\ 1 \end{pmatrix} = 2^{99} \cdot 2 \cdot \begin{pmatrix} 4 \\ 1 \end{pmatrix} = 2^{100} \cdot \begin{pmatrix} 4 \\ 1 \end{pmatrix}$$

$$\Rightarrow \left. \begin{matrix} A^{100} \cdot \begin{pmatrix} 4 \\ 1 \end{pmatrix} = \beta \cdot \begin{pmatrix} 4 \\ 1 \end{pmatrix} \\[2mm] A^{100} \cdot \begin{pmatrix} 4 \\ 1 \end{pmatrix} = 2^{100} \cdot \begin{pmatrix} 4 \\ 1 \end{pmatrix} \end{matrix} \right\}$$

El valor pedido
es $\beta = 2^{100}$

## PROBLEMA B.2

$$r: \frac{x-\alpha}{-1} = \frac{y}{-4} = \frac{z}{\beta} \quad ; \quad \pi: x + 2y + 3z = 6$$

$\hookrightarrow \dfrac{x-\alpha}{-1} = \dfrac{y}{-4} \Rightarrow -4x + 4\alpha = -y \Rightarrow 4x - y - 4\alpha = 0$

$\hookrightarrow \dfrac{y}{-4} = \dfrac{z}{\beta} \Rightarrow \beta y = -4z \Rightarrow \beta y + 4z = 0$

Estudiaremos la posición relativa de $r$ y $\pi$ en función de los rangos de las matrices $A$ y $A^*$ dadas por:

$$A^* = \begin{pmatrix} 4 & -1 & 0 & \vdots & 4\alpha \\ 0 & \beta & 4 & \vdots & 0 \\ 1 & 2 & 3 & \vdots & 6 \end{pmatrix}$$
$$\underbrace{\phantom{\begin{pmatrix} 4 & -1 & 0 \\ 0 & \beta & 4 \\ 1 & 2 & 3 \end{pmatrix}}}_{A}$$

Rango (A):

$$\det(A) = \begin{vmatrix} 4 & -1 & 0 \\ 0 & \beta & 4 \\ 1 & 2 & 3 \end{vmatrix} = 12\beta - 36$$

$$\det(A) = 0 \longrightarrow 12\beta - 36 = 0 \Rightarrow \beta = 3$$

$\boxed{\text{Si } \beta \neq 3} \Rightarrow \det(A) \neq 0 \Rightarrow rg(A) = rg(A^*) = 3 \Rightarrow$ La recta r

y el plano $\pi$ son secantes.

$\boxed{\text{Si } \beta = 3} \Rightarrow \det(A) = 0 \Rightarrow rg(A) < 3$

$$A^* = \begin{pmatrix} 4 & -1 & 0 & 4\alpha \\ 0 & 3 & 4 & 0 \\ 1 & 2 & 3 & 6 \end{pmatrix}$$

Rango (A):

$$\begin{vmatrix} 4 & -1 \\ 0 & 3 \end{vmatrix} = 12 \neq 0 \Rightarrow rg(A) = 2$$

Rango (A*):

$$\begin{vmatrix} 4 & -1 & 4\alpha \\ 0 & 3 & 0 \\ 1 & 2 & 6 \end{vmatrix} = 3 \cdot (24 - 4\alpha) \Rightarrow$$

$3 \cdot (24 - 4\alpha) = 0$

$24 - 4\alpha = 0$

$\alpha = 6$

$\llcorner$ Si $\alpha \neq 6 \Rightarrow rg(A^*) = 3$

$\llcorner$ Si $\alpha = 6 \Rightarrow rg(A^*) = 2$

En resumen:

Si $\beta \neq 3 \Rightarrow$ Recta y plano secantes $\forall \alpha \in \mathbb{R}$

Si $\beta = 3 \wedge \alpha = 6 \Rightarrow$ Recta contenida en el plano.

Si $\beta = 3 \wedge \alpha \neq 6 \Rightarrow$ Recta paralela al plano.

b) Como acabamos de ver si $\alpha = 6$ y $\beta = 3$, la recta r está

contenida en el plano $\pi$. Por tanto, la distancia que

PÁGINA 10

nos piden será nula:

$$Si \quad \alpha = 6 \quad y \quad \beta = 3 \implies d(r, \pi) = 0 \ u.$$

c) Si dos planos no se cortan, es porque son paralelos

y por tanto:

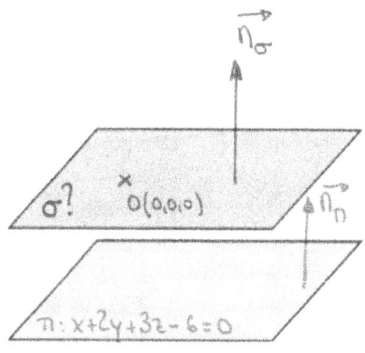

Como $\sigma // \pi \implies \vec{n_\sigma} = \vec{n_\pi} = (1, 2, 3)$

$\implies \sigma : x + 2y + 3z + D = 0$

Como $O(0,0,0) \in \sigma$ ⎫ $D = 0$

$\implies \sigma : x + 2y + 3z = 0$

## PROBLEMA B.3

Representamos la curva:

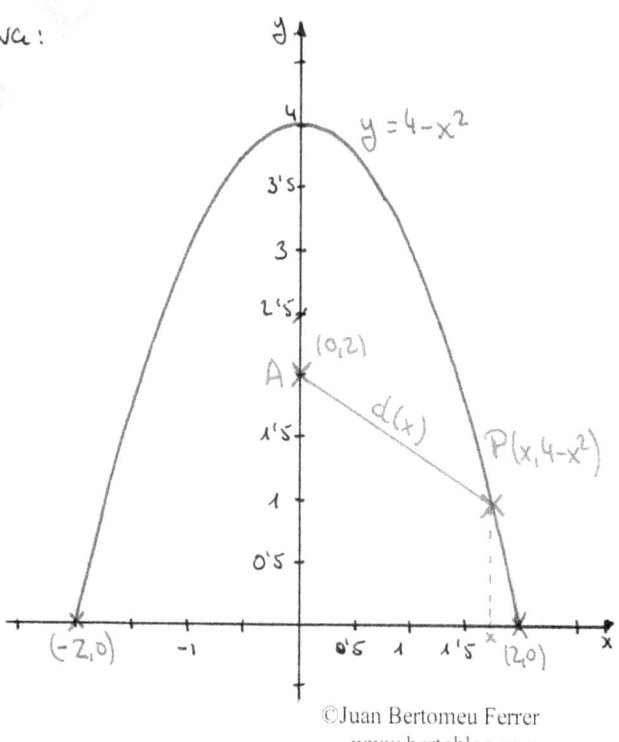

| x | $y = 4 - x^2$ |
|---|---|
| -2 | 0 |
| -1 | 3 |
| 0 | 4 |
| 1 | 3 |
| 2 | 0 |

PÁGINA 11

a) $\vec{AP} = (x, 4-x^2) - (0,2) = (x, 2-x^2)$

$|\vec{AP}| = \sqrt{x^2 + (2-x^2)^2} = \sqrt{x^2 + 4 - 4x^2 + x^4} = \sqrt{x^4 - 3x^2 + 4}$

$\Rightarrow d(x) = \sqrt{x^4 - 3x^2 + 4}$   con   $-2 \le x \le 2$

b y c) Se trata de encontrar los máximos y mínimos absolutos de $d(x)$ en el intervalo $[-2,2]$. Así:

$d'(x) = \dfrac{4x^3 - 6x}{2\sqrt{x^4 - 3x^2 + 4}} = \dfrac{2x^3 - 3x}{\sqrt{x^4 - 3x^2 + 4}}$

$d'(x) = 0 \longrightarrow 2x^3 - 3x = 0 \Rightarrow x(2x^2 - 3) = 0$

$\nearrow x = 0$

$\searrow 2x^2 - 3 = 0$
$\quad\nearrow x = \sqrt{\tfrac{3}{2}}$
$\quad\searrow x = -\sqrt{\tfrac{3}{2}}$

Y ahora evaluamos la función en los puntos críticos y en los extremos del intervalo $[-2,2]$.

$d(-2) = \sqrt{(-2)^4 - 3\cdot(-2)^2 + 4} = \sqrt{8}$

$d\left(-\sqrt{\tfrac{3}{2}}\right) = \sqrt{\left(-\sqrt{\tfrac{3}{2}}\right)^4 - 3\left(-\sqrt{\tfrac{3}{2}}\right)^2 + 4} = \dfrac{\sqrt{7}}{2}$

$d(0) = \sqrt{4} = 2$

$d\left(\sqrt{\tfrac{3}{2}}\right) = d\left(-\sqrt{\tfrac{3}{2}}\right) = \sqrt{\tfrac{7}{2}}$

$d(2) = d(-2) = \sqrt{8}$

La distancia máxima $d = \sqrt{8}$ se alcanza en los puntos:

$P(x, 4-x^2)$
$\quad\xrightarrow{x=-2} P_1(-2,0)$
$\quad\xrightarrow{x=2} P_2(2,0)$

La distancia mínima $d = \dfrac{\sqrt{7}}{2}$ se alcanza en los puntos:

$P(x, 4-x^2)$
$\quad\xrightarrow{x=-\sqrt{\tfrac{3}{2}}} P_3\left(-\sqrt{\tfrac{3}{2}}, \tfrac{5}{2}\right)$
$\quad\xrightarrow{x=\sqrt{\tfrac{3}{2}}} P_4\left(\sqrt{\tfrac{3}{2}}, \tfrac{5}{2}\right)$

PÁGINA 12

d) $y = 2 - |x|$

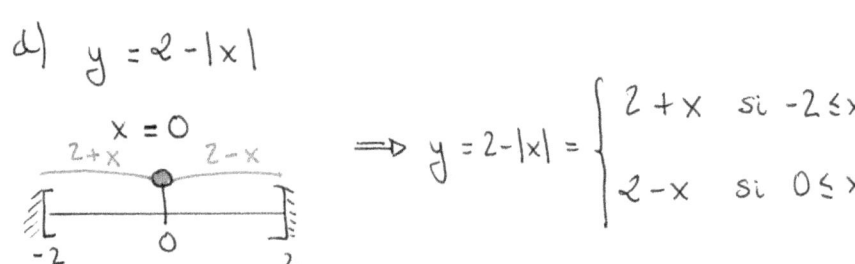

$$\Rightarrow y = 2 - |x| = \begin{cases} 2 + x & \text{si } -2 \le x < 0 \\ 2 - x & \text{si } 0 \le x \le 2 \end{cases}$$

Representamos el recinto:

| x | $y = 2 + x$ |
|---|---|
| -2 | 0 |
| 0 | 2 |

| x | $y = 2 - x$ |
|---|---|
| 0 | 2 |
| 2 | 0 |

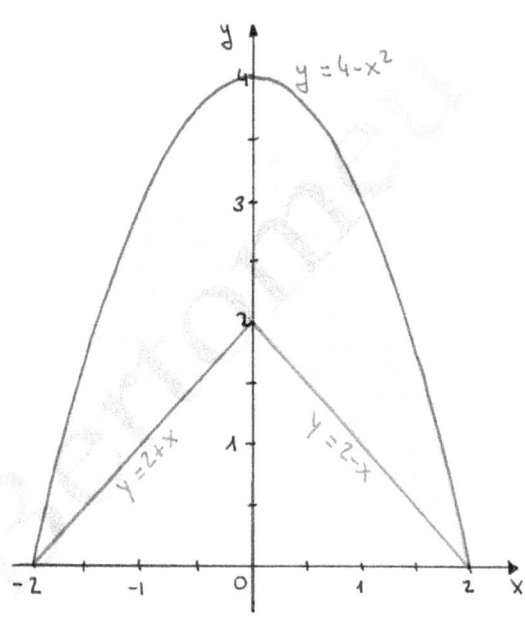

El área pedida, por tanto:

$$A = \int_{-2}^{0} \left[ 4 - x^2 - (2 + x) \right] dx + \int_{0}^{2} \left[ 4 - x^2 - (2 - x) \right] dx =$$

$$= \int_{-2}^{0} (-x^2 - x + 2) dx + \int_{0}^{2} (-x^2 + x + 2) dx = \left[ -\frac{x^3}{3} - \frac{x^2}{2} + 2x \right]_{-2}^{0} +$$

$$+ \left[ -\frac{x^3}{3} + \frac{x^2}{2} + 2x \right]_{0}^{2} = \frac{10}{3} + \frac{10}{3} = \frac{20}{3} u^2$$

©Juan Bertomeu Ferrer
www.bertoblog.com

**Problema 1.** Dado el sistema de ecuaciones $\begin{cases} x + y + az = 1 \\ x + ay + z = 1 \\ ax + y + z = -2 \end{cases}$, siendo $a$ un parámetro real,

obtener razonadamente, escribiendo todos los pasos del razonamiento utilizado:

   a)  El estudio del sistema en función del parámetro $a$.             (5 *puntos*)

   b)  Las soluciones del sistema cuando $a = -2$.             (3 *puntos*)

   c)  La solución del sistema cuando $a = 0$.             (2 *puntos*)


**Problema 2.** Sea la recta $r: \dfrac{x-1}{1} = \dfrac{y+1}{1} = \dfrac{z}{-1}$ y los puntos $P = (1,0,0)$ y $Q = (2,1,\alpha)$.

Obtener razonadamente, escribiendo todos los pasos del razonamiento utilizado:

   a)  El valor de $\alpha$ para que la recta que pasa por $P$ y $Q$ sea paralela a $r$.       (3 *puntos*)

   b)  La ecuación del plano que contiene a $P$ y $Q$ y es paralelo a $r$, cuando $\alpha = 1$.       (3 *puntos*)

   c)  La distancia del punto $Q$ al plano que pasa por $P$ y es perpendicular a r, cuando $\alpha = 1$.       (4 *puntos*)


**Problema 3.** Se da la función real $f$ definida por $f(x) = \dfrac{x^2+1}{x^2(x-1)}$.

Obtener razonadamente, escribiendo todos los pasos del razonamiento utilizado:

   a)  El dominio y las asíntotas de la función $f$.             (3 *puntos*)

   b)  La integral $\int f(x)dx$, así como la primitiva de f(x) cuya gráfica pasa por el punto $(2, 0)$.       (3+1 *puntos*)

   c)  El área de la región limitada por la curva $y = f(x)$ y las rectas $y = 0, x = 2, x = 4$.       (3 *puntos*)


**Problema 4.** Se dan las matrices $A = \begin{pmatrix} 1 & 2 \\ b & 0 \\ -1 & 2 \end{pmatrix}$ y $B = \begin{pmatrix} -1 & 0 & 2 \\ -1 & b & -1 \end{pmatrix}$, que dependen del parámetro real $b$.

Obtener razonadamente, escribiendo todos los pasos del razonamiento utilizado:

   a)  Los valores de $b$ para que cada una de las matrices $AB$ y $BA$ tenga inversa.       (3 *puntos*)

   b)  Los valores de $b$ para que la matriz $A^T A$ tenga inversa, siendo $A^T$ la matriz traspuesta de $A$.       (3 *puntos*)

   c)  La inversa de $A^T A$, cuando dicha inversa exista.             (4 *puntos*)


**Problema 5.** Se dan el plano $\pi: 2x + y - z - 5 = 0$ y los puntos $A(1,2,-1)$, $B(2,1,0)$.

Obtener razonadamente, escribiendo todos los pasos del razonamiento utilizado:

   a)  La ecuación implícita del plano que pasa por los puntos $A, B$ y es perpendicular a $\pi$.       (4 *puntos*)

   b)  Las ecuaciones paramétricas de la recta $r$ que es perpendicular a $\pi$ y pasa por $A$.

      Encuentra dos planos cuya intersección sea la recta $r$.       (1+2 *puntos*)

   c)  La distancia entre el punto $B$ y la recta $r$.       (3 *puntos*)


**Problema 6.** En un triángulo isósceles, los dos lados iguales miden 10 centímetros cada uno.

Obtener razonadamente, escribiendo todos los pasos del razonamiento utilizado:

   a)  La expresión del área $A(x)$ del triángulo, en función de la longitud $x$ del tercer lado.       (4 *puntos*)

   b)  Los intervalos de crecimiento y de decrecimiento de la función $A(x)$, $0 \le x \le 20$.       (4 *puntos*)

   c)  La longitud $x$ del tercer lado para que el área del triángulo sea máxima y el valor de esta área. (2 *puntos*)

## PROBLEMA 1

$$\left.\begin{array}{r} x + y + \alpha z = 1 \\ x + \alpha y + z = 1 \\ \alpha x + y + z = -2 \end{array}\right\} \quad A^* = \begin{pmatrix} 1 & 1 & \alpha & \vdots & 1 \\ 1 & \alpha & 1 & \vdots & 1 \\ \alpha & 1 & 1 & \vdots & -2 \end{pmatrix}$$

$$\det(A) = \begin{vmatrix} 1 & 1 & \alpha \\ 1 & \alpha & 1 \\ \alpha & 1 & 1 \end{vmatrix} = 3\alpha - \alpha^3 - 2 = -\alpha^3 + 3\alpha - 2$$

$$\det(A) = 0 \longrightarrow -\alpha^3 + 3\alpha - 2 = 0$$

$$\begin{array}{r|rrrr} & -1 & 0 & 3 & -2 \\ 1 & & -1 & -1 & 2 \\ \hline & -1 & -1 & 2 & \boxed{0} \\ 1 & & -1 & -2 & \\ \hline & -1 & -2 & \boxed{0} & \\ -2 & & +2 & & \\ \hline & -1 & \boxed{0} & & \end{array}$$

Si $\alpha \neq 1 \wedge \alpha \neq -2$ ⟹ $\det(A) \neq 0$ ⟹ $rg(A) = 3$ ⟹

⟹ $rg(A^*) = 3 = n^o$ incógnitas ⟹ $T^{MA}$ ROUCHÉ ⟹ Sistema

Compatible Determinado

Si $\alpha = 1$ ⟹ $\det(A) = 0$ ⟹ $rg(A) < 3$

$$A^* = \begin{pmatrix} 1 & 1 & 1 & \vdots & 1 \\ 1 & 1 & 1 & \vdots & 1 \\ 1 & 1 & 1 & \vdots & -2 \end{pmatrix}$$

<u>Rango (A):</u>

$|1| = 1 \neq 0$

$\begin{vmatrix} 1 & 1 \\ 1 & 1 \end{vmatrix} = 0 \Rightarrow rg(A) = 1$

<u>Rango (A*):</u>

$\begin{vmatrix} 1 & 1 \\ 1 & -2 \end{vmatrix} = -3 \neq 0 \Rightarrow rg(A^*) = 2$

$\left.\begin{array}{l} rg(A) = 1 \\ rg(A^*) = 2 \end{array}\right\} \Rightarrow T^{MA}$ ROUCHÉ ⟹ Sistema Incompatible

PÁGINA 1

Si $\alpha = -2$ $\Rightarrow$ det$(A) = 0$ $\Rightarrow$ rg$(A) < 3$

$$A^* = \begin{pmatrix} 1 & 1 & -2 & | & 1 \\ 1 & -2 & 1 & | & 1 \\ -2 & 1 & 1 & | & -2 \end{pmatrix}$$

Rango $(A)$:

$|1| = 1 \neq 0$ ; $\begin{vmatrix} 1 & 1 \\ 1 & -2 \end{vmatrix} = -3 \neq 0$

$\Rightarrow$ rg$(A) = 2$

Rango $(A^*)$:

$\begin{vmatrix} 1 & 1 & 1 \\ 1 & -2 & 1 \\ -2 & 1 & -2 \end{vmatrix} = 0 \Rightarrow$ rg$(A^*) = 2$

$\left.\begin{array}{l} \text{rg}(A) = 2 \\ \text{rg}(A^*) = 2 \\ \text{nº incógnitas} = 3 \end{array}\right\} \Rightarrow T^{\underline{ma}} \text{ ROUCHÉ} \Rightarrow$ Sistema Compatible Indeterminado

b) Cogemos las ecuaciones determinadas por el rango:

$\left.\begin{array}{l} x + y - 2z = 1 \\ x - 2y + z = 1 \end{array}\right\}$ $E_1 - E_2 \rightarrow 3y - 3z = 0$ ⟶ $z = \lambda$ ⟶ $y = \lambda$

⟶ $x = 1 + 2y - z = 1 + 2\lambda - \lambda = 1 + \lambda$

Las infinitas soluciones para $\alpha = -2$ vienen dadas por

$$(x, y, z) = (1 + \lambda, \lambda, \lambda)$$

c) Si $\alpha = 0$ ya hemos justificado que el sistema será compatible determinado y lo resolvemos por tanto aplicando la regla de Cramer:

$$A^* = \begin{pmatrix} 1 & 1 & 0 & | & 1 \\ 1 & 0 & 1 & | & 1 \\ 0 & 1 & 1 & | & -2 \end{pmatrix} \; ; \; \det(A) = \begin{vmatrix} 1 & 1 & 0 \\ 1 & 0 & 1 \\ 0 & 1 & 1 \end{vmatrix} = -2$$

PÁGINA 2

$$x = \frac{\begin{vmatrix} 1 & 1 & 0 \\ 1 & 0 & 1 \\ -2 & 1 & 1 \end{vmatrix}}{-2} = \frac{-4}{-2} = 2 \quad, \quad y = \frac{\begin{vmatrix} 1 & 1 & 0 \\ 1 & 1 & 1 \\ 0 & -2 & 1 \end{vmatrix}}{-2} = \frac{2}{-2} = -1$$

$$z = \frac{\begin{vmatrix} 1 & 1 & 1 \\ 1 & 0 & 1 \\ 0 & 1 & -2 \end{vmatrix}}{-2} = \frac{2}{-2} = -1$$

La única solución para $\alpha = 0$ es la dada por:

$$(x, y, z) = (2, -1, -1)$$

$\{$PROBLEMA 2$\}$

a) $r: \dfrac{x-1}{1} = \dfrac{y+1}{1} = \dfrac{z}{-1} \Rightarrow r: \begin{cases} \text{Punto} \rightarrow A(1, -1, 0) \\ \text{Vector director} \rightarrow \vec{V_r} = (1, 1, -1) \end{cases}$

Un vector director de la recta que pasa por P y Q

será:

$$\vec{PQ} = (2, 1, \alpha) - (1, 0, 0) = (1, 1, \alpha)$$

La recta que pasa por P y Q será paralela a la

recta r cuando los vectores $\vec{V_r}$ y $\vec{PQ}$ sean paralelos.

Así:

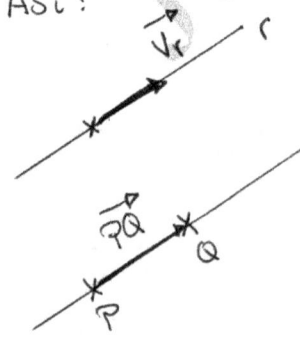

$\vec{V_r} \parallel \vec{PQ}$ si

$$\frac{1}{1} = \frac{1}{1} = \frac{-1}{\alpha} \Rightarrow \alpha = -1$$

b)

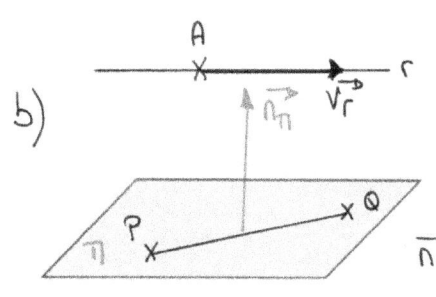

Si $\alpha = 1 \Rightarrow \overrightarrow{PQ} = (1,1,1)$

Mu vector normal de $\pi$ será:

$$\overrightarrow{n_\pi} = \overrightarrow{PQ} \times \overrightarrow{V_r} = \begin{vmatrix} \vec{\imath} & \vec{\jmath} & \vec{k} \\ 1 & 1 & 1 \\ 1 & 1 & -1 \end{vmatrix} = (-2, 2, 0)$$

Y por tanto:

$$\pi : Ax + By + Cz + D = 0$$

$$\overrightarrow{n_\pi} = (-2, 2, 0) \Rightarrow \pi : -2x + 2y + D = 0$$

$$P(1, 0, 0) \in \pi \Rightarrow -2 \cdot 1 + D = 0 \Rightarrow D = 2$$

$$\Rightarrow \pi : -2x + 2y + 2 = 0$$

Y simplificando $\Rightarrow \pi : -x + y + 1 = 0$

c)

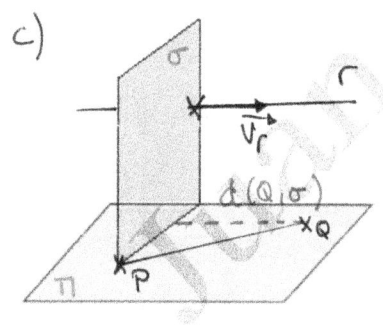

Primero determinemos el plano $\sigma$:

Como $r \perp \sigma \Rightarrow \overrightarrow{n_\sigma} = \overrightarrow{V_r}$

$$\sigma : Ax + By + Cz + D = 0$$

$$\overrightarrow{n_\sigma} = (1, 1, -1) \Rightarrow \sigma : x + y - z + D = 0$$

$$P(1, 0, 0) \in \sigma \Rightarrow 1 + D = 0 \Rightarrow D = -1$$

$$\Rightarrow \sigma : x + y - z - 1 = 0$$

Y la distancia, con la fórmula:

$$d(Q, \sigma) = \frac{|Ax_0 + By_0 + Cz_0 + D|}{\sqrt{A^2 + B^2 + C^2}} = \frac{|1 \cdot 2 + 1 \cdot 1 - 1 \cdot 1 - 1|}{\sqrt{1^2 + 1^2 + (-1)^2}} = \frac{1}{\sqrt{3}} \; u.$$

PROBLEMA 3

$$f(x) = \frac{x^2+1}{x^2(x-1)}$$

a)  $x^2 \cdot (x-1) = 0 < \begin{array}{l} x = 0 \\ x = 1 \end{array} \Rightarrow Dom(f(x)) = \mathbb{R} - \{0, 1\}$

A. Verticales:

$\lim\limits_{x \to 0} \dfrac{x^2+1}{x^2(x-1)} = \left[\dfrac{1}{0}\right] \to \begin{cases} \lim\limits_{x \to 0^-} \dfrac{x^2+1}{x^2(x-1)} = -\infty \\[4mm] \lim\limits_{x \to 0^+} \dfrac{x^2+1}{x^2(x-1)} = -\infty \end{cases}$

$\Rightarrow x = 0$ es asíntota vertical

$\lim\limits_{x \to 1} \dfrac{x^2+1}{x^2(x-1)} = \left[\dfrac{2}{0}\right] \to \begin{cases} \lim\limits_{x \to 1^-} \dfrac{x^2+1}{x^2(x-1)} = -\infty \\[4mm] \lim\limits_{x \to 1^+} \dfrac{x^2+1}{x^2(x-1)} = +\infty \end{cases}$

$\Rightarrow x = 1$ es asíntota vertical

A. Horizontales:

$\lim\limits_{x \to \infty} \dfrac{x^2+1}{x^2(x-1)} = \left[\dfrac{\infty}{\infty}\right] = \lim\limits_{x \to \infty} \dfrac{x^2}{x^3} = 0$

$\lim\limits_{x \to -\infty} \dfrac{x^2+1}{x^2(x-1)} = \left[\dfrac{\infty}{\infty}\right] = \lim\limits_{x \to -\infty} \dfrac{x^2}{x^3} = 0$

$\Rightarrow$ La recta $y = 0$ es asíntota horizontal y

$f(x)$ no presenta asíntotas oblicuas.

b) $\dfrac{x^2+1}{x^2(x-1)} = \dfrac{A}{x} + \dfrac{B}{x^2} + \dfrac{C}{x-1} = \dfrac{A\,x\,(x-1)+B(x-1)+C\,x^2}{x^2(x-1)}$

$\Longrightarrow x^2+1 = A\,x\,(x-1) + B(x-1) + C\,x^2$

Si $x=0 \longrightarrow 1 = -B \Longrightarrow B = -1$

Si $x=1 \longrightarrow 2 = C$

Si $x=2 \longrightarrow 5 = 2A + B + 4C \Longrightarrow A = -1$

$\Longrightarrow \displaystyle\int \dfrac{x^2+1}{x^2(x-1)}\,dx = \int \dfrac{-1}{x}\,dx + \int \dfrac{-1}{x^2}\,dx + \int \dfrac{2}{x-1}\,dx =$

$= -\ln|x| - \dfrac{1\cdot x^{-1}}{-1} + 2\cdot\ln|x-1| + C' =$

$= -\ln|x| + \dfrac{1}{x} + 2\ln|x-1| + C'$

De todas las primitivas F(x) obtenidas, la que

pasa por $(2,0)$ es:

$F(2) = 0 \Longrightarrow -\ln(2) + \dfrac{1}{2} + 2\cdot\ln(1) + C' = 0 \Longrightarrow$

$\Longrightarrow C' = \ln(2) - \dfrac{1}{2}$

Y la primitiva pedida es

$F(x) = -\ln|x| + \dfrac{1}{x} + 2\cdot\ln|x-1| + \ln(2) - \dfrac{1}{2}$

c) Como vemos, $f(x)$ no corta al eje X y además es fácil razonar que $f(x) > 0$ en $[2,4]$. El área pedida por tanto:

$$A = \int_2^4 \frac{x^2+1}{x^2(x-1)} dx = \left[ -\ln(x) + \frac{1}{x} + 2\ln|x-1| \right]_2^4 =$$

$$= \left( -\ln(4) + \frac{1}{4} + 2\ln(3) \right) - \left( -\ln(2) + \frac{1}{2} + 2\ln(1) \right) =$$

$$= -2\cdot\ln(2) + \frac{1}{4} + \ln(9) + \ln(2) - \frac{1}{2} = \ln\left(\frac{9}{2}\right) - \frac{1}{4} = 1'254 \, u^2$$

PROBLEMA 4

$$A = \begin{pmatrix} 1 & 2 \\ b & 0 \\ -1 & 2 \end{pmatrix} \; ; \; B = \begin{pmatrix} -1 & 0 & 2 \\ -1 & b & -1 \end{pmatrix}$$

a) $A \cdot B = \begin{pmatrix} 1 & 2 \\ b & 0 \\ -1 & 2 \end{pmatrix} \cdot \begin{pmatrix} -1 & 0 & 2 \\ -1 & b & -1 \end{pmatrix} = \begin{pmatrix} -3 & 2b & 0 \\ -b & 0 & 2b \\ -1 & 2b & -4 \end{pmatrix}$

$\exists (AB)^{-1}$ si $\det(AB) \neq 0$

$$\det(AB) = \begin{vmatrix} -3 & 2b & 0 \\ -b & 0 & 2b \\ -1 & 2b & -4 \end{vmatrix} = -4b^2 + 12b^2 - 8b^2 = 0 \; \forall b$$

Como $\det(A\cdot B) = 0 \; \forall b \in \mathbb{R}$, la matriz $(AB)$ no es invertible para ningún valor de b.

$$B \cdot A = \begin{pmatrix} -1 & 0 & 2 \\ -1 & b & -1 \end{pmatrix} \cdot \begin{pmatrix} 1 & 2 \\ b & 0 \\ -1 & 2 \end{pmatrix} = \begin{pmatrix} -3 & 2 \\ b^2 & -4 \end{pmatrix}$$

$\exists (BA)^{-1}$ si $\det (BA) \neq 0$

$$\det (BA) = \begin{vmatrix} -3 & 2 \\ b^2 & -4 \end{vmatrix} = 12 - 2b^2$$

$\det (BA) = 0 \implies 12 - 2b^2 = 0 \implies b^2 = 6$
$\begin{cases} b = -\sqrt{6} \\ b = +\sqrt{6} \end{cases}$

Y por tanto $\exists (BA)^{-1} \; \forall b \in \mathbb{R} - \{-\sqrt{6}, \sqrt{6}\}$

b) $A^T \cdot A = \begin{pmatrix} 1 & b & -1 \\ 2 & 0 & 2 \end{pmatrix} \cdot \begin{pmatrix} 1 & 2 \\ b & 0 \\ -1 & 2 \end{pmatrix} = \begin{pmatrix} b^2+2 & 0 \\ 0 & 8 \end{pmatrix}$

$$\det (A^T \cdot A) = \begin{vmatrix} b^2+2 & 0 \\ 0 & 8 \end{vmatrix} = 8 \cdot (b^2+2)$$

Como vemos $\det (A^T \cdot A) \neq 0 \; \forall b \in \mathbb{R}$ y por tanto

existirá $(A^T A)^{-1} \; \forall b \in \mathbb{R}$

c) $(A^T A)^{-1} = \dfrac{1}{\det (A^T A)} \cdot \left[ Adj (A^T A) \right]^t$

$Adj (A^T \cdot A) = \begin{pmatrix} 8 & 0 \\ 0 & b^2+2 \end{pmatrix} \implies \left[ Adj (A^T \cdot A) \right]^t = \begin{pmatrix} 8 & 0 \\ 0 & b^2+2 \end{pmatrix}$

$$\implies (A^T A)^{-1} = \dfrac{1}{8(b^2+2)} \cdot \begin{pmatrix} 8 & 0 \\ 0 & b^2+2 \end{pmatrix} = \begin{pmatrix} \dfrac{1}{b^2+2} & 0 \\ 0 & \dfrac{1}{8} \end{pmatrix}$$

PÁGINA 8

{PROBLEMA 5}

$$\pi : 2x + y - z - 5 = 0 \quad ; \quad A(1,2,-1) \; ; \; B(2,1,0)$$

a)

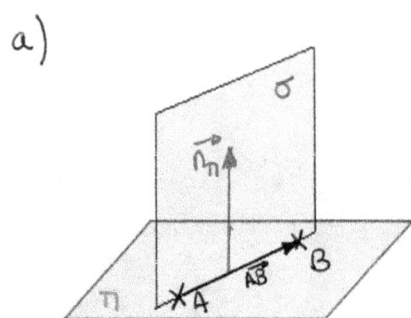

De la ecuación del plano $\pi$ leemos $\vec{n_\pi} = (2,1,-1)$

Determinamos el vector $\vec{AB}$

$$\vec{AB} = (2,1,0) - (1,2,-1) = (1,-1,1)$$

Un vector normal del plano $\sigma$ que buscamos será:

$$\vec{n_\sigma} = \vec{AB} \times \vec{n_\pi} = \begin{vmatrix} \vec{i} & \vec{j} & \vec{k} \\ 1 & -1 & 1 \\ 2 & 1 & -1 \end{vmatrix} = (0,3,3)$$

Y por tanto:

$$\sigma : Ax + By + Cz + D = 0$$

$$\vec{n_\sigma} = (0,3,3) \Rightarrow \sigma : 3y + 3z + D = 0$$

$$B(2,1,0) \in \sigma \Rightarrow 3 \cdot 1 + D = 0 \Rightarrow D = -3$$

$$\Rightarrow \sigma : 3y + 3z - 3 = 0$$

Y simplificando $\Rightarrow \sigma : y + z - 1 = 0$

b)

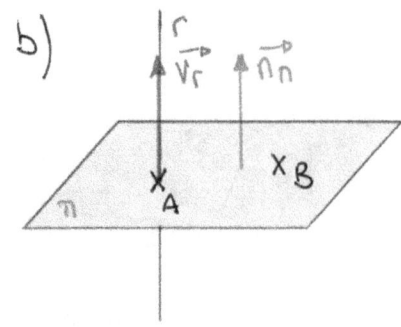

Como $r \perp \pi \Rightarrow \vec{v_r} = \vec{n_\pi} = (2,1,-1)$

Y por tanto:

$$r : \begin{cases} x = 1 + 2\lambda \\ y = 2 + \lambda \\ z = -1 - \lambda \end{cases}$$

PÁGINA 9

Para encontrar dos planos $\zeta_1$ y $\zeta_2$ cuya intersección

sea la recta $r$:

$$r: \left(\frac{x-1}{2}\right) = \left(\frac{y-2}{1}\right) = \frac{z+1}{-1}$$

$$-y+2 = z+1 \implies \zeta_1: y+z-1 = 0$$

$$x-1 = 2y-4 \implies \zeta_2: x-2y+3 = 0$$

Y por tanto, unas ecuaciones implícitas de $r$ son:

$$r: \begin{cases} y+z-1 = 0 \\ x-2y+3 = 0 \end{cases}$$

c) Si lo piensas un poquito, verás que es fácil

deducir:

$$d(B,r) = d(A,B) = |\overrightarrow{AB}| = \sqrt{3} \; u.$$

PROBLEMA 6

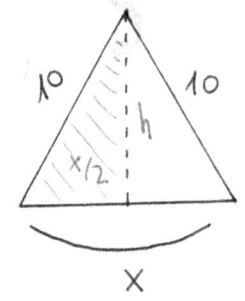

$$A(x,h) = \frac{x \cdot h}{2}$$

En el triángulo sombreado

$$h^2 + \left(\frac{x}{2}\right)^2 = 10^2$$

$$h^2 = 100 - \frac{x^2}{4} = \frac{400 - x^2}{4}$$

$$h = \frac{\sqrt{400 - x^2}}{2} \quad \text{con } 0 < x < 20$$

©Juan Bertomeu Ferrer
www.bertoblog.com

Y por tanto:

$$A(x) = \frac{x \cdot \frac{\sqrt{400-x^2}}{2}}{2} = \frac{x \cdot \sqrt{400-x^2}}{4} = \frac{1}{4} \cdot \sqrt{400x^2-x^4} \quad 0 < x < 20$$

b) $\quad A'(x) = \frac{1}{4} \cdot \frac{1 \cdot (800x - 4x^3)}{2\sqrt{400x^2-x^4}} = \frac{200x - x^3}{2\sqrt{400x^2-x^4}}$

$A'(x) = 0 \longrightarrow 200x - x^3 = 0$

$x(200-x^2) = 0$

$\nearrow \quad x = 0 \text{ cm} \qquad$ No sirven $0 < x < 20$

$\searrow 200-x^2=0 \begin{cases} x = -\sqrt{200} \text{ cm} \\ x = \sqrt{200} \text{ cm} \end{cases}$

$A'(x) > 0 \quad x = \sqrt{200} \quad A'(x) < 0 \quad 20$

$A(x)$ es creciente en $(0, \sqrt{200})$

$A(x)$ es decreciente en $(\sqrt{200}, 20)$

El área será máxima cuando el tercer lado tenga una longitud de $x = \sqrt{200} \approx 14'14 \text{ cm}$, siendo dicha área máxima de :

$$A(\sqrt{200}) = \frac{1}{4} \cdot \sqrt{400 \cdot 200 - 200^2} = \frac{1}{4} \cdot 200 = 50 \text{ cm}^2$$

**Problema 1.** Se da el sistema de ecuaciones $\begin{cases} x + ay + 2z = 3 \\ x - 3y + az = -2, \\ x + y + 2z = a \end{cases}$ donde $a$ es un parámetro real.

**Obtener razonadamente, escribiendo todos los pasos del razonamiento utilizado:**

a) Los valores de $a$ para los cuales el sistema es compatible. (*4 puntos*)

b) La solución del sistema cuando $a = 0$. (*3 puntos*)

c) Las soluciones del sistema en el caso en que sea compatible indeterminado. (*3 puntos*)

**Problema 2.** Se dan los planos $\pi: x + y = 1$ y $\pi': x - y + z = 1$ y el punto $P(1, -1, 0)$.

**Obtener razonadamente, escribiendo todos los pasos del razonamiento utilizado:**

a) Unas ecuaciones paramétricas de la recta $r$ que pasa por el punto P y es paralela a los planos $\pi$ y $\pi'$. (*3 puntos*)

b) La distancia de la recta $r$ a cada uno de los planos $\pi$ y $\pi'$. (*3 puntos*)

c) Las ecuaciones de la recta que pasa por P y corta perpendicularmente a la recta obtenida como intersección de los planos $\pi$ y $\pi'$. (*4 puntos*)

**Problema 3.** Dada la función $f(x) = \dfrac{x}{\sqrt{x^2 - 1}}$, **obtener razonadamente, escribiendo todos los pasos del razonamiento utilizado:**

a) El dominio de definición y las asíntotas de la función $f$. (*3 puntos*)

b) Los intervalos de crecimiento y decrecimiento, así como la representación gráfica de la función. (*3 +1 puntos*)

c) El valor de $\int_2^3 f(x)dx$. (*3 puntos*)

**Problema 4.** Sea $A = \begin{bmatrix} 1 & 2 & 0 \\ 0 & 1 & 0 \\ 0 & 2 & 1 \end{bmatrix}$.

**Obtener razonadamente, escribiendo todos los pasos del razonamiento utilizado:**

a) La justificación de que $A$ tiene inversa y el cálculo de dicha matriz inversa. (*3 puntos*)

b) Dos constantes $a, b$ de modo que $A^{-1} = A^2 + aA + bI$. Se puede usar (sin comprobarlo) que $A$ verifica la ecuación $A^3 - 3A^2 + 3A - I = 0$ siendo $I$ la matriz identidad. (*3 puntos*)

c) El valor de $\lambda$ para que el sistema de ecuaciones $(A - \lambda I) \cdot \begin{bmatrix} x \\ y \\ z \end{bmatrix} = \begin{bmatrix} 0 \\ 0 \\ 0 \end{bmatrix}$ tenga infinitas soluciones.

Para dicho valor de $\lambda$ hallar todas las soluciones del sistema. (*2+2 puntos*)

**Problema 5.** Se dan las rectas $r: \begin{cases} x = 1 \\ y = 2 + \lambda, \quad \lambda \in \mathbf{R}, \\ z = 2\lambda \end{cases}$ $s: \dfrac{x+1}{2} = \dfrac{y}{-1} = \dfrac{z+2}{1}$ y el plano $\pi: 3x + ay - z + 1 = 0$.

**Obtener razonadamente, escribiendo todos los pasos del razonamiento utilizado:**

a) Si hay algún valor del parámetro $a$ para el cual la recta $r$ está contenida en el plano $\pi$. (*4 puntos*)

b) La distancia entre las rectas $r$ y $s$. (*3 puntos*)

c) El coseno del ángulo que forman la recta $r$ y la recta $t: \begin{cases} 2x - y = 0 \\ y - z = 2 \end{cases}$. (*3 puntos*)

**Problema 6.** Los vértices de un triángulo son $A(0,12)$, $B(-5,0)$ y $C(5,0)$. Se desea construir un rectángulo inscrito en el triángulo anterior, de lados paralelos a los ejes coordenados y dos de cuyos vértices tienen coordenadas $(-x,0)$, $(x,0)$, siendo $0 \leq x \leq 5$. Los otros dos vértices están situados en los segmentos $AB$ y $AC$.

**Obtener razonadamente, escribiendo todos los pasos del razonamiento utilizado**:

a) La expresión $f(x)$ del área del rectángulo anterior.  (*4 puntos*)

b) El valor de $x$ para el cual dicha área es máxima y las dimensiones del rectángulo obtenido.  (*3 puntos*)

c) La proporción entre el área del rectángulo anterior y el área del triángulo.  (*3 puntos*)

PROBLEMA 1

$$\left.\begin{array}{l} x + ay + 2z = 3 \\ x - 3y + az = -2 \\ x + y + 2z = a \end{array}\right\} \qquad A^* = \begin{pmatrix} 1 & a & 2 & | & 3 \\ 1 & -3 & a & | & -2 \\ 1 & 1 & 2 & | & a \end{pmatrix}$$

$$\det(A) = \begin{vmatrix} 1 & a & 2 \\ 1 & -3 & a \\ 1 & 1 & 2 \end{vmatrix} = a^2 - 3a + 2$$

$$\det(A) = 0 \implies a^2 - 3a + 2 = 0 \left\langle \begin{array}{l} a = 2 \\ a = 1 \end{array}\right.$$

Si a = 1 $\implies \det(A) = 0 \implies rg(A) < 3$

$$A = \begin{pmatrix} 1 & 1 & 2 & | & 3 \\ 1 & -3 & 1 & | & -2 \\ 1 & 1 & 2 & | & 1 \end{pmatrix}$$

Rango(A):

$$|1| = 1 \neq 0 \; ; \; \begin{vmatrix} 1 & 1 \\ 1 & -3 \end{vmatrix} = -4 \neq 0$$

$$\implies rg(A) = 2$$

Rango (A*):

$$\begin{vmatrix} 1 & 1 & 3 \\ 1 & -3 & -2 \\ 1 & 1 & 1 \end{vmatrix} = 8 \neq 0 \implies rg(A^*) = 3$$

$$\left.\begin{array}{l} rg(A) = 2 \\ rg(A^*) = 3 \end{array}\right\} \implies \overline{T}^{MA} ROUCHÉ \implies \text{Sistema Incompatible.}$$

©Juan Bertomeu Ferrer
www.bertoblog.com

$\boxed{Si\ a = 2} \Rightarrow \det(A) = 0 \Rightarrow rg(A) < 3$

$$A^* = \begin{pmatrix} 1 & 2 & 2 & 3 \\ 1 & -3 & 2 & -2 \\ 1 & 1 & 2 & 2 \end{pmatrix}$$

Rango (A):

$|1| = 1 \neq 0$ ;  $\begin{vmatrix} 1 & 2 \\ 1 & -3 \end{vmatrix} = -5 \neq 0$

$\Rightarrow rg(A) = 2$

Rango $(A^*)$:

$\begin{vmatrix} 1 & 2 & 3 \\ 1 & -3 & -2 \\ 1 & 1 & 2 \end{vmatrix} = 0 \Rightarrow rg(A^*) = 2$

$\left. \begin{array}{l} rg(A) = 2 \\ rg(A^*) = 2 \\ n^\circ\ incógnitas = 3 \end{array} \right\} \Rightarrow \overset{n A}{T} ROUCHÉ \Rightarrow$ Sistema Compatible Indeterminado

Cogemos las ecuaciones determinadas por el rango:

$\left. \begin{array}{l} x + 2y + 2z = 3 \\ x - 3y + 2z = -2 \end{array} \right\}$  $E_1 - E_2 \rightarrow 5y = 5 \Rightarrow y = 1$

$\rightarrow x + 2 + 2z = 3 \Rightarrow x + 2z = 1$  $\begin{array}{l} z = \lambda \\ x = 1 - 2\lambda \end{array}$

las infinitas soluciones del sistema para a = 2
(apartado c) vienen dadas por:

$(x, y, z) = (1 - 2\lambda,\ 1,\ \lambda)\ \forall \lambda \in \mathbb{R}$

PÁGINA 2

©Juan Bertomeu Ferrer
www.bertoblog.com

Si $a \neq 1 \wedge a \neq 2 \Rightarrow \det(A) \neq 0 \Rightarrow rg(A) = 3 \Rightarrow rg(A^*) = 3 =$

$= n^\circ$ incógnitas $\Rightarrow T^{\text{ma}}$ ROUCHÉ $\Rightarrow$ Sistema Compatible

Determinado. En concreto, para $a = 0$, la solución única

la obtenemos con la regla de Cramer:

$$A^* = \begin{pmatrix} 1 & 0 & 2 & ; & 3 \\ 1 & -3 & 0 & ; & -2 \\ 1 & 1 & 2 & ; & 0 \end{pmatrix} \; ; \; \det(A) = \begin{vmatrix} 1 & 0 & 2 \\ 1 & -3 & 0 \\ 1 & 1 & 2 \end{vmatrix} = 2$$

Y por tanto:

$$x = \frac{\begin{vmatrix} 3 & 0 & 2 \\ -2 & -3 & 0 \\ 0 & 1 & 2 \end{vmatrix}}{2} = \frac{-22}{2} = -11 \; ; \; y = \frac{\begin{vmatrix} 1 & 3 & 2 \\ 1 & -2 & 0 \\ 1 & 0 & 2 \end{vmatrix}}{2} = \frac{-6}{2} = -3$$

$$z = \frac{\begin{vmatrix} 1 & 0 & 3 \\ 1 & -3 & -2 \\ 1 & 1 & 0 \end{vmatrix}}{2} = \frac{14}{2} = 7$$

PROBLEMA 2

Se nos da el punto $P(1, -1, 0)$ y los planos:

$\pi : x + y = 1 \longrightarrow \vec{n_\pi} = (1, 1, 0)$

$\pi' : x - y + z = 1 \longrightarrow \vec{n_{\pi'}} = (1, -1, 1)$

Sustituyendo las coordenadas de P en las ecuaciones de los planos $\pi$ y $\pi'$ vemos que P no pertenece a ninguno de los planos dados. Del estudio de la proporcionalidad de los coeficientes de las ecuaciones vemos que $\pi$ y $\pi'$ son planos secantes. Por tanto:

a)

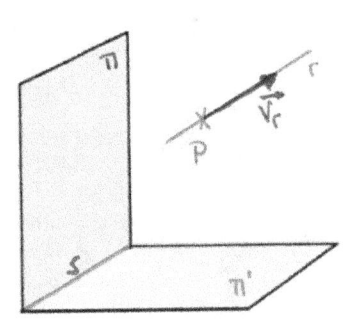

Los planos $\pi$ y $\pi'$ se cortan en la recta s de ecuación:

$$s: \begin{cases} x + y = 1 \\ x - y + z = 1 \end{cases}$$

Pasamos a paramétricas:

$x + y = 1 \begin{cases} x = \lambda \\ y = 1 - \lambda \end{cases} \Rightarrow \lambda - (1-\lambda) + z = 1 \Rightarrow z = 2 - 2\lambda$

Con lo que:

$$s: \begin{cases} x = \lambda \\ y = 1 - \lambda \\ z = 2 - 2\lambda \end{cases} \Rightarrow s: \begin{cases} \text{Punto} \rightarrow A(0, 1, 2) \\ \text{Vector director} \rightarrow \vec{V_s} = (1, -1, -2) \end{cases}$$

La recta r pedida por tanto:

$$r: \begin{cases} \text{Punto} \rightarrow P(1, -1, 0) \\ \text{Vector director} \rightarrow \vec{V_r} = \vec{V_s} = (1, -1, -2) \end{cases} \Rightarrow r: \begin{cases} x = 1 + \alpha \\ y = -1 - \alpha \quad , \; \alpha \in \mathbb{R} \\ z = -2\alpha \end{cases}$$

b) Podemos calcular las distancias pedidas como la distancia del punto P a cada uno de los planos $\pi$ y $\pi'$. Así:

$$d(r,\pi) = d(P,\pi) = \frac{|1-1-1|}{\sqrt{1^2+1^2}} = \frac{1}{\sqrt{2}} = \frac{\sqrt{2}}{2} \, u$$

$$d(r,\pi') = d(P,\pi') = \frac{|1+1+0-1|}{\sqrt{1^2+1^2+1^2}} = \frac{1}{\sqrt{3}} = \frac{\sqrt{3}}{3} \, u$$

c)

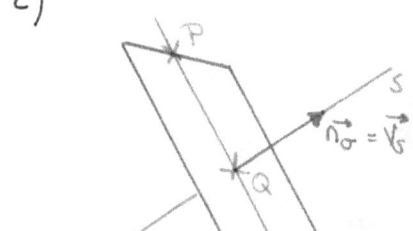

Construimos un plano $\sigma$ que pasando por P sea perpendicular a la recta s:

$$\sigma : Ax+By+Cz+D = 0$$

$$\vec{n_\sigma} = \vec{V_s} = (1,-1,-2) \Rightarrow x-y-2z+D = 0$$

Como $P(1,-1,0) \in \sigma \Rightarrow 1+1-0+D = 0 \Rightarrow D = -2$

Determinamos el punto de corte Q entre la recta s y el plano $\sigma$:

$$\left. \begin{array}{l} Q \in s : (\lambda, 1-\lambda, 2-2\lambda) \\ \sigma : x-y-2z-2 = 0 \end{array} \right\} \begin{array}{l} \lambda-1+\lambda-4+4\lambda-2 = 0 \Rightarrow \\ \Rightarrow 6\lambda = 7 \Rightarrow \lambda = \frac{7}{6} \end{array}$$

Y así : $Q(\lambda, 1-\lambda, 2-2\lambda) \underset{\lambda=7/6}{\Rightarrow} Q\left(\frac{7}{6}, \frac{-1}{6}, \frac{-1}{3}\right)$

PÁGINA 5

La recta t pedida es la que pasa por los puntos

P y Q y por tanto:

$$\vec{PQ} = \left(\frac{7}{6}, -\frac{1}{6}, -\frac{1}{3}\right) - \left(1, -1, 0\right) = \left(\frac{1}{6}, \frac{5}{6}, -\frac{1}{3}\right)$$

Las ecuaciones pedidas son:

$$t: \begin{cases} \text{Punto} \rightarrow P(1, -1, 0) \\ \\ \text{Vector} \rightarrow \vec{v_t} = 6 \cdot \vec{PQ} = (1, 5, -2) \\ \text{director} \end{cases} \Rightarrow t: \begin{cases} x = 1 + \beta \\ y = -1 + 5\beta, \ \beta \in \mathbb{R} \\ z = -2\beta \end{cases}$$

### PROBLEMA 3:

$$f(x) = \frac{x}{\sqrt{x^2 - 1}}$$

Dominio:

$$x^2 - 1 > 0$$

$$x^2 - 1 = 0 \begin{cases} x = -1 \\ x = +1 \end{cases}$$

$$\Rightarrow Dom(f(x)) = (-\infty, -1) \cup (1, +\infty)$$

Asíntotas Verticales:

$$\lim_{x \to -1^-} \frac{x}{\sqrt{x^2 - 1}} = \left[\frac{-1}{0^+}\right] = -\infty \Rightarrow x = -1 \text{ es A. Vertical}$$

PÁGINA 6

$$\lim_{x \to 1^+} \frac{x}{\sqrt{x^2-1}} = \left[\frac{1}{0^+}\right] = +\infty \implies x=1 \text{ es A. Vertical}$$

Asíntotas Horizontales:

$$\lim_{x \to \infty} \frac{x}{\sqrt{x^2-1}} = \left[\frac{\infty}{\infty}\right] = \lim_{x \to \infty} \frac{x}{x} = 1$$

$$\lim_{x \to -\infty} \frac{x}{\sqrt{x^2-1}} = \lim_{x \to +\infty} \frac{-x}{\sqrt{x^2-1}} = \left[\frac{\infty}{\infty}\right] = \lim_{x \to \infty} \frac{-x}{x} = -1$$

Las rectas $y=1$ e $y=-1$ son asíntotas horizontales y no habrá asíntotas oblicuas.

b) Monotonía, extremos, y gráfica:

$$f(x) = \frac{x}{\sqrt{x^2-1}}$$

$$f'(x) = \frac{1\cdot\sqrt{x^2-1} - x\cdot\frac{2x}{2\sqrt{x^2-1}}}{x^2-1} = \frac{x^2-1-x^2}{(x^2-1)\cdot\sqrt{x^2-1}} = \frac{-1}{\sqrt{(x^2-1)^3}}$$

Como ves $f'(x) < 0 \;\; \forall x \in \text{Dom}(f(x))$ y por tanto, la función $f(x)$ es decreciente en todo su dominio:

$$f(x) \text{ es decreciente } \forall x \in (-\infty, -1) \cup (1, +\infty)$$

La gráfica por tanto :

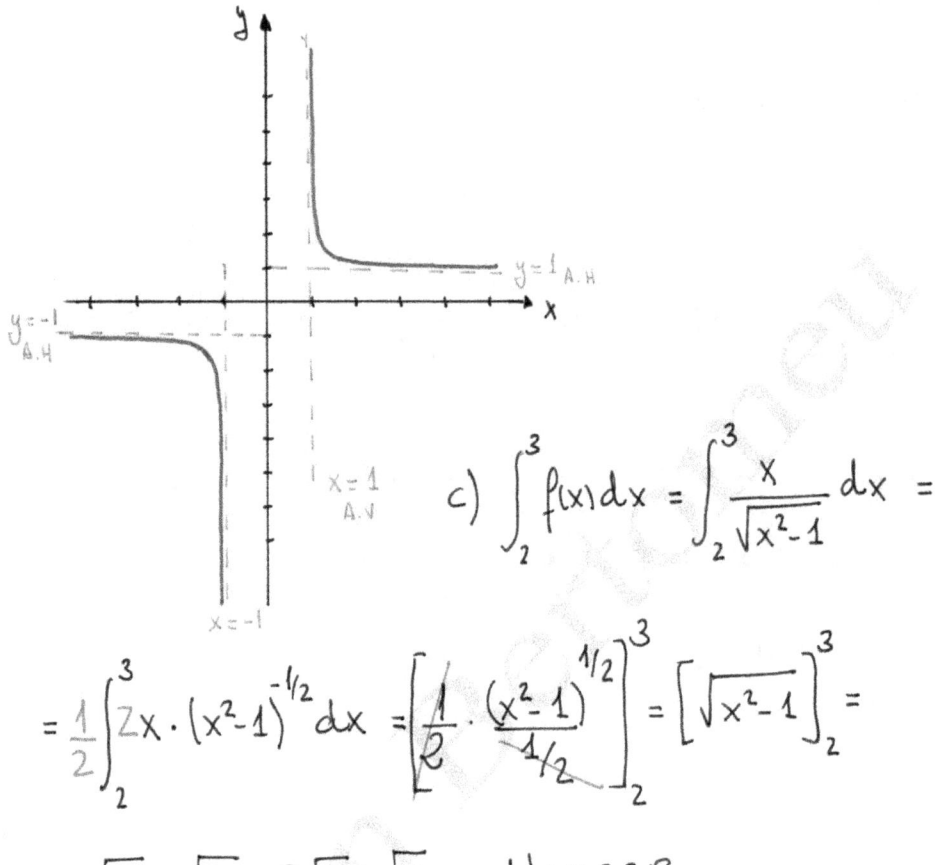

c) $\displaystyle\int_{2}^{3} f(x)\,dx = \int_{2}^{3} \frac{x}{\sqrt{x^2-1}}\,dx =$

$\displaystyle = \frac{1}{2}\int_{2}^{3} 2x \cdot (x^2-1)^{-\frac{1}{2}}\,dx = \left[\frac{1}{2}\cdot\frac{(x^2-1)^{\frac{1}{2}}}{\frac{1}{2}}\right]_{2}^{3} = \left[\sqrt{x^2-1}\right]_{2}^{3} =$

$\displaystyle = \sqrt{8} - \sqrt{3} = 2\sqrt{2} - \sqrt{3} = 1{'}09638$

{PROBLEMA 4}

a) Evaluamos el determinante de la matriz A.

$$\det(A) = \begin{vmatrix} 1 & 2 & 0 \\ 0 & 1 & 0 \\ 0 & 2 & 1 \end{vmatrix} = 1$$

Como $\det(A) \neq 0 \Rightarrow$ existe la matriz inversa $A^{-1}$

Para calcular $A^{-1}$, por Gauss-Jordan:

$$\left(\begin{array}{ccc|ccc} 1 & 2 & 0 & 1 & 0 & 0 \\ 0 & 1 & 0 & 0 & 1 & 0 \\ 0 & 2 & 1 & 0 & 0 & 1 \end{array}\right) \begin{array}{c} {\scriptstyle -2F_2+F_1} \\ \longrightarrow \\ {\scriptstyle -2F_2+F_3} \end{array} \left(\begin{array}{ccc|ccc} 1 & 0 & 0 & 1 & -2 & 0 \\ 0 & 1 & 0 & 0 & 1 & 0 \\ 0 & 0 & 1 & 0 & -2 & 1 \end{array}\right)$$

$$\Rightarrow A^{-1} = \begin{pmatrix} 1 & -2 & 0 \\ 0 & 1 & 0 \\ 0 & -2 & 1 \end{pmatrix}$$

b) Dado que verifica que $A^3 - 3A^2 + 3A - I = \Theta$ se tendrá

$$A^3 - 3A^2 + 3A = I \Rightarrow A(A^2 - 3A + 3I) = I$$

Y como por definición, la matriz inversa $A^{-1}$ es la que verifica que $A \cdot A^{-1} = I$, es inmediato que:

$$\left.\begin{array}{l} A^{-1} = A^2 - 3A + 3I \\ A^{-1} = A^2 + aA + bI \end{array}\right\} \Rightarrow a = -3 \wedge b = 3$$

c) $A - \lambda I = \begin{pmatrix} 1 & 2 & 0 \\ 0 & 1 & 0 \\ 0 & 2 & 1 \end{pmatrix} - \begin{pmatrix} \lambda & 0 & 0 \\ 0 & \lambda & 0 \\ 0 & 0 & \lambda \end{pmatrix} = \begin{pmatrix} 1-\lambda & 2 & 0 \\ 0 & 1-\lambda & 0 \\ 0 & 2 & 1-\lambda \end{pmatrix}$

Tenemos un sistema de ecuaciones representado por:

$$A^* = \left(\begin{array}{ccc|c} 1-\lambda & 2 & 0 & 0 \\ 0 & 1-\lambda & 0 & 0 \\ 0 & 2 & 1-\lambda & 0 \end{array}\right)$$

Este sistema admitirá infinitas soluciones (sistema compatible indeterminado) siempre que se verifique que $rg(A-\lambda I) < 3$. Para ello tendrá que ser $det(A-\lambda I) = 0$. Por tanto:

$$det(A-\lambda I) = \begin{vmatrix} 1-\lambda & 2 & 0 \\ 0 & 1-\lambda & 0 \\ 0 & 2 & 1-\lambda \end{vmatrix} = (1-\lambda)^3$$

$$det(A-\lambda I) = 0 \Rightarrow (1-\lambda)^3 = 0 \Rightarrow \lambda = 1$$

Para $\lambda = 1$:

$$A^* = \begin{pmatrix} 0 & 2 & 0 & | & 0 \\ 0 & 0 & 0 & | & 0 \\ 0 & 2 & 0 & | & 0 \end{pmatrix} \Rightarrow 2y = 0 \Rightarrow y = 0 \begin{cases} x = \alpha \\ z = \beta \end{cases}$$

Las infinitas soluciones vendrán dadas por:

$$(x, y, z) = (\alpha, 0, \beta) \quad \forall \alpha, \beta \in \mathbb{R}$$

## PROBLEMA 5

$$r: \begin{cases} x = 1 \\ y = 2 + \lambda \\ z = 2\lambda \end{cases} \longrightarrow r: \begin{cases} \text{Punto} \rightarrow A(1, 2, 0) \\ \text{Vector director} \rightarrow \vec{V_r} = (0, 1, 2) \end{cases}$$

$$s: \frac{x+1}{2} = \frac{y}{-1} = \frac{z+2}{1} \longrightarrow s: \begin{cases} \text{Punto} \rightarrow B(-1, 0, -2) \\ \text{Vector director} \rightarrow \vec{V_s} = (2, -1, 1) \end{cases}$$

PÁGINA 10

$$\pi: 3x + ay - z + 1 = 0 \longrightarrow \overrightarrow{n_\pi} = (3, a, -1)$$

a) $R \in r : (1, 2+\lambda, 2\lambda)$
$\left.\phantom{\begin{array}{c} \\ \\ \end{array}}\right\}$ $3 \cdot 1 + a(2+\lambda) - 2\lambda + 1 = 0 \Rightarrow$

$\pi: 3x + ay - z + 1 = 0$

$$\Rightarrow 3 + 2a + a\lambda - 2\lambda + 1 = 0$$

$$a\lambda - 2\lambda = -4 - 2a$$

$$\lambda(a-2) = -4 - 2a \begin{array}{l} \diagup a - 2 = 0 \Rightarrow a = 2 \\ \diagdown -4 - 2a = 0 \Rightarrow a = -2 \end{array}$$

Como vemos, no hay ningún valor de "a" para que la recta r esté contenida en el plano π.

b) Estudiamos la posición relativa de las rectas r y s. Determinamos el vector $\overrightarrow{AB}$:

$$\overrightarrow{AB} = (-1, 0, -2) - (1, 2, 0) = (-2, -2, -2)$$

Construimos las matrices M y M* y estudiamos rangos:

$$M^* = \begin{pmatrix} 0 & 2 & \vdots & -2 \\ 1 & -1 & \vdots & -2 \\ 2 & 1 & \vdots & -2 \end{pmatrix}$$

Rango (M):

$|1| = 1 \neq 0$ ; $\begin{vmatrix} 0 & 2 \\ 1 & -1 \end{vmatrix} = -2 \neq 0$

Rango (M*):

$\begin{vmatrix} 0 & 2 & -2 \\ 1 & -1 & -2 \\ 2 & 1 & -2 \end{vmatrix} = -10 \neq 0$

Como rg (M) = 2 ∧ rg (M*) = 3 ⇒ Las rectas r y s se cruzan

Como las rectas se cruzan, calculamos la distancia según:

$$d(r,s) = \frac{|[\vec{V_r}, \vec{V_s}, \vec{AB}]|}{|\vec{V_r} \times \vec{V_s}|} = \frac{|\det (M^*)|}{|\vec{V_r} \times \vec{V_s}|}$$

$$\vec{V_r} \times \vec{V_s} = \begin{vmatrix} \vec{i} & \vec{j} & \vec{k} \\ 0 & 1 & 2 \\ 2 & -1 & 1 \end{vmatrix} = (3, 4, -2)$$

$$|\vec{V_r} \times \vec{V_s}| = \sqrt{3^2 + 4^2 + 2^2} = \sqrt{29}$$

Con lo que $d(r,s) = \dfrac{10}{\sqrt{29}}$ u.

c) Pasamos la recta t dada a paramétricas:

$$t: \begin{cases} 2x - y = 0 \\ y - z = 2 \end{cases} \Rightarrow x = \alpha \Rightarrow \begin{cases} y = 2\alpha \\ z = y - 2 = -2 + 2\alpha \end{cases}$$

Con lo que:

$$t: \begin{cases} x = \alpha \\ y = 2\alpha \\ z = -2 + 2\alpha \end{cases} \Rightarrow t: \begin{cases} \text{Punto} \rightarrow C(0, 0, -2) \\ \text{Vector director} \rightarrow \vec{V_t} = (1, 2, 2) \end{cases}$$

El coseno pedido será:

$$\cos \beta = \frac{|\vec{V_r} \cdot \vec{V_t}|}{|\vec{V_r}| \cdot |\vec{V_t}|} = \frac{|(0, 1, 2) \cdot (1, 2, 2)|}{\sqrt{5} \cdot 3} = \frac{6}{3\sqrt{5}} = \frac{2}{\sqrt{5}}$$

donde $\beta$ es el ángulo que forman las rectas r y t.

PÁGINA 12

PROBLEMA 6

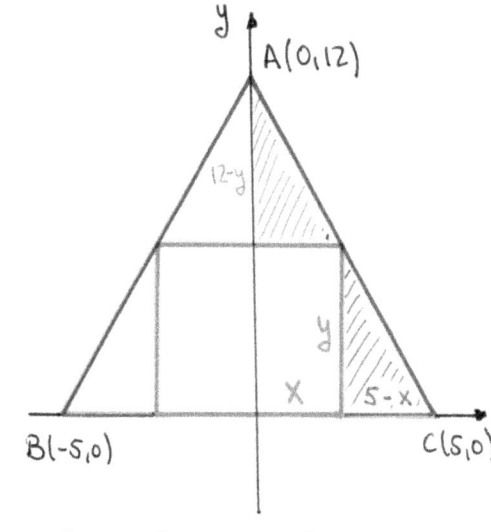

El área del rectángulo es:

$$f(x,y) = 2x \cdot y$$

Para relacionar las variables x e y, podemos recurrir a la semejanza de triángulos en los triángulos que están sombreados según:

$$\frac{H}{B} = \frac{h}{b} \Rightarrow \frac{12-y}{x} = \frac{y}{5-x} \Rightarrow (12-y)\cdot(5-x) = xy \Rightarrow$$

$$\Rightarrow 60 - 12x - 5y + xy = xy \Rightarrow y = \frac{60-12x}{5} \quad \text{con } 0 < x < 5$$

y por tanto, el área en función de x será:

$$f(x) = 2x \cdot \frac{60-12x}{5} = 2 \cdot \frac{60x - 12x^2}{5} \quad \text{con } 0 < x < 5$$

b) $f'(x) = \frac{2}{5} \cdot (60 - 24x)$

$f'(x) = 0 \longrightarrow \frac{2}{5} \cdot (60 - 24x) = 0 \Rightarrow x = \frac{60}{24} = \frac{5}{2}$ u.

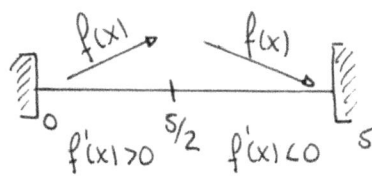

El área es máxima si $x = \frac{5}{2}$ y las dimensiones pedidas son:

Base $= 2x = 5$ u.

Altura $= y = \frac{60 - 12 \cdot 5/2}{5} = 6$ u.

c) El área del rectángulo es:

$$A_{\square} = base \cdot altura = 5 \cdot 6 = 30 \, u^2$$

El área del triángulo es:

$$A_{\triangle} = \frac{base \cdot altura}{2} = \frac{10 \cdot 12}{2} = 60 \, u^2$$

La proporción pedida por tanto:

$$\frac{A_{\square}}{A_{\triangle}} = \frac{30}{60} = \frac{1}{2}$$

PÁGINA 14

**Problema 1.** Dado el sistema de ecuaciones: $\qquad$ JUNIO 2021

$$x + y + (a + 1)z = 2$$
$$x + (a - 1)y + 2z = 1$$
$$2x + ay + z = -1$$

a)  Estudiadlo en función de los valores del parámetro real $a$. (5 puntos)
b)  Encontrad todas las soluciones del sistema cuando éste sea compatible. (5 puntos)

**Problema 2.**  Se dan los planos  $\pi_1: x + y + z = a - 1$,  $\pi_2: 2x + y + az = a$  y $\pi_3: x + ay + z = 1$.

a)  Determinad la posición relativa de los tres planos en función del parámetro $a$. (4 puntos)
b)  Para $a = 1$, calculad, si existe, la recta de corte entre los planos $\pi_1$ y $\pi_3$. (3 puntos)
c)  Para $a = 2$, calculad, si existe, la recta de corte entre los planos $\pi_1$ y $\pi_2$. (3 puntos)

**Problema 3.** Consideramos la función  $f(x) = \frac{x-1}{x(x+2)}$. Obtened:

a)  El dominio y las asíntotas de la función. (2 puntos)
b)  Los intervalos de crecimiento y decrecimiento de $f(x)$. (4 puntos)
c)  La integral  $\int f(x)dx$. (4 puntos)

**Problema 4.** Dada la matriz $A = \begin{bmatrix} -1 & 2 & m \\ 0 & m & 0 \\ 2 & 1 & m^2 + 1 \end{bmatrix}$, se pide:

a)  Obtened el rango de la matriz en función del parámetro $m$. (4 puntos)
b)  Explicad cuándo la matriz A es invertible. (2 puntos)
c)  Resolved la ecuación  $XA = I$ donde I es la matriz identidad en el caso $m=1$. (4 puntos)

**Problema 5.**  Dados el punto $P(1,2,3)$ y el plano $\pi \equiv 3x + 2y + z + 4 = 0$, se pide:

a) Calculad la distancia del punto $P$ al plano $\pi$. (2 puntos)
b) Calculad el punto $P'$ que es simétrico del punto $P$ respecto del plano $\pi$. (5 puntos)
c) Calculad la ecuación del plano $\pi'$ que pasa por $P'$ y es paralelo a $\pi$. (3 puntos)

**Problema 6.**  Un espejo plano, cuadrado, de 80 cm de lado, se ha roto por una esquina siguiendo una línea recta. El trozo desprendido tiene forma de triángulo rectángulo de catetos 32 cm y 40 cm respectivamente. En el espejo roto recortamos una pieza rectangular $R$, uno de cuyos vértices es el punto $(x, y)$ (véase la figura).

a)  Hallad el área de la pieza rectangular obtenida como función de $x$, cuando $0 \leq x \leq 32$. (4 puntos)
b)  Calculad las dimensiones que tendrá $R$ para que su área sea máxima. (4 puntos)
c)  Calculad el valor de dicha área máxima. (2 puntos)

## PROBLEMA 1

$$\left.\begin{array}{l} x + y + (a+1)z = 2 \\ x + (a-1)y + 2z = 1 \\ 2x + ay + z = -1 \end{array}\right\} \quad A^* = \left(\begin{array}{ccc|c} 1 & 1 & a+1 & 2 \\ 1 & a-1 & 2 & 1 \\ 2 & a & 1 & -1 \end{array}\right)$$

$$\underbrace{\phantom{\begin{array}{ccc}1 & 1 & a+1\end{array}}}_{A}$$

$$\det(A) = \begin{vmatrix} 1 & 1 & a+1 \\ 1 & a-1 & 2 \\ 2 & a & 1 \end{vmatrix} = -a^2 + 4$$

$$\det(A) = 0 \longrightarrow -a^2 + 4 = 0 \Rightarrow a^2 = 4 \underbrace{\phantom{<}}_{} \begin{array}{l} a = -2 \\ a = +2 \end{array}$$

$\boxed{\text{Si } a \neq -2 \wedge a \neq 2} \Rightarrow \det(A) \neq 0 \Rightarrow rg(A) = 3 \Rightarrow rg(A^*) = 3 =$

$= n^o$ incógnitas $\Rightarrow T^{\underline{MA}}$ ROUCHÉ $\Rightarrow$ Sistema Compatible Determinado

La solución única, por Cramer:

$$X = \frac{\begin{vmatrix} 2 & 1 & a+1 \\ 1 & a-1 & 2 \\ -1 & a & 1 \end{vmatrix}}{-a^2 + 4} = \frac{2a^2 - a - 6}{-a^2 + 4} = \frac{2(a-2)(a+\frac{3}{2})}{-1 \cdot (a-2)(a+2)} = \frac{-2(a+\frac{3}{2})}{a+2}$$

$$Y = \frac{\begin{vmatrix} 1 & 2 & a+1 \\ 1 & 1 & 2 \\ 2 & -1 & 1 \end{vmatrix}}{-a^2 + 4} = \frac{-3a + 6}{-a^2 + 4} = \frac{-3(a-2)}{-1(a-2)(a+2)} = \frac{3}{a+2}$$

PÁGINA 1

$$z = \dfrac{\begin{vmatrix} 1 & 1 & 2 \\ 1 & a-1 & 1 \\ 2 & a & -1 \end{vmatrix}}{-a^2+4} = \dfrac{-4a+8}{-a^2+4} = \dfrac{-4(a-2)}{-(a-2)(a+2)} = \dfrac{4}{a+2}$$

(Si $a=2$) $\Rightarrow \det(A)=0 \Rightarrow rg(A)<3$

$$A^* = \begin{pmatrix} 1 & 1 & 3 & \vdots & 2 \\ 1 & 1 & 2 & \vdots & 1 \\ 2 & 2 & 1 & \vdots & -1 \end{pmatrix}$$

$\underline{Rg(A)}:$

$|1|=1 \neq 0 \; ; \; \begin{vmatrix} 1 & 3 \\ 1 & 2 \end{vmatrix} = -1 \neq 0$

$\Rightarrow rg(A)=2$

$\underline{Rg(A^*)}:$

$\begin{vmatrix} 1 & 3 & 2 \\ 1 & 2 & 1 \\ 2 & 1 & -1 \end{vmatrix} = 0 \Rightarrow rg(A^*)=2$

$\left. \begin{array}{l} rg(A)=2 \\ rg(A^*)=2 \\ n^o \text{ incógnitas}=3 \end{array} \right\} \Rightarrow T^{MA}\ ROUCHÉ \Rightarrow$ Sistema Compatible Indeterminado

Cogemos las ecuaciones determinadas por el rango:

$\left. \begin{array}{l} x+y+3z=2 \\ x+y+2z=1 \end{array} \right\}$ $E_1 - E_2 \longrightarrow z=1$

$\hookrightarrow x+y+2=1 \longrightarrow x+y=-1 \begin{array}{l} \nearrow y=\lambda \\ \searrow x=-1-\lambda \end{array}$

Las infinitas soluciones del sistema para $a=2$ vienen dadas por:

$$(x,y,z)=(-1-\lambda,\ \lambda,\ 1)\quad \forall \lambda \in \mathbb{R}$$

PÁGINA 2

Si $a = -2 \Rightarrow \det(A) = 0 \Rightarrow rg(A) < 3$

$$A^* = \begin{pmatrix} 1 & 1 & -1 & \vdots & 2 \\ 1 & -3 & 2 & \vdots & 1 \\ 2 & -2 & 1 & \vdots & -1 \end{pmatrix}$$

$\underline{Rg(A):}$

$|1| = 1 \neq 0 \; ; \; \begin{vmatrix} 1 & 1 \\ 1 & -3 \end{vmatrix} = -4 \neq 0$

$\Rightarrow rg(A) = 2$

$\underline{Rg(A^*):}$

$$\begin{vmatrix} 1 & 1 & 2 \\ 1 & -3 & 1 \\ 2 & -2 & -1 \end{vmatrix} = 16 \neq 0 \Rightarrow rg(A^*) = 3$$

$\left. \begin{array}{l} rg(A) = 2 \\ rg(A^*) = 3 \end{array} \right\} \Rightarrow T^{MA} \text{ROUCHÉ} \Rightarrow$ Sistema Incompatible

## PROBLEMA 2

Se nos dan los planos:

$\pi_1 : x + y + z = a - 1 \; ; \; \pi_2 : 2x + y + az = a \; ; \; \pi_3 : x + ay + z = 1$

Estudiamos su posición relativa:

$$M^* = \begin{pmatrix} 1 & 1 & 1 & \vdots & a-1 \\ 2 & 1 & a & \vdots & a \\ 1 & a & 1 & \vdots & 1 \end{pmatrix} \; ; \; \det(M) = \begin{vmatrix} 1 & 1 & 1 \\ 2 & 1 & a \\ 1 & a & 1 \end{vmatrix} = -a^2 + 3a - 2$$

$\underbrace{\phantom{xxxxxxxxxx}}_{M}$

$\det(M) = 0 \longrightarrow -a^2 + 3a - 2 = 0 \Big\langle \begin{array}{l} a = 2 \\ a = 1 \end{array}$

$\left( \text{Si } a \neq 1 \wedge a \neq 2 \right) \Rightarrow \det(M) \neq 0 \Rightarrow rg(M) = rg(M^*) = 3$

Los tres planos se cortan en un punto P

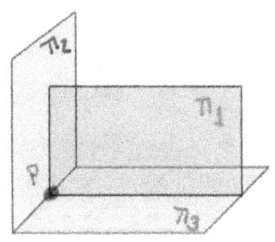

$\left( \text{Si } a = 1 \right) \Rightarrow \det(M) = 0 \Rightarrow rg(M) < 3$

$$M^* = \begin{pmatrix} 1 & 1 & 1 & | & 0 \\ 2 & 1 & 1 & | & 1 \\ 1 & 1 & 1 & | & 1 \end{pmatrix}$$

$\underline{Rg(M):}$

$|1| = 1 \neq 0 \; ; \; \begin{vmatrix} 1 & 1 \\ 2 & 1 \end{vmatrix} = -1 \neq 0$

$\Rightarrow rg(M) = 2$

$\underline{Rg(M^*):}$

$\begin{vmatrix} 1 & 1 & 0 \\ 2 & 1 & 1 \\ 1 & 1 & 1 \end{vmatrix} = -1 \neq 0 \Rightarrow rg(M^*) = 3$

Cuando $rg(M) = 2$ y $rg(M^*) = 3$, tenemos dos opciones:

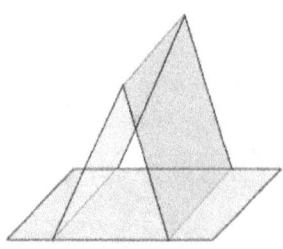 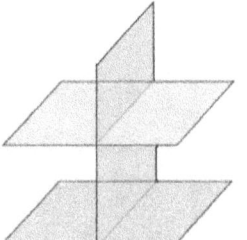

Para decidir, debemos estudiar la posición de los

planos por parejas. Así:

$\pi_1$ y $\pi_2 \longrightarrow \dfrac{1}{2} \neq \dfrac{1}{1} \Rightarrow \pi_1$ y $\pi_2$ se cortan

$\pi_1$ y $\pi_3 \longrightarrow \dfrac{1}{1} = \dfrac{1}{1} = \dfrac{1}{1} \neq \dfrac{0}{1} \Rightarrow \pi_1$ y $\pi_3$ son paralelos

$\pi_2$ y $\pi_3 \longrightarrow \dfrac{2}{1} \neq \dfrac{1}{1} \Rightarrow \pi_2$ y $\pi_3$ se cortan

Por tanto, hay dos planos paralelos y un tercero que los corta determinando dos rectas paralelas según:

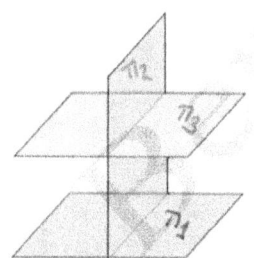

$\boxed{Si\ a = 2} \Rightarrow det(M) = 0 \Rightarrow rg(M) < 3$

$M^* = \begin{pmatrix} 1 & 1 & 1 & \vdots & 1 \\ 2 & 1 & 2 & \vdots & 2 \\ 1 & 2 & 1 & \vdots & 1 \end{pmatrix}$

$\underline{Rg\ (M):}$

$|1| = 1 \; ; \; \begin{vmatrix} 1 & 1 \\ 2 & 1 \end{vmatrix} = -1 \neq 0$

$\Rightarrow rg\ (M) = 2$

$\underline{Rg\ (M^*):}$

$\begin{vmatrix} 1 & 1 & 1 \\ 2 & 1 & 2 \\ 1 & 2 & 1 \end{vmatrix} = 0 \Rightarrow rg\ (M^*) = 2$

PÁGINA 5

Cuando $rg(M) = 2$ y $rg(M^*) = 2$, de nuevo tenemos dos opciones:

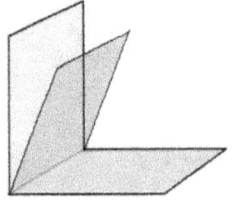 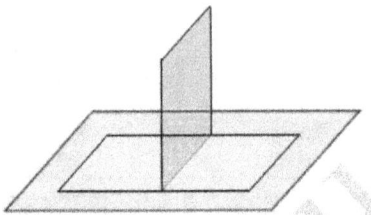

Para decidir, estudiamos la posición por parejas:

$\pi_1$ y $\pi_2 \longrightarrow \dfrac{1}{2} \neq \dfrac{1}{1} \Rightarrow \pi_1$ y $\pi_2$ se cortan

$\pi_1$ y $\pi_3 \longrightarrow \dfrac{1}{1} \neq \dfrac{1}{2} \Rightarrow \pi_1$ y $\pi_3$ se cortan

$\pi_2$ y $\pi_3 \longrightarrow \dfrac{2}{1} \neq \dfrac{1}{2} \Rightarrow \pi_2$ y $\pi_3$ se cortan

Por tanto, todos los planos se cortan entre sí a lo lo largo de una misma recta según:

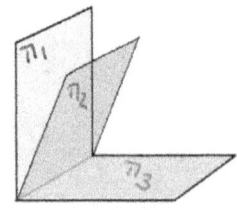

b) Como has visto en el apartado anterior, para $a = 1$ los planos $\pi_1$ y $\pi_3$ son paralelos y por tanto no determinan una recta.

PÁGINA 6

c) Para $a = 2$, acabamos de ver que $\pi_1$ y $\pi_2$

efectivamente se cortan determinando una recta $r$.

Unas ecuaciones implícitas de $r$ por tanto son:

$$r: \begin{cases} x + y + z = 1 \\ 2x + y + 2z = 2 \end{cases} \longrightarrow E_2 - E_1 \longrightarrow x + z = 1$$

$$z = \lambda$$

$$x = 1 - \lambda$$

$$y = 1 - x - z$$

$$y = 1 - (1-\lambda) - \lambda = 0$$

Las ecuaciones paramétricas de $r$ son $r: \begin{cases} x = 1 - \lambda \\ y = 0 \\ z = \lambda \end{cases}, \lambda \in \mathbb{R}$

## PROBLEMA 3

$$f(x) = \frac{x-1}{x(x+2)} = \frac{x-1}{x^2 + 2x}$$

a) $x(x+2) = 0 \begin{cases} x = 0 \\ x = -2 \end{cases} \Rightarrow Dom(f(x)) = \mathbb{R} \setminus \{-2, 0\}$

A. Verticales:

$$\lim_{x \to -2} \frac{x-1}{x(x+2)} = \left[\frac{-3}{0}\right] \longrightarrow \begin{cases} \lim_{x \to -2^-} \frac{x-1}{x(x+2)} = \left[\frac{-3}{0^+}\right] = -\infty \\ \lim_{x \to -2^+} \frac{x-1}{x(x+2)} = \left[\frac{-3}{0^-}\right] = +\infty \end{cases}$$

$\Rightarrow x = -2$ es Asíntota Vertical

$$\lim_{x \to 0} \frac{x-1}{x(x+2)} = \left[\frac{-1}{0}\right] \longrightarrow \begin{cases} \lim_{x \to 0^-} \frac{x-1}{x(x+2)} = \left[\frac{-1}{0^-}\right] = +\infty \\\\ \lim_{x \to 0^+} \frac{x-1}{x(x+2)} = \left[\frac{-1}{0^+}\right] = -\infty \end{cases}$$

$$\Rightarrow x = 0 \text{ es Asíntota Vertical}$$

A. Horizontales :

$$\left. \begin{array}{l} \lim_{x \to \infty} \dfrac{x-1}{x^2+2x} = 0 \\\\ \lim_{x \to -\infty} \dfrac{x-1}{x^2+2x} = 0 \end{array} \right\}$$ $y=0$ es A. Horizontal tanto cuando $x \to \infty$ como cuando $x \to -\infty$, y por tanto, no hay asíntotas oblicuas.

b) $f'(x) = \dfrac{x^2+2x - (x-1)\cdot(2x+2)}{(x^2+2x)^2} = \dfrac{-x^2+2x+2}{(x^2+2x)^2}$

$f'(x) = 0 \Rightarrow \dfrac{-x^2+2x+2}{(x^2+2x)^2} = 0 \Rightarrow -x^2+2x+2 = 0 \begin{array}{l} \nearrow x = 1+\sqrt{3} \\\\ \searrow x = 1-\sqrt{3} \end{array}$

$f'(x)<0$    $-2$  $f'(x)<0$  $1-\sqrt{3}$  $f'(x)>0$  $0$  $f'(x)>0$  $1+\sqrt{3}$  $f'(x)<0$

Creciente: $(1-\sqrt{3}, 0) \cup (0, 1+\sqrt{3})$

Decreciente: $(-\infty, -2) \cup (-2, 1-\sqrt{3}) \cup (1+\sqrt{3}, +\infty)$

PÁGINA 8

c) $\int \dfrac{x-1}{x(x+2)} \, dx$ ;

Descomponemos en fracciones simples :

$$\dfrac{x-1}{x(x+2)} = \dfrac{A}{x} + \dfrac{B}{x+2} = \dfrac{A(x+2)+Bx}{x(x+2)}$$

$$\Rightarrow \quad x-1 = A(x+2) + Bx$$

$$Si \; x=-2 \rightarrow -3 = -2B \Rightarrow B = 3/2$$

$$Si \; x=0 \rightarrow -1 = 2A \Rightarrow A = -1/2$$

$$\int \dfrac{x-1}{x(x+2)} \, dx = \int \dfrac{-1/2}{x} \, dx + \int \dfrac{3/2}{x+2} \, dx = -\dfrac{1}{2} \ln|x| + \dfrac{3}{2} \ln|x+2| + C$$

## PROBLEMA 4

$$A = \begin{pmatrix} -1 & 2 & m \\ 0 & m & 0 \\ 2 & 1 & m^2+1 \end{pmatrix} \; ; \; det(A) = \begin{vmatrix} -1 & 2 & m \\ 0 & m & 0 \\ 2 & 1 & m^2+1 \end{vmatrix} = m \cdot \begin{vmatrix} -1 & m \\ 2 & m^2+1 \end{vmatrix} =$$

$$= m \cdot (-m^2 - 2m - 1)$$

$$det(A) = 0 \rightarrow m \cdot (-m^2 - 2m - 1) = 0$$

$$m = 0$$

$$-m^2 - 2m - 1 = 0 \begin{cases} m = -1 \\ m = -1 \end{cases}$$

a) Si $m \neq 0 \wedge m \neq -1$ ⟹ $\det(A) \neq 0$ ⟹ $rg(A) = 3$

Si $m = 0$ ⟹ $\det(A) = 0$ ⟹ $rg(A) < 3$

$$A = \begin{pmatrix} -1 & 2 & 0 \\ 0 & 0 & 0 \\ 2 & 1 & 1 \end{pmatrix} \quad \begin{vmatrix} -1 & 2 \\ 2 & 1 \end{vmatrix} = -5 \neq 0 \Rightarrow rg(A) = 2$$

Si $m = -1$ ⟹ $\det(A) = 0$ ⟹ $rg(A) < 3$

$$A = \begin{pmatrix} -1 & 2 & -1 \\ 0 & -1 & 0 \\ 2 & 1 & 2 \end{pmatrix} \quad \begin{vmatrix} -1 & 2 \\ 0 & -1 \end{vmatrix} = 1 \neq 0 \Rightarrow rg(A) = 2$$

b) Una matriz es invertible cuando su determinante es distinto de cero, y por tanto:
$$\exists A^{-1} \; \forall m \in \mathbb{R} - \{-1, 0\}$$

c) Si $m = 1$, acabamos de ver que $\exists A^{-1}$, y así:
$$X \cdot A = I \Rightarrow X \cdot \underbrace{A \cdot A^{-1}}_{I} = I \cdot A^{-1} \Rightarrow X = A^{-1}$$

Para $m = 1$:
$$A = \begin{pmatrix} -1 & 2 & 1 \\ 0 & 1 & 0 \\ 2 & 1 & 2 \end{pmatrix} ; \det(A) = \begin{vmatrix} -1 & 2 & 1 \\ 0 & 1 & 0 \\ 2 & 1 & 2 \end{vmatrix} = -4$$

Calculamos $A^{-1}$ con $A^{-1} = \dfrac{1}{det(A)} \cdot [Adj(A)]^{t}$

$$Adj(A) = \begin{pmatrix} \begin{vmatrix} 1 & 0 \\ 1 & 2 \end{vmatrix} & -\begin{vmatrix} 0 & 0 \\ 2 & 2 \end{vmatrix} & \begin{vmatrix} 0 & 1 \\ 2 & 1 \end{vmatrix} \\[4mm] -\begin{vmatrix} 2 & 1 \\ 1 & 2 \end{vmatrix} & \begin{vmatrix} -1 & 1 \\ 2 & 2 \end{vmatrix} & -\begin{vmatrix} -1 & 2 \\ 2 & 1 \end{vmatrix} \\[4mm] \begin{vmatrix} 2 & 1 \\ 1 & 0 \end{vmatrix} & -\begin{vmatrix} -1 & 1 \\ 0 & 0 \end{vmatrix} & \begin{vmatrix} -1 & 2 \\ 0 & 1 \end{vmatrix} \end{pmatrix} = \begin{pmatrix} 2 & 0 & -2 \\ -3 & -4 & 5 \\ -1 & 0 & -1 \end{pmatrix}$$

$$[Adj(A)]^{t} = \begin{pmatrix} 2 & -3 & -1 \\ 0 & -4 & 0 \\ -2 & 5 & -1 \end{pmatrix}$$

Y por tanto : $X = A^{-1} = -\dfrac{1}{4} \cdot \begin{pmatrix} 2 & -3 & -1 \\ 0 & -4 & 0 \\ -2 & 5 & -1 \end{pmatrix}$

## PROBLEMA 5

$P(1,2,3)$    $\pi : 3x + 2y + z + 4 = 0$

a) $d(P, \pi) = \dfrac{|Ax_0 + By_0 + Cz_0 + D|}{\sqrt{A^2 + B^2 + C^2}} = \dfrac{|3 \cdot 1 + 2 \cdot 2 + 3 + 4|}{\sqrt{3^2 + 2^2 + 1^2}} =$

$= \dfrac{14}{\sqrt{14}} = \sqrt{14} \; u$

b)

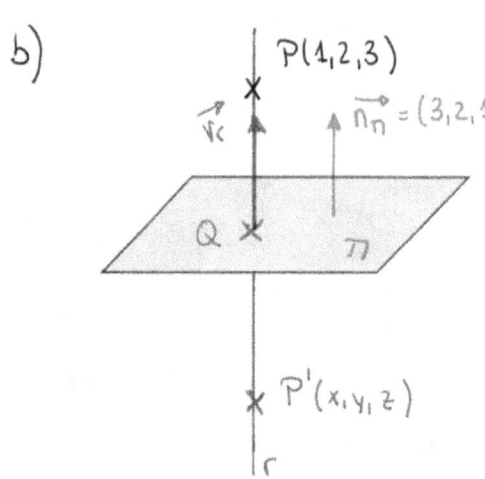

Construimos una recta r que pasando por P sea perpendicular al plano $\pi$ dado:

Como $r \perp \pi \Rightarrow \vec{v_r} = \vec{n_\pi}$

$$r: \begin{cases} x = 1 + 3\lambda \\ y = 2 + 2\lambda \;, \; \lambda \in \mathbb{R} \\ z = 3 + \lambda \end{cases}$$

Determinamos el punto de corte Q entre la recta r que hemos hecho y el plano $\pi$ dado:

$$\left. \begin{array}{l} Q \in r: (1+3\lambda, \; 2+2\lambda, \; 3+\lambda) \\ \pi: 3x + 2y + z + 4 = 0 \end{array} \right\} \; 3(1+3\lambda) + 2\cdot(2+2\lambda) + 3 + \lambda + 4 = 0 \to$$

$$\Rightarrow 3 + 9\lambda + 4 + 4\lambda + 3 + \lambda + 4 = 0 \Rightarrow 14\lambda = -14 \Rightarrow \lambda = -1$$

y el punto Q por tanto:

$$Q(1+3\lambda, \; 2+2\lambda, \; 3+\lambda) \underset{\lambda = -1}{\Longrightarrow} Q(-2, 0, 2)$$

Basta razonar ahora que Q es el punto medio de $\overline{PP'}$:

$$(-2, 0, 2) = \left( \frac{1+x}{2}, \; \frac{2+y}{2}, \; \frac{3+z}{2} \right)$$

$$\left. \begin{array}{l} \hookrightarrow -2 = \frac{1+x}{2} \longrightarrow x = -5 \\ \hookrightarrow 0 = \frac{2+y}{2} \longrightarrow y = -2 \\ \hookrightarrow 2 = \frac{3+z}{2} \longrightarrow z = 1 \end{array} \right\} \; P'(-5, -2, 1)$$

c)

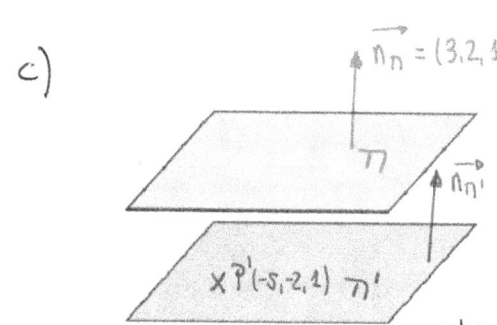

Como $\pi' \parallel \pi \Rightarrow \vec{n}_{\pi'} = \vec{n}_{\pi}$

$\pi': Ax + By + Cz + D = 0$

$\vec{n}_{\pi'} = (3,2,1) \Rightarrow \pi': 3x + 2y + z + D = 0$

$P'(-5,-2,1) \in \pi' \Rightarrow -15 - 4 + 1 + D = 0 \Rightarrow D = 18$

$\Rightarrow \pi': 3x + 2y + z + 18 = 0$

El área del rectángulo R

$A(x,y) = (80 - x)(80 - y)$

Buscamos una relación entre las variables $x$ e $y$

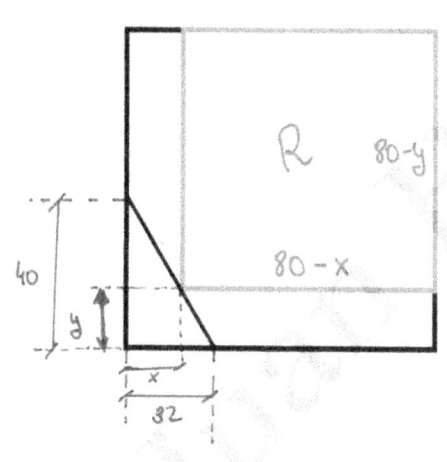

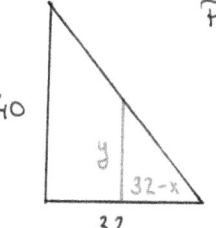

Por semejanza de triángulos:

$$\frac{40}{32} = \frac{y}{32 - x} \Rightarrow$$

$\Rightarrow y = \frac{5}{4} \cdot (32 - x) = 40 - \frac{5}{4}x$  con $0 \leq x \leq 32$

Con lo que el área en función de $x$:

$A(x) = (80 - x) \cdot \left(80 - 40 + \frac{5}{4}x\right) = (80 - x)\left(40 + \frac{5}{4}x\right) =$

$= -\frac{5}{4}x^2 + 60x + 3200$  con $0 \leq x \leq 32$

PÁGINA 13

b y c)  $A'(x) = -\dfrac{5}{2}x + 60$

$A'(x) = 0 \longrightarrow -\dfrac{5}{2}x + 60 = 0 \Rightarrow x = 24\ cm$

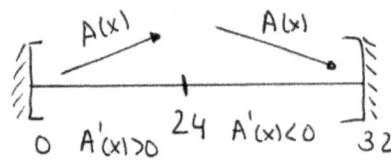

El área es máxima cuando

$x = 24\ cm$, y las dimensiones

del rectángulo R pedidas serán:

Base $= 80 - x = 56\ cm$

Altura $= 40 + \dfrac{5}{4}\cdot x = 70\ cm$

siendo además dicha área máxima de:

$A(24) = -\dfrac{5}{4}\cdot 24^2 + 60\cdot 24 + 3200 = 3920\ cm^2$

©Juan Bertomeu Ferrer
www.bertoblog.com

**Problema 1.** Se da el sistema de ecuaciones $\begin{cases} 2x - y + z &= m \\ x + y + 3z &= 0 \\ 5x - 4y + m\,z &= m \end{cases}$, donde $m$ es un parámetro real. Se pide:

a) La discusión del sistema de ecuaciones en función del parámetro $m$.  (4 puntos)
b) La solución del sistema cuando $m = 1$.  (3 puntos)
c) Las soluciones del sistema en el caso en que sea compatible indeterminado.  (3 puntos)

**Problema 2.** Se dan las rectas $r: \begin{cases} x + y - 1 = 0 \\ 2x - z - 1 = 0 \end{cases}$, s: $\frac{x-1}{1} = \frac{y}{-1} = \frac{z}{2}$ y el plano $\pi: x + my + z = 2$ que depende del parámetro real $m$. Obtened:

a) La posición relativa de las rectas $r$ y $s$.  (4 puntos)
b) El valor del parámetro $m$ para que la recta $r$ esté contenida en el plano $\pi$.  (3 puntos)
c) Los puntos $A, B, C$ intersección del plano $\pi$ con los ejes de coordenadas cuando $m = 2$, así como el volumen del tetraedro de vértices $A, B, C$ y $P(2,2,2)$.  (3 puntos)

**Problema 3.** Dada la función $f(x) = xe^{1-x^2}$, calculad:
a) El dominio, los intervalos de crecimiento y decrecimiento y los extremos relativos.  (4 puntos)
b) Las asíntotas y la gráfica de $f$.  (3 puntos)
c) La integral $\int f(x)dx$.  (3 puntos)

**Problema 4.** Se dan las matrices $A = \begin{bmatrix} 1 & 2 & 3 \\ -1 & a & 1 \\ 1 & a^2 - 2 & 3 \end{bmatrix}$ y $B = \begin{bmatrix} 1 \\ -1 \\ 2 \end{bmatrix}[1 \quad 2 \quad 3]$. Obtened

a) El rango de la matriz $A$ según los valores del parámetro $a$.  (3 puntos)
b) Una matriz $C$ tal que $AC = 16\,I$, siendo $I$ la matriz identidad, cuando $a = 0$.  (4 puntos)
c) El rango de la matriz $B$ y la discusión de si el sistema $B\begin{bmatrix} x \\ y \\ z \end{bmatrix} = \begin{bmatrix} 1 \\ -1 \\ 2 \end{bmatrix}$ tiene solución.  (3 puntos)

**Problema 5.** Dados los puntos $P(1,1,0)$, $Q(2,-1,1)$ y $R(\alpha, 3, -1)$ se pide:
a) La ecuación del plano que contiene a $P$, $Q$ y $R$ cuando $\alpha = 1$ y la distancia de dicho plano al origen de coordenadas.  (3 puntos)
b) La ecuación de la recta $r$ que pasa por $R$ cuando $\alpha = 1$ y es paralela a la recta $s$ que pasa por $P$ y $Q$. Calculad la distancia entre las rectas $r$ y $s$.  (4 puntos)
c) Los valores de $\alpha$ para los cuales $P$, $Q$ y $R$ están alineados y la ecuación de la recta que los contiene.  (3 puntos)

**Problema 6.** Queremos diseñar un campo de juego de modo que la parte central sea rectangular, y las partes laterales sean semicircunferencias hacia fuera. La superficie del campo mide $(4 + \pi)$ metros cuadrados. Se quieren pintar todas las rayas de dicho campo tal y como se observa en la figura. Se pide:

a) Escribid la longitud total de las rayas del campo en función de la altura $y$ del rectángulo.  (5 puntos)
b) Calculad las dimensiones del campo para que la pintura usada sea mínima.  (5 puntos)

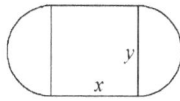

# PROBLEMA 1

$$\left.\begin{array}{r} 2x - y + z = m \\ x + y + 3z = 0 \\ 5x - 4y + mz = m \end{array}\right\} \quad A^* = \begin{pmatrix} 2 & -1 & 1 & \vdots & m \\ 1 & 1 & 3 & \vdots & 0 \\ 5 & -4 & m & \vdots & m \end{pmatrix}$$

$$\underbrace{\phantom{\begin{pmatrix} 2 & -1 & 1 \\ 1 & 1 & 3 \\ 5 & -4 & m \end{pmatrix}}}_{A}$$

$$\det(A) = \begin{vmatrix} 2 & -1 & 1 \\ 1 & 1 & 3 \\ 5 & -4 & m \end{vmatrix} = 2m - 15 - 4 - 5 + 24 + m = 3m$$

$$\det(A) = 0 \Rightarrow 3m = 0 \Rightarrow m = 0$$

Si $m \neq 0 \Rightarrow \det(A) \neq 0 \Rightarrow rg(A) = 3 \Rightarrow rg(A^*) = 3 = n^{\circ}$ incógnitas

$\Rightarrow T^{na}$ ROUCHÉ $\Rightarrow$ Sistema Compatible Determinado

En concreto, para $m = 1$ (apartado b), la solución única,

utilizando la regla de Cramer será:

$$A^* = \begin{pmatrix} 2 & -1 & 1 & \vdots & 1 \\ 1 & 1 & 3 & \vdots & 0 \\ 5 & -4 & 1 & \vdots & 1 \end{pmatrix} \quad ; \quad \det(A) = \begin{vmatrix} 2 & -1 & 1 \\ 1 & 1 & 3 \\ 5 & -4 & 1 \end{vmatrix} = 3$$

$$x = \frac{\begin{vmatrix} 1 & -1 & 1 \\ 0 & 1 & 3 \\ 1 & -4 & 1 \end{vmatrix}}{3} = \frac{9}{3} = 3 \quad ; \quad y = \frac{\begin{vmatrix} 2 & 1 & 1 \\ 1 & 0 & 3 \\ 5 & 1 & 1 \end{vmatrix}}{3} = \frac{9}{3} = 3$$

$$z = \frac{\begin{vmatrix} 2 & -1 & 1 \\ 1 & 1 & 0 \\ 5 & -4 & 1 \end{vmatrix}}{3} = \frac{-6}{3} = -2$$

Para $m = 1$, la solución del sistema viene dada por:

$$(x, y, z) = (3, 3, -2)$$

Si $m = 0$ $\Rightarrow$ $\det(A) = 0$ $\Rightarrow$ $\text{rg}(A) < 3$

$$A^* = \begin{pmatrix} 2 & -1 & 1 & | & 0 \\ 1 & 1 & 3 & | & 0 \\ 5 & -4 & 0 & | & 0 \end{pmatrix}$$

Rango $(A)$:

$|2| = 2 \neq 0$; $\begin{vmatrix} 2 & -1 \\ 1 & 1 \end{vmatrix} = 3 \neq 0 \Rightarrow \text{rg}(A) = 2$

Rango $(A^*)$:

$\begin{vmatrix} 2 & -1 & 0 \\ 1 & 1 & 0 \\ 5 & -4 & 0 \end{vmatrix} = 0 \Rightarrow \text{rg}(A^*) = 2$

$\left.\begin{array}{l} \text{rg}(A) = 2 \\ \text{rg}(A^*) = 2 \\ n^\circ \text{ incógnitas} = 3 \end{array}\right\} \Rightarrow T^{na} \text{ ROUCHÉ} \Rightarrow$ Sistema Compatible Indeterminado

Cogemos las ecuaciones determinadas por el rango:

$$\left.\begin{array}{l} 2x - y + z = 0 \\ x + y + 3z = 0 \end{array}\right\} \; E_1 + E_2 \rightarrow 3x + 4z = 0 \begin{cases} z = \lambda \\ x = \frac{-4\lambda}{3} \end{cases}$$

$\rightarrow y = 2x + z = -\frac{8\lambda}{3} + \lambda = \frac{-5\lambda}{3}$

Las infinitas soluciones para $m = 0$ vienen dadas por:

$$(x, y, z) = \left( \frac{-4\lambda}{3}, \frac{-5\lambda}{3}, \lambda \right) \; \forall \lambda \in \mathbb{R} \text{ (apartado c))}$$

PÁGINA 2

### Escribimos la recta "r" dada en paramétricas:

$$r: \begin{cases} x + y - 1 = 0 \\ 2x - z - 1 = 0 \end{cases} \longrightarrow x = \lambda \Rightarrow r: \begin{cases} x = \lambda \\ y = 1 - \lambda \\ z = -1 + 2\lambda \end{cases}$$

Con lo que $r: \begin{cases} \text{Punto} \longrightarrow R(0, 1, -1) \\ \text{Vector director} \longrightarrow \vec{V_r} = (1, -1, 2) \end{cases}$

$$s: \frac{x-1}{1} = \frac{y}{-1} = \frac{z}{2} \Rightarrow s: \begin{cases} \text{Punto} \longrightarrow S(1, 0, 0) \\ \text{Vector director} \longrightarrow \vec{V_s} = (1, -1, 2) \end{cases}$$

a) Determinamos el vector $\vec{RS}$:

$$\vec{RS} = (1, 0, 0) - (0, 1, -1) = (1, -1, 1)$$

Construimos las matrices M y M* y estudiamos sus rangos:

$$M^* = \begin{pmatrix} 1 & 1 & \vdots & 1 \\ -1 & -1 & \vdots & -1 \\ 2 & 2 & \vdots & 1 \end{pmatrix}$$

Rango (M):

$$|1| = 1 \neq 0 \; ; \; \begin{vmatrix} 1 & 1 \\ -1 & -1 \end{vmatrix} = 0 \; ; \; \begin{vmatrix} 1 & 1 \\ 2 & 2 \end{vmatrix} = 0$$

$$\Rightarrow \text{rg}(M) = 1$$

Rango (M*):

$$\begin{vmatrix} 1 & 1 \\ -1 & 1 \end{vmatrix} = 0 \; ; \; \begin{vmatrix} 1 & 1 \\ 2 & 1 \end{vmatrix} = -1 \neq 0 \Rightarrow \text{rg}(M^*) = 2$$

Como $\text{rg}(M) = 1$ y $\text{rg}(M^*) = 2 \Rightarrow$ Las rectas r y s son paralelas

PÁGINA 3

b) La recta r estará contenida en $\pi$ si todos los puntos $R \in r$ están en $\pi$. Así:

$$\left.\begin{array}{l} R \in r: \left(\lambda, 1-\lambda, -1+2\lambda\right) \\ \pi: x + my + z = 2 \end{array}\right\} \quad \lambda + m\cdot(1-\lambda) - 1 + 2\lambda = 2 \Rightarrow$$

$$\Rightarrow \lambda + m - m\lambda - 1 + 2\lambda = 2$$

$$3\lambda - m\lambda = 3 - m$$

$$(3-m)\cdot\lambda = 3 - m \dashrightarrow$$

$\rightarrow$ Esta ecuación se cumplirá $\forall \lambda \in \mathbb{R}$ si es del tipo $0\cdot\lambda = 0$

Así:

$$\left.\begin{array}{l} 3-m = 0 \\ 3-m = 0 \end{array}\right\} \quad m = 3$$

$\Rightarrow$ r está contenida en $\pi$ si $m = 3$

c)

$$A \left\{\begin{array}{l} \text{Plano } \pi: x + 2y + z = 2 \\ \cap \\ \text{Eje } X: y = z = 0 \end{array}\right\} \Rightarrow x = 2$$

$$\Rightarrow A(2,0,0)$$

$$B \left\{\begin{array}{l} \text{Plano } \pi: x + 2y + z = 2 \\ \cap \\ \text{Eje } Y: x = z = 0 \end{array}\right\} \Rightarrow 2y = 2 \Rightarrow y = 1 \Rightarrow B(0,1,0)$$

$$C \left\{\begin{array}{l} \text{Plano } \pi: x + 2y + z = 2 \\ \cap \\ \text{Eje } Z: x = y = 0 \end{array}\right\} \quad z = 2 \Rightarrow C(0,0,2)$$

PÁGINA 4

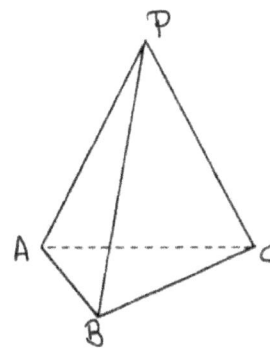

$$V = \frac{1}{6} \cdot \left| \left[ \vec{AB}, \vec{AC}, \vec{AP} \right] \right|$$

$$\vec{AB} = (0, 1, 0) - (2, 0, 0) = (-2, 1, 0)$$

$$\vec{AC} = (0, 0, 2) - (2, 0, 0) = (-2, 0, 2)$$

$$\vec{AP} = (2, 2, 2) - (2, 0, 0) = (0, 2, 2)$$

$$\left[ \vec{AB}, \vec{AC}, \vec{AP} \right] = \begin{vmatrix} -2 & 1 & 0 \\ -2 & 0 & 2 \\ 0 & 2 & 2 \end{vmatrix} = 8 + 4 = 12 \implies V = \frac{1}{6} \cdot 12 = 2 \, u^3$$

## PROBLEMA 3

$$f(x) = x \cdot e^{1-x^2}$$

Dominio:

$$\mathrm{Dom}(f(x)) = \mathbb{R} \quad (\text{por el álgebra de funciones continuas})$$

Monotonía y extremos relativos:

$$f'(x) = e^{1-x^2} + x \cdot e^{1-x^2} \cdot (-2x) = e^{1-x^2} \cdot (1 - 2x^2)$$

$$f'(x) = 0 \implies \underset{\neq 0}{\underbrace{e^{1-x^2}}} \cdot \underset{=0}{\underbrace{(1-2x^2)}} = 0$$

$$e^{1-x^2} \neq 0 \;\; \forall x \in \mathbb{R}$$

$$1 - 2x^2 = 0 \begin{cases} x = -\dfrac{1}{\sqrt{2}} \\[2mm] x = \dfrac{1}{\sqrt{2}} \end{cases}$$

$$f'(x) < 0 \quad -\frac{1}{\sqrt{2}} \quad f'(x) > 0 \quad \frac{1}{\sqrt{2}} \quad f'(x) < 0$$

Creciente : $\left(-\frac{1}{\sqrt{2}} , \frac{1}{\sqrt{2}}\right)$ ; Decreciente : $\left(-\infty, \frac{-1}{\sqrt{2}}\right) \cup \left(\frac{1}{\sqrt{2}}, +\infty\right)$

Mínimo relativo $\Rightarrow$ Min $\left(-\frac{1}{\sqrt{2}} , f\left(\frac{-1}{\sqrt{2}}\right)\right) = \left(-\frac{1}{\sqrt{2}} , \frac{-1}{\sqrt{2}} \cdot e^{1/2}\right) \Rightarrow$

$$\Rightarrow \left(-\frac{1}{\sqrt{2}} , -\sqrt{\frac{e}{2}}\right) \approx (-0'707 , -1'166)$$

Máximo relativo $\Rightarrow$ Max $\left(\frac{1}{\sqrt{2}} , f\left(\frac{1}{\sqrt{2}}\right)\right) = \left(\frac{1}{\sqrt{2}} , \frac{1}{\sqrt{2}} \cdot e^{1/2}\right) \Rightarrow$

$$\Rightarrow \left(\frac{1}{\sqrt{2}} , \sqrt{\frac{e}{2}}\right) \approx (0'707 , 1'166)$$

Puntos de corte con los ejes :
- - - - - - - - - - - - - - - - - - - -

$\rightarrow$ Con el eje X : $f(x) = 0$

$$x \cdot e^{1-x^2} = 0 \begin{cases} x = 0 \rightarrow PC\,(0,0) \\ e^{1-x^2} \neq 0 \;\; \forall x \end{cases}$$

$\rightarrow$ Con el eje Y : $x = 0$

$$f(0) = 0 \cdot e^{1-0} = 0 \rightarrow P.C\,(0,0)$$

PÁGINA 6

Asíntotas:

→ Verticales:

No tiene por estar definida en $\mathbb{R}$.

→ Horizontales:

$$\lim_{x \to \infty} \left( x \cdot e^{1-x^2} \right) = [\infty \cdot 0] = \lim_{x \to \infty} \frac{x}{e^{x^2-1}} = \left[\frac{\infty}{\infty}\right] = 0$$

Por orden de magnitud de los infinitos

$$\lim_{x \to -\infty} \left( x \cdot e^{1-x^2} \right) = \lim_{x \to \infty} \left[ (-x) \cdot e^{1-x^2} \right] = \lim_{x \to \infty} \frac{-x}{e^{x^2-1}} = \left[\frac{\infty}{\infty}\right] = 0$$

$y = 0$ es A. Horizontal tanto cuando $x \to \infty$ como cuando $x \to -\infty$

y por tanto no hay asíntotas oblicuas.

Gráfica:

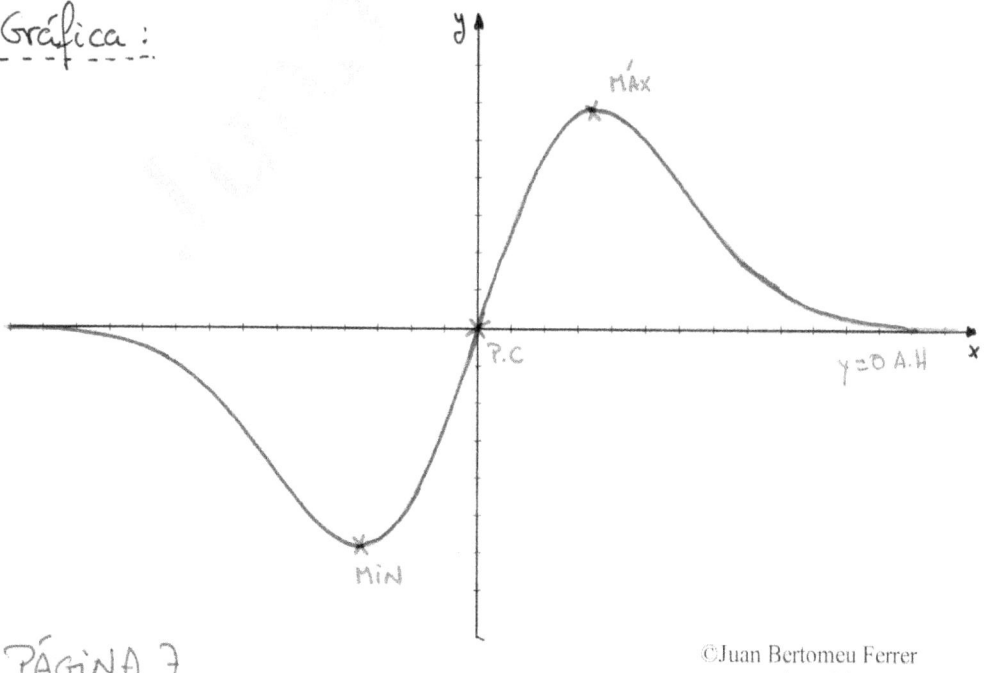

c) $\int x \cdot e^{1-x^2} dx = -\frac{1}{2} \cdot \int -2x \cdot e^{1-x^2} dx = -\frac{1}{2} \cdot e^{1-x^2} + C$

PROBLEMA 4

$$A = \begin{pmatrix} 1 & 2 & 3 \\ -1 & a & 1 \\ 1 & a^2-2 & 3 \end{pmatrix} \quad B = \begin{pmatrix} 1 \\ -1 \\ 2 \end{pmatrix} \cdot (1 \quad 2 \quad 3) = \begin{pmatrix} 1 & 2 & 3 \\ -1 & -2 & -3 \\ 2 & 4 & 6 \end{pmatrix}$$

a) $\det(A) = \begin{vmatrix} 1 & 2 & 3 \\ -1 & a & 1 \\ 1 & a^2-2 & 3 \end{vmatrix} = -4a^2 + 16$

$\det(A) = 0 \longrightarrow -4a^2 + 16 = 0 \Rightarrow a^2 = 4 \begin{array}{l} a = -2 \\ a = +2 \end{array}$

Si $a \neq -2 \wedge a \neq 2 \Rightarrow \det(A) \neq 0 \Rightarrow rg(A) = 3$

Si $a = -2 \Rightarrow \det(A) = 0 \Rightarrow rg(A) < 3$

$$A = \begin{pmatrix} 1 & 2 & 3 \\ -1 & -2 & 1 \\ 1 & 2 & 3 \end{pmatrix} \quad \begin{vmatrix} 1 & 3 \\ -1 & 1 \end{vmatrix} = 4 \neq 0 \Rightarrow rg(A) = 2$$

Si $a = 2 \Rightarrow \det(A) = 0 \Rightarrow rg(A) < 3$

$$A = \begin{pmatrix} 1 & 2 & 3 \\ -1 & 2 & 1 \\ 1 & 2 & 3 \end{pmatrix} \quad \begin{vmatrix} 1 & 3 \\ -1 & 1 \end{vmatrix} = 4 \neq 0 \Rightarrow rg(A) = 2$$

PÁGINA 8

b) Cuando $a=0$ $\Rightarrow$ $A = \begin{pmatrix} 1 & 2 & 3 \\ -1 & 0 & 1 \\ 1 & -2 & 3 \end{pmatrix}$

$\det(A) = \begin{vmatrix} 1 & 2 & 3 \\ -1 & 0 & 1 \\ 1 & -2 & 3 \end{vmatrix} = 16$ $\longrightarrow$ Como $\det(A) \neq 0 \Rightarrow \exists A^{-1}$

$A \cdot C = 16\,I \Rightarrow \underbrace{A^{-1} \cdot A}_{I} C = A^{-1} \cdot 16\,I \Rightarrow C = 16 \cdot A^{-1}$

$A^{-1} = \dfrac{1}{\det(A)} \cdot \left[ Adj(A) \right]^t$

$Adj(A) = \begin{pmatrix} \begin{vmatrix} 0 & 1 \\ -2 & 3 \end{vmatrix} & -\begin{vmatrix} -1 & 1 \\ 1 & 3 \end{vmatrix} & \begin{vmatrix} -1 & 0 \\ 1 & -2 \end{vmatrix} \\[4mm] -\begin{vmatrix} 2 & 3 \\ -2 & 3 \end{vmatrix} & \begin{vmatrix} 1 & 3 \\ 1 & 3 \end{vmatrix} & -\begin{vmatrix} 1 & 2 \\ 1 & -2 \end{vmatrix} \\[4mm] \begin{vmatrix} 2 & 3 \\ 0 & 1 \end{vmatrix} & -\begin{vmatrix} 1 & 3 \\ -1 & 1 \end{vmatrix} & \begin{vmatrix} 1 & 2 \\ -1 & 0 \end{vmatrix} \end{pmatrix} = \begin{pmatrix} 2 & 4 & 2 \\ -12 & 0 & 4 \\ 2 & -4 & 2 \end{pmatrix}$

$\left[ Adj(A) \right]^t = \begin{pmatrix} 2 & -12 & 2 \\ 4 & 0 & -4 \\ 2 & 4 & 2 \end{pmatrix} \Rightarrow A^{-1} = \dfrac{1}{16} \cdot \begin{pmatrix} 2 & -12 & 2 \\ 4 & 0 & -4 \\ 2 & 4 & 2 \end{pmatrix}$

$\Rightarrow C = 16 \cdot A^{-1} = \cancel{16} \cdot \dfrac{1}{\cancel{16}} \cdot \begin{pmatrix} 2 & -12 & 2 \\ 4 & 0 & -4 \\ 2 & 4 & 2 \end{pmatrix} = \begin{pmatrix} 2 & -12 & 2 \\ 4 & 0 & -4 \\ 2 & 4 & 2 \end{pmatrix}$

c) $B = \begin{pmatrix} 1 & 2 & 3 \\ -1 & -2 & -3 \\ 2 & 4 & 6 \end{pmatrix}$

Rango (B):

$|1| = 1 \neq 0$ ; $\begin{vmatrix} 1 & 2 \\ -1 & -2 \end{vmatrix} = 0$ ; $\begin{vmatrix} 1 & 2 \\ 2 & 4 \end{vmatrix} = 0$

$\begin{vmatrix} 1 & 3 \\ -1 & -3 \end{vmatrix} = 0$ ; $\begin{vmatrix} 1 & 3 \\ 2 & 6 \end{vmatrix} = 0 \Rightarrow rg(B) = 1$

El sistema $B \cdot \begin{pmatrix} x \\ y \\ z \end{pmatrix} = \begin{pmatrix} 1 \\ -1 \\ 2 \end{pmatrix}$, tiene por matriz ampliada

a $B^* = \begin{pmatrix} 1 & 2 & 3 & \vdots & 1 \\ -1 & -2 & -3 & \vdots & -1 \\ 2 & 4 & 6 & \vdots & 2 \end{pmatrix} \Rightarrow$

$\underbrace{\phantom{\begin{pmatrix} 1 & 2 & 3 \\ -1 & -2 & -3 \\ 2 & 4 & 6 \end{pmatrix}}}_{B}$

Rango ($B^*$):

$\begin{vmatrix} 1 & 1 \\ -1 & -1 \end{vmatrix} = 0$ ; $\begin{vmatrix} 1 & 1 \\ 2 & 2 \end{vmatrix} = 0$

$\Rightarrow rg(B^*) = 1$

$\left. \begin{array}{l} rg(B) = 1 \\ rg(B^*) = 1 \\ n^\circ \text{ incógnitas} = 3 \end{array} \right\} \Rightarrow T^{ma} \text{ ROUCHÉ} \Rightarrow$ Sistema Compatible Indeterminado

$\Rightarrow$ El sistema admitirá infinitas soluciones.

PROBLEMA 5

a)

$\vec{n}_\pi = \vec{PQ} \times \vec{PR}$

$P(1,1,0)$ ; $Q(2,-1,1)$ ; $R(1,3,-1)$

$\vec{PQ} = (2,-1,1) - (1,1,0) = (1,-2,1)$

$\vec{PR} = (1,3,-1) - (1,1,0) = (0,2,-1)$

$\vec{PQ} \times \vec{PR} = \begin{vmatrix} \vec{i} & \vec{j} & \vec{k} \\ 1 & -2 & 1 \\ 0 & 2 & -1 \end{vmatrix} = (0, 1, 2)$

PÁGINA 10

Con lo que     $\pi: Ax + By + Cz + D = 0$

$$\vec{n_\pi} = (0, 1, 2) \implies \pi: y + 2z + D = 0$$

$$P(1, 1, 0) \in \pi \implies 1 + D = 0 \implies D = -1$$

$$\implies \pi: y + 2z - 1 = 0$$

Y la distancia pedida:

$$d(0, \pi) = \frac{|Ax_0 + By_0 + Cz_0 + D|}{\sqrt{A^2 + B^2 + C^2}} = \frac{|1 \cdot 0 + 2 \cdot 0 - 1|}{\sqrt{1^2 + 2^2}} = \frac{1}{\sqrt{5}} \, u$$

b) La recta s viene dada por:

$$s: \begin{cases} \text{Punto} \longrightarrow P(1, 1, 0) \\ \text{Vector} \\ \text{director} \longrightarrow \vec{V_s} = \vec{PQ} = (1, -2, 1) \end{cases} \implies s: \frac{x-1}{1} = \frac{y-1}{-2} = \frac{z}{1}$$

La recta $r \parallel s$ pedida por tanto:

$$r: \begin{cases} \text{Punto} \longrightarrow R(1, 3, -1) \\ \text{Vector} \\ \text{director} \longrightarrow \vec{V_r} = \vec{V_s} = (1, -2, 1) \end{cases} \implies r: \frac{x-1}{1} = \frac{y-3}{-2} = \frac{z+1}{1}$$

Y la distancia pedida:

$$d(r, s) = d(R, s) = \frac{|\vec{PQ} \times \vec{PR}|}{|\vec{PQ}|}$$

$$|\vec{PQ} \times \vec{PR}| = \sqrt{1^2 + 2^2} = \sqrt{5}$$

$$|\vec{PQ}| = \sqrt{1^2 + 2^2 + 1^2} = \sqrt{6}$$

$$\implies d(R, s) = \sqrt{\frac{5}{6}} \, u \approx 0'913 \, u$$

c)

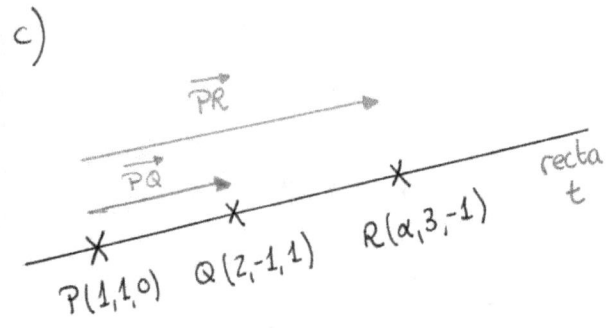

Si los puntos P, Q y R están alineados, entonces los vectores $\vec{PQ}$ y $\vec{PR}$ serán paralelos. Así:

$$\vec{PQ} = (1, -2, 1)$$

$$\vec{PR} = (\alpha, 3, -1) - (1, 1, 0) = (\alpha - 1, 2, -1)$$

Si $\vec{PQ} \parallel \vec{PR} \Rightarrow \dfrac{\alpha - 1}{1} = \dfrac{2}{-2} = \dfrac{-1}{1} \Rightarrow \alpha - 1 = -1 \Rightarrow \alpha = 0$

Y la ecuación pedida:

$$t : \begin{cases} \text{Punto} \to P(1, 1, 0) \\ \text{Vector director} \to \vec{PQ} = (1, -2, 1) \end{cases} \Rightarrow t : \dfrac{x-1}{1} = \dfrac{y-1}{-2} = \dfrac{z}{1}$$

PROBLEMA 6

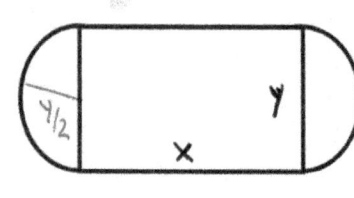

La longitud total de las líneas a pintar será el perímetro del rectángulo central más la longitud de una circunferencia de radio $y/2$. Así:

$$L(x, y) = 2x + 2y + 2\pi \cdot \dfrac{y}{2} = 2x + (2 + \pi) \cdot y$$

Nos dicen el área total

$$A_{TOTAL} = (4+\pi) \; m^2$$

$$x \cdot y + \pi \cdot \left(\frac{y}{2}\right)^2 = 4+\pi \Rightarrow x = \frac{4+\pi-\frac{\pi y^2}{4}}{y} = \frac{16+4\pi-\pi y^2}{4y}$$

con lo que, en función de la altura "y", la longitud:

$$L(y) = 2 \cdot \left(\frac{16+4\pi-\pi y^2}{4y}\right) + (2+\pi) y$$

$$L(y) = \frac{16+4\pi-\pi y^2}{2y} + (2+\pi) y = \frac{16+4\pi-\pi y^2+(2+\pi)\cdot 2y^2}{2y}$$

$$L(y) = \frac{16+4\pi+(4+\pi) y^2}{2y} \quad con \; 0 < y < 2\sqrt{\frac{4+\pi}{\pi}}$$

Para obtener el mínimo de L(y)

$$L'(y) = \frac{2(4+\pi) y \cdot 2y - \left[16+4\pi+(4+\pi) y^2\right] 2}{4y^2} =$$

$$= \frac{16y^2+4\pi y^2 - 32 - 8\pi - 8y^2 - 2\pi y^2}{4y^2} = \frac{8y^2+2\pi y^2 - 32 - 8\pi}{4y^2}$$

$$L'(y) = 0 \longrightarrow \frac{8y^2+2\pi y^2 - 32 - 8\pi}{4y^2} = 0 \Rightarrow y^2(8+2\pi) = 32+8\pi$$

$$\Rightarrow y^2 = \frac{32+8\pi}{8+2\pi} = \frac{8(4+\pi)}{2(4+\pi)} \Rightarrow y^2 = 4 \Rightarrow y = 2 \, m$$

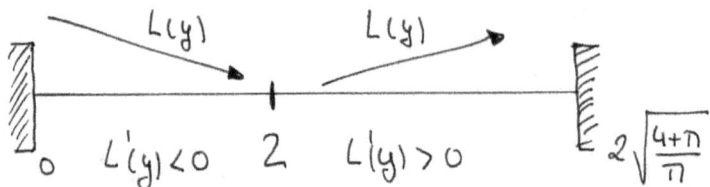

La longitud de las líneas a pintar es mínima cuando las dimensiones sean:

$$y = 2\,m$$

$$x = \frac{16 + 4\pi - \pi \cdot y^2}{4y} = 2\,m$$

$$\underset{y=2}{\uparrow}$$

**Problema 1.** Dadas las matrices $A = \begin{bmatrix} 1 & 0 & 1 \\ -1 & 2 & -1 \end{bmatrix}$, $B = \begin{bmatrix} 1 & 1 & 1 \\ 0 & 1 & 0 \end{bmatrix}$ y $C = \begin{bmatrix} 1 & 1 \\ 0 & -1 \end{bmatrix}$. Se pide:

  a) Demostrar que $C - AB^T$ tiene inversa y calcularla. (4 puntos)
  b) Calcular la matriz $X$ que verifica $CX = AB^T X + I$, donde $I$ es la matriz identidad. (3 puntos)
  c) Justificar que $(AB^T)^n = 2^n I$ para todo número natural $n$. (3 puntos)

**Problema 2.** Dada la matriz

$$A = \begin{bmatrix} m & 0 & m-1 \\ -2m & m^2 & 1 \\ 0 & 2m & 1 \end{bmatrix}.$$

Determinar:
  a) El rango de la matriz $A$ en función del parámetro real $m$. (4 puntos)
  b) La matriz inversa de $A$ en el caso $m = 2$. (4 puntos)
  c) El número real $m$ para el cual el determinante de la matriz $2A$ es igual a $-8$. (2 puntos)

**Problema 3.** Dadas las rectas $r: \begin{cases} x = z-1 \\ y = 2 - 3z \end{cases}$ y $s: \begin{cases} x = 4 - 5z \\ y = 4z - 3 \end{cases}$
  a) Indicar justificadamente la posición relativa de $r$ y $s$. (5 puntos)
  b) Hallar la ecuación de la recta $l$ que pasa por el origen y corta a $r$ y $s$. (5 puntos)

**Problema 4.** Dados los planos $\pi_1: 2x - y - z + 4 = 0$ y $\pi_2: \begin{cases} x = -1 + \alpha \\ y = 1 + \alpha + \beta \\ z = \alpha - \beta \end{cases}$, y la recta $r: \frac{x-1}{1} = \frac{y}{2} = \frac{z-2}{-1}$.

  a) Calcular la posición relativa de $\pi_1$ y $\pi_2$. (3 puntos)
  b) Calcular el punto $P'$ que es simétrico al punto $P = (1,0,0)$ respecto del plano $\pi_1$. (4 puntos)
  c) Calcular, si existe, el punto de intersección de $\pi_1$ y $r$. (3 puntos)

**Problema 5.** Consideramos la función $f(x) = \frac{x^2+3}{x^2-4}$. Obtener:

  a) El dominio y los puntos de corte con los ejes. (1 punto)
  b) Las asíntotas de la función. (2 puntos)
  c) Los intervalos de crecimiento y decrecimiento, y los extremos. (3 puntos)
  d) La primitiva de la función $f(x)$. (4 puntos)

**Problema 6.** Se desea construir un cuadrado y un triángulo equilátero cortando en dos partes un cable de acero de 240 m. de longitud.
  a) Calcular la suma de las áreas del triángulo y del cuadrado en función del valor $x$ que corresponde con los metros que mide un lado del triángulo. (3 puntos)
  b) Calcular la longitud de cable necesaria para construir el triángulo de modo que la suma de las áreas del triángulo y del cuadrado sea mínima y calcular el área mínima. (7 puntos)

PROBLEMA 1

$$A = \begin{pmatrix} 1 & 0 & 1 \\ -1 & 2 & -1 \end{pmatrix} \; ; \; B = \begin{pmatrix} 1 & 1 & 1 \\ 0 & 1 & 0 \end{pmatrix} \; ; \; C = \begin{pmatrix} 1 & 1 \\ 0 & -1 \end{pmatrix}$$

a) Veamos qué matriz es $C - A \cdot B^t$:

$$A \cdot B^t = \begin{pmatrix} 1 & 0 & 1 \\ -1 & 2 & -1 \end{pmatrix} \cdot \begin{pmatrix} 1 & 0 \\ 1 & 1 \\ 1 & 0 \end{pmatrix} = \begin{pmatrix} 2 & 0 \\ 0 & 2 \end{pmatrix} = 2 \cdot I$$

$$C - A \cdot B^t = \begin{pmatrix} 1 & 1 \\ 0 & -1 \end{pmatrix} - \begin{pmatrix} 2 & 0 \\ 0 & 2 \end{pmatrix} = \begin{pmatrix} -1 & 1 \\ 0 & -3 \end{pmatrix}$$

$$\det(C - AB^t) = \begin{vmatrix} -1 & 1 \\ 0 & -3 \end{vmatrix} = 3 \implies$$ Como $\det(C - AB^t) \neq 0$ entonces $\exists \, (C - AB^t)^{-1}$

Para calcularla:
$$(C - AB^t)^{-1} = \frac{1}{\det(C - AB^t)} \cdot \left[ Adj(C - AB^t) \right]^t$$

$$Adj(C - AB^t) = \begin{pmatrix} -3 & 0 \\ -1 & -1 \end{pmatrix} \implies \left[ Adj(C - AB^t) \right]^t = \begin{pmatrix} -3 & -1 \\ 0 & -1 \end{pmatrix}$$

$$\implies (C - AB^t)^{-1} = \frac{1}{3} \cdot \begin{pmatrix} -3 & -1 \\ 0 & -1 \end{pmatrix} = \begin{pmatrix} -1 & -1/3 \\ 0 & -1/3 \end{pmatrix}$$

b) Tenemos la ecuación $CX = AB^t X + I \implies$

$$\implies CX - AB^t X = I \implies (C - AB^t) X = I \implies$$

$$\implies \underbrace{(C - AB^t)^{-1} \cdot (C - AB^t)}_{I} X = (C - AB^t)^{-1} \cdot I \implies$$

$$\implies X = (C - AB^t)^{-1} = \begin{pmatrix} -1 & -1/3 \\ 0 & -1/3 \end{pmatrix}$$

c) Hemos visto ya que $A \cdot B^t = 2I$. Por inducción es fácil ver que:

$$(AB^t)^2 = (AB^t) \cdot (AB^t) = 2I \cdot 2I = 4I = 2^2 \cdot I$$

$$(AB^t)^3 = (A \cdot B^t)^2 \cdot (AB^t) = 4I \cdot 2I = 8I = 2^3 \cdot I$$

$$(AB^t)^4 = (A \cdot B^t)^3 \cdot (AB^t) = 8I \cdot 2I = 16I = 2^4 \cdot I$$

$$\vdots$$

$$(AB^t)^n = 2^n \cdot I \quad \text{con } n \in \mathbb{N} \text{ como queríamos demostrar.}$$

PROBLEMA 2

$$A = \begin{pmatrix} m & 0 & m-1 \\ -2m & m^2 & 1 \\ 0 & 2m & 1 \end{pmatrix} \; ; \; \det(A) = m^3 - 4m^3 + 4m^2 - 2m^2 =$$
$$= -3m^3 + 2m^2$$

a) $\det(A) = 0 \implies -3m^3 + 2m^2 = 0 \implies \underset{=0}{\underline{m^2}} \cdot \underset{=0}{\underline{(-3m+2)}} = 0 <$ 
$$\begin{array}{l} m=0 \\ m = 2/3 \end{array}$$

Si $m \neq 0 \wedge m \neq \dfrac{2}{3} \implies \det(A) \neq 0 \implies rg(A) = 3$

Si $m = 0$ $\Rightarrow \det(A) = 0 \Rightarrow rg(A) < 3$

$$A = \begin{pmatrix} 0 & 0 & -1 \\ 0 & 0 & 1 \\ 0 & 0 & 1 \end{pmatrix} \qquad |-1| = -1 \neq 0$$

$$\begin{vmatrix} 0 & -1 \\ 0 & 1 \end{vmatrix} = 0 \Rightarrow rg(A) = 1$$

Si $m = 2/3$ $\Rightarrow \det(A) = 0 \Rightarrow rg(A) < 3$

$$A = \begin{pmatrix} 2/3 & 0 & -1/3 \\ -4/3 & 4/9 & 1 \\ 0 & 4/3 & 1 \end{pmatrix} \qquad |2/3| = 2/3 \neq 0$$

$$\begin{vmatrix} 2/3 & 0 \\ -4/3 & 4/9 \end{vmatrix} = 8/27 \neq 0 \Rightarrow rg(A) = 2$$

b) $\det(A) = -3m^3 + 2m^2 \underset{\underset{m=2}{\uparrow}}{=\!=\!=} -16$

$$A = \begin{pmatrix} 2 & 0 & 1 \\ -4 & 4 & 1 \\ 0 & 4 & 1 \end{pmatrix} \qquad \text{y calculamos } A^{-1} = \frac{1}{\det(A)} \cdot \left[Adj(A)\right]^t$$

$$Adj(A) = \begin{pmatrix} \begin{vmatrix} 4 & 1 \\ 4 & 1 \end{vmatrix} & -\begin{vmatrix} -4 & 1 \\ 0 & 1 \end{vmatrix} & \begin{vmatrix} -4 & 4 \\ 0 & 4 \end{vmatrix} \\ -\begin{vmatrix} 0 & 1 \\ 4 & 1 \end{vmatrix} & \begin{vmatrix} 2 & 1 \\ 0 & 1 \end{vmatrix} & -\begin{vmatrix} 2 & 0 \\ 0 & 4 \end{vmatrix} \\ \begin{vmatrix} 0 & 1 \\ 4 & 1 \end{vmatrix} & -\begin{vmatrix} 2 & 1 \\ -4 & 1 \end{vmatrix} & \begin{vmatrix} 2 & 0 \\ -4 & 4 \end{vmatrix} \end{pmatrix} = \begin{pmatrix} 0 & 4 & -16 \\ 4 & 2 & -8 \\ -4 & -6 & 8 \end{pmatrix}$$

PÁGINA 3

$$\Rightarrow \left[Adj(A)\right]^t = \begin{pmatrix} 0 & 4 & -4 \\ 4 & 2 & -6 \\ -16 & -8 & 8 \end{pmatrix}$$

$$\Rightarrow A^{-1} = \frac{1}{-16} \cdot \begin{pmatrix} 0 & 4 & -4 \\ 4 & 2 & -6 \\ -16 & -8 & 8 \end{pmatrix} = \begin{pmatrix} 0 & -1/4 & 1/4 \\ -1/4 & -1/8 & 3/8 \\ 1 & 1/2 & -1/2 \end{pmatrix}$$

c) Ya hemos visto que $\det(A) = -3m^3 + 2m^2$, con lo que:

$$\det(2A) = 2^3 \cdot \det(A) = 8 \cdot \det(A) = 8 \cdot (-3m^3 + 2m^2)$$

$$\det(KX) = K^n \cdot \det(X) \text{ si } X_{n \times n}$$

Por tanto: $\det(2A) = -8$

$$8 \cdot (-3m^3 + 2m^2) = -8 \implies -3m^3 + 2m^2 = -1 \implies$$

$$\implies 3m^3 - 2m^2 - 1 = 0 \implies$$

$$\begin{array}{c|cccc} & 3 & -2 & 0 & -1 \\ 1 & & 3 & 1 & 1 \\ \hline & 3 & 1 & 1 & \boxed{0} \end{array}$$

$$\underbrace{\hspace{3cm}}_{3m^2 + m + 1}$$

$$\hookrightarrow 3m^2 + m + 1 = 0 \longrightarrow m = \frac{-1 \pm \sqrt{1-12}}{6} \implies \nexists m \in \mathbb{R}$$

El valor real pedido es $m = 1$

PROBLEMA 3

Primero escríbete las rectas de forma más "amigable"

$$r: \begin{cases} x = z - 1 \\ y = 2 - 3z \end{cases} \longrightarrow z = \alpha \in \mathbb{R} \longrightarrow r: \begin{cases} x = -1 + \alpha \\ y = 2 - 3\alpha \\ z = \alpha \end{cases}, \alpha \in \mathbb{R}$$

$$s: \begin{cases} x = 4 - 5z \\ y = 4z - 3 \end{cases} \longrightarrow z = \beta \in \mathbb{R} \longrightarrow s: \begin{cases} x = 4 - 5\beta \\ y = -3 + 4\beta \\ z = \beta \end{cases}, \beta \in \mathbb{R}$$

a) De las ecuaciones de las rectas, leemos:

$$r: \begin{cases} \text{Punto} \longrightarrow A(-1, 2, 0) \\ \text{Vector} \\ \text{director} \longrightarrow \vec{V_r} = (1, -3, 1) \end{cases} \qquad s: \begin{cases} \text{Punto} \longrightarrow B(4, -3, 0) \\ \text{Vector} \\ \text{director} \longrightarrow \vec{V_s} = (-5, 4, 1) \end{cases}$$

Determinamos el vector $\overrightarrow{AB}$:

$$\overrightarrow{AB} = (4, -3, 0) - (-1, 2, 0) = (5, -5, 0)$$

Construimos las matrices $M$ y $M^*$ y estudiamos sus rangos:

$$M^* = \begin{pmatrix} 1 & -5 & \vdots & 5 \\ -3 & 4 & \vdots & -5 \\ \underline{1} & 1 & \vdots & 0 \end{pmatrix}$$
$$\phantom{M^* = }\quad\quad M$$

<u>Rango (M):</u>

$$\begin{vmatrix} 1 & -5 \\ -3 & 4 \end{vmatrix} = -11 \neq 0 \Rightarrow rg(M) = 2$$

<u>Rango (M*):</u>

$$\begin{vmatrix} 1 & -5 & 5 \\ -3 & 4 & -5 \\ 1 & 1 & 0 \end{vmatrix} = -5 \neq 0 \Rightarrow rg(M^*) = 3$$

Como $rg(M) = 2$ y $rg(M^*) = 3 \Rightarrow$ Las rectas $r$ y $s$ se cruzan

PÁGINA 5

b) Intenta representar el ejercicio:

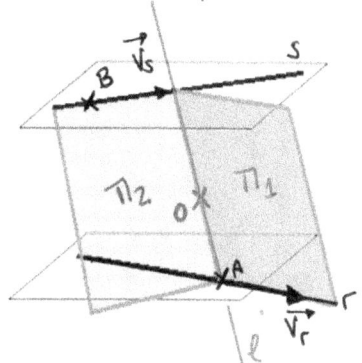

Determinamos el plano $\pi_1$ que contiene a la recta $r$ y al origen:

$$\pi_1 : \begin{cases} \text{Punto} \to O(0,0,0) \\[2mm] \text{Vectores} \\ \text{directores} \end{cases} \to \begin{cases} \overrightarrow{OA} = (-1,2,0) \\[2mm] \overrightarrow{V_r} = (1,-3,1) \end{cases}$$

$$\overrightarrow{n_{\pi_1}} = \overrightarrow{OA} \times \overrightarrow{V_r} = \begin{vmatrix} \vec{\imath} & \vec{\jmath} & \vec{k} \\ -1 & 2 & 0 \\ 1 & -3 & 1 \end{vmatrix} = (2,1,1)$$

Con lo que: $\pi_1 : Ax + By + Cz + D = 0$

Como $\overrightarrow{n_{\pi_1}} = (2,1,1) \Rightarrow \pi_1 : 2x + y + z + D = 0$

Como $O(0,0,0) \in \pi_1 \Rightarrow D = 0$

$$\Rightarrow \pi_1 : 2x + y + z = 0$$

Determinamos el plano $\pi_2$ que contiene a la recta $s$ y a $O$:

$$\pi_2 : \begin{cases} \text{Punto} \to O(0,0,0) \\[2mm] \text{Vectores} \\ \text{directores} \end{cases} \to \begin{cases} \overrightarrow{OB} = (4,-3,0) \\[2mm] \overrightarrow{V_s} = (-5,4,1) \end{cases} \quad \overrightarrow{n_{\pi_2}} = \overrightarrow{OB} \times \overrightarrow{V_s} = \begin{vmatrix} \vec{\imath} & \vec{\jmath} & \vec{k} \\ 4 & -3 & 0 \\ -5 & 4 & 1 \end{vmatrix} = (-3,-4,1)$$

$$\Rightarrow \pi_2 : Ax + By + Cz + D = 0$$

Como $\overrightarrow{n_{\pi_2}} = (-3,-4,1) \Rightarrow \pi_2 : -3x - 4y + z + D = 0$

Como $O(0,0,0) \in \pi_2 \Rightarrow D = 0$

$$\Rightarrow \pi_2 : -3x - 4y + z = 0$$

Como la recta $\ell$ pedida es la intersección de los planos $\pi_1$ y $\pi_2$, unas ecuaciones implícitas de $\ell$ son:

$$\ell : \begin{cases} 2x + y + z = 0 \\ -3x - 4y + z = 0 \end{cases}$$

## PROBLEMA 4

a) La ecuación implícita del plano $\pi_2$ la obtenemos según:

$$\pi_2 : \begin{cases} x = -1 + \alpha \\ y = 1 + \alpha + \beta \\ z = \alpha - \beta \end{cases} \longrightarrow \pi_2 : \begin{cases} \text{Punto} \to A(-1, 1, 0) \\ \text{Vectores directores} \to \begin{cases} \vec{u} = (1, 1, 1) \\ \vec{v} = (0, 1, -1) \end{cases} \end{cases}$$

$$\vec{n}_{\pi_2} = \vec{u} \times \vec{v} = \begin{vmatrix} \vec{i} & \vec{j} & \vec{k} \\ 1 & 1 & 1 \\ 0 & 1 & -1 \end{vmatrix} = (-2, 1, 1)$$

$$\pi_2 : Ax + By + Cz + D = 0$$

$$\vec{n}_{\pi_2} = (-2, 1, 1) \implies \pi_2 : -2x + y + z + D = 0$$

$$A(-1, 1, 0) \in \pi_2 \longrightarrow 2 + 1 + D = 0 \implies D = -3$$

$$\implies \pi_2 : -2x + y + z - 3 = 0$$

Estudiando la proporcionalidad entre los coeficientes de las ecuaciones de los planos $\pi_1$ y $\pi_2$:

$$\frac{2}{-2} = \frac{-1}{1} = \frac{-1}{1} \neq \frac{4}{-3} \implies \text{Los planos } \pi_1 \text{ y } \pi_2 \text{ son paralelos}$$

PÁGINA 7

b)

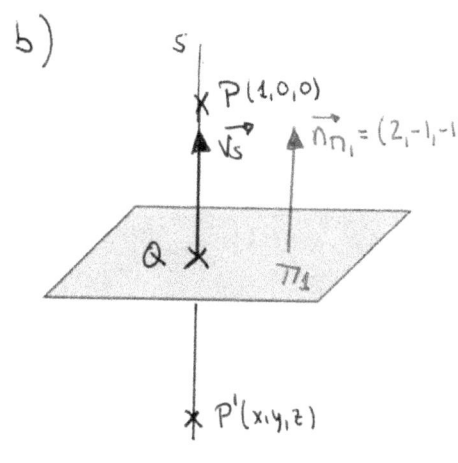

Construimos una recta $s$ que pasando por $P$ sea perpen- dicular al plano $\pi_1$.

Como $s \perp \pi_1 \Rightarrow \vec{v_s} = \vec{n_{\pi_1}}$

$$\Rightarrow s : \begin{cases} x = 1 + 2\lambda \\ y = -\lambda \\ z = -\lambda \end{cases}, \quad \lambda \in \mathbb{R}$$

Calculamos $Q$ punto de corte entre $s$ y $\pi_1$:

$Q \in s : (1+2\lambda, -\lambda, -\lambda)$

$\pi_1 : 2x - y - z + 4 = 0$

$2(1+2\lambda) + \lambda + \lambda + 4 = 0 \longrightarrow$

$\longrightarrow 6\lambda + 6 = 0 \longrightarrow \lambda = -1$

Con lo que:

$Q \in s : (1+2\lambda, -\lambda, -\lambda) \underset{\lambda = -1}{\Longrightarrow} Q(-1, 1, 1)$

Ahora, basta razonar que $Q$ es el punto medio del segmento $\overline{PP'}$:

$$(-1, 1, 1) = \left( \frac{1+x}{2}, \frac{0+y}{2}, \frac{0+z}{2} \right)$$

$\quad \longmapsto -1 = \frac{1+x}{2} \longrightarrow x = -3$

$\quad \longmapsto 1 = \frac{y}{2} \longrightarrow y = 2 \qquad P'(-3, 2, 2)$

$\quad \longmapsto 1 = \frac{z}{2} \longrightarrow z = 2$

c) Escribimos r en paramétricas:

$$r: \frac{x-1}{1} = \frac{y}{2} = \frac{z-2}{-1} \implies r: \begin{cases} x = 1+\alpha \\ y = 2\alpha \\ z = 2-\alpha \end{cases}, \quad \alpha \in \mathbb{R}$$

Y ahora buscamos los puntos $R \in r$ que verifiquen la ecuación del plano $\pi_1$:

$$\left. \begin{array}{l} R \in r: (1+\alpha, 2\alpha, 2-\alpha) \\ \\ \pi_1: 2x -y -z +4 = 0 \end{array} \right\} \to 2(1+\alpha) -2\alpha -2+\alpha +4 = 0 \to$$

$$\to \alpha +4 = 0 \to \alpha = -4$$

Con lo que r y $\pi_1$ se cortan en el punto:

$$R \in r: (1+\alpha, 2\alpha, 2-\alpha) \underset{\alpha = -4}{\implies} R(-3, -8, 6)$$

PROBLEMA 5

$$f(x) = \frac{x^2+3}{x^2-4}$$

**\* Dominio:**

$$x^2-4 = 0 \to x^2 = 4 \to x = \pm 2 \to \text{Dom}(f(x)) = \mathbb{R} - \{-2, +2\}$$

**\* Puntos de corte:**

→ Con el eje X:

$$f(x) = 0 \implies \frac{x^2+3}{x^2-4} = 0 \implies x^2+3 = 0 \implies \nexists x \in \mathbb{R} \implies \text{No corta}$$

→ Con el eje Y:

$$x = 0 \implies f(0) = \frac{0+3}{0-4} = -\frac{3}{4} \implies P.C \left(0, -\frac{3}{4}\right)$$

PÁGINA 9

* Asíntotas Verticales:

$$\lim_{x \to -2} \frac{x^2+3}{x^2-4} = \left[\frac{7}{0}\right] \to \begin{cases} \lim_{x \to 2^-} \frac{x^2+3}{x^2-4} = \left[\frac{7}{0^+}\right] = +\infty \\[4mm] \lim_{x \to 2^+} \frac{x^2+3}{x^2-4} = \left[\frac{7}{0^-}\right] = -\infty \end{cases}$$

$\Rightarrow x = -2$ es Asíntota Vertical

$$\lim_{x \to 2} \frac{x^2+3}{x^2-4} = \left[\frac{7}{0}\right] \to \begin{cases} \lim_{x \to 2^-} \frac{x^2+3}{x^2-4} = \left[\frac{7}{0^-}\right] = -\infty \\[4mm] \lim_{x \to 2^+} \frac{x^2+3}{x^2-4} = \left[\frac{7}{0^+}\right] = +\infty \end{cases}$$

$\Rightarrow x = 2$ es Asíntota Vertical

* Asíntotas Horizontales:

$$\left.\begin{array}{l} \lim_{x \to \infty} \frac{x^2+3}{x^2-4} = \left[\frac{\infty}{\infty}\right] = \lim_{x \to \infty} \frac{x^2}{x^2} = 1 \\[4mm] \lim_{x \to -\infty} \frac{x^2+3}{x^2-4} = \left[\frac{\infty}{\infty}\right] = \lim_{x \to -\infty} \frac{x^2}{x^2} = 1 \end{array}\right\} \begin{array}{l} y=1 \text{ es Asíntota} \\ \text{Horizontal} \end{array}$$

* Monotonía y extremos relativos:

$$f'(x) = \frac{2x(x^2-4) - (x^2+3)\cdot 2x}{(x^2-4)^2} = \frac{-14x}{(x^2-4)^2}$$

$$f'(x) = 0 \longrightarrow \frac{-14x}{(x^2-4)^2} = 0 \longrightarrow -14x = 0 \longrightarrow x = 0$$

Creciente: $(-\infty, -2) \cup (-2, 0)$

Decreciente: $(0, 2) \cup (2, +\infty)$

Máximo relativo en $x = 0$ $\Rightarrow$ Máx $(0, f(0))$ $\Rightarrow$ Máx $\left(0, -\frac{3}{4}\right)$

d) Se nos pide $\displaystyle\int \frac{x^2 + 3}{x^2 - 4}\, dx$

$$\begin{array}{l} x^2 + 0x + 3 \;\big|\underline{x^2 - 4} \\ -x^2 \quad\;\; +4 \quad\; 1 \\ \overline{\qquad 7} \end{array} \Rightarrow \frac{x^2 + 3}{x^2 - 4} = 1 + \frac{7}{x^2 - 4}$$

Descomponemos en fracciones simples:

$$\frac{7}{x^2 - 4} = \frac{A}{x + 2} + \frac{B}{x - 2} = \frac{A(x-2) + B(x+2)}{(x+2)(x-2)}$$

$$\Rightarrow 7 = A(x-2) + B(x+2)$$

Si $x = 2 \to 7 = 4B \Rightarrow B = 7/4$

Si $x = -2 \to 7 = -4A \Rightarrow A = -7/4$

Con lo que:

$$\int \frac{x^2 + 3}{x^2 - 4}\, dx = \int 1\, dx + \int \frac{-7/4}{x+2}\, dx + \int \frac{7/4}{x-2}\, dx =$$

$$= x - \frac{7}{4} \cdot \ln|x+2| + \frac{7}{4} \ln|x-2| + C$$

©Juan Bertomeu Ferrer
www.bertoblog.com

PROBLEMA 6

a)

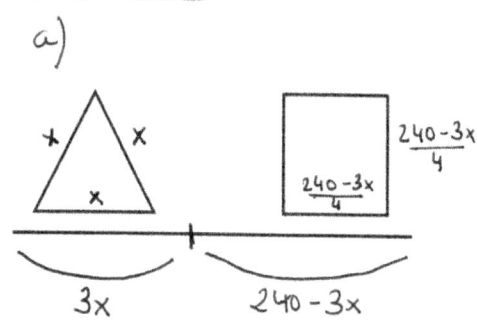

$$\frac{240-3x}{4}$$

$$\frac{240-3x}{4}$$

$3x$         $240-3x$

Como nos dicen que "x" es un lado del triángulo equilatero, dispondremos de $(240-3x)$ m de cable para la construcción del cuadrado.

El área del cuadrado $\Rightarrow A_{\square} = \left(\frac{240-3x}{4}\right)^2 = \frac{9x^2-1440x+57600}{16}$

Para el área del triángulo:

Aplicamos Pitágoras:

$x^2 = h^2 + \left(\frac{x}{2}\right)^2 \Rightarrow h^2 = x^2 - \frac{x^2}{4} \Rightarrow h^2 = \frac{3x^2}{4}$

$$\Rightarrow h = \frac{x\sqrt{3}}{2}$$

Con lo que $A_{\triangle} = \frac{base \times altura}{2} = \frac{x \cdot \frac{x\sqrt{3}}{2}}{2} = \frac{x^2 \cdot \sqrt{3}}{4}$

Y así, el área total pedida:

$$A(x) = \frac{x^2 \cdot \sqrt{3}}{4} + \frac{9x^2-1440x+57600}{16} \quad con \ 0 \le x \le 80$$

$$A(x) = \frac{x^2 \cdot 4\sqrt{3} + 9x^2 - 1440x + 57600}{16} \quad con \ 0 \le x \le 80$$

b) Si queremos calcular el mínimo de la función $A(x)$:

$$A'(x) = \frac{x \cdot 8\sqrt{3} + 18x - 1440}{16}$$

PÁGINA 12

$A'(x) = 0 \longrightarrow x \cdot 8\sqrt{3} + 18x - 1440 = 0 \implies$

$\implies x \left( 8\sqrt{3} + 18 \right) = 1440 \implies x = \dfrac{1440}{8\sqrt{3}+18} \approx 45'20 \text{ m}$

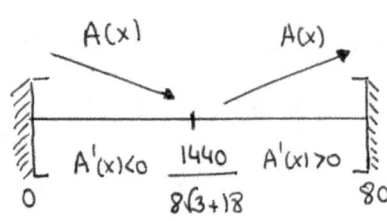

A(x)      A(x)

$A'(x) < 0$   $\dfrac{1440}{8\sqrt{3}+18}$   $A'(x) > 0$

0                                    80

Del estudio de la monotonía de A(x), vemos que A(x) será mínima cuando destinemos a

la construcción del triángulo 135'6 m $(3x)$ y el resto

(104'4 m) para el cuadrado.

El área mínima por tanto:

$$A\left( \dfrac{1440}{8\sqrt{3}+18} \right) = \dfrac{\left( \dfrac{1440}{8\sqrt{3}+18} \right)^2 \cdot 4\sqrt{3} + 9 \cdot \left( \dfrac{1440}{8\sqrt{3}+18} \right)^2 - 1440 \cdot \left( \dfrac{1440}{8\sqrt{3}+18} \right) + 57600}{16} =$$

$$= 1565'87 \text{ m}^2$$

**En las respuestas se deben escribir todos los pasos del razonamiento utilizado.**

# JULIO 2022

**Problema 1.** Dado el sistema de ecuaciones:

$$\begin{cases} ax + y = 1 \\ x + z = 1 \\ x + ay + (a-1)z = a \end{cases}.$$

a) Discutir el sistema en función del parámetro real $a$.  (5 puntos)

b) Encontrar todas las soluciones del sistema cuando este sea compatible.  (5 puntos)

**Problema 2.** Dada la matriz $A = \begin{pmatrix} a+b & 1 \\ 0 & a-b \end{pmatrix}$:

a) Calcular los valores de los parámetros $a$ y $b$ para que se cumpla $A^{-1} = \begin{pmatrix} 1 & -1 \\ 0 & 1 \end{pmatrix}$.  (4 puntos)

b) Para los valores $a$ y $b$ obtenidos en el apartado anterior, calcular $A^3$ y $A^4$.  (3 puntos)

c) Calcular $\det(A^{-50})$ cuando $a^2 - b^2 \neq 0$.  (3 puntos)

**Problema 3.** Dados los puntos $A = (2,0,0)$ y $B = (0,1,0)$, y la recta $s$: $\frac{x-1}{2} = \frac{y-1}{3} = z$:

a) Hallar la ecuación de la recta $r$ que pasa por los puntos $A$ y $B$.  (2 puntos)

b) Determinar la ecuación implícita del plano que contiene a la recta $s$ y es paralelo a la recta $r$.  (4 puntos)

c) Calcular la distancia del punto $A$ a la recta $s$.  (4 puntos)

**Problema 4.** Dados los puntos $A = (2,1,-2)$ y $B = (3,2,3)$, y el plano $\pi$ definido por $2x + 2y + z = 3$, obtener:

a) El punto de corte $C$ entre el plano $\pi$ y la recta perpendicular a $\pi$ que pasa por $B$.  (5 puntos)

b) El área del triángulo cuyos vértices son $A, B$ y $C$.  (5 puntos)

**Problema 5.**

a) Calcular, indicando todos los pasos, la siguiente integral indefinida:  (5 puntos)

$$\int \frac{18}{x^2 - 5x - 14}\, dx.$$

b) Determinar, en función de $t$, el valor $\int_8^t \frac{18}{x^2-5x-14}\, dx$.  (2 puntos)

c) Determinar el valor de $t$ mayor que 8 para que $\int_8^t \frac{18}{x^2-5x-14}\, dx$ sea igual a $\ln\frac{25}{4}$.  (3 puntos)

**Problema 6.** Considerar la función $f(x) = e^{-x^2}$ para los valores positivos de $x$. Por cada punto $M = \big(x, f(x)\big)$ de la gráfica de $f$ se trazan dos rectas paralelas a los ejes de coordenadas, $OX$ y $OY$. Estas dos rectas, junto con los ejes de coordenadas, definen un rectángulo.

a) Determinar el área del rectángulo en función de x.  (3 puntos)

b) Encontrar el punto $M$ que proporciona mayor área y calcular esta área.  (7 puntos)

PROBLEMA 1

$$\left.\begin{array}{rl} ax + y & = 1 \\ x \quad + z & = 1 \\ x + ay + (a-1)z & = a \end{array}\right\} \quad A^* = \begin{pmatrix} a & 1 & 0 & \vdots & 1 \\ 1 & 0 & 1 & \vdots & 1 \\ 1 & a & a-1 & \vdots & a \end{pmatrix}$$

$$\det(A) = \begin{vmatrix} a & 1 & 0 \\ 1 & 0 & 1 \\ 1 & a & a-1 \end{vmatrix} = 1 - a^2 - a + 1 = -a^2 - a + 2$$

$$\det(A) = 0 \Rightarrow -a^2 - a + 2 = 0 \begin{array}{l} \nearrow \; a = -2 \\ \searrow \; a = 1 \end{array}$$

Si $a \neq -2 \wedge a \neq 1 \Rightarrow \det(A) \neq 0 \Rightarrow rg(A) = 3 \Rightarrow rg(A^*) = 3 =$

$= n^o$ incógnitas $\Rightarrow T^{MA} $ ROUCHÉ $\Rightarrow$ Sistema Compatible

Determinado. La solución única por Cramer:

$$X = \frac{\begin{vmatrix} 1 & 1 & 0 \\ 1 & 0 & 1 \\ a & a & a-1 \end{vmatrix}}{-a^2 - a + 2} = \frac{-a+1}{-(a-1)(a+2)} = \frac{-(a-1)}{-(a-1)(a+2)} = \frac{1}{a+2}$$

$$Y = \frac{\begin{vmatrix} a & 1 & 0 \\ 1 & 1 & 1 \\ 1 & a & a-1 \end{vmatrix}}{-a^2 - a + 2} = \frac{-2a+2}{-(a-1)(a+2)} = \frac{-2(a-1)}{-(a-1)(a+2)} = \frac{2}{a+2}$$

PÁGINA 1

$$z = \frac{\begin{vmatrix} a & 1 & 1 \\ 1 & 0 & 1 \\ 1 & a & a \end{vmatrix}}{-a^2 - a + 2} = \frac{-a^2 + 1}{-(a-1)(a+2)} = \frac{-(a-1)(a+1)}{-(a-1)(a+2)} = \frac{a+1}{a+2}$$

Si a = 1 $\Rightarrow$ det(A) = 0 $\Rightarrow$ rg (A) < 3

$$A^* = \begin{pmatrix} 1 & 1 & 0 & | & 1 \\ 1 & 0 & 1 & | & 1 \\ 1 & 1 & 0 & | & 1 \end{pmatrix}$$

Rango (A):

$$|1| = 1 \neq 0 \; ; \; \begin{vmatrix} 1 & 1 \\ 1 & 0 \end{vmatrix} = -1 \neq 0$$

$$\Rightarrow rg (A) = 2$$

Rango (A*):

$$\begin{vmatrix} 1 & 1 & 1 \\ 1 & 0 & 1 \\ 1 & 1 & 1 \end{vmatrix} = 0 \Rightarrow rg (A^*) = 2$$

$$\left. \begin{array}{l} rg (A) = 2 \\ rg (A^*) = 2 \\ n^\circ \text{ incógnitas } = 3 \end{array} \right\} \Rightarrow T^{MA}\text{-ROUCHÉ} \Rightarrow \text{Sistema Compatible} \\ \text{Indeterminado}$$

Cogemos las ecuaciones determinadas por el rango:

$$\left. \begin{array}{l} x + y = 1 \\ x + z = 1 \end{array} \right\} z = \lambda \Rightarrow y = \lambda \Rightarrow x = 1 - \lambda$$

Las infinitas soluciones del sistema para a = 1 vienen

dadas por:

$$(x, y, z) = (1 - \lambda, \lambda, \lambda) \quad \forall \lambda \in \mathbb{R}$$

PÁGINA 2

$\boxed{Si \ a = -2} \Rightarrow det(A) = 0 \Rightarrow rg \ (A) < 3$

$$A^* = \begin{pmatrix} -2 & 1 & 0 & \vdots & 1 \\ 1 & 0 & 1 & \vdots & 1 \\ 1 & -2 & -3 & \vdots & -2 \end{pmatrix}$$

Rango (A):

$|-2| = -2 \neq 0 \ ; \ \begin{vmatrix} -2 & 1 \\ 1 & 0 \end{vmatrix} = -1 \neq 0$

$\Rightarrow rg \ (A) = 2$

Rango (A*):

$\begin{vmatrix} -2 & 1 & 1 \\ 1 & 0 & 1 \\ 1 & -2 & -2 \end{vmatrix} = -3 \neq 0 \Rightarrow rg \ (A^*) = 3$

$\left. \begin{array}{l} rg \ (A) = 2 \\ rg \ (A^*) = 3 \end{array} \right\} \Rightarrow T^{MA} \ ROUCHÉ \Rightarrow$ Sistema Incompatible.

$\boxed{PROBLEMA \ 2}$

Se nos da la matriz $A = \begin{pmatrix} a+b & 1 \\ 0 & a-b \end{pmatrix}$

a) La definición de matriz inversa $A^{-1}$ nos dice que $A^{-1}$ es la única que verifica $A \cdot A^{-1} = I$. Así:

$$\begin{pmatrix} a+b & 1 \\ 0 & a-b \end{pmatrix} \cdot \begin{pmatrix} 1 & -1 \\ 0 & 1 \end{pmatrix} = \begin{pmatrix} 1 & 0 \\ 0 & 1 \end{pmatrix}$$

$$\begin{pmatrix} a+b & -a-b+1 \\ 0 & a-b \end{pmatrix} = \begin{pmatrix} 1 & 0 \\ 0 & 1 \end{pmatrix} \longrightarrow \left\{ \begin{array}{l} a+b = 1 \\ -a-b+1 = 0 \\ a-b = 1 \end{array} \right.$$

$\Rightarrow \left. \begin{array}{l} a+b = 1 \\ a-b = 1 \end{array} \right\} \ E_1 + E_2 \rightarrow 2a = 2 \Rightarrow a = 1 \ \wedge \ b = 0$

b) Para $a = 1$ y $b = 0 \Rightarrow A = \begin{pmatrix} 1 & 1 \\ 0 & 1 \end{pmatrix}$ Por tanto:

$$A^2 = A \cdot A = \begin{pmatrix} 1 & 1 \\ 0 & 1 \end{pmatrix} \cdot \begin{pmatrix} 1 & 1 \\ 0 & 1 \end{pmatrix} = \begin{pmatrix} 1 & 2 \\ 0 & 1 \end{pmatrix}$$

$$A^3 = A^2 \cdot A = \begin{pmatrix} 1 & 2 \\ 0 & 1 \end{pmatrix} \cdot \begin{pmatrix} 1 & 1 \\ 0 & 1 \end{pmatrix} = \begin{pmatrix} 1 & 3 \\ 0 & 1 \end{pmatrix}$$

$$A^4 = A^3 \cdot A = \begin{pmatrix} 1 & 3 \\ 0 & 1 \end{pmatrix} \cdot \begin{pmatrix} 1 & 1 \\ 0 & 1 \end{pmatrix} = \begin{pmatrix} 1 & 4 \\ 0 & 1 \end{pmatrix}$$

c) $\det(A) = \begin{vmatrix} a+b & 1 \\ 0 & a-b \end{vmatrix} = (a+b)(a-b) = a^2 - b^2$

$$\det\left(A^{-50}\right) = \det\left(A^{-1}\right)^{50} \underset{①}{=} \left[\det\left(A^{-1}\right)\right]^{50} \underset{②}{=} \left(\frac{1}{\det(A)}\right)^{50} =$$

$$= \frac{1}{(a^2-b^2)^{50}} \text{ , donde hemos utilizado las propiedades de}$$

los determinantes:

① $\det(X^n) = \left[\det(X)\right]^n$

② $\det(X^{-1}) = \dfrac{1}{\det(X)}$

La notación $A^{-n}$ representa la potencia $n$-ésima de la

matriz $A^{-1} \Rightarrow A^{-n} = (A^{-1})^n$

PÁGINA 4

PROBLEMA 3

$$A(2,0,0) \; ; \; B(0,1,0) \; ; \; s: \frac{x-1}{2} = \frac{y-1}{3} = z$$

a)

Como ves, un vector director de

la recta r será el vector $\vec{AB}$. Así:

$$\vec{AB} = (0,1,0) - (2,0,0) = (-2,1,0)$$

$$r: \begin{cases} \text{Punto} \to A(2,0,0) \\[4pt] \text{Vector director} \to \vec{V_r} = \vec{AB} = (-2,1,0) \end{cases} \Longrightarrow r: \begin{cases} x = 2-2\lambda \\[4pt] y = \lambda \quad , \lambda \in \mathbb{R} \\[4pt] z = 0 \end{cases}$$

b)

De la ecuación de la recta "s" leemos:

$$s: \begin{cases} \text{Punto} \to S(1,1,0) \\[4pt] \text{Vector director} \to \vec{V_s} = (2,3,1) \end{cases}$$

Con lo que:

$$\vec{n_\pi} = \vec{V_r} \times \vec{V_s} = \begin{vmatrix} \vec{i} & \vec{j} & \vec{k} \\ -2 & 1 & 0 \\ 2 & 3 & 1 \end{vmatrix} = (1,2,-8)$$

Y así:

$$\pi: Ax + By + Cz + D = 0$$

$$\vec{n_\pi} = (1,2,-8) \Longrightarrow \pi: x + 2y - 8z + D = 0$$

$$S(1,1,0) \in \pi \Longrightarrow 1 + 2 \cdot 1 + D = 0 \Longrightarrow D = -3$$

$$\Longrightarrow \pi: x + 2y - 8z - 3 = 0$$

c)

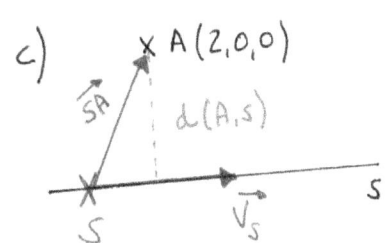

Calcularemos la distancia con la fórmula:

$$d(A,s) = \frac{|\vec{SA} \times \vec{V_s}|}{|\vec{V_s}|}$$

$$\vec{SA} = (2,0,0) - (1,1,0) = (1,-1,0)$$

$$\vec{SA} \times \vec{V_s} = \begin{vmatrix} \vec{i} & \vec{j} & \vec{K} \\ 1 & -1 & 0 \\ 2 & 3 & 1 \end{vmatrix} = (-1,-1,5) \Rightarrow |\vec{SA} \times \vec{V_s}| = \sqrt{27}$$

$$\Rightarrow d(A,s) = \frac{\sqrt{27}}{\sqrt{14}} = \frac{3\sqrt{42}}{14} \, u \approx 1'3887 \, u$$

**PROBLEMA 4**

$A(2,1,-2) \; ; \; B(3,2,3) \; ; \; \pi: 2x+2y+z-3=0$

a)

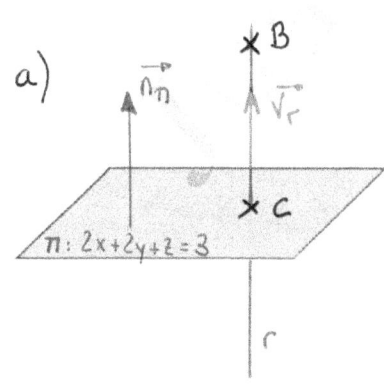

Como $r \perp \pi \Rightarrow \vec{V_r} = \vec{n_\pi} = (2,2,1)$

y por tanto:

$$r: \begin{cases} \text{Punto} \rightarrow B(3,2,3) \\ \text{Vector} \\ \text{director} \rightarrow \vec{V_r} = (2,2,1) \end{cases} \Rightarrow r: \begin{cases} x = 3+2\lambda \\ y = 2+2\lambda \\ z = 3+\lambda \end{cases}$$

Para el punto C pedido:

$$C \in r: \left(3+2\lambda,\ 2+2\lambda,\ 3+\lambda\right)$$

$$\pi: 2x+2y+z=3$$

$$2(3+2\lambda)+2(2+2\lambda)+3+\lambda=3 \Rightarrow$$

$$\Rightarrow 6+4\lambda+4+4\lambda+3+\lambda=3 \Rightarrow 9\lambda=-10 \Rightarrow \lambda=\frac{-10}{9}$$

Con lo que:

$$C(3+2\lambda,\ 2+2\lambda,\ 3+\lambda) \underset{\lambda=-\frac{10}{9}}{\Longrightarrow} C\left(\tfrac{7}{9},\ \tfrac{-2}{9},\ \tfrac{17}{9}\right)$$

b)

$$\vec{AB}=(3,2,3)-(2,1,-2)=(1,1,5)$$

$$\vec{AC}=\left(\tfrac{7}{9},\tfrac{-2}{9},\tfrac{17}{9}\right)-(2,1,-2)=\left(\tfrac{-11}{9},\tfrac{-11}{9},\tfrac{35}{9}\right)$$

$$\vec{AB}\times\vec{AC}=\begin{vmatrix}\vec{i} & \vec{j} & \vec{k}\\ 1 & 1 & 5\\ -\tfrac{11}{9} & -\tfrac{11}{9} & \tfrac{35}{9}\end{vmatrix}=(10,-10,0)$$

Y por tanto:

$$\text{Área}=\frac{1}{2}\cdot|\vec{AB}\times\vec{AC}|=\frac{1}{2}\cdot\sqrt{10^2+10^2}=\frac{1}{2}\sqrt{200}=\sqrt{50}\ u^2$$

PROBLEMA 5

a) $\displaystyle\int \frac{18}{x^2-5x-14} \, dx$ ; $x^2-5x-14=0$ $\begin{cases} x=-2 \\ x=7 \end{cases}$

$$\frac{18}{x^2-5x-14} = \frac{A}{x+2} + \frac{B}{x-7} = \frac{A(x-7)+B(x+2)}{(x+2)(x-7)}$$

$$\implies 18 = A(x-7) + B(x+2)$$

Si $x=-2 \longrightarrow 18 = -9\cdot A \implies A=-2$

Si $x=7 \longrightarrow 18 = 9B \implies B=2$

$$\int \frac{18}{x^2-5x-14} \, dx = \int \frac{-2}{x+2} \, dx + \int \frac{2}{x-7} \, dx =$$

$$= -2\cdot \ln|x+2| + 2\ln|x-7| + C$$

b) $\displaystyle\int_8^t \frac{18}{x^2-5x-14} \, dx = \left[2\cdot \ln|x-7| - 2\cdot\ln|x+2|\right]_8^t =$

$$= \left(2\cdot \ln|t-7| - 2\ln|t+2|\right) - \left(2\cdot\ln(1) - 2\cdot\ln(10)\right) =$$

$$= 2\cdot\ln|t-7| - 2\cdot\ln|t+2| + 2\cdot\ln(10) =$$

$$= 2\cdot\left[\ln|t-7| + \ln(10) - \ln|t+2|\right] = \ln\left(\frac{10\cdot(t-7)}{t+2}\right)^2$$

c)    $\displaystyle\int_{8}^{t} \dfrac{18}{x^2-5x-14}\, dx = \ln\left(\dfrac{25}{4}\right)$

$$\cancel{\ln}\left(\dfrac{10\cdot(t-7)}{t+2}\right)^{2} = \cancel{\ln}\left(\dfrac{25}{4}\right) \Rightarrow \dfrac{10(t-7)}{t+2} = \pm\sqrt{\dfrac{25}{4}}$$

**Caso 1:**

$$\dfrac{10\cdot(t-7)}{t+2} = +\dfrac{5}{\cancel{2}} \longrightarrow 4(t-7)=t+2 \longrightarrow 3t=30 \longrightarrow t=10$$

**Caso 2:**

$$\dfrac{10\cdot(t-7)}{t+2} = \dfrac{-5}{2} \longrightarrow -4(t-7)=t+2 \longrightarrow -5t=-26 \longrightarrow \cancel{t=\dfrac{26}{5}}$$

$\Rightarrow$ El valor de $t$ mayor que 8 pedido es $t=10$

**PROBLEMA 6**

La representación aproximada:

| $x$ | $f(x)=e^{-x^2}$ |
|---|---|
| 0 | 1 |
| 1 | 0'367 |
| $\vdots$ | |
| $\displaystyle\lim_{x\to\infty} e^{-x^2}$ | $[e^{-\infty}]=0$ |

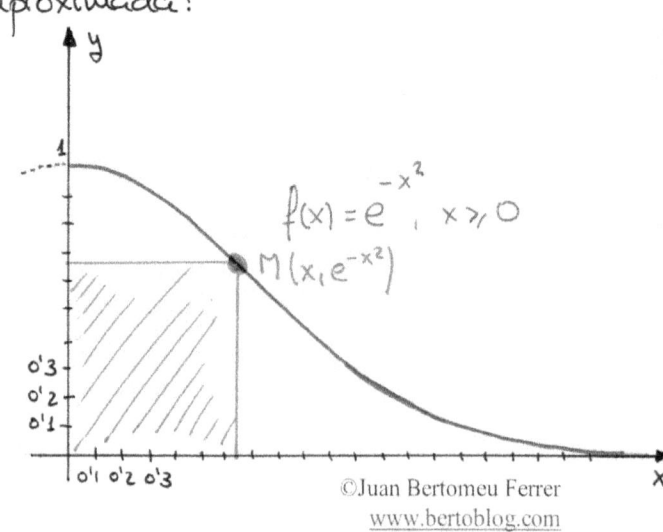

$$f(x)=e^{-x^2},\ x\geqslant 0$$
$$M(x, e^{-x^2})$$

PÁGINA 9

a) Con la representación anterior es inmediato que:

$$A(x) = x \cdot e^{-x^2}, \quad \text{con } x > 0$$

b) Para averiguar el máximo de $A(x)$:

$$A'(x) = 1 \cdot e^{-x^2} + x \cdot e^{-x^2} \cdot (-2x) = e^{-x^2} \cdot (1 - 2x^2)$$

$$A'(x) = 0 \longrightarrow e^{-x^2} \cdot (1 - 2x^2) = 0$$

$e^{-x^2} \neq 0 \quad \forall x \in \mathbb{R}$

$1 - 2x^2 = 0$

$x = -1/\sqrt{2}$   Debe ser $x > 0$

$x = \dfrac{1}{\sqrt{2}}$

Del estudio de la monotonía:

El área $A(x)$ es máxima cuando $x = 1/\sqrt{2}$. Por tanto,

el punto M pedido es $M\left(x, e^{-x^2}\right) \underset{x = 1/\sqrt{2}}{\Longrightarrow} M\left(\dfrac{1}{\sqrt{2}}, \dfrac{1}{\sqrt{e}}\right)$

Y el área máxima pedida:

$$A\left(\dfrac{1}{\sqrt{2}}\right) = \dfrac{1}{\sqrt{2}} \cdot \dfrac{1}{\sqrt{e}} = \dfrac{1}{\sqrt{2e}} \ u^2 \approx 0'4289 \ u^2$$

**En las respuestas se deben escribir todos los pasos del razonamiento utilizado.**

**Problema 1.** Dadas las matrices $A = \begin{pmatrix} 1 & 2 & 0 \\ 0 & m & 1 \\ 0 & 3 & 0 \end{pmatrix}, X = \begin{pmatrix} x \\ y \\ z \end{pmatrix}$ y $B = \begin{pmatrix} m \\ 0 \\ 9 \end{pmatrix}$:

a) Estudiar cuándo la ecuación matricial $A^2 X = B$ tiene solución en función del parámetro real $m$.
   (4 puntos)
b) Encontrar todas las soluciones de la ecuación anterior cuando éstas existan. (6 puntos)

**Problema 2.** Dadas las matrices $A = \begin{pmatrix} 1 & 0 & 1 \\ 0 & 1 & 1 \end{pmatrix}, B = \begin{pmatrix} 1 & 1 & 1 \\ 2 & -1 & 0 \end{pmatrix}$ y $C = \begin{pmatrix} 0 & \alpha \\ -\alpha^2 & 0 \end{pmatrix}$:

a) Obtener la matriz $(AB^T + I)^{-1}$, donde $I$ es la matriz identidad de las dimensiones adecuadas para realizar la operación. (6 puntos)
b) Comprobar que $C^2 = -\alpha^3 I$, donde $I$ es la matriz identidad, y calcular $C^{13}$. (4 puntos)

**Problema 3.** Dada la recta $r: \begin{cases} x - y = 1 \\ x + 2y + z = 0 \end{cases}$ y los puntos $P = (0,0,3)$ y $Q = (2,2,a)$, obtener:

a) Los valores del parámetro real $a$, si existen, para los que son paralelas la recta $r$ y la recta que pasa por los puntos $P$ y $Q$. (6 puntos)
b) La ecuación del plano perpendicular a $r$ y que pasa por $P$. (4 puntos)

**Problema 4.** Dada la recta $r: \begin{cases} 5x + y + 7z = 16 \\ 9x - y + 7z = 12 \end{cases}$ y el punto $P = (0,5,2)$ se pide:

a) Comprobar que el punto $Q = (2,6,0)$ pertenece a la recta $r$ y encontrar la recta $s$ que pasa por los puntos $P$ y $Q$. (2 puntos)
b) Obtener el ángulo que forman la recta $r$ y la recta $s$. (3 puntos)
c) Obtener la proyección ortogonal del punto $P$ en la recta $r$. (5 puntos)

**Problema 5.** Considerar la función $f(x) = \frac{1}{x} + ln(x + 1)$. Obtener:

a) El dominio y las asíntotas de $f(x)$. (2 puntos)
b) Los intervalos de crecimiento y decrecimiento de $f(x)$ y sus máximos y mínimos. (4 puntos)
c) El área comprendida entre la curva $y = f(x)$ y las rectas $y = 0, x = 1$ y $x = 2$. (4 puntos)

**Problema 6.** El corte vertical de la entrada a la plaza amurallada de cierto pueblo tiene forma de parábola con ecuación $y = -x^2 + 12$, donde $x$ e $y$ se miden en metros e $y = 0$ representa el suelo. Se desea poner una puerta rectangular de modo que las dos esquinas superiores estén en la parábola y las inferiores en el suelo. El resto de la entrada va cerrado con piedra. Calcular:

a) Las dimensiones de la puerta para que tenga la mayor superficie posible. (6 puntos)
b) Utilizando la puerta del apartado anterior, obtener el área de la parte frontal de la puerta y el área de la parte frontal de la entrada recubierta por piedra. (4 puntos)

**Problema 7.** Tenemos dos monedas distintas $M_1$ y $M_2$. La probabilidad de obtener cara al lanzar la moneda $M_1$ es $x$ y la probabilidad de obtener cara al lanzar la moneda $M_2$ es $y$.

a) Si lanzamos las dos monedas al mismo tiempo, calcular las probabilidades de no obtener ninguna cara, de obtener solo una cara y de obtener dos caras. (3 puntos)
b) Después de lanzar las dos monedas, volvemos a lanzar solamente las monedas en las que no hemos obtenido cara. Calcular las probabilidades de que el resultado final haya sido obtener ninguna cara, obtener solo una cara y obtener dos caras. (7 puntos)

**Problema 8.** Cada fin de semana llegan al aeropuerto de Alicante 161 vuelos. De estos 161 vuelos, 95 proceden del territorio nacional, 50 proceden de la Unión Europea y 16 proceden de paises de fuera de la Unión Europea. Sabiendo que el 5% de los vuelos con procedencia nacional, el 4% de los vuelos con procedencia de la Unión Europea y el 6.25% del resto de vuelos se retrasan:

a) Calcular la probabilidad de que durante el fin de semana un vuelo se retrase. (5 puntos)
b) Sabiendo que un vuelo concreto se ha retrasado, calcular la probabilidad de que este vuelo proceda de la Unión Europea. (5 puntos)

*Los resultados han de expresarse en forma de fracción o en forma decimal con cuatro decimales de aproximación.*

PROBLEMA 1

$$A = \begin{pmatrix} 1 & 2 & 0 \\ 0 & m & 1 \\ 0 & 3 & 0 \end{pmatrix} ; \quad X = \begin{pmatrix} x \\ y \\ z \end{pmatrix} ; \quad B = \begin{pmatrix} m \\ 0 \\ 9 \end{pmatrix}$$

a) $A^2 = A \cdot A = \begin{pmatrix} 1 & 2 & 0 \\ 0 & m & 1 \\ 0 & 3 & 0 \end{pmatrix} \begin{pmatrix} 1 & 2 & 0 \\ 0 & m & 1 \\ 0 & 3 & 0 \end{pmatrix} = \begin{pmatrix} 1 & 2m+2 & 2 \\ 0 & m^2+3 & m \\ 0 & 3m & 3 \end{pmatrix}$

$A^2 \cdot X = B \rightarrow \begin{pmatrix} 1 & 2m+2 & 2 \\ 0 & m^2+3 & m \\ 0 & 3m & 3 \end{pmatrix} \cdot \begin{pmatrix} x \\ y \\ z \end{pmatrix} = \begin{pmatrix} m \\ 0 \\ 9 \end{pmatrix}$

Tenemos un sistema de ecuaciones cuyas matrices de coeficientes y ampliada M y M* vienen dadas por:

$$M^* = \left( \begin{array}{ccc|c} 1 & 2m+2 & 2 & m \\ 0 & m^2+3 & m & 0 \\ 0 & \underbrace{3m}_{M} & 3 & 9 \end{array} \right) ; \quad \det(M) = \begin{vmatrix} 1 & 2m+2 & 2 \\ 0 & m^2+3 & m \\ 0 & 3m & 3 \end{vmatrix} = 9 \ \forall m \in \mathbb{R}$$

Como $\det(M) \neq 0 \ \forall m \in \mathbb{R} \Rightarrow rg(M) = 3 \ \forall m \in \mathbb{R}$ y en consecuencia $rg(M^*) = 3 \ \forall m \in \mathbb{R}$. Por el teorema de ROUCHÉ - FROBENIUS, el sistema (es decir, la ecuación $A^2 X = B$) admitirá una única solución. Podemos determinar la solución despejando X como:

PÁGINA 1

$$A^2 \cdot X = B \implies \underbrace{(A^2)^{-1} \cdot A^2}_{I} X = (A^2)^{-1} \cdot B \implies X = (A^2)^{-1} \cdot B$$

Aunque es más fácil aplicar la regla de Cramer:

$$X = \frac{\begin{vmatrix} m & 2m+2 & 2 \\ 0 & m^2+3 & m \\ 9 & 3m & 3 \end{vmatrix}}{9} = \frac{27m - 54}{9} = 3m - 6$$

$$y = \frac{\begin{vmatrix} 1 & m & 2 \\ 0 & 0 & m \\ 0 & 9 & 3 \end{vmatrix}}{9} = \frac{-9m}{9} = -m$$

$$z = \frac{\begin{vmatrix} 1 & 2m+2 & m \\ 0 & m^2+3 & 0 \\ 0 & 3m & 9 \end{vmatrix}}{9} = \frac{9m^2+27}{9} = m^2 + 3$$

La solución única de $A^2X = B$ viene dada por:

$$X = \begin{pmatrix} 3m-6 \\ -m \\ m^2+3 \end{pmatrix} \quad \forall m \in \mathbb{R}$$

PROBLEMA 2

$$A = \begin{pmatrix} 1 & 0 & 1 \\ 0 & 1 & 1 \end{pmatrix} ; \quad B = \begin{pmatrix} 1 & 1 & 1 \\ 2 & -1 & 0 \end{pmatrix} ; \quad C = \begin{pmatrix} 0 & \alpha \\ -\alpha^2 & 0 \end{pmatrix}$$

a) $\quad A \cdot B^T = \begin{pmatrix} 1 & 0 & 1 \\ 0 & 1 & 1 \end{pmatrix} \cdot \begin{pmatrix} 1 & 2 \\ 1 & -1 \\ 1 & 0 \end{pmatrix} = \begin{pmatrix} 2 & 2 \\ 2 & -1 \end{pmatrix}$

PÁGINA 2

$$A \cdot B^T + I = \begin{pmatrix} 2 & 2 \\ 2 & -1 \end{pmatrix} + \begin{pmatrix} 1 & 0 \\ 0 & 1 \end{pmatrix} = \begin{pmatrix} 3 & 2 \\ 2 & 0 \end{pmatrix}$$

$$(A B^T + I)^{-1} = \frac{1}{\det(A B^T + I)} \cdot \left[ Adj(A B^T + I) \right]^t$$

$$\det(A B^T + I) = \begin{vmatrix} 3 & 2 \\ 2 & 0 \end{vmatrix} = -4$$

$$Adj(A B^T + I) = \begin{pmatrix} 0 & -2 \\ -2 & 3 \end{pmatrix} \longrightarrow \left[ Adj(A B^T + I) \right]^t = \begin{pmatrix} 0 & -2 \\ -2 & 3 \end{pmatrix}$$

$$\Rightarrow (A B^T + I)^{-1} = -\frac{1}{4} \cdot \begin{pmatrix} 0 & -2 \\ -2 & 3 \end{pmatrix} = \begin{pmatrix} 0 & 1/2 \\ 1/2 & -3/4 \end{pmatrix}$$

b)  $C^2 = C \cdot C = \begin{pmatrix} 0 & \alpha \\ -\alpha^2 & 0 \end{pmatrix} \cdot \begin{pmatrix} 0 & \alpha \\ -\alpha^2 & 0 \end{pmatrix} = \begin{pmatrix} -\alpha^3 & 0 \\ 0 & -\alpha^3 \end{pmatrix} =$

$$= -\alpha^3 \cdot \begin{pmatrix} 1 & 0 \\ 0 & 1 \end{pmatrix} = -\alpha^3 \cdot I \qquad \text{como queríamos demostrar}$$

$$C^{13} = (C^2)^6 \cdot C = (-\alpha^3 \cdot I)^6 \cdot C = \alpha^{18} \cdot C =$$

$$= \alpha^{18} \cdot \begin{pmatrix} 0 & \alpha \\ -\alpha^2 & 0 \end{pmatrix} = \begin{pmatrix} 0 & \alpha^{19} \\ -\alpha^{20} & 0 \end{pmatrix}$$

PÁGINA 3

PROBLEMA 3

$$r: \begin{cases} x - y = 1 \\ x + 2y + z = 0 \end{cases} \quad ; \quad P(0,0,3) \quad ; \quad Q(2,2,\alpha)$$

Pasamos r a paramétricas:

$$r: \begin{cases} x - y = 1 \\ x + 2y + z = 0 \end{cases} \xrightarrow{y = \lambda \in \mathbb{R}} \quad \begin{array}{l} x = 1 + \lambda \\ 1 + \lambda + 2\lambda + z = 0 \rightarrow z = -1 - 3\lambda \end{array}$$

$$r: \begin{cases} x = 1 + \lambda \\ y = \lambda \\ z = -1 - 3\lambda \end{cases} ; \lambda \in \mathbb{R} \rightarrow r: \begin{cases} \text{Punto} \rightarrow R(1,0,-1) \\ \text{Vector} \\ \text{director} \rightarrow \vec{V_r} = (1,1,-3) \end{cases}$$

¿La recta r será paralela a la recta que pasa por P y Q si los vectores $\vec{V_r}$ y $\vec{PQ}$ son paralelos:

$$\vec{PQ} = (2,2,\alpha) - (0,0,3) = (2,2,\alpha-3)$$

Si $\vec{V_r} \parallel \vec{PQ} \Rightarrow \dfrac{2}{1} = \dfrac{2}{1} = \dfrac{\alpha-3}{-3} \Rightarrow$

$$\Rightarrow \dfrac{\alpha-3}{-3} = 2 \Rightarrow \alpha = -3$$

b)

como $r \perp \pi \Rightarrow \vec{V_r} = \vec{n_\pi}$

$\pi: Ax + By + Cz + D = 0$

$\vec{n_\pi} = (1,1,-3) \rightarrow \pi: x + y - 3z + D = 0$

$P(0,0,3) \in \pi \rightarrow -9 + D = 0 \rightarrow D = 9$

$$\Rightarrow \pi: x + y - 3z + 9 = 0$$

PÁGINA 4

PROBLEMA 4

$$r: \begin{cases} 5x + y + 7z = 16 \\ 9x - y + 7z = 12 \end{cases} \xrightarrow{E_1 + E_2} \quad 14x + 14z = 28$$

$$x + z = 2$$

$$z = \lambda \in \mathbb{R} \qquad x = 2 - \lambda$$

$$\longrightarrow y = 16 - 5x - 7z$$

$$y = 16 - 10 + 5\lambda - 7\lambda = 6 - 2\lambda$$

$$r: \begin{cases} x = 2 - \lambda \\ y = 6 - 2\lambda \; ; \; \lambda \in \mathbb{R} \\ z = \lambda \end{cases} \longrightarrow r: \begin{cases} \text{Punto} \to R\,(2,6,0) \\ \text{Vector} \\ \text{director} \to \vec{V_r} = (-1, -2, 1) \end{cases}$$

a) El punto $Q(2,6,0)$ pertenecerá a $r$ si verifica sus ecuaciones. Así:

$$\left. \begin{aligned} 2 &= 2 - \lambda \longrightarrow \lambda = 0 \\ 6 &= 6 - 2\lambda \longrightarrow \lambda = 0 \\ 0 &= \lambda \longrightarrow \lambda = 0 \end{aligned} \right\} \quad Q(2,6,0) \in r \text{ como queríamos demostrar}$$

Para la recta $s$ que nos piden:

$$s: \begin{cases} \text{Punto} \to P\,(0,5,2) \\ \text{Vector} \\ \text{director} \to \vec{V_s} = \vec{PQ} = (2, 1, -2) \end{cases} \Rightarrow s: \begin{cases} x = 2\alpha \\ y = 5 + \alpha \; ; \; \alpha \in \mathbb{R} \\ z = 2 - 2\alpha \end{cases}$$

b)

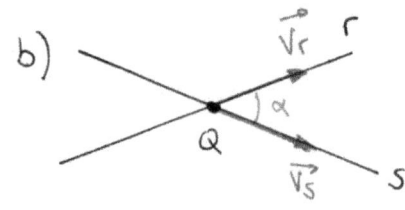

$$\cos(\alpha) = \frac{|\vec{V_r} \cdot \vec{V_s}|}{|\vec{V_r}| \cdot |\vec{V_s}|}$$

$$\cos(\alpha) = \frac{|(-1,-2,1) \cdot (2,1,-2)|}{\sqrt{1^2+2^2+1^2} \cdot \sqrt{2^2+1^2+2^2}}$$

$$\cos(\alpha) = \frac{|-2-2-2|}{\sqrt{6} \cdot 3} = \frac{6}{\sqrt{6} \cdot 3} = \frac{\sqrt{6}}{3}$$

$$\Rightarrow \alpha = \arccos\left(\frac{\sqrt{6}}{3}\right) = 35'26^{o}$$

c)

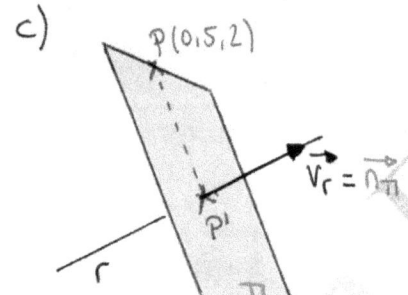

P(0,5,2)

Construímos un plano $\pi$ que pase por P y sea perpendicular a r

$$\pi: Ax + By + Cz + D = 0$$

$$\vec{n_\pi} = \vec{V_r} = (-1,-2,1) \rightarrow \pi: -x -2y +z +D = 0$$

$$P(0,5,2) \in \pi \rightarrow -10 +2 +D = 0 \rightarrow D = 8$$

$$\Rightarrow \pi: -x -2y +z +8 = 0$$

Determinamos P' como punto de corte entre r y $\pi$:

$$\left.\begin{array}{l} P' \in r: (2-\lambda, 6-2\lambda, \lambda) \\ \pi: -x -2y +z +8 = 0 \end{array}\right\} \Rightarrow -2+\lambda -12 +4\lambda +\lambda +8 = 0 \rightarrow$$

$$\rightarrow 6\lambda -6 = 0 \rightarrow \lambda = 1$$

Por tanto, el punto P' pedido:

$$P' \in r: (2-\lambda, 6-2\lambda, \lambda) \underset{\lambda = 1}{\Longrightarrow} P'(1,4,1)$$

PÁGINA 6

PROBLEMA 5

$$f(x) = \frac{1}{x} + \ln(x+1)$$

a) Para el dominio:

$$\left. \begin{cases} x \neq 0 \\ x+1 > 0 \longrightarrow x > -1 \end{cases} \right\} \quad \text{Dom}(f(x)) = \left\{ x \in \mathbb{R} \,/\, x \in (-1,0) \cup (0,+\infty) \right\}$$

Asíntotas Verticales:

$$\lim_{x \to -1^+} \left( \frac{1}{x} + \ln(x+1) \right) = \left[ -1 + \ln(0^+) \right] = -\infty \qquad \overset{-\infty}{\nearrow}$$

$\Longrightarrow$ la recta $x = -1$ es Asíntota Vertical

$$\lim_{x \to 0} \left( \frac{1}{x} + \ln(x+1) \right) = \left[ \frac{1}{0} \right] \longrightarrow \begin{cases} \lim_{x \to 0^-} \left( \frac{1}{x} + \ln(x+1) \right) = \left[ \frac{1}{0^-} \right] = -\infty \\[2mm] \lim_{x \to 0^+} \left( \frac{1}{x} + \ln(x+1) \right) = \left[ \frac{1}{0^+} \right] = +\infty \end{cases}$$

$\Longrightarrow$ la recta $x = 0$ es Asíntota Vertical

Asíntota Horizontal:

$$\lim_{x \to \infty} \left( \frac{1}{x} + \ln(x+1) \right) = \left[ \left( \frac{1}{\infty} \right)^{0} + \ln(\infty)^{\infty} \right] = \infty \longrightarrow \begin{array}{l} f(x) \text{ no tiene} \\ \text{asíntota horizontal} \end{array}$$

Asíntota Oblicua: $y = mx + n$

$$m = \lim_{x \to \infty} \frac{f(x)}{x} = \lim_{x \to \infty} \left( \frac{1}{x^2} + \frac{\ln(x+1)}{x} \right) = \lim_{x \to \infty} \frac{1}{x^2}^{\,0} +$$

$$+ \lim_{x \to \infty} \frac{\ln(x+1)}{x}^{\,0} = 0 \quad \left( \begin{array}{l} \text{Por orden de magnitud} \\ \text{de los infinitos} \end{array} \right) \Longrightarrow \begin{array}{l} f(x) \text{ no tiene} \\ \text{asíntota} \\ \text{oblicua} \end{array}$$

PÁGINA 7

b)  $f'(x) = -\dfrac{1}{x^2} + \dfrac{1}{x+1}$

$f'(x) = 0 \longrightarrow -\dfrac{1}{x^2} + \dfrac{1}{x+1} = 0 \longrightarrow \dfrac{1}{x^2} = \dfrac{1}{x+1} \longrightarrow x^2 = x+1$

$\longrightarrow x^2 - x - 1 = 0$

$x = \dfrac{1 \pm \sqrt{1+4}}{2} = \dfrac{1 \pm \sqrt{5}}{2}$

$x = \dfrac{1+\sqrt{5}}{2} \approx 1'618$

$x = \dfrac{1-\sqrt{5}}{2} \approx -0'61$

$f(x)$ es creciente $\forall x \in \left(-1, \dfrac{1-\sqrt{5}}{2}\right) \cup \left(\dfrac{1+\sqrt{5}}{2}, +\infty\right)$

$f(x)$ es decreciente $\forall x \in \left(\dfrac{1-\sqrt{5}}{2}, 0\right) \cup \left(0, \dfrac{1+\sqrt{5}}{2}\right)$

Máximo relativo en $x = \dfrac{1-\sqrt{5}}{2} \Rightarrow$ Máx $\left(\dfrac{1-\sqrt{5}}{2}, -2'58\right)$

Mínimo relativo en $x = \dfrac{1+\sqrt{5}}{2} \Rightarrow$ Mín $\left(\dfrac{1+\sqrt{5}}{2}, 1'58\right)$

c) El área pedida vendrá dada por:

$A = \displaystyle\int_{1}^{2} f(x)\, dx$  ya que $f(x) > 0$  $\forall x \in [1,2]$

$\displaystyle\int \left(\dfrac{1}{x} + \ln(x+1)\right) dx = \int \dfrac{1}{x}\, dx + \int \ln(x+1)\, dx =$

$= \ln|x| + \displaystyle\int \underbrace{\ln(x+1)}_{u}\, dx = \begin{cases} u = \ln(x+1) & du = \dfrac{1}{x+1}\, dx \\ dv = dx & v = x \end{cases}$

$$= \ln|x| + x\cdot \ln(x+1) - \int \frac{x}{x+1}\,dx = \circledast$$

$$\begin{array}{r|l} x & \underline{\;x+1\;} \\ -x-1 & 1 \\ \hline -1 & \end{array} \quad \Rightarrow \quad \frac{x}{x+1} = 1 - \frac{1}{x+1}$$

$$\circledast = \ln|x| + x\cdot \ln(x+1) - \int \left(1 - \frac{1}{x+1}\right) dx =$$

$$= \ln|x| + x\cdot \ln(x+1) - x + \ln|x+1| + C$$

Por tanto, el área:

$$\int_{1}^{2} f(x)\,dx = \Big[\ln|x| + x\cdot\ln(x+1) - x + \ln|x+1|\Big]_{1}^{2} =$$

$$= \Big[\ln(2) + 2\cdot\ln(3) - 2 + \ln(3)\Big] - \Big[\ln(1) + \ln(2) - 1 + \ln(2)\Big] = 1'6027\,u^2$$

PROBLEMA 6

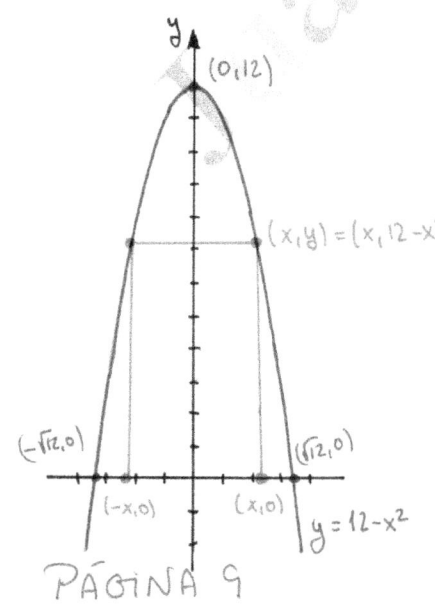

El área de la puerta viene dada por:

$$A(x) = 2x\cdot(12 - x^2)\ \text{con}\ 0 < x < \sqrt{12}$$

$$A(x) = 24x - 2x^3\ \text{con}\ 0 < x < \sqrt{12}$$

Veamos donde alcanza su máximo:

$$A'(x) = 24 - 6x^2$$

PÁGINA 9

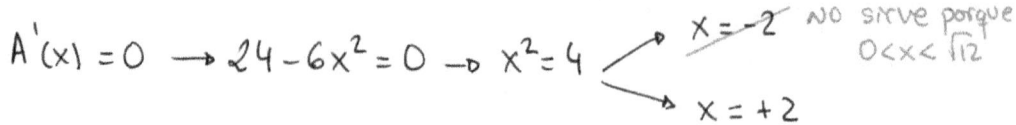

$A'(x) = 0 \rightarrow 24 - 6x^2 = 0 \rightarrow x^2 = 4$

$x = -2$ NO sirve porque $0 < x < \sqrt{12}$

$x = +2$

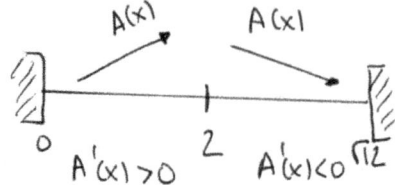

El área es máxima cuando las dimensiones de la puerta son:

Base $= 2x = 4\,\mu$

Altura $= 12 - x^2 = 8\,\mu$

Además, el area de la puerta:

$A(x) = 2x \cdot (12 - x^2) \implies A(2) = 4 \cdot 8 = 32\,\mu^2$

b)

Conocemos ya el área de la puerta. Calcularemos el área limitada por $y = 12 - x^2$; $y = 0$; $x = -\sqrt{12}$ y $x = \sqrt{12}$ y obtendremos el área de la parte piedra restando. Así:

$A_{TOTAL} = A_{PUERTA} + A_{PIEDRA}$

$A_{TOTAL} = \int_{-\sqrt{12}}^{\sqrt{12}} (12 - x^2)\, dx = \left[12x - \frac{x^3}{3}\right]_{-\sqrt{12}}^{\sqrt{12}} =$

$= \left(12\sqrt{12} - \frac{\sqrt{12}^3}{3}\right) - \left(-12\sqrt{12} + \frac{\sqrt{12}^3}{3}\right) = 55'4256\,\mu^2$

Por tanto $\longrightarrow$

$A_{PUERTA} = 32\,\mu^2$

$A_{PIEDRA} = A_{TOTAL} - A_{PUERTA} = 23'4256\,\mu^2$

PÁGINA 10

PROBLEMA 7

a) Sean los sucesos:

$C_1 \equiv$ Sale cara en la moneda $M_1$

$C_2 \equiv$ Sale cara en la moneda $M_2$

Se nos dan las probabilidades:

$$p(C_1) = x \xrightarrow[p(C_1)+p(\overline{C_1})=1]{} p(\overline{C_1}) = 1-x$$

$$p(C_2) = y \xrightarrow[p(C_2)+p(\overline{C_2})=1]{} p(\overline{C_2}) = 1-y$$

Planteamos el árbol de probabilidades:

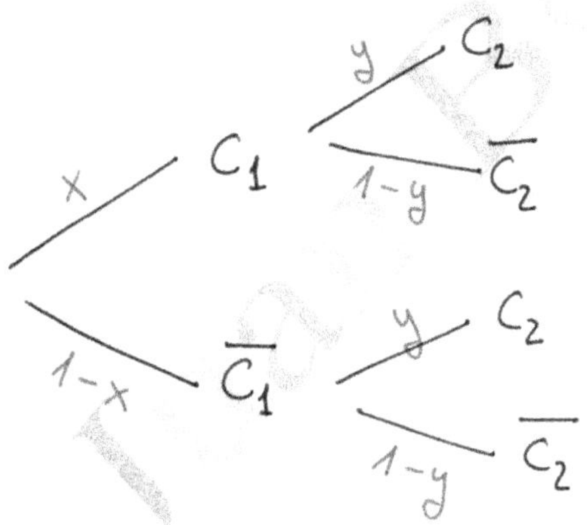

$P(\text{Ninguna Cara}) =$

$= P(\overline{C_1} \cap \overline{C_2}) =$

$= (1-x) \cdot (1-y)$

$P(\text{Solo una cara}) =$

$= P(C_1 \cap \overline{C_2}) + P(\overline{C_1} \cap C_2) = x \cdot (1-y) + (1-x) \cdot y = x+y-2xy$

$P(\text{Dos Caras}) = P(C_1 \cap C_2) = x \cdot y$

b) Rehacemos el arbol tomando como punto de partida la situación anterior y relanzando aquellas monedas en las que no ha salido cara

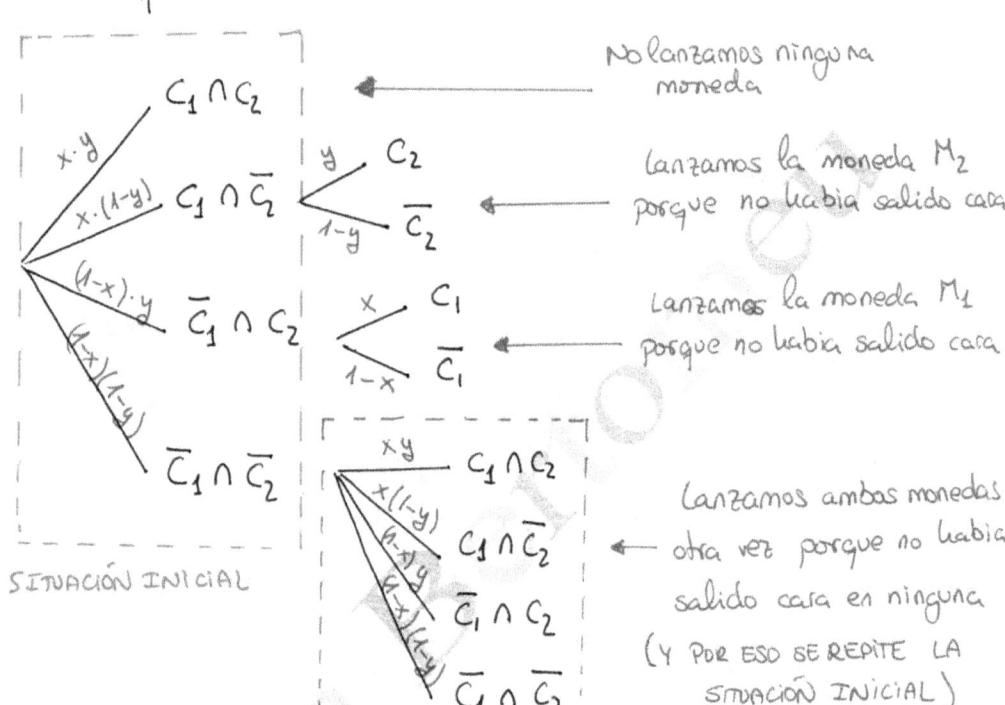

No lanzamos ninguna moneda

Lanzamos la moneda $M_2$ porque no había salido cara

Lanzamos la moneda $M_1$ porque no había salido cara

SITUACIÓN INICIAL

Lanzamos ambas monedas otra vez porque no había salido cara en ninguna (Y POR ESO SE REPITE LA SITUACIÓN INICIAL)

$$P(\text{Ninguna Cara}) = P\left((\overline{C_1} \cap \overline{C_2}) \cap (\overline{C_1} \cap \overline{C_2})\right) = (1-x)(1-y) \cdot (1-x) \cdot (1-y) =$$

$$= (1-x)^2 \cdot (1-y)^2$$

$$P(\text{Solo una cara}) = P\left((C_1 \cap \overline{C_2}) \cap \overline{C_2}\right) + P\left((\overline{C_1} \cap C_2) \cap \overline{C_1}\right) +$$

$$+ P\left((\overline{C_1} \cap \overline{C_2}) \cap (C_1 \cap \overline{C_2})\right) + P\left((\overline{C_1} \cap \overline{C_2}) \cap (\overline{C_1} \cap C_2)\right) =$$

$$= x \cdot (1-y)^2 + y \cdot (1-x)^2 + x \cdot (1-x) \cdot (1-y)^2 + y \cdot (1-y)(1-x)^2$$

$$P(\text{Dos Caras}) = P(C_1 \cap C_2) + P((C_1 \cap \bar{C_2}) \cap C_2) +$$

$$+ P((\bar{C_1} \cap C_2) \cap C_1) + P((\bar{C_1} \cap \bar{C_2}) \cap (C_1 \cap C_2)) =$$

$$= x \cdot y + xy(1-y) + xy(1-x) + xy(1-x)(1-y) =$$

$$= x \cdot y \left[ 1 + 1 - y + 1 - x + (1-x)(1-y) \right] =$$

$$= x \cdot y \left[ 3 - x - y + 1 - y - x + xy \right] =$$

$$= x \cdot y (4 - 2x - 2y + xy) = 4xy - 2x^2y - 2xy^2 + x^2y^2$$

## PROBLEMA 8

Sean los sucesos:

A ≡ Vuelo Nacional    B ≡ Vuelo Unión Europea

C ≡ Vuelo Fuera UE    R ≡ Vuelo con retraso

se nos dan las probabilidades que representamos en el árbol.

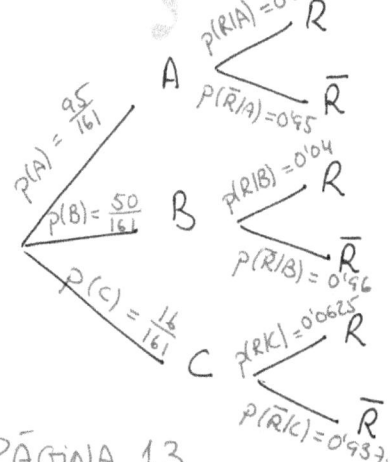

a) Por el $T^{MA}$ Probabilidad Total:

$$P(R) = P(A \cap R) + P(B \cap R) + P(C \cap R) =$$

$$= P(A) \cdot P(R/A) + P(B) \cdot P(R/B) + P(C) \cdot P(R/C) =$$

$$= \frac{95}{161} \cdot 0'05 + \frac{50}{161} \cdot 0'04 + \frac{16}{161} \cdot 0'0625 =$$

$$= \frac{31}{644} \approx 0'0481$$

PÁGINA 13

b) $P(B \mid R) = \dfrac{P(B \cap R)}{P(R)} = \dfrac{\frac{50}{161} \cdot 0'04}{\frac{31}{644}} =$

$$= \dfrac{8}{31} = 0'2581$$

**En las respuestas se deben escribir todos los pasos del razonamiento utilizado.**

**Problema 1.** Dado el sistema de ecuaciones lineales $\begin{pmatrix} 2 & a+1 & 1 \\ 1 & a & 2 \\ 1 & 1 & a+2 \end{pmatrix}\begin{pmatrix} x \\ y \\ z \end{pmatrix} = \begin{pmatrix} -1 \\ 1 \\ 2 \end{pmatrix}$, donde $a$ es un parámetro real:

a) Discutir el sistema en función del parámetro $a$. (6 puntos)
b) Obtener las soluciones del sistema cuando éste sea compatible indeterminado. (4 puntos)

**Problema 2.** Dadas las matrices $A = \begin{pmatrix} 0 & -1 & -2 \\ -1 & 0 & -2 \\ 1 & 1 & 3 \end{pmatrix}$ e $I = \begin{pmatrix} 1 & 0 & 0 \\ 0 & 1 & 0 \\ 0 & 0 & 1 \end{pmatrix}$, obtener:

a) La matriz $M = (A - \alpha I)^2$, donde $\alpha$ es un parámetro real. (6 puntos)
b) El valor de $\alpha$, si existe, para el cual la matriz $M$ es la matriz nula. (4 puntos)

**Problema 3.** Dados los puntos $A = (2, -1, 0)$, $B = (1,2,3)$ y $C = (-1,0,0)$:

a) Hallar la ecuación implícita de la recta $r$ que contiene a los puntos $A$ y $B$. (3 puntos)
b) Hallar la ecuación del plano $\pi$ que es perpendicular a la recta anterior $r$ y que contiene al punto $C$. (4 puntos)
c) Calcular la distancia del punto $A$ al plano $\pi$. (3 puntos)

**Problema 4.** Dada la recta $r\colon (x, y, z) = (1,1,0) + \lambda(-1, -1, 2)$ y el plano $\pi\colon 5x + my + z = 2$:

a) Obtener la posición relativa de $r$ y $\pi$ en función de $m$. (6 puntos)
b) Para $m = 1$, calcular el plano $\pi'$ que contiene a $r$ y es perpendicular a $\pi$. (4 puntos)

**Problema 5.** Consideramos la función $f(x) = \frac{-2x^2 + x + 1}{2x^2 + 5x + 2}$.

a) Comprobar que $x = -\frac{1}{2}$ es una discontinuidad evitable. (2 puntos)
b) Calcular los intervalos de crecimiento y decrecimiento. (4 puntos)
c) Obtener $\int f(x)\, dx$. (4 puntos)

**Problema 6.** Una ventana rectangular está coronada por un semicírculo tal y como se indica en la siguiente figura.

Sabiendo que el perímetro de la ventana es de 20 metros:

a) Calcular el área de la ventana en función de su anchura $x$. (3 puntos)
b) Calcular las dimensiones que ha de tener la ventana para que permita la máxima entrada de luz. (5 puntos)
c) Calcular el valor de dicha área máxima. (2 puntos)

**Problema 7.** Una urna tiene tres bolas verdes, cuatro rojas y cinco amarillas. Todas de igual tamaño.

a) Se extrae una bola de la urna, se mira su color y se devuelve a la urna. Se repite de nuevo, una vez más, esta operación. ¿Cuál es la probabilidad de que los colores de las dos bolas extraídas sean el mismo? ¿Y la probabilidad de que sean distintos? (5 puntos)
b) Se extraen al mismo tiempo tres bolas. ¿Cuál es la probabilidad de que las tres sean de distinto color? (5 puntos)

*Los resultados han de expresarse en forma de fracción o en forma decimal con cuatro decimales de aproximación.*

**Problema 8.** Una empresa tiene dos plantas de producción de teléfonos móviles. La primera planta produce móviles defectuosos con probabilidad 0,02 y la segunda planta con probabilidad 0,06. Al comprar un móvil de esa empresa, la probabilidad de que sea de la primera planta es de 0,7. Compramos un móvil. Se pide determinar:

a) La probabilidad de que proceda de la segunda planta de producción y sea defectuoso. (4 puntos)
b) Sabiendo que el móvil comprado es defectuoso, la probabilidad de que lo haya fabricado la primera planta de producción. (6 puntos)

*Los resultados han de expresarse en forma de fracción o en forma decimal con cuatro decimales de aproximación.*

## PROBLEMA 1

$$\begin{pmatrix} 2 & a+1 & 1 \\ 1 & a & 2 \\ 1 & 1 & a+2 \end{pmatrix} \cdot \begin{pmatrix} x \\ y \\ z \end{pmatrix} = \begin{pmatrix} -1 \\ 1 \\ 2 \end{pmatrix} \Rightarrow A^* = \begin{pmatrix} 2 & a+1 & 1 & \vdots & -1 \\ 1 & a & 2 & \vdots & 1 \\ \underbrace{1 & 1 & a+2}_{A} & \vdots & 2 \end{pmatrix}$$

$$\det(A) = \begin{vmatrix} 2 & a+1 & 1 \\ 1 & a & 2 \\ 1 & 1 & a+2 \end{vmatrix} = 2a^2 + 4 + 2a + 2 + 1 - a - 4 - (a+1)(a+2) =$$

$$= a^2 + 2a - 3$$

$$\det(A) = 0 \rightarrow a^2 + 2a - 3 = 0 \begin{cases} a = -3 \\ a = 1 \end{cases}$$

Si $a \neq -3 \wedge a \neq 1 \Rightarrow \det(A) \neq 0 \Rightarrow rg(A) = 3 \Rightarrow rg(A^*) = 3 =$

$= n° $ de incógnitas $\Rightarrow T^{\underset{MA}{-}}$ ROUCHÉ $\Rightarrow$ Sistema Compatible Determinado

Si $a = -3 \Rightarrow \det(A) = 0 \Rightarrow rg(A) < 3$

$$A^* = \begin{pmatrix} 2 & -2 & 1 & \vdots & -1 \\ 1 & -3 & 2 & \vdots & 1 \\ 1 & 1 & -1 & \vdots & 2 \end{pmatrix}$$

<u>Rango (A):</u>

$|2| = 2 \neq 0$ ; $\begin{vmatrix} 2 & -2 \\ 1 & -3 \end{vmatrix} = -4 \neq 0 \Rightarrow rg(A) = 2$

<u>Rango (A*):</u>

$$\begin{vmatrix} 2 & -2 & -1 \\ 1 & -3 & 1 \\ 1 & 1 & 2 \end{vmatrix} = -16 \neq 0 \Rightarrow rg(A^*) = 3$$

$\left. \begin{array}{l} rg(A) = 2 \\ rg(A^*) = 3 \end{array} \right\} T^{\underset{MA}{-}}$ ROUCHÉ $\Rightarrow$ Sistema Incompatible

PÁGINA 1

$\boxed{\text{Si } a=1} \implies \det(A)=0 \implies rg(A) < 3$

$$A^* = \begin{pmatrix} 2 & 2 & 1 & \vdots & -1 \\ 1 & 1 & 2 & \vdots & 1 \\ 1 & 1 & 3 & \vdots & 2 \end{pmatrix}$$

Rango (A):

$|2| = 2 \neq 0 \; ; \; \begin{vmatrix} 2 & 2 \\ 1 & 1 \end{vmatrix} = 0 \; ; \; \begin{vmatrix} 2 & 1 \\ 1 & 2 \end{vmatrix} = 3 \neq 0$

$\implies rg(A) = 2$

Rango (A*):

$\begin{vmatrix} 2 & 1 & -1 \\ 1 & 2 & 1 \\ 1 & 3 & 2 \end{vmatrix} = 0 \implies rg(A^*) = 2$

$\left.\begin{array}{l} rg(A) = 2 \\ rg(A^*) = 2 \\ n^\circ \, \text{incóg} = 2 \end{array}\right\} \implies T^{\text{MA}} \text{ROUCHÉ} \implies \text{Sistema Compatible Indeterminado}$

Cogemos las ecuaciones determinadas por el rango:

$\left.\begin{array}{l} 2x + 2y + z = -1 \\ x + y + 2z = 1 \end{array}\right\} \xrightarrow{-2E_2 + E_1} \quad -3z = -3 \implies z = 1$

$x + y = 1 - 2z \implies x + y = -1 \begin{array}{l} \nearrow \; y = \lambda \in \mathbb{R} \\ \searrow \; x = -1 - \lambda \end{array}$

Las infinitas soluciones del sistema para $a = 1$ vienen dadas por:

$$(x, y, z) = (-1 - \lambda, \lambda, 1) \quad \forall \lambda \in \mathbb{R}$$

PÁGINA 2

{PROBLEMA 2}

$$A = \begin{pmatrix} 0 & -1 & -2 \\ -1 & 0 & -2 \\ 1 & 1 & 3 \end{pmatrix} \quad ; \quad I = \begin{pmatrix} 1 & 0 & 0 \\ 0 & 1 & 0 \\ 0 & 0 & 1 \end{pmatrix}$$

$$M = (A - \alpha \cdot I)^2 \longrightarrow A - \alpha I = \begin{pmatrix} 0 & -1 & -2 \\ -1 & 0 & -2 \\ 1 & 1 & 3 \end{pmatrix} - \begin{pmatrix} \alpha & 0 & 0 \\ 0 & \alpha & 0 \\ 0 & 0 & \alpha \end{pmatrix} = \begin{pmatrix} -\alpha & -1 & -2 \\ -1 & -\alpha & -2 \\ 1 & 1 & 3-\alpha \end{pmatrix}$$

$$M = \begin{pmatrix} -\alpha & -1 & -2 \\ -1 & -\alpha & -2 \\ 1 & 1 & 3-\alpha \end{pmatrix} \cdot \begin{pmatrix} -\alpha & -1 & -2 \\ -1 & -\alpha & -2 \\ 1 & 1 & 3-\alpha \end{pmatrix} = \begin{pmatrix} \alpha^2-1 & 2\alpha-2 & 4\alpha-4 \\ 2\alpha-2 & \alpha^2-1 & 4\alpha-4 \\ -2\alpha+2 & -2\alpha+2 & \alpha^2-6\alpha+5 \end{pmatrix}$$

b) Si $M = 0_{3\times3} \Rightarrow \begin{pmatrix} \alpha^2-1 & 2\alpha-2 & 4\alpha-4 \\ 2\alpha-2 & \alpha^2-1 & 4\alpha-4 \\ -2\alpha+2 & -2\alpha+2 & \alpha^2-6\alpha+5 \end{pmatrix} = \begin{pmatrix} 0 & 0 & 0 \\ 0 & 0 & 0 \\ 0 & 0 & 0 \end{pmatrix}$

$$\Rightarrow \begin{array}{l} \alpha^2-1 = 0 \longrightarrow \alpha = \pm 1 \\ 2\alpha-2 = 0 \longrightarrow \alpha = 1 \\ 4\alpha-4 = 0 \longrightarrow \alpha = 1 \\ -2\alpha+2 = 0 \longrightarrow \alpha = 1 \\ \alpha^2-6\alpha+5 = 0 \begin{array}{l} \nearrow \alpha = 5 \\ \searrow \alpha = 1 \end{array} \end{array} \left. \begin{array}{l} \\ \\ \\ \\ \\ \end{array} \right\}$$

El valor de "$\alpha$" para que que $M$ sea la matriz nula

es    $\alpha = 1$

PÁGINA 3

PROBLEMA 3

$$A(2,-1,0) \; ; \; B(1,2,3) \; ; \; C(-1,0,0)$$

a)

$$r: \begin{cases} \text{Punto} \to A(2,-1,0) \\ \text{Vector} \\ \text{director} \to \vec{V_r} = \vec{AB} = (-1,3,3) \end{cases}$$

$$r: \frac{x-2}{-1} = \frac{y+1}{3} = \frac{z}{3}$$

$$\hookrightarrow \frac{y+1}{3} = \frac{z}{3} \implies y - z + 1 = 0$$

$$\hookrightarrow \frac{x-2}{-1} = \frac{y+1}{3} \implies 3x - 6 = -y - 1 \implies 3x + y - 5 = 0$$

Por tanto, unas ecuaciones implícitas de la recta r son:

$$r: \begin{cases} 3x + y - 5 = 0 \\ y - z + 1 = 0 \end{cases}$$

b)

Como $r \perp \pi \implies \vec{n_\pi} = \vec{V_r} = (-1,3,3)$

$$\pi: Ax + By + Cz + D = 0$$

$$\vec{n_\pi} = (-1,3,3) \implies \pi: -x + 3y + 3z + D = 0$$

$$C(-1,0,0) \in \pi \implies 1 + D = 0 \implies D = -1$$

$$\implies \pi: -x + 3y + 3z - 1 = 0$$

c)

$$d(A,\pi) = \frac{|Ax_0 + By_0 + Cz_0 + D|}{\sqrt{A^2 + B^2 + C^2}} = \frac{|-2 - 3 - 1|}{\sqrt{1^2 + 3^2 + 3^2}} = \frac{6}{\sqrt{19}} \approx 1'3765 \, u.$$

PÁGINA 4

{PROBLEMA 4}

$r: (x,y,z) = (1,1,0) + \lambda \cdot (-1,-1,2)$ ; $\pi: 5x + my + z = 2$

a) $P \in r: (1-\lambda, 1-\lambda, 2\lambda)$
   $\pi: 5x + my + z = 2$ $\Bigg\} \rightarrow$ $5(1-\lambda) + m(1-\lambda) + 2\lambda = 2 \rightarrow$

   $5 - 5\lambda + m - m\lambda + 2\lambda = 2 \rightarrow$

$\rightarrow -3\lambda - m\lambda = -3 - m \rightarrow (-3-m)\lambda = -3-m$

$\rightarrow -3 - m = 0 \Rightarrow m = -3$

(Si $m \neq -3$) $\Rightarrow \lambda = 1 \Rightarrow$ la recta y el plano se cortan

en el punto $P(0,0,2)$

(Si $m = -3$) $\Rightarrow 0 \cdot \lambda = 0$, que se verifica $\forall \lambda \in \mathbb{R}$ y por tanto

la recta $r$ está contenida en el plano $\pi$

b)

Como ves, $\vec{n_{\pi'}}$ es perpendicular tanto a $\vec{n_\pi}$ como a $\vec{V_r}$. Por tanto:

$$\vec{n_{\pi'}} = \vec{n_\pi} \times \vec{V_r} = \begin{vmatrix} \vec{i} & \vec{j} & \vec{k} \\ 5 & 1 & 1 \\ -1 & -1 & 2 \end{vmatrix} = (3, -11, -4)$$

$\pi': Ax + By + Cz + D = 0$

$\vec{n_{\pi'}} = (3,-11,-4) \Rightarrow \pi': 3x - 11y - 4z + D = 0$
$P \in r(1,1,0) \in \pi' \Rightarrow 3 - 11 + D = 0 \rightarrow D = 8$ $\Bigg\} \Rightarrow \pi': 3x - 11y - 4z + 8 = 0$

PROBLEMA 5

$$f(x) = \frac{-2x^2 + x + 1}{2x^2 + 5x + 2}$$

$2x^2 + 5x + 2 = 0 \quad \begin{cases} x = -1/2 \\ x = -2 \end{cases} \Rightarrow \text{Dom}(f(x)) = \mathbb{R} - \left\{-2, -1/2\right\}$

a) $\displaystyle\lim_{x \to -1/2} \frac{-2x^2 + x + 1}{2x^2 + 5x + 2} = \left[\frac{0}{0}\right] = \circledast$

$$\begin{array}{c|ccc} & -2 & 1 & 1 \\ -1/2 & & 1 & -1 \\ \hline & -2 & 2 & \boxed{0} \end{array} \qquad \begin{array}{c|ccc} & 2 & 5 & 2 \\ -1/2 & & -1 & -2 \\ \hline & 2 & 4 & \boxed{0} \end{array}$$

$\circledast = \displaystyle\lim_{x \to -1/2} \frac{(x + 1/2)(-2x + 2)}{(x + 1/2) \cdot (2x + 4)} = \lim_{x \to -1/2} \frac{-2x + 2}{2x + 4} = \frac{3}{3} = 1$

$\Rightarrow$ Como $\left.\begin{array}{l} \nexists f(-1/2) \\ \lim\limits_{x \to -1/2} f(x) = 1 \end{array}\right\}$ $f(x)$ presenta una discontinuidad evitable en $x = -1/2$

b) $f(x) = \dfrac{-2x^2 + x + 1}{2x^2 + 5x + 2} = \dfrac{(x + 1/2) \cdot (-2x + 2)}{(x + 1/2) \cdot (2x + 4)} = \dfrac{-2x + 2}{2x + 4}$

$f'(x) = \dfrac{-2 \cdot (2x + 4) - (-2x + 2) \cdot 2}{(2x + 4)^2} = \dfrac{-12}{(2x + 4)^2}$

Y como ves, al ser $f'(x) < 0 \ \forall x \in \text{Dom}(f(x))$, la función $f(x)$ es decreciente en todo su dominio $\Rightarrow$ Decreciente en $\mathbb{R} - \{-2, -1/2\}$

PÁGINA 6

c) $\int \dfrac{-2x^2+x+1}{2x^2+5x+2}\,dx = \int \dfrac{\cancel{(x+\frac{1}{2})}(-2x+2)}{\cancel{(x+\frac{1}{2})}(2x+4)}\,dx = \int \dfrac{\cancel{2}(-x+1)}{\cancel{2}(x+2)}\,dx =$

$= \int \dfrac{-x+1}{x+2}\,dx = \circledast$

$$\begin{array}{r|l} -x+1 & \underline{x+2} \\ +x+2 & -1 \\ \hline 3 & C(x) \end{array}$$

$R(x)$

$\displaystyle\int \dfrac{P(x)}{Q(x)}\,dx = \int C(x)\,dx + \int \dfrac{R(x)}{Q(x)}\,dx$

$\circledast = \int -1\,dx + \int \dfrac{3}{x+2}\,dx = -x + 3\cdot \ln|x+2| + C$

## PROBLEMA 6

a) $\text{Área} = \underset{\text{rectáng.}}{\text{Área}} + \dfrac{1}{2}\underset{\text{circunf.}}{\text{Área}}$

$A(x,y) = x\cdot y + \dfrac{1}{2}\pi\cdot\left(\dfrac{x}{2}\right)^2$

$A(x,y) = x\cdot y + \dfrac{\pi x^2}{8}$

$\text{Perímetro} = 20\ m$

$x + 2y + \dfrac{1}{\cancel{2}}\cdot\cancel{2}\pi\cdot\dfrac{x}{2} = 20 \implies$

$\implies 2y = 20 - x - \dfrac{\pi x}{2} \implies y = 10 - \dfrac{x}{2}\cdot\left(1+\dfrac{\pi}{2}\right) \implies$

$\implies y = 10 - \dfrac{x}{4}(2+\pi)$  con  $0 < x < \dfrac{40}{2+\pi}$

$\implies A(x) = x\cdot\left[10 - \dfrac{x}{4}(2+\pi)\right] + \dfrac{\pi x^2}{8} = 10x - \dfrac{x^2}{2} - \dfrac{\pi x^2}{4} + \dfrac{\pi x^2}{8} =$

$= 10x - \dfrac{x^2}{2} - \dfrac{\pi x^2}{8} = 10x - x^2\cdot\left(\dfrac{1}{2}+\dfrac{\pi}{8}\right)$  $0 < x < \dfrac{40}{2+\pi}$

PÁGINA 7

b) $A(x) = 10x - x^2 \cdot \left(\dfrac{1}{2} + \dfrac{\pi}{8}\right)$   $0 < x < \dfrac{40}{2+\pi}$

$A'(x) = 10 - 2x \cdot \left(\dfrac{1}{2} + \dfrac{\pi}{8}\right) = 10 - 2x \cdot \left(\dfrac{4+\pi}{8_4}\right) = 10 - x \cdot \dfrac{4+\pi}{4}$

$A'(x) = 0 \rightarrow 10 - x \cdot \dfrac{4+\pi}{4} = 0 \Rightarrow x = \dfrac{40}{4+\pi} \approx 5'6\,m$

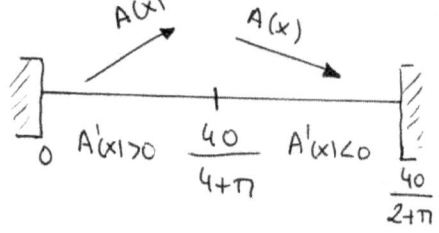

El área es máxima cuando
las dimensiones de la ventana
son:

$x = \dfrac{40}{4+\pi} \approx 5'6\,m$

$y = 10 - \dfrac{10}{4+\pi} \cdot (2+\pi) = \dfrac{20}{4+\pi} \approx 2'8\,m$

c) El área máxima:

$A\left(\dfrac{40}{4+\pi}\right) = 10 \cdot \dfrac{40}{4+\pi} - \left(\dfrac{40}{4+\pi}\right)^2 \cdot \left(\dfrac{1}{2} + \dfrac{\pi}{8}\right) = \dfrac{200}{\pi+4} \approx 28\,m^2$

PROBLEMA 7

a)

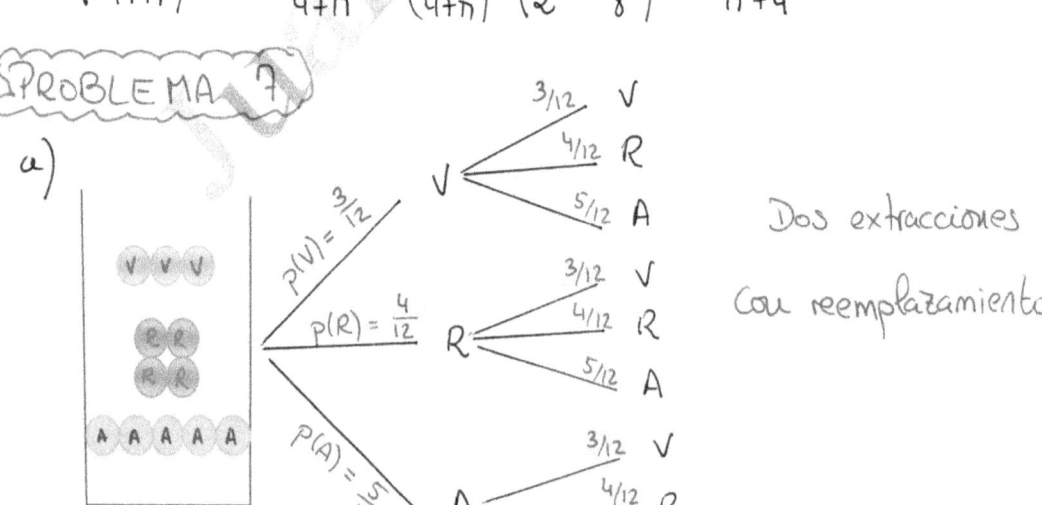

Dos extracciones

Con reemplazamiento

PÁGINA 8

a) $P(\text{Mismo Color}) = P(V \cap V) + P(R \cap R) + P(A \cap A) =$

$$= \frac{3}{12} \cdot \frac{3}{12} + \frac{4}{12} \cdot \frac{4}{12} + \frac{5}{12} \cdot \frac{5}{12} = \frac{25}{72} \approx 0'3472$$

Y utilizando el suceso contrario:

$$P(\text{Mismo Color}) + P(\text{Distinto Color}) = 1 \implies$$

$$\implies P(\text{Distinto Color}) = 1 - \frac{25}{72} = \frac{47}{72} \approx 0'6528$$

b) Si realizamos tres extracciones SIN reemplazamiento:

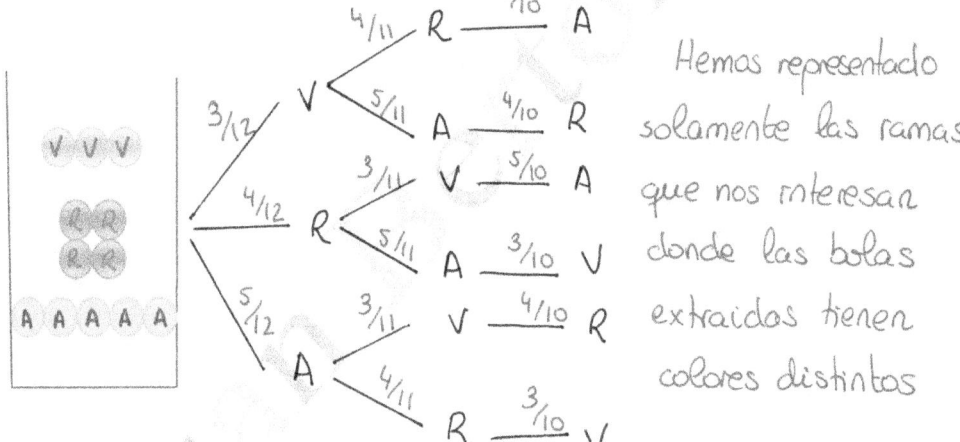

Hemos representado solamente las ramas que nos interesan donde las bolas extraídas tienen colores distintos

$P(\text{Tres colores distintos}) = P(V \cap R \cap A) + P(V \cap A \cap R) +$

$+ P(R \cap V \cap A) + P(R \cap A \cap V) + P(A \cap V \cap R) + P(A \cap R \cap V) =$

$$= \frac{3}{12} \cdot \frac{4}{11} \cdot \frac{5}{10} + \frac{3}{12} \cdot \frac{5}{11} \cdot \frac{4}{10} + \frac{4}{12} \cdot \frac{3}{11} \cdot \frac{5}{10} + \frac{4}{12} \cdot \frac{5}{11} \cdot \frac{3}{10} + \frac{5}{12} \cdot \frac{3}{11} \cdot \frac{4}{10} +$$

$$+ \frac{5}{12} \cdot \frac{4}{11} \cdot \frac{3}{10} = \frac{360}{1320} = \frac{3}{11} \approx 0'2727$$

PÁGINA 9

PROBLEMA 8

Sean los sucesos:

A ≡ El móvil es de la primera planta

B ≡ El móvil es de la segunda planta

D ≡ El móvil es defectuoso

Ponemos los datos en el diagrama en árbol:

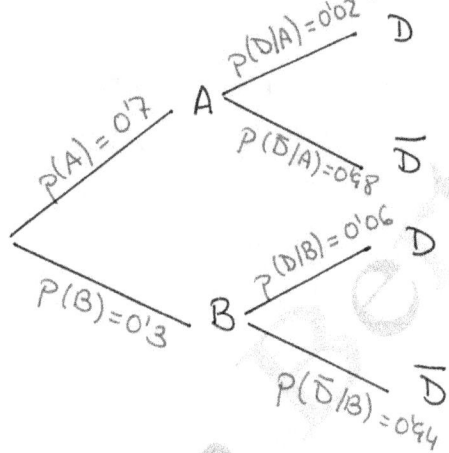

a) $P(B \cap D) = P(B) \cdot P(D|B) = 0'3 \cdot 0'06 = 0'018$

b) $P(A|D) = \dfrac{P(A \cap D)}{P(D)} = \dfrac{P(A \cap D)}{P(A \cap D) + P(B \cap D)} = \dfrac{0'7 \cdot 0'02}{0'7 \cdot 0'02 + 0'018} = 0'4375$

**En las respuestas se deben escribir todos los pasos del razonamiento utilizado.**

**Problema 1.** Se considera el siguiente sistema de ecuaciones lineales que depende de un parámetro real $m$:

$$-x + y + z = m$$
$$2x + m\,y - z = 3\,m$$
$$(m-1)x + 3y - z = 6 + m.$$

Se pide:
a) Discutir el sistema en función de los valores del parámetro $m$. (6 puntos)
b) Para los valores de $m$ para los que el sistema es compatible indeterminado, encontrar la solución.
(4 puntos)

**Problema 2.** Se consideran las matrices $A = \begin{pmatrix} 1 & 2m & m \\ 0 & m & 0 \\ m & 1 & m \end{pmatrix}$ y $B = \begin{pmatrix} 1 & 0 \\ 0 & 1 \\ 0 & 0 \end{pmatrix}$. Se pide:

a) Estudiar el rango de $A$ en función del parámetro real $m$. (3 puntos)
b) Para $m = -1$, resolver la ecuación matricial $AX = B$. (4 puntos)
c) Para $m = 0$, calcular $A^5$. (3 puntos)

**Problema 3.** Se considera la recta $r: \dfrac{x-1}{2} = \dfrac{y+1}{3} = \dfrac{z+2}{-1}$ y el plano $\pi: 3x - my + z = 1$. Se pide:

a) Determinar el valor del parámetro real $m$ para que $r$ y $\pi$ sean paralelos. Obtener además los valores de $m$ para los que el plano $\pi$ contiene a la recta $r$. (4 puntos)
b) Para los valores $m$ del apartado anterior, hallar un plano paralelo a $\pi$, que contenga a la recta $r$. (3 puntos)
c) Calcular, en función de $m$, la distancia entre $\pi$ y el punto $P = (1, -1, -2)$. (3 puntos)

**Problema 4.** Un rectángulo tiene dos vértices consecutivos en los puntos $P = (2,1,3)$ y $Q = (1,3,1)$, y los otros dos sobre una recta $r$ que pasa por el punto $R = (4,7,6)$.
a) Calcular la ecuación de la recta $r$. (2 puntos)
b) Calcular la ecuación del plano que contiene al rectángulo. (3 puntos)
c) Hallar las coordenadas de los otros dos vértices del rectángulo. (5 puntos)

**Problema 5.** Sea la función $f(x) = \dfrac{kx}{e^{2x}}$ donde $k$ es un parámetro real. Se pide:
a) Obtener el dominio y las asíntotas de $f(x)$. (3 puntos)
b) Estudiar los intervalos de crecimiento y decrecimiento de $f(x)$ y sus máximos y mínimos. (5 puntos)
c) Justificar que la función siempre se anula en algún punto del intervalo $[-1, 1]$. (2 puntos)

**Problema 6.** Sea el rectángulo $R$ definido por los puntos del plano $(-1,0), (1,0), (1,1)$ y $(-1,1)$. Se consideran las gráficas de las funciones $f(x) = x^2$ y $g(x) = a, 0 < a < 1$, contenidas dentro de $R$. Obtener el valor de $a$ que cumple que el área comprendida entre dichas gráficas y las rectas verticales x=-1 y x=+1 es igual a un tercio del área de $R$. (10 puntos)

**Problema 7.** Una bolsa contiene dos monedas que llamamos $M_1$ y $M_2$. La moneda $M_1$ es una moneda trucada que tiene impresa una cara en uno de sus lados y una cruz en el otro. La probabilidad de obtener cara con la moneda $M_1$ es de 0.6. La moneda $M_2$ tiene una cara impresa en ambos lados.

   a) Escogemos una moneda al azar de la bolsa, la lanzamos, anotamos el resultado y la devolvemos a la bolsa. Repetimos esta acción tres veces.

      1. ¿Cuál es la probabilidad de haber obtenido tres caras? (3 puntos)

      2. ¿Cuál es la probabilidad de haber obtenido exactamente una cruz? (3 puntos)

   b) Se elige al azar una moneda de la bolsa y se lanza dos veces observándose dos caras. Calcular la probabilidad de que la moneda seleccionada sea la moneda $M_1$. Responder a la misma pregunta para la moneda $M_2$. (4 puntos)

**Problema 8.** Un comercial de venta por teléfono sabe que en el 30% de sus llamadas no consigue una venta. Este comercial realiza 10 llamadas.

   a) Calcular la probabilidad de que consiga más de 7 ventas. (3 puntos)

   b) Calcular la probabilidad de que consiga al menos 5 ventas. (3 puntos)

   c) Calcular la probabilidad de que consiga un mínimo de 3 ventas y un máximo de 8 ventas. (4 puntos)

*Los resultados han de expresarse en forma de fracción o en forma decimal con cuatro decimales de aproximación.*

**NOTA:**
*Este enunciado no se corresponde con el que se proporcionó a los alumnos el día de la prueba. El enunciado original contenía algunos errores que yo he subsanado con el objetivo de que el material que ofrezco en este libro (y también online) sirva a todo el mundo para poder practicar y estudiar los ejercicios sin el estrés que supone enfrentarse a problemas mal redactados o sin soluciones compatibles con el enunciado que se da.*

*Bajo mi punto de vista, no tenía sentido reproducir el enunciado original con sus errores correspondientes ya que solo aportaban confusión y dudas. No se ha modificado nada relevante y las soluciones que puedes ver aquí se corresponden con las soluciones oficiales a los ejercicios. Solamente se han subsanado los errores que había y que imagino se comentaron a los alumnos durante la realización de la prueba.*

## PROBLEMA 1

$$\left.\begin{array}{l} -x + y + z = m \\ 2x + my - z = 3m \\ (m-1)x + 3y - z = 6+m \end{array}\right\} \quad A^* = \begin{pmatrix} -1 & 1 & 1 & \vdots & m \\ 2 & m & -1 & \vdots & 3m \\ m-1 & 3 & -1 & \vdots & 6+m \end{pmatrix}$$

$$\underbrace{\phantom{\begin{pmatrix} -1 & 1 & 1 \end{pmatrix}}}_{A}$$

$$det(A) = \begin{vmatrix} -1 & 1 & 1 \\ 2 & m & -1 \\ m-1 & 3 & -1 \end{vmatrix} = -m^2 + m + 6$$

$$det(A) = 0 \rightarrow -m^2 + m + 6 = 0 \begin{array}{l} \nearrow \ m = -2 \\ \searrow \ m = 3 \end{array}$$

$\overparen{Si \ m \neq -2 \ \wedge \ m \neq 3} \Rightarrow det(A) \neq 0 \Rightarrow rg(A) = 3 \Rightarrow rg(A^*) = 3 =$

$= n^o \ incógnitas \Rightarrow T^{MA} ROUCHÉ \Rightarrow$ Sistema Compatible Determinado

$\overparen{Si \ m = -2} \Rightarrow det(A) = 0 \Rightarrow rg(A) < 3$

$$A^* = \begin{pmatrix} -1 & 1 & 1 & \vdots & -2 \\ 2 & -2 & -1 & \vdots & -6 \\ -3 & 3 & -1 & \vdots & 4 \end{pmatrix}$$

Rango (A):

$|-1| = -1 \neq 0$

$\begin{vmatrix} -1 & 1 \\ 2 & -2 \end{vmatrix} = 0 \ ; \ \begin{vmatrix} -1 & 1 \\ -3 & 3 \end{vmatrix} = 0$

$\begin{vmatrix} -1 & 1 \\ 2 & -1 \end{vmatrix} = -1 \neq 0 \Rightarrow rg(A) = 2$

Rango (A*):

$$\begin{vmatrix} -1 & 1 & -2 \\ 2 & -1 & -6 \\ -3 & -1 & 4 \end{vmatrix} = 30 \neq 0 \Rightarrow rg(A^*) = 3$$

PÁGINA 1

$rg(A) = 2$
$rg(A^*) = 3$ $\Big\}$ T$^{\text{MA}}$ ROUCHÉ $\longrightarrow$ Sistema Incompatible

$\boxed{Si\ m = 3} \Rightarrow det(A) = 0 \Rightarrow rg(A) < 3$

$$A^* = \begin{pmatrix} -1 & 1 & 1 & \vdots & 3 \\ 2 & 3 & -1 & \vdots & 9 \\ 2 & 3 & -1 & \vdots & 9 \end{pmatrix}$$

Rango (A):

$|-1| = -1 \neq 0$

$\begin{vmatrix} -1 & 1 \\ 2 & 3 \end{vmatrix} = -5 \neq 0 \Rightarrow rg(A) = 2$

Rango (A*):

$\begin{vmatrix} -1 & 1 & 3 \\ 2 & 3 & 9 \\ 2 & 3 & 9 \end{vmatrix} = 0 \Rightarrow rg(A^*) = 2$

$rg(A) = 2$
$rg(A^*) = 2$
$n°\ incóg = 3$ $\Bigg\}$ $\Rightarrow$ T$^{\text{MA}}$ ROUCHÉ $\Rightarrow$ Sistema Compatible Indeterminado

Cogemos las ecuaciones determinadas por el rango:

$-x + y + z = 3$
$2x + 3y - z = 9$ $\Big\}$ $\rightarrow$ $E_1 + E_2$ $\rightarrow$ $x + 4y = 12$ $\begin{array}{l} \nearrow y = \lambda \in \mathbb{R} \\ \searrow x = 12 - 4\lambda \end{array}$

$\rightarrow z = 3 + x - y = 3 + 12 - 4\lambda - \lambda = 15 - 5\lambda$

Las infinitas soluciones del sistema para $m = 3$ vienen dadas por:

$$(x, y, z) = (12 - 4\lambda,\ \lambda,\ 15 - 5\lambda) \quad \forall \lambda \in \mathbb{R}$$

PÁGINA 2

PROBLEMA 2

$$A = \begin{pmatrix} 1 & 2m & m \\ 0 & m & 0 \\ m & 1 & m \end{pmatrix} \; ; \; det(A) = \begin{vmatrix} 1 & 2m & m \\ 0 & m & 0 \\ m & 1 & m \end{vmatrix} =$$

$$= m \cdot \begin{vmatrix} 1 & m \\ m & m \end{vmatrix} = m^2 \cdot \begin{vmatrix} 1 & m \\ 1 & 1 \end{vmatrix} = m^2 \cdot (1-m)$$

$$det(A) = 0 \longrightarrow m^2 \cdot (1-m) = 0 \begin{cases} m^2 = 0 \longrightarrow m = 0 \\ 1 - m = 0 \longrightarrow m = 1 \end{cases}$$

Si $m \neq 0 \wedge m \neq 1$ $\Rightarrow det(A) \neq 0 \Rightarrow rg(A) = 3$

Si $m = 0$ $\Rightarrow det(A) = 0 \Rightarrow rg(A) < 3$

$$A = \begin{pmatrix} 1 & 0 & 0 \\ 0 & 0 & 0 \\ 0 & 1 & 0 \end{pmatrix} \quad \begin{array}{l} \underline{Rango\ (A):} \\ |1| \neq 0 \\ \begin{vmatrix} 1 & 0 \\ 0 & 1 \end{vmatrix} = 1 \neq 0 \end{array} \Bigg\} \ rg(A) = 2$$

Si $m = 1$ $\Rightarrow det(A) = 0 \Rightarrow rg(A) < 3$

$$A = \begin{pmatrix} 1 & 2 & 1 \\ 0 & 1 & 0 \\ 1 & 1 & 1 \end{pmatrix} \quad \begin{array}{l} \underline{Rango\ (A):} \\ |1| = 1 \neq 0 \\ \begin{vmatrix} 1 & 2 \\ 1 & 1 \end{vmatrix} = -1 \neq 0 \end{array} \Bigg\} \ rg(A) = 2$$

b) Si $m = -1$ ya hemos visto que $\det(A) \neq 0$ y por tanto existe la matriz $A^{-1}$:

$$AX = B \implies A^{-1}AX = A^{-1}B \implies X = A^{-1}B$$

$$A = \begin{pmatrix} 1 & -2 & -1 \\ 0 & -1 & 0 \\ -1 & 1 & -1 \end{pmatrix} \; ; \; \det(A) = \begin{vmatrix} 1 & -2 & -1 \\ 0 & -1 & 0 \\ -1 & 1 & -1 \end{vmatrix} = 2$$

$$A^{-1} = \frac{1}{\det(A)} \cdot \left[\text{Adj}(A)\right]^t$$

$$\text{Adj}(A) = \begin{pmatrix} \begin{vmatrix} -1 & 0 \\ 1 & -1 \end{vmatrix} & -\begin{vmatrix} 0 & 0 \\ -1 & -1 \end{vmatrix} & \begin{vmatrix} 0 & -1 \\ -1 & 1 \end{vmatrix} \\ -\begin{vmatrix} -2 & -1 \\ 1 & -1 \end{vmatrix} & \begin{vmatrix} 1 & -1 \\ -1 & -1 \end{vmatrix} & -\begin{vmatrix} 1 & -2 \\ -1 & 1 \end{vmatrix} \\ \begin{vmatrix} -2 & -1 \\ -1 & 0 \end{vmatrix} & -\begin{vmatrix} 1 & -1 \\ 0 & 0 \end{vmatrix} & \begin{vmatrix} 1 & -2 \\ 0 & -1 \end{vmatrix} \end{pmatrix} = \begin{pmatrix} 1 & 0 & -1 \\ -3 & -2 & 1 \\ -1 & 0 & -1 \end{pmatrix}$$

$$\left[\text{Adj}(A)\right]^t = \begin{pmatrix} 1 & -3 & -1 \\ 0 & -2 & 0 \\ -1 & 1 & -1 \end{pmatrix} \implies A^{-1} = \frac{1}{2} \cdot \begin{pmatrix} 1 & -3 & -1 \\ 0 & -2 & 0 \\ -1 & 1 & -1 \end{pmatrix}$$

$$X = A^{-1}B = \frac{1}{2} \cdot \begin{pmatrix} 1 & -3 & -1 \\ 0 & -2 & 0 \\ -1 & 1 & -1 \end{pmatrix} \cdot \begin{pmatrix} 1 & 0 \\ 0 & 1 \\ 0 & 0 \end{pmatrix} = \frac{1}{2} \cdot \begin{pmatrix} 1 & -3 \\ 0 & -2 \\ -1 & 1 \end{pmatrix}$$

$$\implies X = \begin{pmatrix} 1/2 & -3/2 \\ 0 & -1 \\ -1/2 & 1/2 \end{pmatrix}$$

PÁGINA 4

c) Para $m = 0 \implies A = \begin{pmatrix} 1 & 0 & 0 \\ 0 & 0 & 0 \\ 0 & 1 & 0 \end{pmatrix}$

$A^2 = A \cdot A = \begin{pmatrix} 1 & 0 & 0 \\ 0 & 0 & 0 \\ 0 & 1 & 0 \end{pmatrix} \cdot \begin{pmatrix} 1 & 0 & 0 \\ 0 & 0 & 0 \\ 0 & 1 & 0 \end{pmatrix} = \begin{pmatrix} 1 & 0 & 0 \\ 0 & 0 & 0 \\ 0 & 0 & 0 \end{pmatrix}$

$A^3 = A^2 \cdot A = \begin{pmatrix} 1 & 0 & 0 \\ 0 & 0 & 0 \\ 0 & 0 & 0 \end{pmatrix} \cdot \begin{pmatrix} 1 & 0 & 0 \\ 0 & 0 & 0 \\ 0 & 1 & 0 \end{pmatrix} = \begin{pmatrix} 1 & 0 & 0 \\ 0 & 0 & 0 \\ 0 & 0 & 0 \end{pmatrix}$

$A^5 = A^3 \cdot A^2 = \begin{pmatrix} 1 & 0 & 0 \\ 0 & 0 & 0 \\ 0 & 0 & 0 \end{pmatrix} \cdot \begin{pmatrix} 1 & 0 & 0 \\ 0 & 0 & 0 \\ 0 & 0 & 0 \end{pmatrix} = \begin{pmatrix} 1 & 0 & 0 \\ 0 & 0 & 0 \\ 0 & 0 & 0 \end{pmatrix}$

## PROBLEMA 3

$r: \dfrac{x-1}{2} = \dfrac{y+1}{3} = \dfrac{z+2}{-1} \longrightarrow r: \begin{cases} x = 1 + 2\lambda \\ y = -1 + 3\lambda \quad ; \quad \lambda \in \mathbb{R} \\ z = -2 - \lambda \end{cases}$

a) $\left. \begin{array}{l} P \in r : \left(1+2\lambda, -1+3\lambda, -2-\lambda\right) \\ \pi: 3x - my + z = 1 \end{array} \right\} \quad 3 \cdot (1+2\lambda) - m \cdot (-1+3\lambda) - 2 - \lambda = 1 \longrightarrow$

$\longrightarrow 3 + 6\lambda + m - 3m\lambda - 2 - \lambda = 1 \implies 6\lambda - 3m\lambda - \lambda = -m$

$\implies 5\lambda - 3m\lambda = -m$

$\implies (5 - 3m)\lambda = -m$

$5 - 3m = 0 \rightarrow m = \dfrac{5}{3}$

Si $m = \dfrac{5}{3} \rightarrow 0\lambda = -\dfrac{5}{3} \rightarrow \nexists \lambda \rightarrow r$ y $\pi$ paralelos

Si $m \neq \dfrac{5}{3} \rightarrow r$ y $\pi$ secantes

Por tanto, no existe "m" para que la recta "r" esté contenida en $\pi$.

b) Si $m = \dfrac{5}{3}$  r y $\pi$ paralelas:

Como $\sigma // \pi \Rightarrow \vec{n_\sigma} = \vec{n_\pi}$

$\sigma: Ax + By + Cz + D = 0$

$\vec{n_\pi} = \left(3, -\dfrac{5}{3}, 1\right)$  $\vec{n_\sigma} = \left(3, -\dfrac{5}{3}, 1\right) \rightarrow \sigma: 3x - \dfrac{5}{3}y + z + D = 0$

$A(1, -1, -2) \in \sigma \rightarrow 3 + \dfrac{5}{3} - 2 + D = 0 \rightarrow D = -\dfrac{8}{3}$

$\Rightarrow \sigma: 3x - \dfrac{5}{3}y + z - \dfrac{8}{3} = 0$

$\Rightarrow \sigma: 9x - 5y + 3z - 8 = 0$

c) $\left. \begin{array}{l} P: (1, -1, -2) \\[2mm] \pi: 3x - my + z - 1 = 0 \end{array} \right\}$   $d(P, \pi) = \dfrac{|Ax_0 + By_0 + Cz_0 + D|}{\sqrt{A^2 + B^2 + C^2}}$

$d(P, \pi) = \dfrac{|3 \cdot 1 - m \cdot (-1) + (-2) - 1|}{\sqrt{3^2 + m^2 + 1^2}} = \dfrac{|m|}{\sqrt{m^2 + 10}}$ u.

PROBLEMA 4

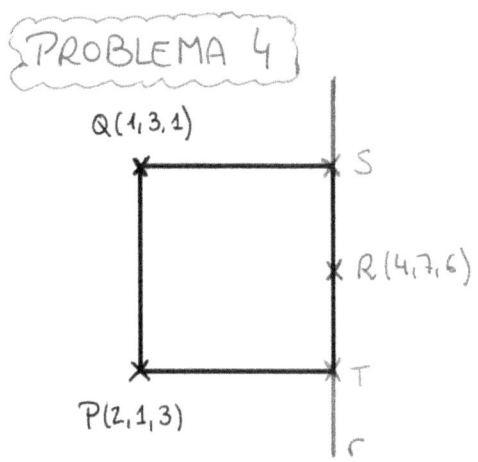

Q(1,3,1)

R(4,7,6)

P(2,1,3)

r

a) Como ves, un vector director de la recta r será $\vec{PQ}$. Así:

$$\vec{PQ} = (1,3,1)-(2,1,3)=(-1,2,-2)$$

Y por tanto:

$$r: \begin{cases} x = 4 - \lambda \\ y = 7 + 2\lambda \\ z = 6 - 2\lambda \end{cases} ; \ \lambda \in \mathbb{R}$$

b) $\vec{PQ}$ y $\vec{PR}$ son vectores directores del plano pedido. Así:

$$\vec{PQ} = (-1,2,-2)$$

$$\vec{PR} = (4,7,6)-(2,1,3)=(2,6,3)$$

$$\vec{n_\pi} = \vec{PQ} \times \vec{PR} = \begin{vmatrix} \vec{i} & \vec{j} & \vec{k} \\ -1 & 2 & -2 \\ 2 & 6 & 3 \end{vmatrix} = (18,-1,-10)$$

$$\pi: Ax+By+Cz+D=0 \underset{\vec{n_\pi}=(18,-1,-10)}{\Longrightarrow} \pi: 18x-y-10z+D=0$$

$$P(2,1,3) \in \pi \longrightarrow 18\cdot2-1-10\cdot3+D=0 \longrightarrow D=-5$$

$$\Longrightarrow \pi: 18x-y-10z-5=0$$

c) Un punto genérico de r es $T(4-\lambda, 7+2\lambda, 6-2\lambda)$
Buscamos los puntos $T \in r$ tales que $\vec{PT}$ y $\vec{PQ}$ sean perpendiculares

PÁGINA 7

$$\vec{PT} = (4-\lambda, 7+2\lambda, 6-2\lambda) - (2,1,3) = (2-\lambda, 6+2\lambda, 3-2\lambda)$$

$$\vec{PT} \perp \vec{PQ} \implies \vec{PT} \cdot \vec{PQ} = 0$$

$$(2-\lambda, 6+2\lambda, 3-2\lambda) \cdot (-1, 2, -2) = 0$$

$$-2 + \lambda + 12 + 4\lambda - 6 + 4\lambda = 0$$

$$9\lambda + 4 = 0 \rightarrow \lambda = \frac{-4}{9}$$

Por tanto $T(4-\lambda, 7+2\lambda, 6-2\lambda) \underset{\lambda = -\frac{4}{9}}{\implies} T\left(\frac{40}{9}, \frac{55}{9}, \frac{62}{9}\right)$

Para el punto $S(4-\lambda, 7+2\lambda, 6-2\lambda)$ razonamos igual con los vectores $\vec{QP}$ y $\vec{QS}$:

$$\vec{QP} = (1, -2, 2)$$

$$\vec{QS} = (4-\lambda, 7+2\lambda, 6-2\lambda) - (1,3,1) = (3-\lambda, 4+2\lambda, 5-2\lambda)$$

$$\vec{QP} \perp \vec{QS} \implies \vec{QS} \cdot \vec{QP} = 0$$

$$(3-\lambda, 4+2\lambda, 5-2\lambda) \cdot (1, -2, 2) = 0$$

$$3 - \lambda - 8 - 4\lambda + 10 - 4\lambda = 0$$

$$-9\lambda + 5 = 0 \rightarrow \lambda = \frac{5}{9}$$

Por tanto $S(4-\lambda, 7+2\lambda, 6-2\lambda) \underset{\lambda = \frac{5}{9}}{\implies} S\left(\frac{31}{9}, \frac{73}{9}, \frac{44}{9}\right)$

PÁGINA 8

PROBLEMA 5

$$f(x) = \frac{k \cdot x}{e^{2x}} \quad \text{con } k \in \mathbb{R} \longrightarrow$$

Aunque no lo dice el enunciado voy a excluir el caso en que sea $k = 0$ porque no tendría sentido.

Dominio:

Como $e^{2x} \neq 0 \quad \forall x \in \mathbb{R} \implies \text{Dom}(f(x)) = \mathbb{R}$

Asíntotas Verticales:

No tiene por estar definida en $\mathbb{R}$.

Asíntotas Horizontales:

$$\lim_{x \to \infty} \frac{k \cdot x}{e^{2x}} = \left[\frac{\infty}{\infty}\right] = 0 \implies y = 0 \text{ es A. Horizontal si } x \to \infty$$

Por orden de magnitud de los infinitos

$$\lim_{x \to -\infty} \frac{kx}{e^{2x}} \quad \begin{array}{l} k<0 \; \left[\frac{\infty}{0^+}\right] = +\infty \\ k>0 \; \left[\frac{-\infty}{0^+}\right] = -\infty \end{array}$$

No hay asíntota horizontal cuando $x \to -\infty$

$\downarrow$

Estudiaremos oblicua

Asíntota Oblicua: $y = mx + n$

$$m = \lim_{x \to -\infty} \frac{f(x)}{x} = \lim_{x \to -\infty} \frac{kx}{x \cdot e^{2x}} = \left[\frac{k}{0^+}\right] \begin{array}{l} k<0 \; -\infty \\ k>0 \; +\infty \end{array}$$

Y por tanto no hay asíntota oblicua.

b) $f'(x) = \dfrac{K \cdot e^{2x} - Kx \cdot e^{2x} \cdot 2}{(e^{2x})^2} = \dfrac{e^{2x}(K - 2Kx)}{(e^{2x})^2} = \dfrac{K(1-2x)}{e^{2x}}$

$f'(x) = 0 \longrightarrow K(1-2x) = 0$

$\quad\quad\quad K \neq 0 \longrightarrow$ Por hipótesis

$\quad\quad\quad 1 - 2x = 0 \longrightarrow x = 1/2$

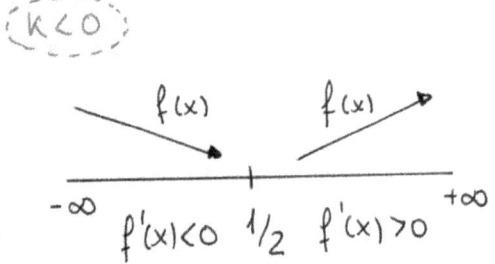

$\boxed{K < 0}$

$f(x)$ ↘ $f(x)$ ↗

$-\infty$ $\quad f'(x)<0 \quad 1/2 \quad f'(x)>0 \quad$ $+\infty$

Creciente: $(1/2, +\infty)$

Decreciente: $(-\infty, 1/2)$

Mínimo relativo: $\left(1/2, f(1/2)\right) = \left(\dfrac{1}{2}, \dfrac{K}{2e}\right)$

$\boxed{K > 0}$

$f(x)$ ↗ $f(x)$ ↘

$-\infty$ $\quad f'(x)>0 \quad 1/2 \quad f'(x)<0 \quad$ $+\infty$

Creciente: $(-\infty, 1/2)$

Decreciente: $(1/2, +\infty)$

Máximo relativo: $\left(\dfrac{1}{2}, \dfrac{K}{2e}\right)$

c) Ya hemos visto que $f(x)$ es continua en $\mathbb{R}$. y por tanto también lo será en $[-1, 1]$

Por otro lado:

$\left.\begin{array}{l} f(-1) = -K \cdot e^2 \\[2mm] f(1) = \dfrac{K}{e^2} \end{array}\right\}$ $f(-1) \cdot f(1) = -K \cdot e^2 \cdot \dfrac{K}{e^2} = -K^2 < 0 \quad \forall K \neq 0$

PÁGINA 10

Por tanto:

i) Como $f(x)$ es continua en $[-1, 1]$

ii) Como $f(-1) \cdot f(1) < 0$

$\Rightarrow$ El teorema de Bolzano nos asegura que existe al menos un punto $c \in (-1, 1) / f(c) = 0$ tal y como queríamos demostrar

$\boxed{\text{PROBLEMA 6}}$

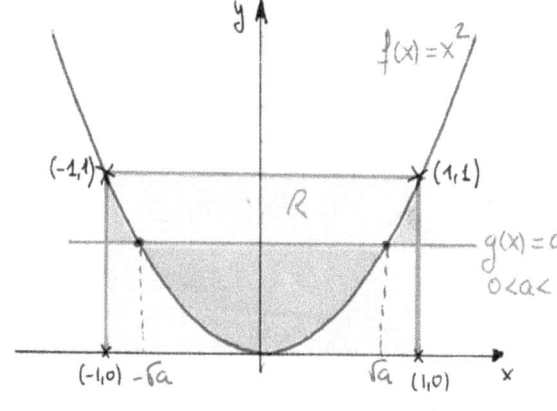

El área del rectángulo R

Área = base × altura

$A_R = 2 \cdot 1 = 2u^2$

Para el área entre las funciones dentro del rectángulo

i) Puntos de corte entre $f(x)$ y $g(x)$:

$$f(x) = g(x) \Rightarrow x^2 = a \quad \begin{cases} x = -\sqrt{a} \\ x = +\sqrt{a} \end{cases}$$

ii) Área:

$$A = \int_{-1}^{-\sqrt{a}} (x^2-a)\,dx + \int_{-\sqrt{a}}^{\sqrt{a}} (a-x^2) + \int_{\sqrt{a}}^{1} (x^2-a)\,dx = \int_{-\sqrt{a}}^{\sqrt{a}} (a-x^2)\,dx + 2 \cdot \int_{\sqrt{a}}^{1} (x^2-a)\,dx =$$

$$= \left[ ax - \frac{x^3}{3} \right]_{-\sqrt{a}}^{\sqrt{a}} + 2 \cdot \left[ \frac{x^3}{3} - ax \right]_{\sqrt{a}}^{1} = \frac{4}{3}\sqrt{a^3} + 2 \cdot \left[ \frac{1}{3} - a + \frac{2\sqrt{a^3}}{3} \right] =$$

PÁGINA 11

$$= \frac{4}{3}\sqrt{a^3} + \frac{2}{3} - 2a + \frac{4}{3}\sqrt{a^3} = \frac{8}{3}\sqrt{a^3} - 2a + \frac{2}{3} = a\left(\frac{8}{3}\sqrt{a} - 2\right) + \frac{2}{3}$$

Si el área entre las funciones dentro del rectángulo es $\frac{1}{3}$ de $A_R$:

$$a\cdot\left(\frac{8}{3}\sqrt{a} - 2\right) + \frac{2}{3} = \frac{2}{3} \Rightarrow a\cdot\left(\frac{8}{3}\sqrt{a} - 2\right) = 0 \begin{cases} a = 0 \text{ NO } 0 < a < 1 \\ \frac{8}{3}\sqrt{a} - 2 = 0 \end{cases}$$

$$\Longrightarrow \frac{8}{3}\sqrt{a} = 2 \rightarrow a = \frac{9}{16}$$

PROBLEMA 7

a) Planteamos un árbol:

$P(M_1) = 1/2$ $M_1$ $\nearrow$ $P(C|M_1) = 0'6$ $C$ $\searrow$ $P(X|M_1) = 0'4$ $X$

$P(M_2) = 1/2$ $M_2$ $P(C|M_2) = 1$ $C$

En este experimento, la probabilidad de sacar cara:

$$P(C) = P(M_1 \cap C) + P(M_2 \cap C) =$$

$$= P(M_1)\cdot P(C|M_1) + P(M_2)\cdot P(C|M_2) =$$

$$= \frac{1}{2}\cdot 0'6 + \frac{1}{2}\cdot 1 = 0'8$$

Este experimento solo tiene dos resultados posibles (Cara o Cruz) y lo vamos a efectuar 3 veces.

Se trata pues de una distribución binomial $B(3, 0'8)$

(1) $P(X = 3) = \binom{3}{3}\cdot 0'8^3\cdot 0'2^0 = 0'8^3 = 0'5120$

(2) Obtener una cruz, es obtener dos caras:

$$P(X = 2) = \binom{3}{2}\cdot 0'8^2\cdot 0'2^1 = 3\cdot 0'8^2\cdot 0'2 = 0'3840$$

b) Ojo!! → Aquí el experimento cambia!!

$$P(M_1 \mid C \cap C) = \frac{P(M_1 \cap C \cap C)}{P(C \cap C)} =$$

$$= \frac{\frac{1}{2} \cdot 0'6 \cdot 0'6}{\frac{1}{2} \cdot 0'6 \cdot 0'6 + \frac{1}{2}} = \frac{9}{34}$$

$$P(M_2 \mid C \cap C) = \frac{P(M_2 \cap C \cap C)}{P(C \cap C)} =$$

$$= \frac{\frac{1}{2} \cdot 1 \cdot 1}{\frac{1}{2} \cdot 0'6 \cdot 0'6 + \frac{1}{2}} = \frac{25}{34}$$

PROBLEMA 8

Éxito → conseguir una venta → $p = 0'7$
Fracaso → no conseguirla → $q = 0'3$  $\Big\}$ $B(10, 0'7)$

a) $P(X > 7) = P(X = 8) + P(X = 9) + P(X = 10)$

$P(X=8) = \binom{10}{8} \cdot 0'7^8 \cdot 0'3^2 = 45 \cdot 0'7^8 \cdot 0'3^2 = 0'2335$

$P(X=9) = \binom{10}{9} \cdot 0'7^9 \cdot 0'3 = 10 \cdot 0'7^9 \cdot 0'3 = 0'1211$

$P(X=10) = \binom{10}{10} \cdot 0'7^{10} = 1 \cdot 0'7^{10} = 0'0282$

$\Rightarrow P(X > 7) = 0'2335 + 0'1211 + 0'0282 = 0'3828$

407

b) $P(X \geqslant 5) = P(X=5) + P(X=6) + P(X=7) + P(X>7)$

$$P(X=5) = \binom{10}{5} \cdot 0'7^5 \cdot 0'3^5 = 252 \cdot 0'7^5 \cdot 0'3^5 = 0'1029$$

$$P(X=6) = \binom{10}{6} \cdot 0'7^6 \cdot 0'3^4 = 210 \cdot 0'7^6 \cdot 0'3^4 = 0'2001$$

$$P(X=7) = \binom{10}{7} \cdot 0'7^7 \cdot 0'3^3 = 120 \cdot 0'7^7 \cdot 0'3^3 = 0'2668$$

$$\Rightarrow P(X \geqslant 5) = 0'1029 + 0'2001 + 0'2668 + 0'3828 = 0'9526$$

c) $P(3 \leq X \leq 8) = P(X=3) + P(X=4) + P(X=5) + \ldots P(X=8)$

$$P(X=3) = \binom{10}{3} \cdot 0'7^3 \cdot 0'3^7 = 120 \cdot 0'7^3 \cdot 0'3^7 = 0'0090$$

$$P(X=4) = \binom{10}{4} \cdot 0'7^4 \cdot 0'3^6 = 210 \cdot 0'7^4 \cdot 0'3^6 = 0'0368$$

$$\Rightarrow P(3 \leq X \leq 8) = 0'0090 + 0'0368 + 0'1029 + 0'2001 + 0'2668 + 0'2335 =$$

$$= 0'8491$$

**En las respuestas se deben escribir todos los pasos del razonamiento utilizado.**

**Problema 1.** Se considera la matriz $A = \begin{pmatrix} 0 & k & 3 \\ k & \frac{1}{3} & 1 \\ 2 & -1 & -1 \end{pmatrix}$ donde $k$ es un número real.

a) ¿Para qué valores del parámetro $k$ la matriz $A$ es invertible?                    (2 puntos)

b) Para $k = 0$, si existe, calcular la matriz inversa de $A$.                    (4 puntos)

c) Para $k = 0$, hallar las matrices diagonales $D$ que verifican $AD = DA$.                    (4 puntos)

**Problema 2.** Sean las matrices $A = \begin{pmatrix} 1 & 0 & 2 \\ 3 & 2 & 1 \\ a & 0 & 3 \end{pmatrix}$ y $B = \begin{pmatrix} \alpha \\ \beta \\ \gamma \end{pmatrix}$. Se pide:

a) Estudiar los valores del parámetro real $a$ para los que la ecuación matricial $A^2 X = B$ tiene una única solución.                    (5 puntos)

b) Sabiendo que el vector $\begin{pmatrix} 3 \\ -2 \\ -1 \end{pmatrix}$ es una solución de la ecuación $A^2 X = B$, encontrar el valor de $\alpha, \beta$ y $\gamma$ dependiendo del parámetro real $a$.                    (5 puntos)

**Problema 3.** Se dan las rectas $r: x - 1 = y - 2 = \frac{z-1}{2}$ y $s: \frac{x-3}{-2} = \frac{y-3}{-1} = \frac{z+1}{2}$. Se pide:

a) Comprobar que se cortan y calcular las coordenadas del punto $P$ de intersección.                    (5 puntos)

b) Determinar la ecuación de la recta que pasa por $P$ y es perpendicular a $r$ y a $s$.                    (5 puntos)

**Problema 4.** Sea el plano $\pi: 6x + 4y - 3z - d = 0$. Se pide:

a) Calcular los valores de $d$ para que la distancia del plano al origen sea una unidad.                    (2 puntos)

b) Calcular, en función del parámetro $d$, las coordenadas de los puntos $A, B$ y $C$ que resultan de intersectar el plano $\pi$ con los ejes de coordenadas, $X, Y$ y $Z$, respectivamente.                    (3 puntos)

c) Para $d \neq 0$, calcular el ángulo formado por los vectores $\overrightarrow{AB}$ y $\overrightarrow{AC}$ determinados por los puntos del apartado anterior.                    (5 puntos)

**Problema 5.** Se considera la función $h(x) = ax + x^2$, donde $a$ es un parámetro real. Se pide:

a) El valor de $a$ que hace que la gráfica de la función $y = h(x)$ tenga un mínimo relativo en la abscisa $x = -\frac{3}{4}$.                    (3 puntos)

b) Para el valor $a$ del apartado anterior, dibuja las curvas $y = h(x)$ e $y = h'(x)$.                    (2 puntos)

c) Calcula el área del plano comprendida entre ambas curvas.                    (5 puntos)

**Problema 6.** Se construye una caja de cartón sin tapa a partir de una hoja rectangular de 16 cm por 10 cm. Esto se hace recortando un cuadrado de longitud $x$ en cada esquina, doblando la hoja y levantando los cuatro laterales de la caja. Calcular:

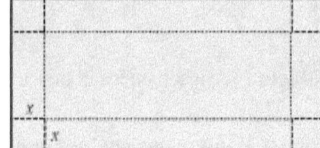

a) Las dimensiones de la caja para que tenga el mayor volumen posible. (8 puntos)
b) Dicho volumen. (2 puntos)

**Problema 7.** Una empresa tiene 3 máquinas de fabricación de latas de refresco. El 10.25% de las latas que fabrica la empresa son defectuosas. El 30% de las latas las fabrica en la primera máquina, siendo el 10% defectuosas. El 25% de las latas las fabrica en la segunda máquina, siendo el 5% defectuosas. El resto de las latas las fabrica en la tercera máquina.

a) ¿Cuál es la probabilidad de que una lata fabricada por la tercera máquina sea defectuosa? (4 puntos)
b) Si se escoge una lata al azar y no es defectuosa, ¿Cuál es la probabilidad de que proceda de la primera máquina? (3 puntos)
c) Si se escoge una lata al azar y es defectuosa ¿Cuál es la probabilidad de que no haya sido fabricada en la segunda máquina? (3 puntos)

**Problema 8.** Se ha determinado que en el 60% de los mensajes enviados por WhatsApp se añade un emoticono. Una persona envía diez mensajes de WhatsApp. Se pide la probabilidad de que:

a) Ningún mensaje de los diez tenga emoticonos. (3 puntos)
b) Exactamente dos quintas partes de los mensajes tengan emoticonos. (3 puntos)
c) Ocho o más mensajes tengan emoticonos. (4 puntos)

*Los resultados han de expresarse en forma de fracción o en forma decimal con cuatro decimales de aproximación.*

PROBLEMA 1

$$A = \begin{pmatrix} 0 & K & 3 \\ K & 1/3 & 1 \\ 2 & -1 & -1 \end{pmatrix} \quad con \quad K \in \mathbb{R}$$

a) Una matriz $A_{n \times n}$ es invertible si $det(A) \neq 0$. Así:

$$det(A) = \begin{vmatrix} 0 & K & 3 \\ K & 1/3 & 1 \\ 2 & -1 & -1 \end{vmatrix} = K^2 - K - 2$$

$$det(A) = 0 \longrightarrow K^2 - K - 2 = 0 \begin{cases} K = -1 \\ K = 2 \end{cases}$$

$$\Rightarrow \exists A^{-1} \, \forall \, K \in \mathbb{R} - \{-1, 2\}$$

b) $A^{-1} = \dfrac{1}{det(A)} \cdot \left[ Adj(A) \right]^t$ ; Si $K = 0 \longrightarrow A = \begin{pmatrix} 0 & 0 & 3 \\ 0 & 1/3 & 1 \\ 2 & -1 & -1 \end{pmatrix}$

$$det(A) = K^2 - K - 2 \underset{K=0}{=} -2$$

$$Adj(A) = \begin{pmatrix} \begin{vmatrix} 1/3 & 1 \\ -1 & -1 \end{vmatrix} & -\begin{vmatrix} 0 & 1 \\ 2 & -1 \end{vmatrix} & \begin{vmatrix} 0 & 1/3 \\ 2 & -1 \end{vmatrix} \\ -\begin{vmatrix} 0 & 3 \\ -1 & -1 \end{vmatrix} & \begin{vmatrix} 0 & 3 \\ 2 & -1 \end{vmatrix} & -\begin{vmatrix} 0 & 0 \\ 2 & -1 \end{vmatrix} \\ \begin{vmatrix} 0 & 3 \\ 1/3 & 1 \end{vmatrix} & -\begin{vmatrix} 0 & 3 \\ 0 & 1 \end{vmatrix} & \begin{vmatrix} 0 & 0 \\ 0 & 1/3 \end{vmatrix} \end{pmatrix} = \begin{pmatrix} 2/3 & 2 & -2/3 \\ -3 & -6 & 0 \\ -1 & 0 & 0 \end{pmatrix}$$

PÁGINA 1

$$\left[Adj(A)\right]^t = \begin{pmatrix} 2/3 & -3 & -1 \\ 2 & -6 & 0 \\ -2/3 & 0 & 0 \end{pmatrix} \Rightarrow A^{-1} = -\frac{1}{2} \cdot \begin{pmatrix} 2/3 & -3 & -1 \\ 2 & -6 & 0 \\ -2/3 & 0 & 0 \end{pmatrix}$$

$$\Rightarrow A^{-1} = \begin{pmatrix} -1/3 & 3/2 & 1/2 \\ -1 & 3 & 0 \\ 1/3 & 0 & 0 \end{pmatrix}$$

c) Una matriz diagonal $D_{3\times3}$ es una matriz que tiene nulos todos sus elementos $d_{ij}$ con $i \neq j$. Por tanto:

$$A \cdot D = D \cdot A \Rightarrow \begin{pmatrix} 0 & 0 & 3 \\ 0 & 1/3 & 1 \\ 2 & -1 & -1 \end{pmatrix} \cdot \begin{pmatrix} a & 0 & 0 \\ 0 & b & 0 \\ 0 & 0 & c \end{pmatrix} = \begin{pmatrix} a & 0 & 0 \\ 0 & b & 0 \\ 0 & 0 & c \end{pmatrix} \cdot \begin{pmatrix} 0 & 0 & 3 \\ 0 & 1/3 & 1 \\ 2 & -1 & -1 \end{pmatrix}$$

$$\Rightarrow \begin{pmatrix} 0 & 0 & 3c \\ 0 & \frac{1}{3}b & c \\ 2a & -b & -c \end{pmatrix} = \begin{pmatrix} 0 & 0 & 3a \\ 0 & \frac{1}{3}b & b \\ 2c & -c & -c \end{pmatrix} \Rightarrow \begin{matrix} \cancel{3c = 3a} \\ c = b \\ \cancel{2a = 2c} \\ \cancel{-b = -c} \end{matrix} \Bigg\}$$

$$\Rightarrow a = b \, c$$

Las matrices $D$ buscadas por tanto son:

$$D = \left\{ \begin{pmatrix} a & 0 & 0 \\ 0 & a & 0 \\ 0 & 0 & a \end{pmatrix} \forall a \in \mathbb{R} \right\}$$

PROBLEMA 2

$$A = \begin{pmatrix} 1 & 0 & 2 \\ 3 & 2 & 1 \\ a & 0 & 3 \end{pmatrix} ; \ a \in \mathbb{R} \ ; \ B = \begin{pmatrix} \alpha \\ \beta \\ \gamma \end{pmatrix} \quad \alpha, \beta, \gamma \in \mathbb{R}$$

a) $A^2 X = B$ tiene solución única si $\exists (A^2)^{-1}$. Por tanto:

$$A^2 = A \cdot A = \begin{pmatrix} 1 & 0 & 2 \\ 3 & 2 & 1 \\ a & 0 & 3 \end{pmatrix} \cdot \begin{pmatrix} 1 & 0 & 2 \\ 3 & 2 & 1 \\ a & 0 & 3 \end{pmatrix} = \begin{pmatrix} 2a+1 & 0 & 8 \\ a+9 & 4 & 11 \\ 4a & 0 & 2a+9 \end{pmatrix}$$

$\exists (A^2)^{-1}$ si $\det(A^2) \neq 0$. Por tanto:

$$\det(A^2) = \begin{vmatrix} 2a+1 & 0 & 8 \\ a+9 & 4 & 11 \\ 4a & 0 & 2a+9 \end{vmatrix} = 4 \cdot \begin{vmatrix} 2a+1 & 8 \\ 4a & 2a+9 \end{vmatrix} =$$

$$= 4 \cdot \left[ (2a+1)(2a+9) - 32a \right] = 4 \cdot \left( 4a^2 - 12a + 9 \right)$$

$$\det(A^2) = 0 \rightarrow 4 \cdot (4a^2 - 12a + 9) = 0 \rightarrow 4a^2 - 12a + 9 = 0 \rightarrow a = \frac{3}{2}$$

$$\Rightarrow A^2 X = B \text{ tiene solución única } \forall a \in \mathbb{R} - \left\{ \frac{3}{2} \right\}$$

b) Si $X = \begin{pmatrix} 3 \\ -2 \\ -1 \end{pmatrix}$ es solución de $A^2 X = B \Rightarrow$

$$\begin{pmatrix} 2a+1 & 0 & 8 \\ a+9 & 4 & 11 \\ 4a & 0 & 2a+9 \end{pmatrix} \cdot \begin{pmatrix} 3 \\ -2 \\ -1 \end{pmatrix} = \begin{pmatrix} \alpha \\ \beta \\ \gamma \end{pmatrix}$$

$$\begin{pmatrix} 6a-5 \\ 3a+8 \\ 10a-9 \end{pmatrix} = \begin{pmatrix} \alpha \\ \beta \\ \gamma \end{pmatrix} \implies \begin{cases} \alpha = 6a-5 \\ \beta = 3a+8 \\ \gamma = 10a-9 \end{cases} \quad ; \quad a \in \mathbb{R}$$

## PROBLEMA 3

$$r: \quad x-1 = y-2 = \frac{z-1}{2} \longrightarrow \begin{cases} \text{Punto} \longrightarrow A(1,2,1) \\ \text{Vector} \\ \text{director} \longrightarrow \vec{V_r} = (1,1,2) \end{cases}$$

$$s: \quad \frac{x-3}{-2} = \frac{y-3}{-1} = \frac{z+1}{2} \longrightarrow \begin{cases} \text{Punto} \longrightarrow B(3,3,-1) \\ \text{Vector} \\ \text{director} \longrightarrow \vec{V_s} = (-2,-1,2) \end{cases}$$

a) Determinamos el vector $\vec{AB}$:

$$\vec{AB} = (3,3,-1) - (1,2,1) = (2,1,-2)$$

Construimos las matrices $M$ y $M^*$ y estudiamos sus rangos:

$$M^* = \left( \begin{array}{ccc|c} 1 & -2 & & 2 \\ 1 & -1 & & 1 \\ 2 & 2 & & -2 \end{array} \right)$$

$$\underbrace{\phantom{xxxxx}}_{M}$$

Rango $(M)$:

$$|1| = 1 \neq 0 \; ; \; \begin{vmatrix} 1 & -2 \\ 1 & -1 \end{vmatrix} = 1 \neq 0 \rightarrow rg(M) = 2$$

Rango $(M^*)$:

$$\begin{vmatrix} 1 & -2 & 2 \\ 1 & -1 & 1 \\ 2 & 2 & -2 \end{vmatrix} = 0 \rightarrow rg(M^*) = 2$$

PÁGINA 4

Como $rg(M) = rg(M^*) = 2 \Rightarrow$ Las rectas $r$ y $s$ se cortan en un punto.

Para determinar el punto de corte:

$$r: \begin{cases} x = 1 + \lambda \\ y = 2 + \lambda \\ z = 1 + 2\lambda \end{cases} ; \lambda \in \mathbb{R} \qquad s: \begin{cases} x = 3 - 2\alpha \\ y = 3 - \alpha \\ z = -1 + 2\alpha \end{cases} ; \alpha \in \mathbb{R}$$

Resolvemos el sistema:

$$\left.\begin{array}{l} 1 + \lambda = 3 - 2\alpha \\ 2 + \lambda = 3 - \alpha \\ 1 + 2\lambda = -1 + 2\alpha \end{array}\right\} \quad E_1 + E_3 \rightarrow 2 + 3\lambda = 2 \rightarrow \lambda = 0$$

Y por tanto: $P \in r (1 + \lambda, 2 + \lambda, 1 + 2\lambda) \underset{\lambda = 0}{\Longrightarrow} P(1, 2, 1)$

b) Buscamos una recta "t" que sea perpendicular a "r" y a "s". Por tanto:

$$\vec{V}_t = \vec{V}_r \times \vec{V}_s = \begin{vmatrix} \vec{i} & \vec{j} & \vec{k} \\ 1 & 1 & 2 \\ -2 & -1 & 2 \end{vmatrix} = (4, -6, 1)$$

Con lo que:

$$t: \begin{cases} \text{Punto} \rightarrow P(1, 2, 1) \\ \text{Vector director} \rightarrow \vec{V}_t = (4, -6, 1) \end{cases} \Rightarrow t: \begin{cases} x = 1 + 4\beta \\ y = 2 - 6\beta \\ z = 1 + \beta \end{cases} ; \beta \in \mathbb{R}$$

PROBLEMA 4

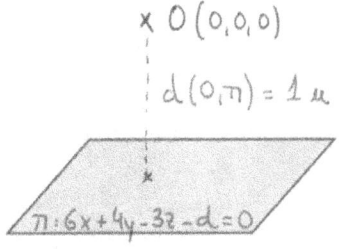

x O(0,0,0)

d(O,π) = 1 u

π: 6x + 4y - 3z - d = 0

a) La distancia viene dada por:

$$d(P,\pi) = \frac{|A x_0 + B y_0 + C z_0 + D|}{\sqrt{A^2 + B^2 + C^2}}$$

Por tanto:

$$1 = \frac{|6 \cdot 0 + 4 \cdot 0 - 3 \cdot 0 - d|}{\sqrt{6^2 + 4^2 + 3^2}} \implies$$

$$\implies 1 = \frac{|-d|}{\sqrt{61}} \implies \sqrt{61} = |-d| \implies d = \pm\sqrt{61}$$

b)

$$A \begin{cases} \text{Plano } \pi: \ 6x + 4y - 3z - d = 0 \\ \text{Eje X}: \ y = z = 0 \end{cases} A\left(\frac{d}{6}, 0, 0\right)$$

$$B \begin{cases} \text{Plano } \pi: \ 6x + 4y - 3z - d = 0 \\ \text{Eje Y}: \ x = z = 0 \end{cases} B\left(0, \frac{d}{4}, 0\right)$$

$$C \begin{cases} \text{Plano } \pi: \ 6x + 4y - 3z - d = 0 \\ \text{Eje Z}: \ x = y = 0 \end{cases} C\left(0, 0, -\frac{d}{3}\right)$$

c) $\vec{AB} = \left(0, \frac{d}{4}, 0\right) - \left(\frac{d}{6}, 0, 0\right) = \left(-\frac{d}{6}, \frac{d}{4}, 0\right)$

$\rightarrow |\vec{AB}| = \sqrt{\frac{d^2}{36} + \frac{d^2}{16}} = \sqrt{d^2\left(\frac{1}{36} + \frac{1}{16}\right)} = \frac{d}{12} \cdot \sqrt{13}$

$\vec{AC} = \left(0, 0, -\frac{d}{3}\right) - \left(\frac{d}{6}, 0, 0\right) = \left(-\frac{d}{6}, 0, -\frac{d}{3}\right)$

$\rightarrow |\vec{AC}| = \sqrt{\frac{d^2}{36} + \frac{d^2}{9}} = \sqrt{d^2\left(\frac{1}{36} + \frac{1}{9}\right)} = \frac{d}{6} \cdot \sqrt{5}$

PÁGINA 6

Con la definición de producto escalar:

$$\vec{AB} \cdot \vec{AC} = |\vec{AB}| \cdot |\vec{AC}| \cdot \cos(\alpha)$$

$$\left(-\frac{d}{6}, \frac{d}{4}, 0\right) \cdot \left(-\frac{d}{6}, 0, -\frac{d}{3}\right) = \frac{d\sqrt{13}}{12} \cdot \frac{d\sqrt{5}}{6} \cdot \cos(\alpha)$$

$$\frac{d^2}{36} = \frac{d^2 \cdot \sqrt{65}}{72} \cdot \cos(\alpha) \implies$$

$$\implies \cos(\alpha) = \frac{72}{36\sqrt{65}} = \frac{2}{\sqrt{65}} \implies \alpha = \arccos\left(\frac{2}{\sqrt{65}}\right) = 75'64°$$

## PROBLEMA 5

$$h(x) = ax + x^2 \longrightarrow h'(x) = a + 2x$$

a) Si $h(x)$ tiene un extremo relativo en $x = -\frac{3}{4}$, entonces se tendría que verificar que:

$$h'\left(-\frac{3}{4}\right) = 0 \longrightarrow a + 2 \cdot \left(-\frac{3}{4}\right) = 0 \longrightarrow a = \frac{3}{2}$$

b) Para $a = \frac{3}{2}$, las funciones a representar son:

$$h(x) = \frac{3}{2}x + x^2 \quad y \quad h'(x) = \frac{3}{2} + 2x$$

Siendo estas funciones polinómicas muy sencillas de representar, bastará con hacer tablas de valores.

| $x$ | $h(x) = \frac{3}{2}x + x^2$ |
|---|---|
| $-2'5$ | $2'5$ |
| $-2$ | $1$ |
| $-1'5$ | $0$ |
| $-\frac{3}{4}$ | $-0'563$ |
| $0$ | $0$ |
| $0'5$ | $1$ |

| $x$ | $h'(x) = \frac{3}{2} + 2x$ |
|---|---|
| $-\frac{3}{4}$ | $0$ |
| $0$ | $1'5$ |

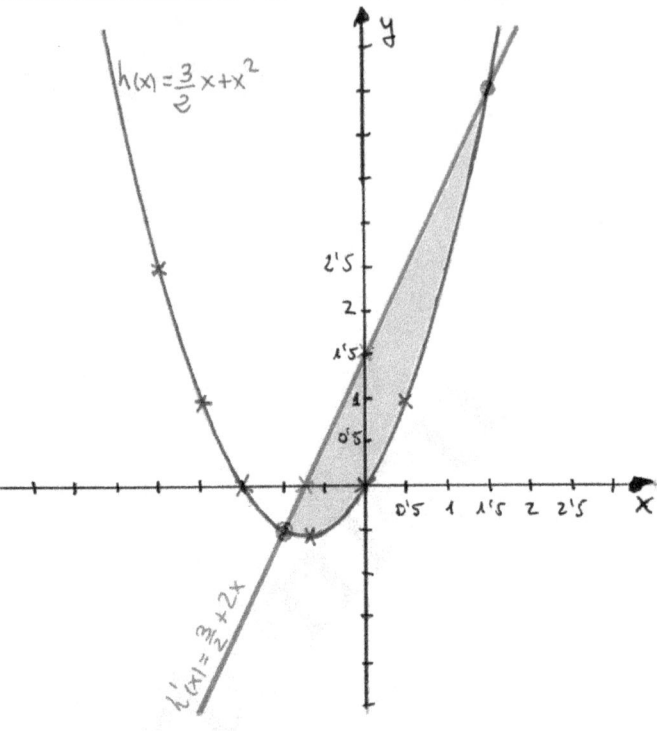

c) Determinamos los puntos de corte entre $h(x)$ y $h'(x)$

$$h'(x) = h(x) \longrightarrow \frac{3}{2} + 2x = \frac{3}{2}x + x^2 \longrightarrow \underbrace{-x^2 + \frac{1}{2}x + \frac{3}{2} = 0}_{h'(x) - h(x)}$$

$$\Rightarrow -x^2 + \frac{1}{2}x + \frac{3}{2} = 0 \begin{cases} x = -1 \\ x = 3/2 \end{cases}$$

Y por tanto, el área pedida:

$$A = \int_{-1}^{3/2} (h'(x) - h(x))\,dx = \int_{-1}^{3/2} \left(-x^2 + \frac{1}{2}x + \frac{3}{2}\right) dx = \left[ -\frac{x^3}{3} + \frac{x^2}{4} + \frac{3}{2}x \right]_{-1}^{3/2} =$$

$$= \left( -\frac{\left(\frac{3}{2}\right)^3}{3} + \frac{\left(\frac{3}{2}\right)^2}{4} + \frac{3}{2}\cdot\frac{3}{2} \right) - \left( -\frac{(-1)^3}{3} + \frac{(-1)^2}{4} + \frac{3}{2}(-1) \right) = \frac{125}{48} \approx 2'6042 \ u^2$$

PÁGINA 8

PROBLEMA 6

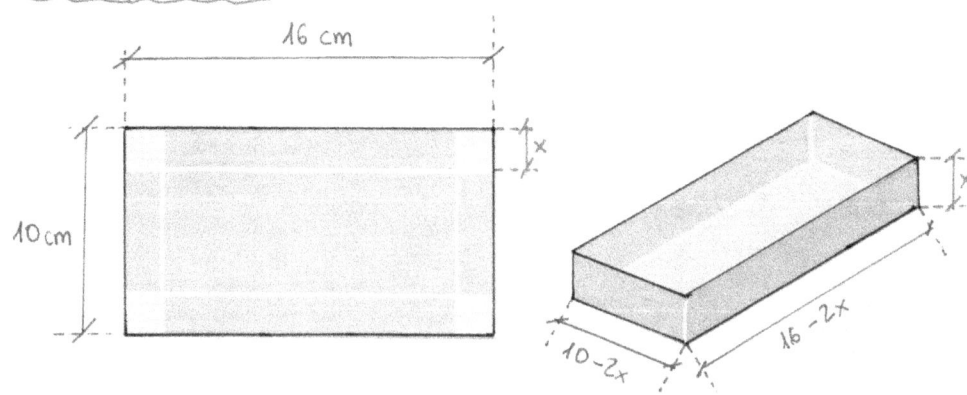

El volumen de la caja:

Volumen = Área$_{base}$ · altura $\Rightarrow V(x) = (10-2x)(16-2x) \cdot x$ con $0 < x < 5$

$\Rightarrow V(x) = (4x^2 - 52x + 160) \cdot x = 4x^3 - 52x^2 + 160x$ con $0 < x < 5$

$V'(x) = 12x^2 - 104x + 160$

$V'(x) = 0 \longrightarrow 12x^2 - 104x + 160 = 0$

$x = 2$ cm

$x = \dfrac{20}{3}$   No sirve pues debe ser $0 < x < 5$

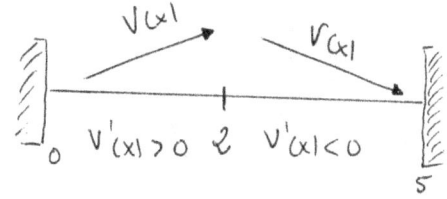

$V'(x) > 0$ ?  $V'(x) < 0$

El volumen será máximo cuando tengamos $x = 2$ cm y portanto las dimensiones pedidas son:

Ancho $= 10 - 2x = 10 - 4 = 6$ cm
Largo $= 16 - 2x = 16 - 4 = 12$ cm
Alto $= x = 2$ cm

Y el volumen máximo:

$$V(2) = 6 \cdot 12 \cdot 2 = 144 \text{ cm}^3$$

PÁGINA 9

PROBLEMA 7

Sean los sucesos:

$A \equiv$ 1ª Máquina; $B \equiv$ 2ª Máquina; $C \equiv$ 3ª Máquina; $D \equiv$ Defectuosa

Planteamos el diagrama en árbol:

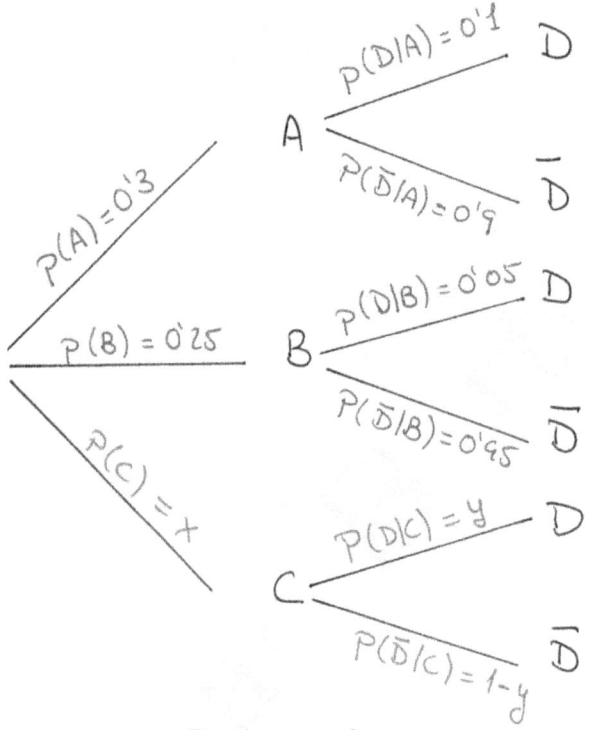

a) Sabemos que $P(A) + P(B) + P(C) = 1 \Rightarrow x = P(C) = 0'45$

Por otro lado, sabemos que el 10'25 % de todas las latas son defectuosas. Por tanto:

$\quad P(D) = 0'1025 \longrightarrow$ Por el teorema de la probabilidad total

$\Rightarrow P(A \cap D) + P(B \cap D) + P(C \cap D) = 0'1025$

$\Rightarrow P(A) \cdot P(D/A) + P(B) \cdot P(D/B) + P(C) \cdot P(D/C) = 0'1025$

$\Rightarrow \quad 0'3 \cdot 0'1 + 0'25 \cdot 0'05 + 0'45 \cdot y = 0'1025 \Rightarrow$

$$\Rightarrow y = P(D/C) = \frac{2}{15}$$

b) $P(A \mid \bar{D}) = \dfrac{P(A \cap \bar{D})}{P(\bar{D})} = \dfrac{P(A) \cdot P(\bar{D}/A)}{1 - P(D)} =$

$$= \frac{0'3 \cdot 0'9}{1 - 0'1025} = \frac{108}{359} = 0'3008$$

c) $P(\bar{B} \mid D) = \dfrac{P(\bar{B} \cap D)}{P(D)} = \dfrac{P(A \cap D) + P(C \cap D)}{P(D)} =$

$$= \frac{P(A) \cdot P(D/A) + P(C) \cdot P(D/C)}{P(D)} = \frac{0'3 \cdot 0'1 + 0'45 \cdot \frac{2}{15}}{0'1025} = \frac{36}{41}$$

PROBLEMA 8

Tenemos una variable aleatoria X que sigue una distribución binomial $B(10, 0'6)$

a) $P(X = 0) = \begin{pmatrix} 10 \\ 0 \end{pmatrix} \cdot 0'6^0 \cdot 0'4^{10} = 1 \cdot 0'4^{10} = 0'0001$

b) $P(X = 4) = \begin{pmatrix} 10 \\ 4 \end{pmatrix} \cdot 0'6^4 \cdot 0'4^6 = 210 \cdot 0'6^4 \cdot 0'4^6 = 0'1115$

c) $P(X \geq 8) = P(X = 8) + P(X = 9) + P(X = 10)$

$$P(X=8) = \binom{10}{8} \cdot 0'6^8 \cdot 0'4^2 = 45 \cdot 0'6^8 \cdot 0'4^2 = 0'1209$$

$$P(X=9) = \binom{10}{9} \cdot 0'6^9 \cdot 0'4 = 10 \cdot 0'6^9 \cdot 0'4 = 0'0403$$

$$P(X=10) = \binom{10}{10} \cdot 0'6^{10} \cdot 0'4^0 = 1 \cdot 0'6^{10} = 0'0060$$

$$\Rightarrow P(X \geq 8) = 0'1209 + 0'0403 + 0'0060 = 0'1672$$

PÁGINA 12

www.ingramcontent.com/pod-product-compliance
Lightning Source LLC
Chambersburg PA
CBHW080230180526
45158CB00010BA/2791